Das
GPS - Handbuch

GPS - Handgeräte in der Praxis

Band 1

Grundlagen, Basis-Funktionen,
Navigation und Orientierung, Karten

von Ralf Schönfeld

EDITION OCTOPUS

Ralf Schönfeld, »Das GPS-Handbuch – GPS Handgeräte in der Praxis Band 1: Grundlagen, Basis-Funktionen, Navigation und Orientierung, Karten«
© 2. Auflage 2006 Edition Octopus
Die Edition Octopus erscheint im
Verlagshaus Monsenstein und Vannerdat OHG Münster
www.edition-octopus.de
© 2005/2006 Ralf Schönfeld
Alle Rechte vorbehalten
Satz: Ralf Schönfeld
Umschlag: MV-Verlag
Abbildungen und Fotos: Ralf Schönfeld und www.GARMIN.de

Druck und Bindung: MV-Verlag

ISBN 978-3-86582-234-5

Editorial

Seitdem die ersten käuflichen GPS-Geräte auf dem Markt erschienen sind, fasziniert mich die Navigation und Orientierung mit Hilfe der Satelliten-Technik.
Allerdings ist noch viel Zeit ins Land gegangen, bis ich endlich meinen eigenen GPS-Navigator stolz in den Händen halten konnte.
In all den zurückliegenden Jahren konnte ich zahlreiche Informationen zum GPS-System und Erfahrungen zum praxisorientierten Umgang mit den kleinen Handgeräten sammeln.

Diese möchte ich mit den nachfolgenden Seiten, dem *„GPS - Handbuch"*, weiter vermitteln. Aufgrund des Umfanges sind zwei Bände daraus geworden.
Sie mögen vor allem dem unerfahrenen Anwender eine Hilfestellung für einen raschen verständlichen Einstieg in die Materie „GPS" geben, aber auch dem erfahrenen Nutzer den einen oder anderen hilfreichen Tipp liefern.

Auf meiner Seite im Internet   www.kanadier.gps-info.de sind noch ein paar weitere Infos zur GPS-Thematik zu finden, die in dem „GPS-Handbuch" keinen Platz mehr gefunden haben.

Wer sich für die Paddelei mit dem Stechpaddel im Canadier („Kanu") interessieren sollte, findet auf dieser Webseite ebenfalls ein paar hoffentlich nützliche Informationen.

Natürlich möchte ich nicht versäumen mich bei all denen zu bedanken, die direkt oder indirekt mit ihrem Wissen und ihrer Erfahrung dazu beigetragen haben, diese Seiten erstellen zu können.

Hierzu gehört besonders mein geduldiger Lehrmeister Alois Speckhals, der mich bei den ersten „GPS-Gehversuchen" hilfreich mit Rat und Tat unterstützt hat. Ihm möchte ich hiermit meinen besonderen Dank aussprechen.

Ebenso den Kameraden, auf deren Info-Material ich bei der Gestaltung dieses Büchleins zurückgreifen durfte. Dies sind vor allem Thomas Hasse www.noegs.de.tf, Thomas Kühefuß, Gerhard Haupt, Joachim Bungert www.ttqv.de, Christian Hessing www.gps-nav.de sowie dem deutschen Garmin-Importeur www.garmin.de für das Bildmaterial über die Geräte.

„Greetings and Thanks" auch nach Nordamerika zu dem Airline-Piloten John Bell www.cockpitgps.com und zu John Carnes www.map-tools.com, von deren reichen Erfahrungsschatz ich sehr viel gelernt habe, und deren breit gefächertes Wissen ich hier weitervermitteln darf.

Dem Leser wünsche ich nun viel Spaß und Nutzen beim Schmökern, und natürlich mit dem elektronischen Helferlein GPS.

Ralf Schönfeld
Juli 2006

Umschlagbild:

GPS Handgerät Modell „GPS 60" der Fa. Garmin.
Foto: GPS GmbH Gräfeling www.garmin.de
Gestaltung Grafik: MV-Verlag www.mv-verlag.de

Inhaltsübersicht

Navigation und Orientierung mit GPS............184

Mit Tracks zur eigenen „Basemap" 312

Grundlagen der Kartographie 323

Einführung

Allgemeines zu GPS-Handgeräten

Was ist eigentlich mit so einem kleinen GPS-Handgerät anzufangen, lohnt sich denn das? Dass diese Frage nicht einfach pauschal beantwortet werden kann, ist klar. Ein wesentlicher Faktor ist dabei, welche Wünsche und Erwartungen der Anwender damit verbindet.

Es gibt sehr viele Leute, die überhaupt keine Vorstellung davon haben, was mit so einem Gerät gemacht werden kann, oder was damit nicht möglich ist. Hinzu kommt, dass mancher Besitzer eines GPS-Empfängers das Potential seines Gerätes nur zu einem geringen Bruchteil ausnützt.

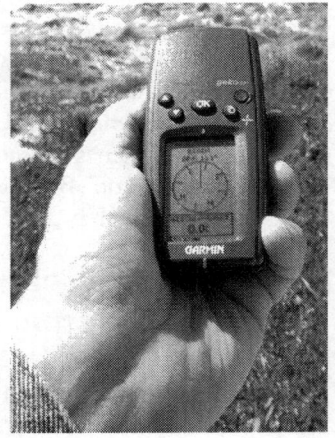

Eines der kompaktesten GPS-Handgeräte

„Geko" von Fa. Garmin
(Bild: www.garmin.de)

Deshalb möchte ich mit den nachfolgenden Ausführungen die erforderlichen Voraussetzungen für einen erfolgreichen Einsatz, die Vor- und Nachteile, sowie die Möglichkeiten und Grenzen aufzeigen, die so ein kleines, leichtes und kompaktes GPS-Handgerät bietet.

Da das mögliche Einsatz-Spektrum sehr weit gefächert ist, können die Aussagen auf zahlreiche Outdoor-Aktivitäten und Einsatz-Profile übertragen werden (Wandern, „Hiken", Bergsteigen, Fahrradfahren, Mountain-Biken, Wassersport wie Paddeln und Segeln, Sportschifffahrt, Motorrad, Fahrten auf und abseits der Straße, Fliegerei/Flugsport, u. v. m.).

Ich möchte allerdings nicht unerwähnt lassen, dass ich weder Pilot, Seemann, noch Segler- oder Sportbootfahrer bin. Die vorgestellten Navigations-Beispiele sollen nur exemplarisch die Möglichkeiten und Verfahren mit GPS aufzeigen. Prinzipiell sind sie auf zahlreiche unterschiedliche Aktivitäten übertragbar. Ich verzichte daher bei den Display-Abbildungen ganz bewusst auf die Einstellung von nautischen Meilen und Knoten, auch wenn dies in dem einen oder anderen Beispiel aus seemännischer Sicht oder aus den Augen eines Piloten befremdlich aussehen mag. Die Methoden und Beispiele sollen ja allgemeingültigen Charakter haben. Ich bitte daher etwas um Nachsicht.

Themen-Schwerpunkte

Die Themenschwerpunkte mit denen wir uns näher befassen werden, möchte ich nun kurz vorstellen. Ich habe versucht, sie möglichst in einer sinnvollen Reihenfolge anzuordnen. Dies ist nicht immer so einfach möglich, ohne Kompromisse einzugehen. Der eine Nutzer findet dieses nützlich, der andere jenes. Deshalb einfach die Themen herausgreifen, die interessant und hilfreich erscheinen.

Im Einzelnen werden es in dem vorliegenden **Band 1** des „*GPS-Handbuches* " die folgenden sein:

- Das NAVSTAR - Gesamtsystem
- Der GPS-Empfänger – Allgemeines
- Genauigkeit des GPS-Systems
- Grund-Funktionen der Geräte
- Grundlagen der Navigation
- Navigation und Orientierung mit GPS
- Touren-Planung

- Mit Tracks zur eigenen „Basemap"
- Grundlagen der Kartographie
- UTM - Gitter und
  Nationale Koordinaten - Systeme
- Landkarte mit geographischem Gitter
- Nutzung von Karten ohne Gitter

Der Band 2 behandelt dann diese Themen:

- GPS-Handgeräte, die Hardware
  (Schwerpunkt Empfänger der Fa. Garmin)
- GPS und PC - Software/Digitale Karten
- Garmin „MapSource"/Magellan „MapSend"
- Was ist Geocaching?
- Tipps und Hinweise
- Fazit für den Einsatz von GPS
- Links im Internet

Eines möchte ich aber doch gleich vorausschicken. Mit dem Besitz eines GPS-Gerätes kann man nicht fehlende Grund-Kenntnisse bei der Orientierung und Navigation kaschieren.

Früher oder später wird man sonst „Schiffbruch" erleiden. Deshalb stellt sich die häufig gehörte Frage gar nicht: **„Soll ich mir ein GPS-Gerät kaufen, <u>oder</u> Karte und Kompass benutzen?".**

Wer dagegen ein GPS als ein <u>weiteres</u> Hilfs-Mittel zur Navigation und Orientierung betrachtet, hat die besten Voraussetzungen dazu, das darin steckende ungeheuer große Potential nutzbringend einzusetzen.

Was GPS deshalb nicht kann und auch nicht sollte bzw. darf, ist fehlende Grund-Kenntnisse in der Navigation und Orientierung ersetzen, wie beispielsweise den sorgfältigen und geübten Umgang mit Karte und Kompass.

Das Mitführen eines GPS-Gerätes sollte man stets als eine Art zusätzliche Versicherung betrachten. Dann wird man auch nie beim Ausfall des Systems, aus welchen Gründen auch immer, eine böse Überraschung erleben.

Bis auf wenige Ausnahmen, ist der Einsatz von GPS abseits der Zivilisation grundsätzlich auch nur in Verbindung mit präzisen Papier-Karten möglich bzw. sinnvoll (topographische- oder See-Karten), dazu aber in einem der nächsten Kapitel mehr.

In diesem Zusammenhang ist das Grundlagen-Büchlein „Orientierung mit Karte, Kompass, GPS" von Wolfgang Linke sehr empfehlenswert (erschienen im Delius Klasing Verlag; ISBN 3-512-03259-1; ca. 15,80 Euro; derzeit 12. überarbeitete Auflage).

Eine interessante Einführung zur Arbeit mit Karte, Kompass sowie GPS findet sich im Internet auf der Seite von Michael Panitzki unter www.gs-enduro.de

Wenn ich bei den Beschreibungen die eine oder andere Funktion/Menü-Führung/Tasten-Kombination der Geräte erwähne oder Display-Abbildungen zeige (= Screenshots), beziehen sich diese auf die bei uns sehr weit verbreiteten GPS-Handgeräte des US-Herstellers Garmin.

Die Display-Abbildungen stammen übrigens von einem eTrex Vista, GPS 76 und GPSmap76(S). Sie wurden mit dem Programm „G7ToWin" www.gpsinformation.org/ronh/ von Ron Henderson erstellt. Ein besonderer Dank an Ron für sein tolles Programm. Es hat mir die Erstellung dieses Buches wesentlich erleichtert.

Obwohl ich persönlich nur auf praktische GPS-Erfahrung mit diversen Garmin Empfängern zurückgreifen kann, möchte dieses „*GPS-Handbuch*" die Thematik des GPS-Einsatzes von Handgeräten, allerdings insgesamt möglichst Hersteller und Geräte unabhängig, vorstellen. Die Aussagen können deshalb prinzipiell problemlos auf Geräte anderer Hersteller übertragen werden (z. B. Magellan, Alan, Silva, ...), zumal auch innerhalb den Produkten eines einzigen Produzenten in der Bediener-Führung unterschiedliche Konzepte zu finden sind.

Viele, für die Navigation und Orientierung relevanten Parameter, sind sowieso unabhängig von Gerät und Hersteller, wie z. B. Peilung, Soll-Kurs, Kurs-Versatz, eigene Bewegungsrichtung, Wegpunkte, Routen etc. Was da jeweils dahinter steckt wird später noch detailliert erklärt.

Allerdings beschäftigt sich der Part „GPS-Handgeräte, die Hardware" in dem Band 2 schon vor allem mit den Hand-Empfängern der Fa. Garmin.

Insgesamt möchte ich einfach nur anregen, sich intensiver mit seinem GPS-Empfänger auseinander zu setzen und damit „herumzuspielen", um mit dessen Bedienung vertrauter zu werden und mehr von dessen Potential nutzen zu können. Hilfreich in diesem Zusammenhang ist der „Simulator" oder „Demo"-Modus, über den die meisten Empfänger verfügen.

Über spezielle Funktionen und Tasten-Kombinationen gibt dann die jeweilige Bedienungs-Anleitung Auskunft. Die modernen Geräte der renommierten Hersteller verfügen dazu über eine recht logisch aufgebaute Menü-Steuerung per Tastendruck, die auch einen Anfänger nicht verzweifeln lässt.

Was die Bedienungs-Anleitungen in der Regel allerdings nicht vermitteln, sind Hintergrund-Informationen, also das „Warum und Weshalb". Sie beschreiben zwar wie die Geräte für spezielle Funktionen bedient werden müssen, nicht aber wie diese dann für die Navigation und Orientierung konkret eingesetzt werden können. Diese Lücken möchte ich versuchen zu schließen.

Zahlreiche Anwender legen großen Wert auf ein Gerät mit deutscher Menü-Führung, da sie sich mit der englischen Sprache schwer tun. Trotzdem würde ich jedem dringend empfehlen, auf die englische Menüführung zurückzugreifen. Im Englischen sind die Navigations-Begriffe klar und eindeutig definiert. Sie sind internationaler Standard und werden in dieser Nomenklatur bei der beruflichen Luft- und Seefahrt ebenfalls verwendet. Bei der Navigation ist Englisch Fachsprache.

Die deutschen Übersetzungen sind dagegen je nach Gerät und Hersteller nicht immer soo eindeutig und teilweise sogar missverständlich. Sie lassen manchmal viel Spielraum zur Interpretation zu, was denn nun eigentlich konkret gemeint ist. Das liegt aber nicht an der Unfähigkeit der Übersetzer, sondern einfach darin, dass nicht alle Begriffe im Deutschen standardisiert sind.

Es sind auch nicht viele Begriffe mit denen wir uns „herum-schlagen" müssen, in der Praxis und mit etwas Übung aber letztlich eine große Erleichterung. Ich erwähne deshalb stets zusätzlich die englischen Begriffe. Die meisten Display-Abbildungen in dem Büchlein sind bewusst bei englischer Menü-Führung getätigt, um Euch dieses „schmackhaft" zu machen.

Wenn ich übrigens bei den späteren Erläuterungen zum Geräte-Einsatz der Einfachheit halber nur vom „GPS" rede, meine ich damit eigentlich konkret den GPS-Empfänger mit seinem integrierten Navigations-Computer in unserer Hand, und nicht das GPS-System mit seinen Satelliten. Wenn das Gesamt-System gemeint ist, wird dies schon im Text eindeutig erwähnt. Ebenfalls der Vereinfachung wegen verwende ich sehr häufig das Wort „Sat" anstatt Satellit. In manchen Publikationen werden die GPS-Empfänger bzw. GPS-Handgeräte auch als „GPS-Navigatoren" bezeichnet.

Eine Hoffnung vieler Interessenten an einem GPS-Handgerät muss ich aber gleich zu Beginn zerschlagen, und ein weit verbreitetes Missverständnis aus dem Weg räumen.

Es sind inzwischen zahlreiche GPS-Empfänger mit hinterlegter vektorisierter Karte auf dem Markt, die „Map"-Geräte.

Auf diese Geräte können jedoch <u>nur</u> Vektor-Karten im ganz speziellen Daten-Format des Geräte-Herstellers geladen werden, <u>nicht</u> aber eigenes individuelles Karten-Material wie z. B. topographische Karten (Top50/AMAP/Swiss-Map/MagicMaps), eigene Seekarten, gescannte Karten, Karten von Routenplanern etc.

Eine Ausnahme bilden lediglich die PDAs (Palm oder Pocket-PC) mit GPS, und entsprechender zusätzlicher Software.

Nicht eingehen werde ich auf die GPS-„Mäuse". Das sind reine Empfänger ohne Tastatur und Display. Zur Navigation/Orientierung sind sie nur in Verbindung mit entsprechender Software auf einem Laptop/Notebook oder PDA (Palm/Pocket-PC) geeignet.

Ich möchte mich also hier ausschließlich mit Handgeräten auseinandersetzen. Es ist aber kein Problem, all die Infos zum GPS-System selbst, und den Grundlagen der Navigation mit den GPS-„Handys" auf größere, fest installierte Anlagen zu übertragen (z. B. in Booten, Flugzeugen etc.).

Fest installierte Fahrzeug-Navigations-Systeme muss man allerdings hierbei ausklammern, da der GPS-Part bei diesen nur ein Teil des Gesamt-Systems darstellt.

Bei den „richtigen" Fahrzeug-„Navis" spielen Informationen von den Raddrehzahl-, Gyro-Sensoren und dem Lenkwinkel eine wesentlich größere Rolle, als das GPS selbst. Dieses dient v. a. zur Initialisierung des Gesamt-Systems, dem Abgleich der Sensoren und der Positions-Bestimmung abseits den digitalisierten Karten („Off-Road").

Deshalb ist bei diesen Systemen eine Positions-Anzeige in Tiefgaragen, Tunnels oder allgemein schlechten Empfangs-Verhältnissen ebenfalls gegeben, während ein Handgerät in diesen Fällen „aussteigt" oder für eine gewisse Zeit „Dead Reckoning" betreibt (= Koppel-Navigation mit der letzten bekannten Geschwindigkeit und Bewegungs-Richtung). Außerdem verfügen diese standardmäßig über TMC, womit dynamisches Routing in Abhängigkeit von Stau-Meldungen ermöglicht wird.

Obwohl ich versuche die einzelnen Themen nach bestem Wissen darzustellen, kann nicht ausgeschlossen werden, dass sich an der einen oder anderen Stelle doch das „Fehler-Teufelchen" eingeschlichen hat. Alle Angaben daher ohne Gewähr.

Ein GPS-Gerät lässt sich sehr vielseitig einsetzen, wie beispielsweise hier beim Gleitschirm-Fliegen

GPSmap76S der Fa. Garmin
(Bild: www.garmin.de)

Das NAVSTAR - Gesamtsystem

Was ist überhaupt GPS?

Für Leute denen diese Kürzel überhaupt nichts oder nicht sehr viel sagen, folgende kurze Erklärung:

GPS = **G**lobal **P**ositioning **S**ystem

Es ist ein, vom Verteidigungsministerium der Vereinigten Staaten von Amerika (USA) betriebenes, satellitengestütztes, sehr leistungsfähiges elektronisches Navigationswerkzeug für den weltweiten Einsatz; kurz gesagt Satelliten-Navigation, oder eben einfach nur: GPS.

Der Entwicklungsbeginn war 1973, 1986 erfolgte wegen des Absturzes der Raumfähre Challenger beim Start eine Verzögerung (diese sollte eigentlich einige GPS-Satelliten ins Weltall befördern), 1991 war dann während des Golfkrieges die erste Bewährungsprobe, und seit April 1995 steht die volle und uneingeschränkte Einsatzfähigkeit des Systems zur Verfügung.

Mit einem GPS-Empfänger kann zu jeder Zeit sehr schnell eine Positions-Bestimmung mit einer bisher unerreichten Genauigkeit durchgeführt werden.
Zudem kann sehr präzise die Geschwindigkeit des Empfängers bestimmt werden, d. h. die Geschwindigkeit des betreffenden Verkehrsmittels, mit dem man gerade unterwegs ist.
Weiterhin dessen konkrete Bewegungs-Richtung in Bezug zur Erde. Dies kann schon als einzigartig bezeichnet werden.

Vorteile eines GPS - Gerätes

Insgesamt bietet uns ein GPS-Gerät die folgenden Vorteile:

- Weltweite, kontinuierliche Verfügbarkeit.
- Jederzeit schnelle, präzise Positions-Bestimmung in Echtzeit, d. h. das Ergebnis liegt sofort vor.
- Die Genauigkeit der Positions-Bestimmung liegt innerhalb eines Kreises von 10 bis 15 Metern ∅.
- Ermöglicht vereinfachte und schnelle Navigation mit bisher nicht vorstellbarer Präzision.
- Unabhängig von Witterungseinflüssen, schlechter Sicht (Regen, Schneefall, Nebel, ...), Nacht.
- Kostenlose und anmeldefreie Nutzung für zivile Anwender.
- Anzahl der Nutzer ist unbegrenzt.
- Sicherheits- und Zeitgewinn in Notfällen (Unfall, Nebel, Wettersturz, also wenn der Faktor Zeit an Bedeutung gewinnt).

Das Funktionsprinzip – Allgemeines

Bitte sich jetzt nicht von den nachfolgenden technischen Einzelheiten abschrecken lassen ein GPS-Gerät einzusetzen oder weiter zu lesen, zum praktischen Einsatz kommen wir ja gleich.

Für den realen Gebrauch muss man dies auch gar nicht alles im Detail wissen, aber mit etwas Hintergrundinformationen kann das Gerät in der Praxis dann doch wirkungsvoller eingesetzt werden, vor allem unter schwierigeren Empfangsbedingungen.

Das GPS-System ist eine phantastische Technologie und bietet grandiose Möglichkeiten, hat aber auch ein paar Nachteile und limitierende Faktoren. Diese sollte man kennen lernen um zu verstehen, warum das Gerät in dieser oder jener Situation nicht das erwartete Ergebnis liefern kann bzw. überhaupt nicht funktioniert, oder dem Berechnungs-ergebnis mit einem gewissen Misstrauen gegenüberstehen sollte bzw. das Ergebnis den Rahmen-Bedingungen ent-sprechend interpretieren muss.

Natürlich kann dieser Abschnitt auch einfach über-sprungen werden. Ich empfehle aber, bei dem Abschnitt *„Voraussetzungen für den Empfang und die Positions-Bestimmung"* wieder „einzusteigen".

Ich möchte jetzt auch nur die prinzipielle Funktionsweise von GPS stark vereinfacht erklären, damit man wenigstens eine grobe Vorstellung darüber bekommt, was dahinter steckt. Im Vordergrund soll ja der praxisorientierte Einsatz stehen.

Wenn wir von GPS reden meinen wie eigentlich konkret das US-amerikanische NAVSTAR-GPS. Dieses Wort steht für **Nav**igation **S**atellite **T**iming and **R**anging.

Neben Navigation und Satellit scheint also noch irgendwie die Zeit (Timing) und die Entfernung (Ranging) eine Rolle zu spielen. Darauf kommen wir noch näher zurück.

Das System besteht aus diesen drei Komponenten:

- Dem **Weltraum-Teil** (*Raum-Segment*):
  Nominell 24 Satelliten.

- Dem **Kontroll-Teil** (*Kontroll-Segment*):
  11 weltweit verteilte Boden-Stationen für Steuerung und Überwachung, davon ist 1 Master-Station.

- Dem **Benutzer-Teil** (*Nutzer-Segment*):
  Beliebig viele GPS-Empfänger weltweit, also das Gerät in unsrer Hand.

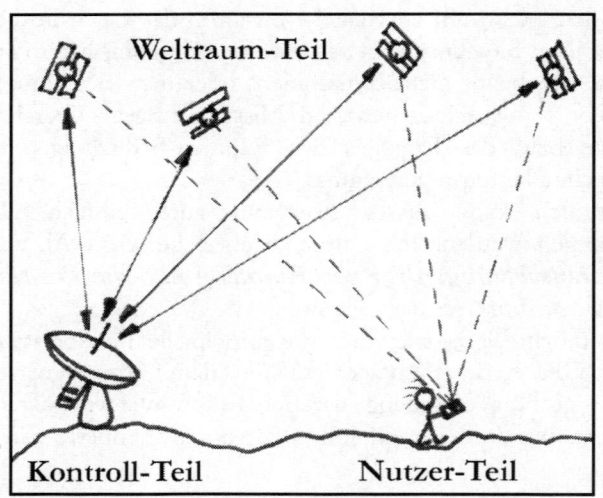

Die drei Komponenten des NAVSTAR GPS - Systems

Die Weltraum - Komponente

Diese besteht aus nominell 24 Satelliten, die zweimal täglich mit einer Geschwindigkeit von ca. 11 200 km/h in etwa 20 200 km Höhe die Erde umkreisen, und permanent Signale aussenden. Um genau zu sein: Der Umlauf eines Satelliten um die Erde dauert 11 Stunden und ·58 Minuten.

Wegen der sehr geringen Sendeleistung der Sats (nur ca. 20 bis 80 Watt je nach Satelliten-Generation) sind diese Signale allerdings recht schwach.
Letztendlich beruht die Positions-Bestimmung auf dem Prinzip der Entfernungsberechnung durch Messung der Laufzeit von Signalen zwischen dem Nutzer und mehreren Bezugspunkten (= den Satelliten), deren Positionen genau bekannt sind (Time and Range, bzw. Zeit und Entfernung).

Sie arbeiten in so großer Höhe, um ein möglichst großes Gebiet mit ihrem Signal abdecken zu können. Sie bewegen sich dort auf 6 genau festgelegten Erdumlaufbahnen, welche um 55° zum Äquator geneigt sind (= Orbital-Planes). Auf jeder dieser Umlaufbahnen sind nominell 4 Sats verteilt. Solarzellen versorgen sie mit Energie. Um exakt die Umlaufbahnen einzuhalten, verfügen sie zur Steuerung über kleine Raketentriebwerke.

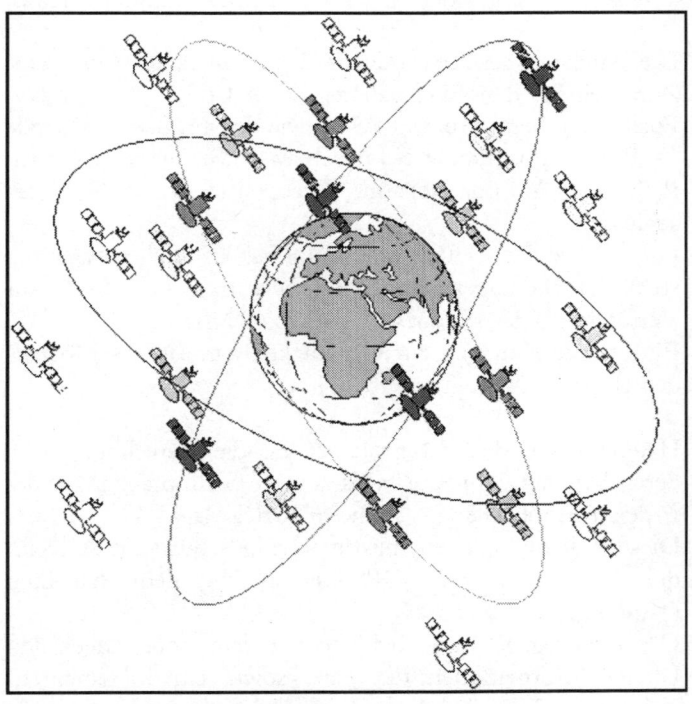

Die Satelliten - Konstellation
24 Sats in 6 Erdumlaufbahnen, in jeder Bahn 4 Satelliten

Im Jahr 1978 wurden die ersten NAVSTAR GPS-Satelliten ins All befördert, und seit April 1995 steht die volle Satelliten-Konstellation mit den 24 Sats zur Verfügung (derzeit sogar ca. 30 SVs (= Space Vehicles); 24 aktiv und 6 zur Reserve).

Kontinuierlich werden altgediente Sats durch modernere und leistungsfähigere Generationen ersetzt. Diese haben u. a. eine höhere Sende-Leistung von etwa 80 Watt (Problem: Energiebedarf an Bord decken). Deshalb schwankt die konkrete Anzahl der „Space Vehicles" immer etwas.

Die Satelliten senden übrigens 2 verschiedene Codes aus. Zum einen den ungenaueren C/A-Code (= Standard Positioning Service bzw. SPS), sowie den präziseren P-Code (= Precise Positioning Service bzw. PPS), manchmal auch P(Y) oder Y-Code genannt. Dieser ist codiert und verschlüsselt.

Für uns zivile Nutzer mit den frei käuflichen Geräten steht nur der ungenauere SPS-Service bzw. C/A-Code zur Verfügung (Trägerfrequenz L1 1575,42 Mhz).

Einige Anmerkungen zur Genauigkeit dann im nachfolgenden Kapitel.

Hauptaufgabe dieser Signale ist es, die Berechnung von deren Laufzeit vom Satellit bis zum GPS-Empfänger auf der Erde zu ermöglichen (= „Time of Arrival").

Diese Zeit multipliziert mit der Lichtgeschwindigkeit ergibt die Entfernung des GPS-Gerätes zu dem Satelliten (= „Range").

Der übertragene Code beinhaltet zudem noch Lage- und Uhrzeit-Informationen der Sats, sowie ein Ionosphären-Zeitverzugs-Modell (in der Ionosphäre treten Laufzeitverzögerungen der Signale auf und sie werden gebrochen).

Getaktet werden die Sat-Signale durch mehrere hochgenaue Atom-Uhren an Bord.

GPS-Satellit in ca. 20 200 km Höhe, deutlich zu sehen die Solar-Zellen zur Energie-Versorgung

Die Kontroll - Komponente

Diese Komponente überwacht und steuert die Satelliten, und versorgt sie zudem mit korrekten Bahn- und Uhrzeit-Informationen.

Sie besteht aus elf festen Boden-Stationen, die über der ganzen Welt verteilt sind. Zehn davon empfangen nur die Satelliten-Daten und übermitteln sie an eine Master-Station weiter.

Von dieser werden die Sats dann gesteuert, deren Daten ggf. korrigiert und mit Informationen versorgt.

Die Benutzer - Komponente

Der Benutzer-Teil besteht nun aus dem GPS-Empfänger in unseren Händen, und uns als Person, also den Wanderer, Bergsteiger, Paddler, Jäger, Piloten, Bootsführer, Autofahrer und und und.

Wie funktioniert jetzt das GPS?

a.) Die Position der Satelliten

Für unser GPS-Gerät ist es wesentlich zwei Dinge zu wissen: Wo sind die Satelliten ganz genau (Location) und wie weit sind diese von ihm entfernt (Distance).

Woher kennt jetzt aber der GPS Empfänger die Position der Satelliten im Weltraum?

Zu diesem Zweck nimmt das Gerät zwei Arten von verschlüsselten Informationen von den Sats auf.

Der eine Code nennt sich „**Almanach-Daten**" und ist quasi der „Satelliten-Fahrplan". Er beinhaltet die ungefähren Positionsdaten der Satelliten im All. Diese Daten werden von jedem Sat alle 12 ½ Minuten ausgesendet und beinhaltet die Infos für alle Sats. Sie werden in bestimmten Zeitabständen aktualisiert und in unserem GPS-Empfänger gespeichert. Die Almanach-Daten sind für ca. 3 Monate aktuell. So weiß das Gerät innerhalb diesem Zeitraum zu jeder Zeit und für jeden Ort die Umlaufbahnen der Satelliten, und wo sich jeder einzelne befinden müsste. Beim Einschalten des Gerätes werden diese Sats dann „angezapft".

Jeder der Satelliten könnte aber etwas von seiner Bahnkurve abkommen. Deshalb überwachen die Boden-Stationen ständig deren Flugbahn, Höhe, Position und Geschwindigkeit.

Die Master-Station sendet dann ggf. Korrektur-Daten zu dem betreffenden Sat.

Diese korrigierten und ganz exakten Positionsdaten heißen „**Ephemeris-Daten**", und haben ca. 4 bis 6 Stunden Gültigkeit. Sie werden von den Sats alle 30 Sekunden übertragen, wobei die Übermittlungsdauer 18 Sekunden beträgt. Allerdings übermittelt jeder Sat nur seine ganz „persönlichen" Daten, nicht aber die seiner „Kollegen".

Der von den Satelliten ausgesendete Code enthält also auch diese Informationen, und wird an unseren GPS-Empfänger übermittelt.

Mit den Almanach- und Ephemeris-Daten kennt nun unser Gerät von allen Satelliten zu jedem Zeitpunkt den ganz exakten Aufenthaltsort (Position bzw. Location).

b.) Die Zeit ist das Wesentliche

Jetzt spielt aber noch die Zeit eine große Rolle. Obwohl jetzt das GPS-Gerät die genaue Position der Satelliten kennt, benötigt es noch die Information, wie weit diese von ihm entfernt sind, um nun seine Position auf der Erde bestimmen zu können (exakte Entfernung zu jedem einzelnen Sat). Das ist jetzt aber relativ einfach:

Die Geschwindigkeit V des Satellitensignals multipliziert mit der Übermittlungszeit T ergibt die Entfernung D, also
V [m/s] x T [s] = D [m]
Die Geschwindigkeit der Funksignale ist bekannt. Sie ist wie bei elektromagnetischen Wellen die Lichtgeschwindigkeit, also ca. 300 000 km/s. Beim Durchtritt durch die Erdatmosphäre werden sie jedoch etwas verzögert. Zunächst muss aber der GPS-Empfänger erst noch die Zeit in dieser Gleichung bestimmen („Time of Arrival").

Die Lösung liegt wiederum im Code der ausgesendeten Satelliten-Signale verborgen. Dieser Code nennt sich „Pseudo-Random-Code" (also Pseudo-„Zufalls"-Code). Wenn ein Satellit diesen Random-Code erzeugt, erzeugt der GPS-Empfänger den gleichen Code, und versucht diesen dann mit dem Code des Sats abzugleichen. Der Empfänger vergleicht die beiden Codes, um deren Zeitverzug zu bestimmen.

Dieser Zeitversatz multipliziert mit der Lichtgeschwindigkeit, unter Berücksichtigung der Laufzeitveränderung der Funk-Signale in der Ionos- und Troposphäre, ergibt die gesuchte Entfernung.

Allerdings kann die Uhr im Empfänger nicht annähernd so genau sein, wie die hochpräzisen Atom-Uhren der Satelliten (wegen Größe und Kosten; GPS-Geräte verwenden z. B. quarzstabilisierte Oszillatoren).

Deshalb muss jede Entfernungsberechnung nochmals korrigiert werden, um diesem internen Uhren-Fehler des GPS-Empfängers („Internal Clock Error") Rechnung zu tragen. Aus diesem Grund wird die Abstands-Messung als „Pseudo-Abstand" (Pseudo-Range) bezeichnet.

Um eine Positions-Bestimmung durchzuführen die auf Pseudo-Range Daten basiert (z. B. bei den handelsüblichen GPS-Geräten), sind mindestens 4 Satelliten zu verfolgen und deren Lage muss so lange berechnet werden, bis der Uhren-Fehler verschwindet.

Um sich eine grobe Vorstellung machen zu können: Die Laufzeit der Sat-Signale bis zur Erde liegt in der Größenordnung von etwa 7-hundertstel Sekunden (genauer gesagt ca. 0,067 Sekunden bzw. 67 Milli-Sekunden [ms]). Eine hundertstel Sekunde (1/100 sec) entspricht einer zurückgelegten Entfernung von ca. 3000 Kilometern. Eine Mikro-Sekunde [us], also der 1-millionste Teil einer Sekunde, entspricht einer Entfernung von ca. 300 Metern.

Daher ist es schon beeindruckend, mit welcher Präzision die eigene Position auf 5 oder 10 Meter genau berechnet werden kann.

c.) Die eigentliche Positions-Bestimmung

Nachdem nun der GPS Empfänger die Satelliten-Standorte ermittelt und die Entfernungen dorthin bestimmt hat, kann er eine Positions-Bestimmung durchführen.
Dafür sind jetzt mindestens 3 Satelliten erforderlich. Für das räumliche Vorstellungsvermögen wird es jetzt etwas schwieriger.

Wird der erste Sat in Entfernung d1 angezapft, liegt unser möglicher Standort auf der Oberfläche einer imaginären Kugel, mit dem Satelliten im Zentrum.
Wird noch ein 2-ter Sat in Entfernung d2 herangezogen, durchkreuzt nun diese Kugel die erste Kugel. Dabei ergibt sich bei der Durchdringung auf deren Oberflächen ein gemeinsamer Kreis (= Schnittmenge). Dieser Kreis ist nun unser eingegrenzter möglicher Aufenthaltsort.
Wird noch ein 3-ter Sat in Entfernung d3 herangezogen, ergeben die 3 Kugeloberflächen 2 gemeinsame Schnittpunkte – einer davon ist nun unser Standort.
Diese beiden möglichen Positionen unterscheiden sich jedoch sowohl von in ihrer geographischen Lage, als auch der Höhe ganz erheblich. In der Praxis ist der 2-te Schnittpunkt zwar ein mathematisch möglicher, aber geographisch unrealer Standort.

Würde unser GPS-Empfänger über eine perfekt präzise Uhr verfügen, könnte er uns nun ganz genau seinen Standort verraten. Aber wie weiter oben schon unter „Uhrenfehler" erwähnt, hat er diese perfekte Uhr nicht.
Die Satelliten sind mit hochpräzisen Atomuhren ausgerüstet, die dieser perfekt präzisen Uhr schon sehr nahe kommen.

Die Uhren der GPS-Empfänger dagegen sind relativ primitiv und ähneln in ihrer Technik eher den preiswerten digitalen Armband-Uhren.

Deshalb zieht unser GPS-Gerät noch einen weiteren, 4-ten Satelliten in der Entfernung d4 für die Berechnung hinzu, um die Uhrzeit im Empfänger synchronisieren zu können. Dazu verschiebt er die Zeitberechnung so lange hin- und her, bis sich all diese fiktiven Kugeloberflächen um die Sats an einem gemeinsamen Punkt schneiden.

Jetzt ist unser GPS-Empfänger in der Lage, eine 3-dimensionale Position bestimmen zu können (= „3D"-Nav; geographische Länge und Breite, sowie die Höhe). Für jede Dimension im Raum wird also ein Satellit benötigt, sowie einer für den Abgleich der Zeit.

Eine derartige Positions-Bestimmung mit mindestens 4 verwertbaren Sats, sollte von uns möglichst stets angestrebt werden.

Was mit „verwertbar" gemeint ist, dazu später mehr in dem Kapitel *„**Genauigkeit des GPS-Systems**"* im Abschnitt *„**Einfluss auf die Genauigkeit und den Empfang**"* unter *„**Geometrische Verteilung der Sats**"*.

Für eine 2-dimensionale Positions-Bestimmung (= „2D"-Nav; geographische Länge und Breite, aber <u>ohne</u> Höhen-Info) genügt prinzipiell der Empfang von nur 3 Satelliten (2 Sats für die Dimensionen im Raum und einer für die Korrektur der Zeit).

Ist die eigene Höhe bekannt, kann der GPS-Empfänger die erforderliche Anzahl Sats um einen reduzieren. Dann nämlich wird der Mittelpunkt der Erde gewissermaßen als „Ersatz-Satellit" herangezogen. Die Entfernung vom Mittelpunkt der Erde, genauer gesagt dem Erdschwerpunkt, bis zum eigenen Standort irgendwo auf dem Ellipsoid-Modell WGS 84, ist dann der Erdradius plus unsere Höhe über dem Elliposid.

Deshalb kann bei manchen Empfängern im 2D-Status eine Höhen-Info eingegeben werden bzw. wird gezielt nach der Höhe gefragt, weil damit die Genauigkeit der 2D-Positions-Bestimmung (2D-Fix) verbessert werden kann. Aufgrund der geometrischen Gegebenheiten hat nämlich die Kenntnis der Höhe durchaus Einfluss auf die Genauigkeit der horizontalen bzw. 2-dimensionalen Positions-Bestimmung.

Aber wie schon erwähnt, sollte möglichst versucht werden stets einen 3D-Fix zu erhalten, also der Empfang von mindesten 4 „verwertbaren" Sats.

Konsequenzen für den GPS-Nutzer

Für uns bleibt neben der geringen Sendeleistung festzuhalten, dass es sich hier nicht um geostationäre Sats handelt, wie z. B. bei den Satelliten die Fernsehprogramme ausstrahlen. Diese können ja stets an der gleichen Stelle am Himmel angepeilt werden.

Die GPS-Sats dagegen flitzen für uns Nutzer quasi permanent chaotisch kreuz und quer über den Himmel und es verändert sich von Minute zu Minute ihre Position. Wie geschildert läuft dies zwar technisch auf geordneten Umlaufbahnen ab, aber für uns erscheint dies eher als chaotisch und zufällig. Dadurch ergibt sich eine, sich ständig verändernde Abdeckung und Verteilung der Satelliten am Himmel.

Hierzu auf den nächsten beiden Seiten ein ganz konkretes Beispiel. Ausgangssituation ist die Satelliten-Verteilung zu einem Zeitpunkt „X" an einem ganz bestimmten Ort. Das darauf folgende Bild zeigt dann die zurückgelegte Satelliten-Bewegung auf den Umlaufbahnen innerhalb von nur 1 ½ Stunden und der daraus resultierenden neuen Sat-Konstellation.

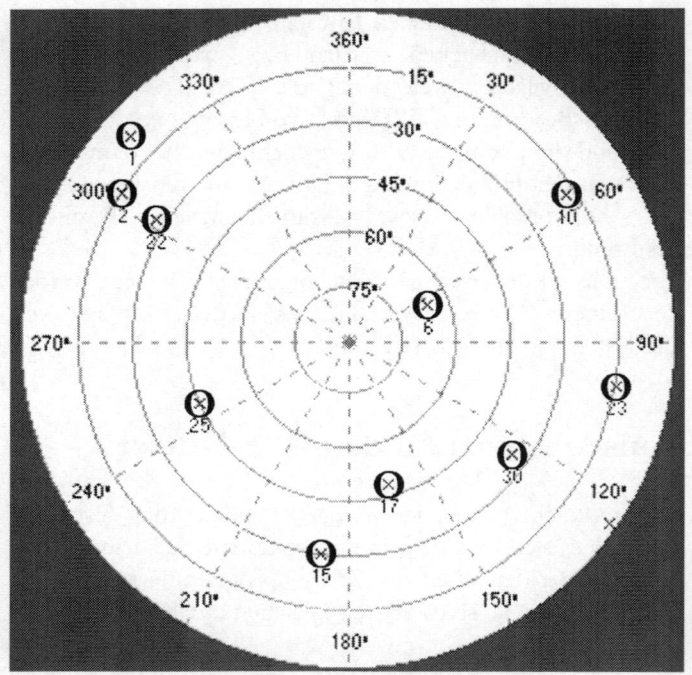

Satelliten-Verteilung am Himmel zum Zeitpunkt „X"

Die Grafik entspricht der „Satelliten Status Seite" unserer Geräte.
Eine ausführliche Erklärung zu dieser im nächsten Kapitel.
Insgesamt wären in diesem Moment 10 Satelliten verfügbar.
Das sind die kleinen Kreuze (= x) mit „Kringel" und einer Zahl dran.
Die Zahlen sind die Ident-Nummern der einzelnen Sats.
Wie die Sat-Verteilung dann 1,5 Stunden später aussieht, ist inkl.
den zurückgelegten Bewegungsbahnen, im nächsten Bild dargestellt.

Anmerkung:
Der äußere Kreis repräsentiert den waagrechten Horizont (0°), und der
Punkt in der Mitte ist genau über unserem Kopf, der Zenit, also 90°
zum Horizont bzw. direkt über uns.
Die inneren Kreise repräsentieren die Lage
zwischen dem Horizont und dem Zenit.

Kapitel: Das NAVSTAR-Gesamtsystem

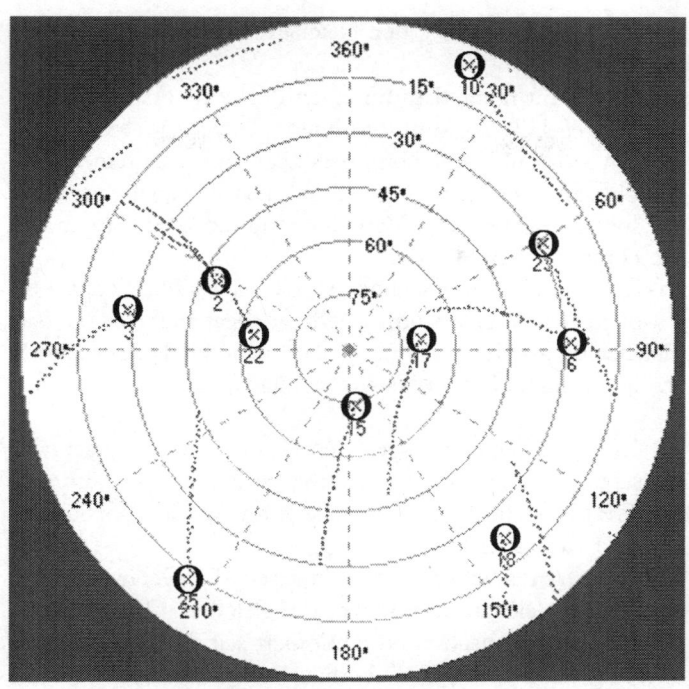

Satelliten-Verteilung am Himmel 1,5 Stunden später

Gut zu sehen, wie sich die Sats auf ihren festen Umlaufbahnen
(Orbital-Planes) in nur 1 ½ Stunden fortbewegt haben.
In dieser Zeit sind Sats aus dem Empfangsbereich
entschwunden, andere dafür hinzugekommen.
Die Flugbahnen selbst wirken auf uns etwas
wirr durcheinander, eben „chaotisch".

Damit ist erklärbar, warum bei ungünstiger Empfangslage
(z. B. im Wald, in Häuserschluchten, im Gebirge, ...) an einer
bestimmten Stelle zum Zeitpunkt „X" eine Positions-
Bestimmung problemlos zu bekommen war, zum Zeitpunkt

„Y" dagegen an exakt der gleichen Stelle überhaupt kein Empfang.

Hinzu kommt noch, dass für einen Positions-Fix mindestens 3, im Regelfall sogar 4 Satelliten gleichzeitig empfangen werden müssen. Dabei kommt es aber nicht nur rein auf die Anzahl an, sondern diese Sats müssen auch in einer günstigen geometrische Verteilung für unseren Empfänger am Himmel zu „sehen" sein.

In freiem offenem Gelände ist dies alles überhaupt kein Problem (heutzutage sind manchmal sogar mehr als 12 Sats gleichzeitig zu empfangen), aber eben unter den geschilderten ungünstigen Empfangs-Bedingungen.

Deshalb sind aus den dargelegten Gründen auch vorschnelle pauschale Urteile über die Empfangsleistung von bestimmten GPS-Modellen oder Herstellern mit großer Vorsicht zu tätigen bzw. zu werten.

Bei Vergleichen untereinander müssen die Geräte mindestens zum gleichen Zeitpunkt am gleichen Ort betrieben werden und identisch vorkonditioniert sein (z. B. kompletter aktueller Almanach), um überhaupt eine Aussage über die Tendenz machen zu können. Dabei weiterhin ggf. unterschiedliche Antennen-Konzepte beachten (=> optimale Haltung des Gerätes beim Betrieb). Auf diese Punkte kommen wir aber noch einzeln zu sprechen. Allerdings scheint es doch gewisse fertigungsbedingte Serien-Streuungen hinsichtlich der Empfangsleistung innerhalb des exakt gleichen Geräte-Modells eines Herstellers zu geben. Doch dies nur nebenbei bemerkt.

Mit so einem winzigen GPS-Empfänger halten wir also nicht bloß ein „simples" Gerät ähnlich einem Radio in unseren Händen, das ein „fertiges" Positions-Signal von den Satelliten erhält und nur zur Anzeige bringen muss, sondern ein im Prinzip zwar kleines, aber sehr leistungsfähiges Rechenmaschinchen.

Über recht aufwendige Rechenalgorithmen führt es mittels Iteration anhand der zuletzt abgespeicherten Position, den empfangenen diversen Satelliten-Signalen (C/A-Code, Almanach-Daten („Satelliten-Fahrplan"), Ephemeriden) und Zeitgleichungen ohne viel eigene Kenntnisse sehr rasch eine recht präzise Positions-Bestimmung durch. Dies birgt natürlich auch Gefahren.

Wenn man bedenkt:
Zu Beginn der Satelliten-Navigation (ca. 1966; damals System „Transit" mit 6 Sats) kostete ein GPS-Gerät weit über 50 000 Euro (von Größe und Stromverbrauch ganz zu schweigen), eine Positions-Bestimmung dauerte ca. 15 Minuten und war nur alle 60 bis 90 Minuten möglich, oft aber auch nur alle 5 bis 7 Stunden, die ungefähre Position musste grob bekannt sein und noch einige andere Parameter mehr. Welch eine phantastische Entwicklung also zum heutigen NAVSTAR GPS-System!!!

Wer sich noch intensiver mit der Funktionsweise des GPS-Systems auseinandersetzen möchte, dem seien die fundierten, aber leicht verständlichen Ausführungen von Michael Wößner im Internet unter www.kowoma.de/gps empfohlen.

Der GPS-Empfänger/Allgemeines

Einschalten des GPS-Gerätes – was passiert?
(von Kaltstart, Warmstart und Initialisierung)

Wer bereits ein Gerät besitzt, dem ist vermutlich schon aufgefallen, dass die Zeitdauer vom Einschalten des GPS bis zur ersten Positions-Berechnung manchmal recht unterschiedlich lang ausfällt. Warum?
Zunächst lädt das GPS automatisch seine interne Software und macht einen Selbst-Test. Das dauert grob gesagt ca. 10 bis 15 Sekunden. Dieser Wert kann natürlich je nach Gerät unterschiedlich ausfallen. Daher die Info nur als pauschalen Anhaltspunkt betrachten. An dieser Zeitdauer können wir selbstverständlich nicht „schrauben".
Danach geht das GPS auf Satelliten-Suche. Es erscheint eine Meldung auf dem Display wie z. B. „Satelliten erfassen" bzw. engl. „Acquiring Satellites".

Wie schon im letzten Kapitel erwähnt, empfängt und speichert unser GPS-Gerät 2 verschiedene Arten von Daten ab. Zum einen die **Almanach-Daten** (= „Satelliten-Fahrplan", d. h. die ungefähren Positionsdaten der Sats im All; diese Daten sind etwa 3 Monate aktuell; der Empfang des kompletten Datensatzes dauert 12 ½ Minuten, falls der Almanach im Gerät veraltet bzw. nicht vorhanden sein sollte (z. B. durch einen Geräte-Reset)),
und zum anderen die **Ephemeris-Daten** (= exakte Bahndaten der jeweils empfangen Sats; Gültigkeit ca. 4-6 Stunden; die Übermittlung dauert 18 Sekunden und wird alle 30 Sekunden wiederholt).
Diese Ephemeris Daten benutzt unser Gerät um die Position bestimmen zu können, während es die Almanach-Daten

benötigt um auszuwählen, nach welchen Sats es Ausschau halten muss.

Wenn nun das Gerät eingeschaltet wird, ist in den meisten Fällen nach dem automatischen Laden der Betriebssoftware die „Satelliten-Status Seite" zu sehen. Dabei werden wir bei vielen Empfängern hellen und dunklen Balken begegnen. Was es mit dieser Seite bzw. den unterschiedlich gefärbten Balken auf sich hat, im Anschluss an diesen Abschnitt.

Kalt- und Warmstart

Wird der Empfänger jedoch längere Zeit nicht benützt, sind die Ephemeris-Daten der einzelnen Sats nicht mehr aktuell, d. h die exakten Positions- und Bahndaten sind veraltet, der Empfänger ist dann „kalt".

Bei einem „kalten" Gerät dauert die Erfassung der Satelliten, und damit die erste neue Positions-Bestimmung länger (= Acquisition; Meldung „Acquiring Sats" bzw. „Satelliten erfassen" o. ä.).

Nach der erfolgreichen Ortung der vorhandenen Sats am Himmel anhand der Almanach-Daten (die erforderliche Zeitdauer dafür nimmt mit dem Alter dieser Daten zu), müssen zunächst erneut die Ephemeris-Daten von mindestens 3 „verwertbaren" Satelliten „eingesammelt" werden. Dann erst kann die neuerliche Berechnung der Position erfolgen.

Ein Empfänger macht dagegen einen „Warmstart", wenn die gesammelten Ephemeris-Daten nicht länger als 4 bis 6 Stunden zurückliegen, und die jeweiligen Sats noch empfangen werden können(!). Die erste Berechnung der Position (Fix) erfolgt mit einem „warmen" Gerät erheblich schneller. Im Idealfall erfolgt eine erneute Positions-Bestimmung bereits 15 bis 20 Sekunden nach dem Einschalten des Gerätes.

Wie schon erwähnt, werden diese Ephemeris-Daten von jedem Sat alle 30 Sekunden ausgesendet, wobei die Übertragung 18 Sekunden beträgt. Nach spätestens 48 Sekunden sind diese Daten also im „Kasten", und sind dann ca. 4 bis 6 Stunden aktuell. Diese Ephemeris-Daten beziehen sich jedoch nur auf den jeweils aussendenden Sat.

Sowohl für einen Kalt-, als natürlich erst recht für einen Warmstart, sind gültige Almanach-Daten Voraussetzung.

Initialisierung

Beim Hersteller wurde das Gerät mit einer Position und Almanach-Daten gefüttert. Damit ist das Gerät bei der ersten Inbetriebnahme in der Lage nach Satelliten zu suchen und den Rechenprozess zu beginnen.

Wir haben ja schon gehört, dass ein GPS-Empfänger im Prinzip „nur" ein sehr leistungsfähiges Rechenmaschinchen ist, das über recht aufwendige Rechenalgorithmen mittels Iteration anhand der zuletzt abgespeicherten Position und den empfangenen diversen Satelliten-Signalen (C/A-Code, Almanach-Daten, Ephemeriden) die Positions-Bestimmung durchführt.

Ist jedoch die momentane eigene Position sehr weit von der eingespeicherten Position entfernt, was für das Herstellerwerk ja zutreffen dürfte, würde die erste Positions-Bestimmung relativ lange dauern. Das Gerät sucht dann nach Satelliten, die es gar nicht empfangen kann. Zudem sind manchmal die Almanach-Daten schon längst veraltet. Der Empfänger „klappert" dann den Himmel nach Sats ab, um sich aus deren Daten behelfsmäßig ein Bild von der momentanen Situation machen zu können.

Diese Erst-Initialisierung dauert z. B. bei den Handgeräten der Fa. Garmin ca. 5 Minuten.

Um diesen Vorgang abzukürzen und dem Gerät die Arbeit zu erleichtern, kann über ein Menü der ungefähre momentane Standort mittels einer Länderauswahlliste oder der eingespeicherten Landkarte (= Basemap, wenn der Empfänger darüber verfügen sollte) vorgegeben werden. Es wird also dem Gerät die geographische Region mitgeteilt. Dabei genügt die ungefähre Lage vollkommen, auf ein paar hundert Kilometer hin- oder her kommt es dabei nicht an. Damit wird das Gerät initialisiert und die erste Positions-Bestimmung dauert nur noch ca. 2 Minuten.

Die GPS-Geräte erkennen jedoch nach dem Einschalten in der Regel selbst nach kurzer Zeit, dass eine Initialisierung sinnvoll wäre bzw. erforderlich ist, und blenden deshalb bei der ersten Inbetriebnahme automatisch das Menü „EZinit" (Erst-Initialisierung) ein.

Jetzt kann ausgewählt werden, ob sich das Gerät selber zurechtfinden soll („Autolocate"), ob eine Position über die Auswahl des Landes, in dem man sich momentan befindet vorgegeben wird (je nach Modell über eine Länderauswahlliste oder der integrierten Basemap), oder ob sich das Gerät an einem Ort befindet, bei dem kein Sat-Empfang möglich ist (z. B. in einem Gebäude; dazu weiter unten noch ein paar Infos).

Ich erwähne dies hier so ausführlich, weil der unbedarfte Nutzer vermutlich beim ersten Kontakt mit seinem neuen Empfänger unerwarteter Weise sofort damit konfrontiert wird.

Eine Initialisierung wird jedoch nicht nur ggf. bei der Erstinbetriebnahme erforderlich, sondern auch unter folgenden Umständen:

- Erste Inbetriebnahme nach dem Verlassen des Hersteller-Werkes.
- Bei einer Positions-Veränderung von deutlich mehr als 800km Luftlinie seit der letzten Positions-Bestimmung bei ausgeschaltetem Gerät (z. B. anderer Kontinent).

- Wenn der Empfängerspeicher so gelöscht wird, dass alle Daten verloren sind (totaler Reset/Master-Rest; keine Almanach Daten mehr vorhanden).

- Wenn die letzte Positions-Bestimmung bei ausgeschaltetem Empfänger mehrere Wochen oder Monate zurückliegt (Almanach Daten absolut nicht mehr aktuell).

- Übrigens werden alle 12 ½ Minuten die kompletten Almanach Daten ausgestrahlt, und in bestimmten Zeitabständen aktualisiert.

  Von Zeit zu Zeit sollte daher das GPS-Gerät, ohne(!) Unterbrechung des Sat-Empfangs durch Abschattung o. ä., für mindestens 15 bis 30 Minuten in Betrieb genommen werden, damit es nicht bei jedem Einschalten erst mal den Himmel nach Sats „abklappern" muss. Zukünftig erfolgt dann die erste Positions-Bestimmung wesentlich schneller. Weiterhin wird bei „Outdoor"-Aktivitäten nicht unnötig Batteriestrom verbraucht. Die Almanach-Daten sind für ca. 3 Monate aktuell. Trotzdem nimmt der Zeitbedarf für die erste Positions-Bestimmung mit zunehmendem Alter der Almanach-Daten kontinuierlich zu.

Nach der Initialisierung berechnet das Gerät beim Wiedereinschalten die Position üblicherweise innerhalb von 2 Minuten.

Wenn das Gerät in geschlossenen Räumen in Betrieb genommen wird, oder allgemein der Empfang bei der Satellitensuche durch Abschattung nicht möglich ist, wird ebenfalls die Aufforderung zum Initialisieren eingeblendet. Um ungestört am PC zu Hause Daten austauschen zu können, verfügen die Geräte deshalb auch über die wählbare Betriebsart „Simulation".

Der Satelliten-Empfangsteil wird damit außer Betrieb gesetzt. Bei manchen Geräten kann dieser Betriebszustand auch „GPS Off", „Demo Mode", „Indoors" o. ä. heißen. Übrigens wird dabei auch erheblich Batteriestrom gespart.

Da also die erforderliche Zeitdauer für die erste Positions-Berechnung nach dem Einschalten von der „Vorgeschichte" bzw. der Konditionierung des Empfängers abhängig ist, geben die Hersteller in den technischen Angaben zu den Geräten die Werte hierfür differenziert nach Initialisierung (Autolocate), Warm- und Kaltstart an. Jede weitere Positions-Bestimmung erfolgt dann üblicherweise im Sekunden-Takt (Normal-Modus).

Werden manche Geräte über einen längeren Zeitraum ohne eingelegte Batterien gelagert, läuft die interne Uhr nicht weiter. Dann ist Datum/Uhrzeit beim Einschalten natürlich falsch, und der Empfänger sucht den Himmel nach nicht vorhandenen Sats ab. Diese Geräte verfügen deshalb häufig im Menü auf der Satelliten-Seite über den Punkt „Stored without Batteries" bzw. „Gelagert ohne Batterien", falls die Warnmeldung „Poor Satellite Reception" (kein Satelliten-Empfang) erscheinen sollte. Damit wird dann veranlasst, dass das Gerät den ganzen Himmel nach Sats absucht, bis die erforderlichen Daten wieder empfangen sind.

Die Satelliten-Status Seite/ GPS Informations-Seite

Sie gibt uns zuverlässig Auskunft darüber, wie es um die Empfangsverhältnisse bestellt ist. Für mich ist es die wichtigste Anzeige des GPS-Gerätes überhaupt. Auf ihr kann ich die Güte einer Positions-Bestimmung sehr gut abschätzen und ggf. Maßnahmen ergreifen, z. B. wird ein Sat durch ein Hindernis verdeckt (Abschattung) und kann ich durch die Wahl eines anderen Standortes diese Situation verbessern. Was gibt es also jetzt so Geheimnisvolles darauf zu sehen?

Die Basis der Grafik bilden 2 Kreise mit einem Punkt in der Mitte. Damit wird quasi der Himmel über uns nachgebildet.

Der äußere Kreis repräsentiert dabei den waagrechten Horizont (0°), und der Punkt in der Mitte ist genau über unserem Kopf, der Zenit, also 90° zum Horizont.

Der innere Kreis repräsentiert eine Lage von 45°, liegt also genau zwischen dem Horizont und dem Zenit, unserem Kopf. Diese Winkelangabe, die Höhe über dem Horizont, wird manchmal auch als „Elevation" bezeichnet.

Anmerkung:

Dieses „Elevation" bitte jetzt aber nicht mit der berechneten GPS-Höhe unseres Gerätes verwechseln, die im Englischen ebenfalls häufig mit Elevation bezeichnet wird.

Die Satelliten-Status Seite

Alle verfügbaren Sats sind gemäß ihrer Position am Himmel aufgetragen. Sats die empfangen werden sind schwarz, der graue Balken zeigt, dass der Sat mit der ID06 momentan „angezapft" wird. Nicht empfangen werden die beiden Sats mit der ID 10 u. 23.

(eTrex Vista der Fa. Garmin)

Die Kreise selbst sind standardmäßig wie die klassische Kompass-Rose ausgerichtet, d. h. „oben" zeigt in Richtung Norden (= 0° bzw. 360°), 90° im Uhrzeigersinn zeigt nach Osten, 180° nach Süden und 270° nach Westen. Diese Winkelangabe in Bezug zu geographisch Nord wird als „Azimut" bezeichnet, aber dies nur nebenbei bemerkt.

Bei manchen Empfängern kann die Ausrichtung dieser Kompass-Rose außerdem wahlweise nach der eigenen Bewegungsrichtung erfolgen (= „Track"-orientiert), das ist recht praktisch. Dann liegt die momentan eigene Bewegungs-Richtung immer „oben". Die Lage der Nord-Richtung wird auf jeden Fall am äußeren Kreis eindeutig gekennzeichnet. Bei dieser Einstellung (meine Empfehlung) kann leichter festgestellt werden, wo sich welcher Sat über uns befindet, welche Sats ggf. durch Abschattung nicht empfangen werden können, und zusätzlich gibt es noch eine grobe Angabe darüber, in welche Richtung wir uns fortbewegen. Aber jetzt habe ich schon etwas vorgegriffen.

Über die Kreisfläche wild verteilt sind Zahlen (bei manchen Geräten auch eingekreist dargestellt). Das sind die momentan am Himmel verfügbaren Sats.
Die Verteilung ergibt sich aus dem Almanach (= „Satelliten-Fahrplan"), den unser Gerät ja speichert. Nimmt man sich ein paar Minuten Zeit wird ersichtlich, dass sich die Zahlen relativ flott vorwärts bewegen. Die Zahlen selbst sind die eindeutigen Ident-Nummern der einzelnen Sats. Diese Sats versucht nun unser Gerät zu empfangen.
Zusätzlich zu der Kreisfläche sieht man diverse Balken, welche über die Ident-Nummern (IDs) konkret den Sats zugeordnet sind. Die Höhe der Balken gibt die Eingangs-signalstärke an, also wie stark unser Gerät das jeweilige Sat-Signal empfangen kann.
Empfängt das Gerät jetzt einen Sat, ist der betreffende Balken zunächst grau. Das bedeutet, dass sich unsere Empfänger nun die genauen Bahndaten dieses Sats „saugt" (= Ephemeris-Daten). Ist dies abgeschlossen wird der Balken schwarz und wird zur Berechnung der Position herangezogen.

Der Empfang von DGPS (entsprechendes Zusatzgerät vorausgesetzt) oder der Empfang von WAAS/EGNOS

Korrektur-Signalen (sofern Funktion aktiviert), wird bei den Garmin Empfängern durch ein „D" bei den Signalstärke-Balken angezeigt, sowie einer Status-Meldung wie z. B. 3D-„Differential" oder „DGPS"-Location.

Wird bei den Magellan-Geräten ein WAAS/EGNOS Signal empfangen, wir dies durch ein „W" (= WAAS) angezeigt.

Näheres zu den Begriffen WAAS/EGNOS und DGPS im Kapitel „*Genauigkeit des GPS-Systems*".

Die Satelliten-Status Seite (= GPS Informations-Seite, = „Satellite Page") gibt uns also Auskunft über die Anzahl und Position der momentan verfügbaren Satelliten, welche davon empfangen werden und mit welcher Eingangssignalstärke.

Weiterhin zeigt sie uns, in welcher geometrischen Konstellation sich die empfangenen Sats untereinander befinden. Wie wir im Kapitel „*Genauigkeit des GPS-Systems*" im Abschnitt „*Einfluss auf die Genauigkeit und den Empfang*" unter „*Geometrische Verteilung der Sats*" noch sehen werden, ist dies ein ganz wesentlicher Punkt für die Qualität einer Positions-Bestimmung bzw. beeinflusst in hohem Maße die Genauigkeit.

Technik der GPS-Empfänger

Die meisten modernen Geräte sind 12-Kanal Parallel Empfänger (z. B. PhaseTrac12™; SiRF III), d. h. sie können bis zu 12 Satelliten gleichzeitig zur Positions-Berechnung verarbeiten. Es sind zudem schon vereinzelt 14 u. 16-Kanal Parallel Empfänger auf dem Markt. Aus meiner Sicht sehe ich aber keine wirkliche Notwendigkeit dafür und konkrete Vorteile, zumal sich dies negativ auf den Stromverbrauch auswirken dürfte (schlecht bei Handgeräten im Batteriebetrieb). Mit 14 oder 16 Kanälen erfolgt ein Kaltstart oder eine Initialisierung bis zum ersten Positions-Fix etwas schneller, da gleichzeitig nach 14 bzw. 16 Sats geschaut werden kann. Häufig sind davon 2 Kanäle für WAAS/EGNOS Korrektur-Sats reserviert, so dass mind. 12 Kanäle zur Verfolgung der „normalen" Sats übrig bleiben. Manchmal sind unter guten Bedingungen und entsprechender Konstellation 12 Sats zu empfangen, aber dies ist doch eher selten. In der Praxis ist das mehr an Kanälen kaum von Vorteil, zumal der Einsatz von WAAS/EGNOS bei normalen Outdoor-Aktivitäten keinen Sinn macht, bzw. nicht zu empfehlen ist.

Die früheren 8-Kanal Multiplex Empfänger sind inzwischen technisch veraltet (MultiTrac8™). Bei ihnen konnten max. 8 Satelliten nur <u>nacheinander</u> abgefragt werden (einkanalige Empfänger). Zudem wurde für die Positions-Bestimmung nur 4 der max. 8 möglichen Sats herangezogen. Auch für einen Gebrauchtkauf sind sie nicht mehr empfehlenswert.

Die 12-Kanal Parallel Empfänger sind nicht nur unter schwierigen Empfangs-Bedingungen leistungsfähiger als die älteren Multiplex Geräte (dichtes Blätterdach, Häuser-schluchten etc.), sondern haben noch weitere Vorzüge auf-zuweisen. Besonders empfangsstark sind die SiRF III-Chips. Zudem gehen bei Ihnen alle empfangbaren Sats in die Positions-Berechnung mit ein, also auch mehr als die notwendigen 4 Stück. Das Gleichungssystem ist dann zwar überbestimmt, aber die zusätzlichen Signale werden dazu benutzt, die Genauigkeit noch weiter zu steigern. Weiterhin spielt es dann keine große Rolle, wenn der Emp-fang der diversen Sats teilweise wechselt, z. B. beim Fahren.

Wie schon einmal erwähnt, ist so ein GPS-Gerät kein „simples Radio", das nur ein „fix und fertiges" Positions-Signal von den Sats erhält, sondern ein zwar kleines, aber sehr leistungsfähiges Rechenmaschinchen, ein „richtiger" Computer mit hochwertigem Prozessor.

Grund-Infos der GPS-Geräte

Ein GPS-Empfänger liefert bzw. berechnet prinzipbedingt die folgenden Basis-Informationen:

- Die **Position** in 3 Dimensionen (z. B. in geographischer Länge/Breite und die Höhe).
  Anmerkung:
  Die Höhe (engl. „Altitude" oder „Elevation") bezieht sich dabei prinzipiell auf den WGS 84 Ellipsoiden und nicht auf die Meereshöhe Normal-Null (NN bzw. NHN). Aber es gibt auch Ausnahmen, dazu später im Kapitel *„Genauigkeit des GPS-Systems"* im Abschnitt *„Genauigkeit der Höhen-Info"*.
- Die **Geschwindigkeit** über Grund mit hoher Genauigkeit (engl. Speed bzw. Speed over Ground/SOG oder Ground Speed).
  Anmerkung:
  Die Berechnung erfolgt nicht über die Positions-Änderungen, sondern über den so genannten Doppler-Effekt (Frequenzverschiebung).
  Die Genauigkeit beträgt ca. 0,05 m/s, also ca. 0,18 km/h. Die Geschwindigkeit kann bis weit über 1000 km/h angezeigt werden.
- Die **Bewegungs-Richtung** über Grund (engl. Track; ebenfalls durch Ausnutzung des Doppler-Effektes).
  Anmerkung:
  Seit dem Wegfall der künstlichen Verschlechterung SA (Selective Availability) liefern die modernen 12-Kanal Parallel Empfänger bereits ab einer Geschwindigkeit von ca. 0,2 m/s eine verlässliche Richtungs-Info, also bereits ab weniger als 1 km/h.
- Die **Zeit** bzw. auch das Datum.
  Anmerkung:
  Die Satelliten arbeiten mit ihrer eigenen „GPS-Zeit".

Diese unterscheidet sich aber nur geringfügig (wenige Sekunden) von der gebräuchlichen Weltzeit (= UTC-Zeit). Da die UTC-Zeit gelegentlich mit Schaltsekunden arbeitet, ist sie für das GPS-System unbrauchbar. Die GPS-Empfänger berücksichtigen jedoch diesen Zeitversatz von GPS-Zeit zu UTC, und liefern uns die gewohnte UTC-Weltzeit.

Dieser Versatz ist kein konstanter Faktor, wird aber von den Sats ebenfalls übermittelt. Derzeit (Stand 07/2006) ist die GPS-Zeit der UTC-Zeit um ca. 14 Sekunden voraus.

Die modernen GPS-Geräte können aus diesen vier Grund-Informationen, die im Normalfall im Sekundentakt aktualisiert werden, eine Vielzahl unterschiedlichster Infos berechen, wie z. B. Entfernung und Richtung zum nächsten Wegpunkt, Kurs-Abweichung, Maximalgeschwindigkeit, Durchschnittsgeschwindigkeit, Sonnenauf- und Untergang, Mondphasen und vieles vieles mehr.

Die Geschwindigkeitsangabe ist in der Regel sehr präzise (zur Messung der relativen Geschwindigkeit zwischen GPS-Empfänger und Sat wird der Doppler-Effekt eingesetzt (= Frequenzverschiebung)).

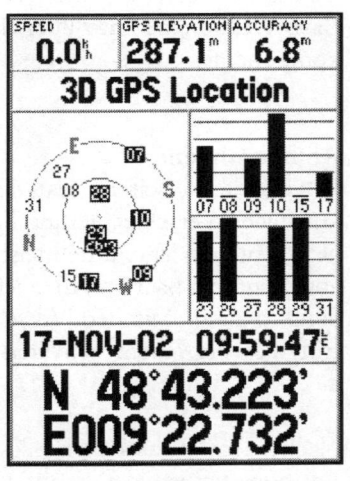

Die vier Grund-Infos eines GPS-Gerätes:

Positions-Koordinaten mit Höhe (Elevation), Geschwindigkeit (Speed), Datum und exakte Uhrzeit. Nicht abgebildet: Info zur Bewegungs-Richtung.

Damit kann z. B. sehr genau der Tachometer eines Fahrzeuges überprüft werden (guter Sat-Empfang vorausgesetzt).

Es wird allerdings in der Regel nur die horizontale Geschwindigkeit ausgewertet. Die vertikale Geschwindigkeit kann nur von einigen wenigen Geräten zusätzlich angezeigt werden, wie beispielsweise speziellen Avionik-Modellen (z. B. Garmin GPS III Pilot, GPSmap96/C), sowie Geräten mit barometrischer Höhenmessung (z. B. Garmin eTrex Summit/Vista(C/x), Geko301, GPSmap60CS(x)/76S/CS(x)) – bei letzteren wird hierfür der Barometerdruck ausgewertet. Inzwischen liefern jedoch auch schon vermehrt einfache Basis-Geräte eine Info über die vertikale Geschwindigkeitskomponente.

Anmerkungen:
In früheren Zeiten, als die sich ständig verändernde künstliche Verschlechterung SA (Selective Availability) noch aktiv gewesen ist, wurde meist eine geringe Geschwindigkeit angezeigt (ein paar km/h), auch wenn man sich ruhig auf der Stelle befand. Mit dem Abschalten der SA am 02.05.2000 tritt dies bei gutem Satelliten-Empfang jedoch nicht mehr auf.

Nach dem Einschalten des Gerätes und dem ersten Positions-Fix ist es zu empfehlen, noch 1 bis 2 Minuten bis zum Ablesen der Positions-Koordinaten zu warten, bis sich ein stabiler Wert einstellt (wegen Berechnung der Position über Iteration; Erfassung möglichst vieler Sats; Kompensierung Uhren-Fehler).

Der GPS-Empfänger – ein passives Gerät

Dies bedeutet, dass die GPS-Satelliten an die Anwender bzw. an unser GPS-Gerät nur senden können, wir Anwender können nur empfangen.
Die GPS-Empfänger sind also nur passiv, d. h. sie selbst können keine Daten aussenden (z. B. Positionen), und die GPS-Sats könnten auch gar keine Daten von uns empfangen.

Wenn nun beispielsweise Speditionen ihre Fahrzeugflotte überwachen, Veranstalter einer Rallye die Teilnehmer kontrollieren, Einsatzfahrzeuge koordiniert werden, die Ortung gestohlener Fahrzeuge oder bei den Tele-Aid-Systemen moderner Luxus-Limousinen, geschieht dies über Zusatzgeräte, welche die vom GPS berechneten Positionen weiter versenden (über Funk, GSM-Handy, über anderweitig satellitengestützte Dienste wie z. B. Inmarsat, ...).

Mit Kombinationsgeräten wie z. B. dem „NavTalk II" von Garmin aus Telefon und GPS-Gerät, bzw. dem „Rino" (Kombination aus Funkgerät und GPS), ist allerdings diese Funktion inzwischen auch bei GPS-Handgeräten in greifbare Nähe gerückt.

Grundsätzlich ist es also nicht möglich ein GPS-Gerät zu orten. Beispielsweise einen „GPS"-Bergsteiger aufzufinden, der unter einer Lawine verschüttet ist oder in eine Gletscherspalte gestürzt ist. Analog einen vermissten Segler oder Piloten zu retten, oder einen Outdoorer in der Wüste/in der Einsamkeit Nordamerikas oder Lapplands etc. aufzuspüren.

Was ist ein GPS-Gerät nicht!!

Ein GPS-Empfänger ist kein Kompass!!!
Mit einem GPS-Gerät kann beispielsweise eine Landkarte nicht wie mit einem Kompass eingenordet werden. Die herkömmliche Karte/Kompass Standort-Bestimmung ist mit GPS-Geräten <u>nicht</u> möglich. Auch auf der so genannten Kompass- oder Pointer-Seite der Geräte wird ein Kompass nur simuliert!!

Um die Richtung korrekt anzuzeigen, muss man sich bewegen. Nach dem Wegfall der künstlichen Verschlechterung SA (= Selective Availability; seit Mai 2000 nicht mehr aktiv) reicht hierfür bereits eine Geschwindigkeit von 1km/h aus. Schrittgeschwindigkeit ist also völlig ausreichend.

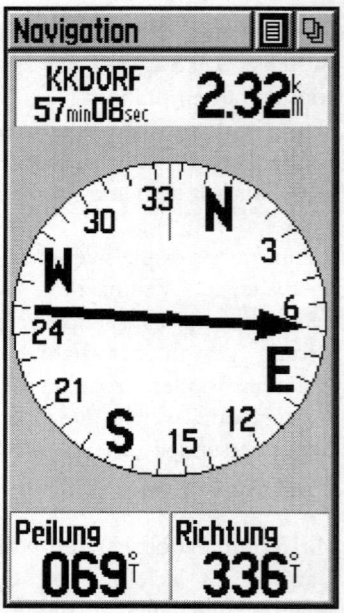

Die Kompass- bzw. Pointer-Seite

Visuell angezeigte Richtungen bei Stillstand sind <u>falsch</u>!!
Ein GPS ist <u>kein</u> Kompass!!

Bei Stillstand sind die angezeigten visuellen Werte <u>falsch</u>, d. h. die angezeigte Pfeil-Richtung zum Ziel (= Peilung bzw. engl. Bearing), sowie die optische Markierung für die eigene Bewegungs-Richtung (= Kurs über Grund bzw. engl. Track). Sie dürfen nicht(!!) zur Orientierung/Navigation herangezogen werden.

Einzig der angezeigte numerische Wert für die Peilung (Bearing), also die konkrete Zahlenangabe (im Beispiel 069°T), sowie die Angabe zur Entfernung zum aktiven Wegpunkt (im Beispiel 2,32 km nach „KKDORF") haben Gültigkeit (bei GOTO oder aktiver Route), nicht aber die Angabe zur eigenen Bewegungs-Richtung (= „Richtung", bzw. Kurs über Grund/Track; im Beispiel 336°T).

Nähere Infos zu den Navigations-Begriffen wie Peilung/ Bearing, Richtung/Kurs über Grund/Track usw., sowie den diversen Navigations-Seiten der Geräte, in dem Kapitel *„Grundlagen der Navigation"*.

Geräte mit elektronischem Kompass

Eine Ausnahme bilden Geräte mit eingebautem elektronischen Fluxgate-Kompass, wie z. B. Garmin eTrex Summit/ Vista (C/x), Geko 301, GPSmap60CS(x)/76S/76CS(x), Magellan Meridian Platinum/manche eXplorist, sowie Silva GPS Compass und Silva Multi Navigator.

Mit diesen integrierten elektronischen Kompassen ist auch eine Richtungsbestimmung im Stand möglich. Nachteil ist jedoch ihr hoher Stromverbrauch. Ich empfehle deshalb bei diesen Geräten den elektr. Kompass generell abzuschalten und nur zuzuschalten, wenn die Funktion tatsächlich gebraucht wird.

Die Kompasse reagieren nicht besonders feinfühlig, für wirklich exakte Peilungen sind sie daher eher nicht zu gebrauchen. Sie sind eben dafür vorgesehen, im Stand eine schnelle Bestimmung der groben Richtung vornehmen zu können.

Bei diesen Geräten generell nicht versäumen, nach jedem Batterie-Tausch den elektr. Kompass zu kalibrieren, sowie dies ebenfalls nach einem größeren Standortwechsel durchzuführen. Diese Kompasse haben einen magnetischen

Sensor, der sich ebenfalls nach den örtlich vorherrschenden magnetischen Feldlinien auf der Erde orientiert.

Im Betrieb dann ebenfalls beachten, dass sie den gleichen äußeren Stör-Einflüssen unterliegen, wie ein klassischer mechanischer Magnet-Kompass (Metallgegenstände in der Nähe, elektr. Leitungen etc.). Interessant sind diese Geräte z. B. für Bergsteiger und Wanderer.

Weitere Anmerkungen zu den Geräten mit elektronischem Kompass in dem Kapitel *„**Grundlagen der Navigation**"* in dem Abschnitt *„Unterschied TRACK zu HEADING".*

**GPS - Geräte mit elektronischem Kompass
und barometrischer Höhen-Messung sind v. a.
für Bergsteiger, Wanderer, Mountain-Biker,
Gleitschirm- und Drachenflieger etc. von Interesse**

eTrex Summit der Fa. Garmin
(Bild: www.garmin.de)

Der „Basis" GPS-Empfänger

Was kann ein „klassischer" Basis GPS-Empfänger uns ebenfalls nicht bieten?

- Die dynamische „Karten-Seite" (= „Moving Map-Page") eines GPS-Gerätes enthält keine wirkliche Karte, sondern nur gespeicherte Punkte (*1).
  Sie ist deshalb „dynamisch", da sie uns permanent die eigene Position in Bezug zu den gespeicherten Punkten zeigt. Dies sind Wegpunkte/Routen und Tracks.

- Es kann keine Karte geladen werden (*2).

- Ein GPS-Gerät ist kein Routen-Planer/ kann kein automatisches Straßenrouting (*3).

- GPS ist passiv, daher keine Ortung des Gerätes möglich, z. B. beim Sturz in eine Gletscherspalte (*4).

Dynamische „Karten-Seite"

*Diese hat jedes GPS-Handgerät.
Bei den Basis-Geräten zeigt sie
unsere eigene Position, gespeicherte
Wegpunkte, Routen und den
zurückgelegten Weg an
(= „Track-Log" bzw. „Track").*

Die vielen (*) zeigen schon an, dass diese Aussagen zwar auf den klassischen GPS-Empfänger zutreffen, also den Basis-Geräten wie z. B. Garmin eTrex „gelb"/Summit/Venture,

Gekos, GPS 60/72/76, es aber inzwischen „Mischformen" von Geräten auf dem Markt gibt, die diese Funktionen mit abdecken können.

(*1) Zahlreich vertreten sind Geräte mit einer hinterlegten, meist fest eingespeicherten vektorisierten groben Landkarte, der „Basemap" (= „Map"-Geräte).

(*2) In diese Geräte kann zusätzlich detaillierteres Kartenmaterial dazugeladen werden. Allerdings nur Kartenmaterial der Hersteller selbst (z. B. „MapSource" bei Garmin, „MapSend" bei Magellan), nicht jedoch beliebiges eigenes Kartenmaterial (z. B. eine gescannte Landkarte, die topographischen Landkarten CDs Top50, MagicMaps, AMAP, SwissMap von Deutschland, Österreich und der Schweiz etc.).

„Basis" GPS-Gerät

Das „GPS 72"
von Fa. Garmin
(Bild: www.garmin.de)

(*3) Zunehmend gestatten die „Map"-Geräte sogar automatisches Straßenrouting, d. h. eine ähnliche Funktionalität, wie bei den fest eingebauten Fahrzeug-Navigations-Systemen (= geführte Straßennavigation).

Bei diesen speziellen Handgeräten kann also ein Start- und Zielpunkt eingegeben werden (z. B. ich möchte von Stuttgart nach Innsbruck), und das GPS berechnet mir die günstigste Fahrtroute dorthin und leitet mich entsprechend. Dies geschieht durch visuelle Fahr-Anweisungen und zum Teil sogar durch Sprachausgabe.

Wird bzw. muss von der Route abgewichen werden, erfolgt automatisch eine Neuberechnung der Fahrtroute.

(*4) Wie im vorhergehenden Abschnitt schon erwähnt, gibt es auch Kombi-Geräte die Positions-Meldungen übermitteln können und so eine Ortung gestatten (eine Kombination aus GPS + Funkgerät oder GPS + GSM-Handy).

Die letzten Ausführungen (*1 bis *4) jedoch bitte nur als einen kurzen Vorgriff verstehen. Nähere Informationen zur „Hardware" im **Band 2** des „*GPS-Handbuches*" in dessen Kapitel „GPS - Handgeräte, die Hardware".

Wir sollten außerdem immer daran denken, dass so ein relativ wirklich preisgünstiger GPS Empfänger für den Gebrauch in der Freizeit („Consumer"-Gerät) als Hilfsmittel zur Navigation gedacht ist, und für diesen Zweck auch ganz hervorragendes leistet, aber sie nicht den sehr teuren präzisen und speziellen Mess-Instrumenten Konkurrenz machen wollen und auch gar nicht können, wie sie im Vermessungswesen eingesetzt werden.

Voraussetzungen für den Empfang und die Positions-Bestimmung

Um eine Positions-Bestimmung durchführen zu können (geographische Länge und Breite; 2D-Nav), müssen also mindestens 3 „verwertbare" Satelliten empfangen werden können.

Allerdings muss dann mit einer eingeschränkten Genauigkeit gerechnet werden, da hierzu die Höhe möglichst exakt bekannt sein sollte. Die GPS-Handgeräte greifen dabei in der Regel auf die zuletzt gespeicherte Höhen-Info zurück, kann jedoch bei vielen Geräten (z. B. Garmin) bei 2D-Nav vom Nutzer individuell korrigiert werden.

Zur allgemeinen Genauigkeit des NAVSTAR-Systems aber erst im nächsten Kapitel.

Der Normalfall sollte eine Positions-Bestimmung mit mindestens 4 „verwertbaren" Satelliten sein. Je mehr Satelliten empfangen werden umso besser. Zu dem kann dann eine 3-dimensionale Position berechnet werden, also zusätzlich zu geographischer Länge und Breite noch die Höhe.

Beim Betrieb muss das Gerät wegen der geringen Sende-Leistung der Satelliten (nur ca. 20 bis 80 Watt) und den verwendeten Frequenzen jedoch stets einen freien „Blick" zum Himmel haben!!!

In dichtem Wald, im Gebirge oder in Häuserschluchten kann der Empfang wegen der geringen Signalstärke und den verwendeten Frequenzen stark eingeschränkt oder auch gänzlich unmöglich sein (auch bei den modernsten 12 oder gar 14/16-Kanal Parallel-Empfängern).

Innerhalb von Gebäuden, in Parkhäusern, allgemein unterirdisch (Tunnels, Höhlen etc.) und auch Unterwasser (z. B. beim Tauchen) ist generell kein Empfang möglich. Allgemein durchdringen die Strahlen die meisten festen, massiven Gegenstände nicht (z. B. Steingebäude, Fels, Berge, Beton, Blech, Alu, Stahl, den menschlichen Körper etc.). In engen Bergtälern ist daher u. U. keine Positions-Bestimmung möglich oder nur stark eingeschränkt.

Bei dichtem Waldbestand und/oder dichtem Blätterdach ist häufig ebenfalls keine Positions-Bestimmung möglich. Belaubte Bäume schirmen durch deren Saft (Elektrolyt) die GPS-Signale stark ab. Nasse Blätter sind dann wiederum noch kritischer als trockene. Generell kann gesagt werden, dass ein Feuchtigkeitsfilm die Signale stark blockieren kann, wenn es dagegen trocken ist keine Probleme auftreten.

In Fahrzeugen und Flugzeugen ist ein Empfang mit Einschränkungen möglich (Positionierung nahe am Fenster). Normales Glas und allgemein Kunststoffe (z. B. „Plastik"; GFK), Gewebe-Stoffe etc. (z. B. vom Rucksack, Zelt, Tarp) stören den Empfang nicht oder kaum merklich. Beispielsweise ist auf einem Boot innerhalb dem Steuerstand ein Empfang möglich, wenn der Aufbau aus GFK bzw. Kunststoff besteht, nicht aber wenn er aus Stahl angefertigt ist.
Bei manchen speziell getönten oder metallbedampften Scheiben (manche PKW, ICE-Züge, S-Bahnen) ist dieser jedoch trotzdem nicht gegeben (generell kein Empfang).

Wird der Empfänger um den Hals gehängt oder in der Hosen- bzw. Jackentasche getragen, kann der Empfang vor allem unter widrigen Einsatz-Bedingungen ebenfalls stark beeinträchtigt oder gänzlich unmöglich sein, da der menschliche Körper den Sat-Empfang ebenfalls zu 100% abschirmt.
Dazu ein ganz einfacher Versuch:
Für guten Sat-Empfang sorgen (Gerät im „Normal"-Modus, nicht im Batteriespar-Modus betreiben), die Satelliten-Status Seite des Gerätes beobachten, und dann mit der Hand die Antenne abdecken (bei Garmin Empfängern mit integrierter

Antenne ist das der Bereich, auf welchem die Weltkugel aufgedruckt ist) – der Empfang geht auf Null zurück.

Soll uns das GPS auch unter widrigen Empfangs-Bedingungen Positions-Daten liefern, wie beispielsweise im Wald oder zwischen hohen Häusern, das Gerät schon vor dem Erreichen des Waldes oder der Stadt einschalten, sowie auf den Batteriespar-Modus verzichten. Dann hat es der Empfänger im Wald bzw. in der Stadt deutlich einfacher, die Positions-Bestimmungen aufrecht zu erhalten, bzw. überhaupt erst zu ermöglichen.

Weiterhin können wir dem GPS behilflich sein, wenn es nicht unter Bewegung, sondern bei Stillstand den ersten Positions-Fix ermitteln kann.

Zudem ist es empfehlenswert nach dem ersten Positions-Fix noch 1 bis 2 Minuten bis zum Ablesen der Positions-Koordinaten zu warten, bis sich ein stabiler Wert einstellt (wegen Berechnung der Position über Iteration; Erfassung möglichst vieler Sats; Kompensierung Uhren-Fehler).

Bei allen Einsatzarten bei denen das GPS-Gerät keine freie Sicht zum Himmel hat, bietet sich die Verwendung einer zusätzliche externen Aktiv-Antenne an (im Fahrzeug, beim Wandern etc. ...).

Beim Bergsteigen, Wandern etc. hat sich allgemein eine Positionierung des Empfängers im Bereich der Schulter gut bewährt. Dazu das Gerät in einer Tasche (z. B. von einem „Handy") am Schultergurt des Rucksackes befestigen. Das Display lässt sich dort ggf. gut ablesen. Alternativ bietet sich der Transport oben in der Deckelklappe des Rucksackes an.

Beim Langlauf, Walking etc. beispielsweise auch in einer Hüft-Tasche über dem „Allerwertesten". In allen Fällen je nach Antennen-Konzept des Gerätes, dieses möglichst waagrecht oder senkrecht anordnen.

Allgemein kann gesagt werden, dass der Empfang in bewaldetem oder bebautem Gelände bzw. bei ungünstiger Topographie (Berge, Schluchten etc.) umso besser ist, je höher der GPS-Empfänger getragen wird. Dadurch wird der Öffnungswinkel zum Himmel vergrößert, und die Abschattung durch den eigenen Körper verringert.

Vom Wetter ist der Empfang weitgehend unabhängig (Nebel, Regen, Schneefall, Wolken). Ein Wasserfilm könnte aber zu Beeinträchtigungen führen. Insgesamt ist der Empfang aber bei klarem und hindernisfreiem Himmel am Besten. Zudem ist er ganz allgemein in der Nacht besser als am Tage, da dann keine Störeinflüsse durch die Sonnenaktivität auftreten.

Die bevorzugte Lage des Empfängers für einen optimalen Empfang sollte stets beachtet werden, ein Ablesen der Daten muss natürlich ebenfalls möglich sein. Als Kompromiss haben sich ca. 45° bewährt.

(eTrex Vista der Fa. Garmin)

Genauigkeit des GPS-Systems

Allgemeines

Die System-Genauigkeit der „normalen" GPS-Geräte für den Gebrauch in der Freizeit („Consumer"-Geräte) zur Navigation und Orientierung wird mit etwa 15 Metern angegeben, d. h. in 95% aller Fälle liegt die Position innerhalb eines Kreises von diesem Durchmesser.

In der Praxis wird man aber feststellen, dass die Genauigkeit sogar noch höher liegt. Bei gutem Sat-Empfang ist ein Radius von 5 oder gar 4 Metern keine Illusion. Auf jeden Fall ist es immer wieder beeindruckend, mit welcher Genauigkeit so ein preiswertes GPS-Gerät die Position bestimmen kann.

Wie nun jeder einzelne das Wort „genau" oder „ausreichend genau" definiert, hängt natürlich von der Sichtweise ab und dem Anforderungsprofil.

In Relation zum Preis und für meine Anwendung des GPS als Hilfsmittel für die Navigation/Orientierung, halte ich diese jedenfalls für hervorragend und absolut ausreichend. Wer natürlich eine Genauigkeit im Zentimeter-Bereich erwartet oder benötigt, sollte sich mit den speziellen und teuren Mess-Instrumenten auf GPS-Basis auseinandersetzen, wie sie z. B. im Vermessungswesen eingesetzt werden.

Trotz der insgesamt faszinierenden Genauigkeit von so einem kleinen GPS-Navigator darf man sich natürlich nicht blindlings darauf verlassen, und z. B. ein Sportboot im dichten Nebel nur nach GPS durch ein Labyrinth von Inseln steuern.

Zu 99% mag das zwar gut gehen, aber auch das GPS-System kann in seltenen Fällen Störungen bzw. Ungenauigkeiten aufweisen. Ein Abgleich mit Radar oder ausreichenden

Sichtverhältnissen sollte in solch einem Falle selbstverständlich sein.

Ein Nachteil des GPS-Systems ist leider, dass ein Empfänger eine Fehlfunktion des Systems oder unplausible Sat-Signale nicht erkennen kann. Dies birgt bei sicherheitskritischen Anwendungen ein unkalkulierbares Risiko bzw. eine Gefahr. Aus diesem Grund wird als Kontroll-Instanz das WAAS/ EGNOS eingerichtet, um im Flugverkehr eine Sicherheits-Überprüfung zu ermöglichen. Infos dazu im Abschnitt *„WAAS und EGNOS"*.

Wie ich versuche zu erläutern, ist das Erreichen der genannten hohen horizontalen Genauigkeit auch nicht immer zu erzielen, da diese sehr stark von den Empfangsverhältnissen abhängig ist (problematisch z. B. im Gebirge, in Häuserschluchten, im Wald, ...).

Zudem beachten, dass die berechnete GPS-Höhe im Mittel um ca. den Faktor 1,7 schlechter ist, als die horizontale Positions-Genauigkeit. Generelle Infos zur Berechnung der Höhe bei GPS-Geräten in dem speziellen Abschnitt *„Genauigkeit der Höhen-Info"* weiter unten.

Zwischen der ausgegebenen Höhe von GPS-„Mäusen" und der angezeigten Höhe bei Handgeräten können nämlich signifikante Differenzen auftreten. Das „Warum und Weshalb" wird in dem besagten Abschnitt näher erläutert.

Die eingangs erwähnte hervorragende Genauigkeit von GPS, die sich heutzutage bei der Reproduktion (Wiederholung) von Positionen im Regelfall innerhalb eines Kreises von max. 15 Metern bewegt, war allerdings nicht immer so „tolle". Wer bereits zu Beginn der GPS-Ära stolzer Besitzer eines damals superteuren Handgerätes war, dies dann aber letztlich doch enttäuscht beiseite gelegt und nie mehr in die Hand genommen hat, weil es doch nicht so ganz die Erwartungen erfüllen konnte, sollte unbedingt noch den nächsten Abschnitt weiterlesen.

Anschließend sollten die damals gemachten Erfahrungen, und die daraus resultierende mögliche Enttäuschung, eigentlich der Vergangenheit angehören.

Ich persönlich muss allerdings sagen, dass ich auch damals schon von der Leistungsfähigkeit des GPS-Systems zutiefst beeindruckt gewesen bin, also ob mit oder ohne „SA". Aber was ist „SA" überhaupt? Deshalb ein kurzer Rückblick.

Selective Availability, SA

Das US-Verteidigungsministerium als Betreiber von NAVSTAR hat es seit Anbeginn des GPS-Systems nicht geduldet, dass „Hinz und Kunz" eine hochpräzise Positions-Bestimmung durchführen kann.

Die Entwicklung hatte ja schließlich rein militärische und verteidigungspolitische Hintergründe. Obwohl dem zivilen Nutzer mit den käuflichen „Consumer"-Geräten nicht der präzisere P-Code, sondern nur der ungenauere C/A-Code zur Verfügung steht, waren selbst die Entwickler des NAVSTAR-Systems über die erreichte Genauigkeit mit dem schlechteren C/A-Code überrascht.

Aus diesem Grund wurden die Satelliten-Signale für den zivilen Nutzer künstlich verschlechtert (= SA, Selective Availability; = eingeschränkte Verfügbarkeit).

Hierzu hat das US-Militär dem ausgesendeten Sat-Signal nach dem Zufallsprinzip einen kleinen Zeitversatz hinzugefügt. Daraus resultierte eine gewisse Ungenauigkeit bei der Berechnung der Position.

Die Genauigkeit der Position lag damit in der Praxis meist innerhalb eines Kreises von weniger als ca. 100 m Durchmesser und war durch diesen, sich permanent verändernden Störfaktor laufenden Änderungen unterworfen.

Für die Orientierung und Navigation im Outdoor-Bereich war dies aber in den meisten Fällen allemal ausreichend und immer wieder verblüffend.

Gute Geräte (z. B. die von Fa. Garmin) zeigen das Maß der Verfälschung auch an (die Größe des voraussichtlichen Positions-Fehlers), aber nicht deren Richtung. Die reine Geräte-Genauigkeit ohne die SA liegt ebenfalls bei ca. 10 bis 15 m (Kreisdurchmesser).

Die Auswirkungen der früheren „Selective Availability" am Beispiel „Fußballplatz":

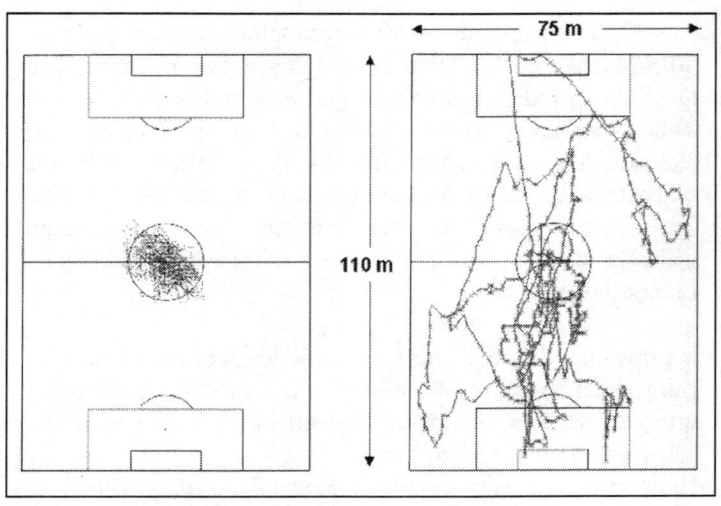

Die Lage der Positions-Bestimmungen über einen längeren Zeitraum aufgezeichnet

ohne SA	mit SA
(seit dem 02.05.2000)	*(vor dem 02.05.2000)*

© Grafik: www.gps-nav.de

Allerdings wurde wegen der SA meistens eine geringe Geschwindigkeit angezeigt, auch wenn man sich ruhig auf der Stelle befand. Die Geschwindigkeits-Info war dadurch insgesamt nicht ganz so präzise wie heute. Zudem war für eine verlässliche Anzeige der Bewegungs-Richtung mindestes Schrittgeschwindigkeit erforderlich, heutzutage ist ohne die SA schon weniger als 1 km/h aus-reichend.

Völlig unbrauchbar zu SA-Zeiten war jedoch die Höhen-Info, da diese sehr großen Schwankungen unterlag. Über Korrektur-Verfahren wie Differential GPS (= DGPS) war es übrigens möglich, den Einfluss der Selective Availability zu eliminieren. Siehe hierzu den nächsten Abschnitt.

Am 02.05.00 wurde dann zur Überraschung und Freude aller GPS-Nutzer die Selective Availability außer Kraft gesetzt. Das US-Verteidigungsministerium behält sich jedoch vor, die zivile Nutzbarkeit in Krisen-Regionen einzuschränken oder regional ganz auszuschließen!! Allerdings führten weder die Kriegshandlungen in Afghanistan noch im Irak zu Nachteilen. Mit einer generellen Wiedereinführung ist auch kaum mehr zu rechnen, sondern eher nur mit gezielten regionalen Limitierungen.

Ich erwähne die „SA" aus zwei Gründen hier so ausführlich. Zum einen sind überall Anmerkungen in der einschlägigen Literatur darüber zu finden, deshalb möchte ich grundsätzlich etwas über die SA informieren.

Hauptgrund ist jedoch darüber aufzuklären, dass nicht eine wieder eingeführte „SA" Ursache dafür ist, wenn das GPS nicht so funktioniert und präzise anzeigt wie gewünscht, wenn es beispielsweise im Wald, im Gebirge, in Schluchten, in Städten, in der Hosentasche usw. betrieben wird. Deshalb nimmt der Satelliten-Empfang in diesem Büchlein großen Raum ein. Siehe hierzu den Abschnitt weiter unten *„Einfluss auf die Genauigkeit/Empfang"*.

Differential GPS – DGPS

Keine Angst, DGPS (= Differential GPS) braucht uns für unsere Zwecke im „Outdoor"-Einsatz eigentlich nicht näher zu interessieren. Nur falls man mal auf diesen Begriff stoßen sollte eine kurze Erklärung was dahinter steckt, bzw. die grundsätzliche Funktionsweise:

Wenn man ein Gerät betreibt das nicht genau ist, aber man den Faktor dieser Ungenauigkeit exakt kennt oder bestimmen kann, so kann man daraus den korrekten Wert ermitteln.

Beispiel: Wenn ich eine Uhr besitze von der ich genau weiß, dass sie exakt 2½ Minuten vorgeht, muss ich für die Ermittlung der korrekten Uhrzeit immer nur 2½ Minuten abziehen. Auf so eine ähnliche Technik greift das DGPS zurück.

Großen Einfluss hat beim GPS-System die Laufzeitverzögerung der Satelliten-Signale beim Durchtritt durch die Ionos- und Troposphäre, da diese dort gebrochen werden. Die GPS-Empfänger verfügen zwar über interne Korrektur-Modelle um diese Effekte auszugleichen, aber besser bzw. genauer ist es natürlich, diesen daraus resultierenden Fehler direkt zu bestimmen. Der Ionosphären-Fehler ist nach der früheren künstlichen Verschlechterung „SA" die größte Fehlerquelle bei der Positions-Bestimmung.

Deshalb wird an einem bekannten Punkt ein GPS-Empfänger fest montiert. Da dessen Lage exakt bekannt ist, vergleicht dieser GPS-Empfänger die übermittelte Entfernung von jedem einzelnen Sat mit der bekannten tatsächlichen „Ist"-Entfernung. Vereinfacht ausgedrückt wird quasi die aktuell berechnete Position mit der realen Lage des Referenz-Empfängers detailliert abgeglichen. Die auf diese Weise ermittelten Fehler werden dann ausgestrahlt.

GPS-Geräte die entsprechend ausgestattet sind, können nun diese bekannten Fehler in ihre Positions-Berechnung einfließen lassen.

Es werden also von ortsfesten Sende-Stationen auf der Erde (z. B. UKW oder LW-Sender, Funkfeuer/Funkbojen, Daten-Leitungen, Internet-Dienste, …) exakte Referenz-Signale ausgesendet, und von einem zusätzlich erforderlichen Gerät zusammen mit den Satelliten-Signalen des GPS ausgewertet.

Dadurch steigert sich die horizontale Positions-Genauigkeit auf ca. 1 bis 5 m. Der Empfang von DGPS wird auf der Satelliten Statusseite angezeigt, z. B. durch die Angabe „3D-Differential-Location" und einem „D" unterhalb der Signal-stärke-Balken der empfangenen Sats.

Zudem konnte auf diese Weise die frühere lästige „SA" (Selective Availability; künstliche Verschlechterung der Sat-Signale; seit dem 02. Mai 2000 nicht mehr aktiv) kompensiert werden.

Weiterhin erhöht DGPS auch die Genauigkeit der Höhen-Information. Die meisten älteren Garmin Geräte beispiels-weise wären in Verbindung mit einem Zusatz-Gerät grund-sätzlich DGPS fähig (=> Eingang der Korrektur-Daten im „RTCM"-Format).

Während DGPS für den privaten GPS-Anwender in der Freizeit kaum eine Rolle spielt, bildet es für den professionel-len GPS-Einsatz die Grundlage schlechthin, wie z. B. in der Berufs-Schifffahrt, dem Vermessungswesen, in der Karto-graphie, in der Landwirtschaft u. v. m.

Durch die Außerkraftsetzung der SA am 02.05.00 ist zudem die Notwendigkeit von DGPS in vielen Fällen, vor allem für den privaten Nutzer, nicht mehr so unbedingt erforderlich, da die Steigerung in der Genauigkeit nicht mehr so signifi-kant ausfällt.

Außerdem steht mit WAAS bzw. EGNOS den meisten neu-eren GPS-Empfängern prinzipiell ebenfalls ein differentielles

GPS-System zur Verfügung. Dazu näheres im nächsten Abschnitt.

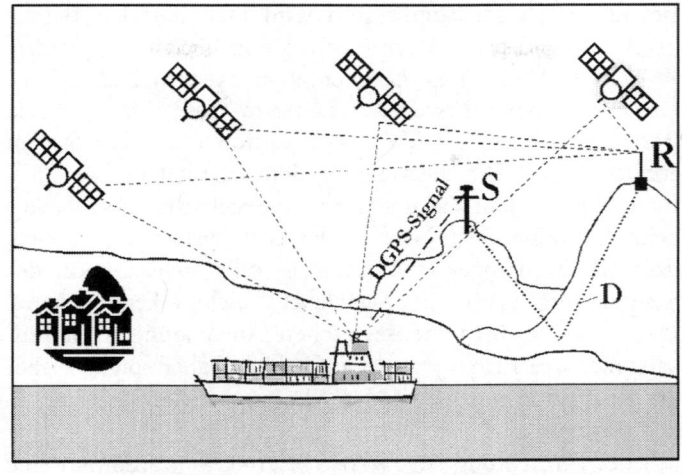

Prinzip-Skizze Differentielles GPS (= DGPS)

R = Erdfeste DGPS - Referenz-Station
S = Sende-Anlage (z. B. UKW, LW, Funkfeuer, ...)
D = Daten-Leitung zwischen Referenz-Station u. Sende-Anlage

WAAS und EGNOS

Allgemeines

Bei neueren GPS-Empfängern wird man auf den Begriff „WAAS" stoßen (z. B. bei Geräten von Garmin, Magellan). **WAAS** (= **W**ide **A**rea **A**ugmentation **S**ystem) bedeutet zu Deutsch etwa: „Erweiterungs-System für einen großen Bereich". Es ist ebenfalls ein Differential GPS-System ähnlich dem DGPS, allerdings satellitengestützt.

Es wurde mit dem Ziel entwickelt, die Sicherheit im Flugverkehr zu erhöhen. Ein Nachteil des GPS-Systems ist nämlich, dass ein Empfänger einen Ausfall- oder Fehlfunktion des Systems, unplausible Sat-Signale etc. nicht erkennen kann. Dies birgt bei sicherheitskritischen Anwendungen ein unkalkulierbares Risiko bzw. eine Gefahr. Daher spielte bisher die Navigation mit GPS bei der kommerziellen Luftfahrt in den Airlinern eine eher untergeordnete Rolle.

Mit der Einrichtung von WAAS (EGNOS) wurde nun eine Kontroll-Instanz geschaffen, um im Flugverkehr eine permanente Sicherheits-Überprüfung des GPS-Systems zu ermöglichen.

Als angenehmer Nebeneffekt wird zudem eine verbesserte Positions-Genauigkeit erzielt. Vor allem die Höhen-Info wird dadurch zuverlässiger, und soll auf GPS basierende Instrumenten-Landeanflüge ermöglichen. Dies beispielsweise auf kleineren Flugplätzen, die über kein Instrumenten-Landeanflug-System verfügen.

Der konkrete Einsatz ist allerdings derzeit noch auf die USA und Randbereiche von Kanada und Mexiko beschränkt.

WAAS besteht aus 25 Boden-Stationen in den USA und Teilen von Mexiko und Kanada, sowie speziellen zusätzlichen geostationären WAAS-Satelliten. Betreiber ist die US Luftfahrtbehörde. Geostationär bedeutet, dass sie sich praktisch immer an der gleichen Stelle am Himmel befinden.

Diese WAAS-Sats stehen allerdings relativ flach über dem Horizont. Für bodengebundene Aktivitäten sind sie daher schlecht bzw. nicht permanent zu empfangen.

Die Boden-Stationen dienen zur Referenz, berechnen aus den empfangenen Sat-Signalen ein mathematisches Modell der Satelliten-Fehler und leiten daraus Korrektur-Werte ab. Dieses Korrektur-Signal wird dann von einer Masterstation an die geostationären WAAS-Satelliten übermittelt, und von diesen dann ausgestrahlt.

Mit WAAS fähigen GPS-Empfängern lässt sich damit eine Genauigkeit in der Positions-Bestimmung von ca. 3 bis 5 Metern erreichen und in der Höhen-Angabe von 3 bis 7 Metern. Der Vorteil gegenüber DGPS liegt darin, dass kein zusätzliches Gerät erforderlich ist.

Wird allerdings ein WAAS-Signal (entsprechender Korrektur-Sat vorausgesetzt) von einem „Consumer"-Handgerät außerhalb dem Bedeckungsbereich der Bodenstationen empfangen (z. B. in Teilen von Europa), erhöht sich die Genauigkeit der Positions-Bestimmung nicht oder wird gar verschlechtert, da für diesen Bereich dann keine zutreffenden Informationen über die Laufzeitverzögerung der Sat-Signale in der Ionosphäre vorliegen. Dies ist nach der SA die größte Fehlerquelle für Positions-Fehler.

Um bei den Garmin-Empfängern die WAAS-Funktion zu nutzen, muss diese im Setup-Menü (Grund-Einstellungen) gezielt aktiviert werden. Dies allerdings generell nur im „Normal"-Mode, nicht aber im „Battery Save"-Mode der Geräte (= Batteriespar-Modus).

Weiterhin muss eine ständige Verbindung zu dem WAAS-Satelliten bestehen. Für Outdoor-Aktivitäten am Boden also praktisch nicht geeignet.

Zudem steigt die erforderliche Prozessor-Leistung im GPS-Gerät an, was einen erhöhten Stromverbrauch zur Folge hat.

Der Empfang von WAAS bzw. EGNOS Korrektur-Signalen wird auf der Satelliten Status-Seite angezeigt, beispielsweise durch die Angabe „3D-Differential-Location" und einem „D" unterhalb der Signalstärke-Balken der empfangenen Sats. Nähere Infos zu WAAS unter www.gps.faa.gov und von Jack Yeazel unter www.gpsinformation.net/exe/waas.html

EGNOS in Europa

Mit **EGNOS** in Europa (= **E**uropean **G**eostationary **O**verlay **S**ervice) steht ebenfalls ein, mit WAAS vergleichbares DGPS-System zur Verfügung. **MSAS** (= **M**ulti-Function **S**atellite **A**ugmentation **S**ystem) wird analog dazu im asiatischen Raum (Japan) in naher Zukunft folgen.
EGNOS und MSAS ist zu WAAS kompatibel, d. h. diese Funktion kann mit den WAAS-fähigen Empfängern in Europa/Asien genutzt werden. Allerdings kann u. U. ein aktueller Software-Update für das GPS-Gerät erforderlich sein.

EGNOS ist in Europa seit Juli 2006 eingeschränkt betriebsfähig. Derzeit ist es jedoch nur für den „nichtkritischen Bereich" freigegeben, also noch nicht für die Luftfahrt (Stand 07/2006).
Die Inbetriebnahme hatte sich in den vergangenen Jahren mehrfach verzögert. Voraussichtlich gegen Ende des Jahres 2006 soll EGNOS dann uneingeschränkt für alle Bereiche zur Verfügung stehen.

Bereits während der Erprobungsphase konnten die Magellan Geräte die damaligen Test-Signal auswerten (=> diese waren entsprechend codiert). Bei den Garmin-Empfängern ist das EGNOS-Korrektur-Signal erst endgültig verfügbar geworden, nachdem der Erprobungs-Status des Systems weggefallen ist.

Um EGNOS nutzen zu können, ist bei manchen Garmin-Geräten ein Firmware-Update erforderlich. Wie ein solcher durchgeführt wird, ist im **Band 2** des *„GPS-Handbuches"* in dessen Kapitel „GPS-Handgeräte, die Hardware" unter „Firmware-/Software-Update eines Garmin Empfängers" detailliert erklärt.

Der EGNOS Korrektur-Service wird derzeit von den geo-stationären Satelliten Inmarsat AOR-E (PRN 120; ID 33) und Inmarsat IOR-W (PRN 126; ID 39) bedient. Voraussichtlich werden diese beiden in Zukunft noch durch Artemis (PRN 124; ID 37) ergänzt. Dieser befindet sich momentan noch in der Testphase für das System (Stand 07/2006). Bei den Garmin-Empfängern wird die „ID"-Nummer der Sats auf der Satelliten Status-Seite angezeigt.

Die genannten geostationären Korrektur-Sats stehen allerdings sehr flach über dem Horizont. Beim Flugbetrieb, für den das System ja ausgelegt ist, spielt diese Lage kaum eine negative Rolle. Bei der Seefahrt dürften ebenfalls keine Empfangsprobleme auftreten.
Allerdings nutzen die Handgeräte nur einen Teil der WAAS/EGNOS-Funktionalität. Sie versuchen damit die Positions-Genauigkeit zu steigern, eine Fehlfunktion des GPS-Systems wird jedoch nicht ausgewertet, d. h. eine Abfrage von dessen Integrität findet nicht statt.

Für „Outdoor"-Anwendungen, sowie dem Betrieb in Kraftfahrzeugen (Motorrad, Auto, Lkw) wird EGNOS dagegen insgesamt kaum von Nutzen sein, da der erforderliche permanente Empfang der Korrektur-Signale nicht gewährleistet sein wird (stets relativ freie Fläche erforderlich). Es bleibt abzuwarten und zu hoffen, dass uns die Zukunft Korrektur-Sats bringt die höher am Himmel stehen (Elevation), und damit diese Situation verbessern können. Da aber WAAS/EGNOS ja in erster Linie nicht für uns bodengebundene Hobby-Navigatoren gedacht ist, sondern zur Unterstützung der Flugnavigation, wird dies vermutlich ein Wunsch bleiben.

Sollte bei der derzeitigen Konstellation beim „Outdoor"-Einsatz ein EGNOS Empfang möglich sein, dürften die Empfangsverhältnisse im Gesamten sehr gut sein, und eine Verbesserung in der Positions-Bestimmung dürfte nur selten wirklich erforderlich sein.

Schlechte Sat-Empfangsverhältnisse haben eine ungenauere Positions-Bestimmung zur Folge. Da wäre dann eine Steigerung der Genauigkeit durch EGNOS schon wünschenswert. Unter solchen Verhältnissen wird jedoch kaum ein Korrektur-Signal zu empfangen sein.

Resümee:
Grundsätzlich hegt das Wort EGNOS bzw. WAAS bei den Freizeit GPS-Nutzern („Consumer") vollkommen falsche Erwartungen. Für mich wäre es kein wirkliches Kaufargument, deshalb einen bestimmten GPS-Empfänger zu wählen. Wie erwähnt, ist die Funktion nur bei permanentem Empfang der Korrektur-Sats gewährleistet. Auf dem Boden ist dies allerdings nahezu nie der Fall. Primär ist das System nur für die Luftfahrt interessant und so auch ausgelegt.

Dass es prinzipiell eine Verbesserung der Positions-Genauigkeit ermöglicht ist ein angenehmer Neben-Effekt, aber nicht die eigentliche Zielsetzung. Der Einsatz einer externen Zusatz-Antenne ist auf jeden Fall empfehlenswert (=> Positionierung möglichst hoch für guten „Rundumblick").

Nähere und aktuelle Infos zu EGNOS im Internet unter www.kowoma.de/gps/waas_egnos.htm und www.esa.int/export/esaEG/estb.html

Einfluss auf die Genauigkeit und den Empfang

Nun aber wieder zurück von dem Exkurs zu der früheren künstlichen Verschlechterung „Selective Availability" (SA), DGPS und WAAS/EGNOS.
Wir wollen uns jetzt wieder weiter mit dem „normalen" Basis GPS-Gerät auseinandersetzen, wie wir es in der Hand halten. Welche Faktoren haben denn Einfluss auf den Empfang und damit auf die Genauigkeit, und welche dieser Faktoren können wir wenigstens begrenzt beeinflussen und welche nicht? Diesen Fragen möchten wir nun nachgehen. Ein paar dieser Einflussgrößen haben wir ja in den vergangenen Abschnitten bereits kennen gelernt.

Es lohnt schon, sich etwas näher damit auseinander zu setzen. Ein guter Sat-Empfang ist nun mal Grund-Voraussetzung(!!) für einen zuverlässigen GPS-Einsatz. Was nützt uns denn ein teures GPS-Gerät mit einer Fülle von tollen Funktionen, wenn wir ihm diese elementare Voraussetzung nicht bieten. Dann sind all diese tollen Funktionen gänzlich wertlos.
Die Zusammenstellung gewährt auch einen gewissen Überblick über die Größe, bzw. die Bedeutung der Beeinflussung.

Eine sehr große Hilfe bei der Beurteilung der Empfangsverhältnisse liefert uns die „Satelliten Status"-Seite der Geräte Diese habe ich ja schon im Rahmen des Kapitels „*Der GPS-Empfänger – Allgemeines*" sehr ausführlich vorgestellt.

Die Anzahl der empfangenen Satelliten und die Position der Sats zueinander (geometrische Verteilung), sowie deren Signalstärke (= die Höhe der Balken), lässt Rückschlüsse auf die Güte/Genauigkeit der Positions-Bestimmung zu. Meines Erachtens eine ganz wesentliche Anzeige-Seite der Geräte, die es zu beobachten gilt.

Grundsätzlich ist es nach dem Einschalten des Gerätes und dem ersten Positions-Fix (= der 1. Positions-Bestimmung) empfehlenswert, noch mindestens 1 bis 2 Minuten zu warten, bis sich ein wirklicher stabiler Wert für die Position einstellt (wegen deren Berechnung über Iteration; je mehr Sats desto besser; Kompensierung interner Uhren-Fehler). Dies ist ganz besonders wichtig, wenn auf eine möglichst genaue Höhen-Info wert gelegt wird.

Künstliche Verschlechterung (Selective Availability, SA)

Mit der „SA" haben wir uns schon ausgiebig am Anfang dieses Kapitels auseinandergesetzt.

Wenn aktiviert, ist sie für uns der größte Störenfried und verschlechtert die Positionsgenauigkeit um ca. den Faktor 10! Glücklicherweise ist sie seit dem Mai 2000 außer Kraft!!! Ein eliminieren ist prinzipiell nur durch den zusätzlichen Aufwand „DGPS" möglich.

Ionosphären-Fehler

Kennen wir auch schon (diesen habe ich im Zusammenhang mit DGPS erwähnt). Beim Durchtritt durch die Ionos- und Troposphäre erfolgt durch Brechung eine Laufzeitverzögerung der Satelliten-Signale.

Die GPS-Empfänger verfügen zwar über interne Korrektur-Modelle, aber das sind eben nur Standard-Modelle, welche die tatsächlichen „Ist"-Gegebenheiten nicht berücksichtigen können. Neben der SA ist es für uns die größte Fehlerquelle, die wir aber nicht beeinflussen können. Tagsüber ist der Einflussfaktor wegen der Sonnenaktivität noch größer, als in der Nacht.

Neben DGPS wird versucht, mittels WAAS bzw. EGNOS diesen Fehler auszuschalten. Die meisten modernen GPS-

Empfänger sind prinzipiell geeignet diese Korrektur-Daten zu empfangen. Wie aber im Abschnitt „**WAAS und EGNOS**" erläutert, ist dieses System für den Outdoor-Einsatz leider nur sehr bedingt hilfreich.

Anzahl der sichtbaren Satelliten

Von den derzeit ca. 30 aktiven Satelliten können an jeder Stelle auf der Erde theoretisch ständig 6 bis 12 Satelliten gleichzeitig empfangen werden. Dies wird durch die festgelegten Umlaufbahnen (= Orbital-Planes) sichergestellt. Dass dies allerdings in der Praxis durch andere Einfluss-Faktoren nicht immer möglich ist, dazu kommen wir noch. Als Stichwort möchte ich hier nur kurz „Abschattung" nennen.

Zudem ist die reine Anzahl tatsächlich empfangener Sats noch kein Garant für eine Positions-Bestimmung bzw. deren Güte, denn diese Sats müssen auch „verwertbar" sein. Dazu kommen wir auch gleich. Das Stichwort hierzu lautet „geometrische Verteilung der Sats am Himmel".
Aber trotzdem. Je mehr Sats empfangen werden, umso besser. Wie schon mehrfach erwähnt, werden für eine 2-dimensionale Positions-Bestimmung (2D-Fix; geogr. Länge/Breite) mindestens 3 „verwertbare" Sats benötigt, für eine 3-dimensionale Pos.-Bestimmung 4 „verwertbare" Sats (3D-Fix, geogr. Länge/Breite + Höhe). Dies sollte eigentlich üblicherweise der Normal-Fall sein, da sich Höhenfehler beim 2D-Fix als Fehler in der horizontalen Lage auswirken.

Die modernen 12 oder auch 14/16-Kanal Parallel-Empfänger benutzen dann jeden zusätzlich empfangenen Sat dazu, die Positions-Bestimmung noch weiter zu verfeinern. Dann spielt es auch keine nennenswerte Rolle, wenn während des Geräte-Einsatzes der eine oder andere Satelliten-Kontakt verloren geht.

Das war bei den früheren 8-Kanal Multiplex-Empfängern dagegen von negativem Einfluss, da diese immer nur 4 Sats in ihre Berechnung einbezogen haben, auch wenn mehr Sats zur Verfügung gestanden hätten. Ging dann der Kontakt zu einem Sat verloren, musste erst mal ein Ersatz-Satellit gefunden werden.

Durch geschickte Wahl des Standortes (möglichst freies, nach allen Seiten offenes Gelände aufsuchen ohne Hindernisse wie Bäume, Wald, Gebäude etc. in direkter Nähe), sowie den Empfänger mit der gestreckten Hand nach oben halten (um die Abschattung durch den eigenen Körper auszuschalten und den Öffnungswinkel zum Himmel zu vergrößern), lässt sich in kritischen Situationen die Anzahl der empfangenen Sats steigern.

Geometrische Verteilung der Sats

Eine recht präzise Positions-Bestimmung wird erreicht, wenn möglichst viele Satelliten empfangen werden und diese zudem über den ganzen Himmel verteilt sind (freies Gelände, Meer/See).

Dies kann auf der Satelliten-Statusseite der Geräte sehr gut beobachtet und abgelesen werden (siehe Display-Abbildungen auf der nächsten Seite). So lässt sich leicht selber abschätzen, wie es um die Güte der Positions-Bestimmung bestellt ist.

Empfängt der GPS-Empfänger die Funksignale der einzelnen Sats untereinander breit gefächert z. B. in Winkeln von 45 bis 90 Grad, ist die Berechnung der Position wesentlich genauer (günstige geometrische Anordnung der Sats), als wenn diese in recht spitzem Winkel zueinander einfallen (geometrisch ungünstige Anordnung der Sats).

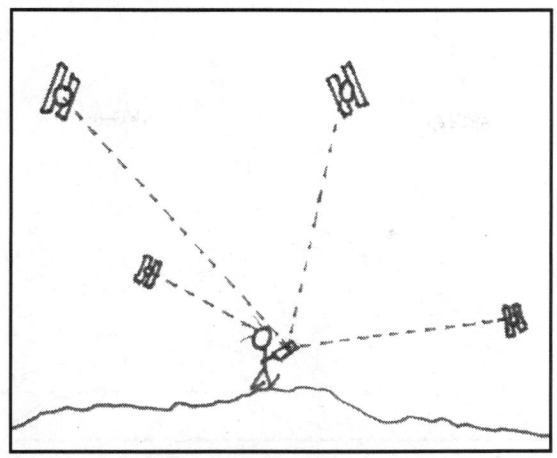

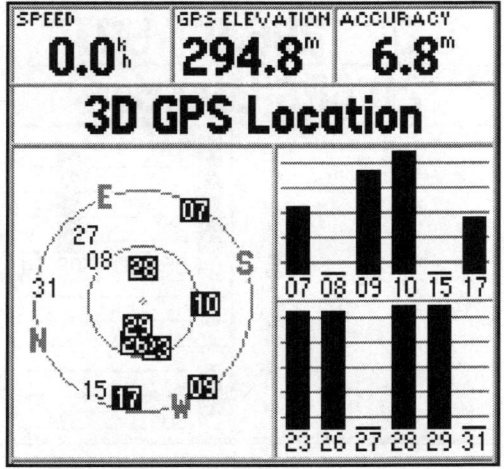

**Beispiel für günstige geometrische
Anordnung der Satelliten.**

*Dies wirkt sich positiv auf den voraussichtlichen
Positions-Fehler aus (siehe Wert von „Accuracy")*

Beispiel für geometr. ungünstige Verteilung der Sats:

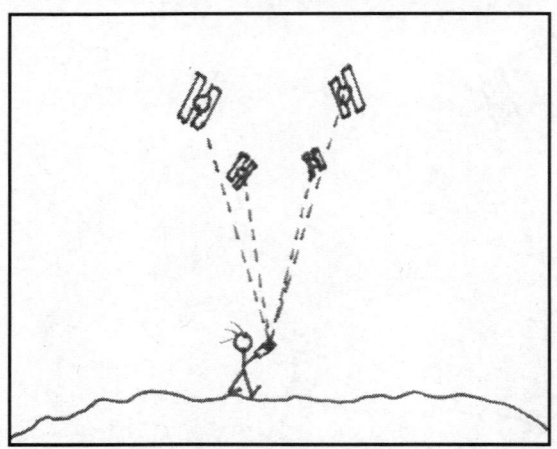

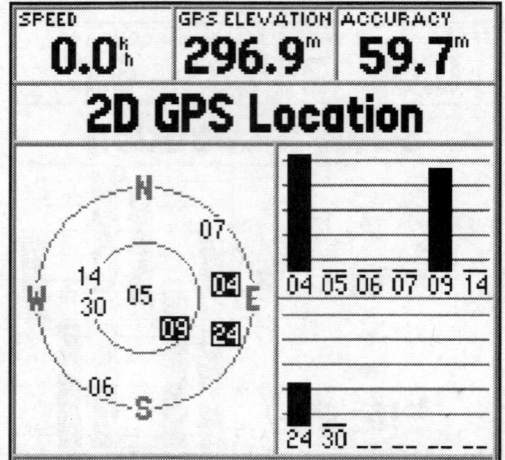

**Beispiel für ungünstige geometrische
Anordnung der Satelliten
(z. B. auch in Tal-Lagen im Gebirge)**

*Dies wirkt sich ungünstig auf den voraussichtlichen
Positions-Fehler aus (siehe Wert von „Accuracy")*

Kapitel: Genauigkeit des GPS-Systems

Anmerkung zu 2D-Nav:
Kein blinder Verlass auf die Höhen-Info, es ist nur der letzte
gespeicherte Wert für die Höhe.

Eine geometrisch unglückliche Stellung der Sats kann durch
eine momentan grundsätzlich ungünstige Sat-Konstellation
verursacht werden (am Almanach zu sehen), in den meisten
Fällen wird diese jedoch durch „Abschattung" hervorgeru-
fen, wie z. B. in engem gebirgigem Gelände oder in Häuserschluchten, im Wald etc. Dadurch ist der erforderliche freie
„Blick" zu den Sats durch Hindernisse blockiert („abgeschat-
tet"). Ganz schlecht natürlich für uns, wenn diese 2 Faktoren
aufeinandertreffen sollten (ungünstige Sat-Konstellation +
Abschattung).

In der Regel wird dann auch nur die minimal erforderliche
Anzahl von 4 oder gar nur 3 Satelliten empfangen.
Da sich diese dann meist mehr oder weniger direkt über dem
Gerät oder nur in einer ganz bestimmten Richtung befinden,
also dicht beieinander liegen, ergibt sich diese geometrisch
ungünstige Anordnung der Sats für die Positions-
Berechnung durch Triangulation („schleifender" Schnitt).
Es muss dann mit größeren Abweichungen gerechnet
werden (es können durchaus auch mehrere 100 Meter sein).

Gar keine Positions-Bestimmung ist möglich, wenn die Sats
untereinander kein Dreieck bilden, sondern sich wie die
Perlen auf einer Kette in einer Linie befinden oder als
Grüppchen ganz dicht beisammen stehen (keine Möglichkeit
der Triangulation).
Mögliche Verbesserungsmaßnahmen für uns als Anwender
wie beim vorher gehenden Punkt „**Anzahl der sichtbaren
Satelliten**" beschrieben.

Von unserem Gerät wird intern die geometrische Lage der
empfangenen Satelliten qualitativ bewertet, und dies geht

in hohem Maße in dessen Abschätzung zur Gesamt-Genauigkeit ein.

Diese Bewertung gibt der Empfänger in Form des Wertes „GDOP" aus (= Geometric Dilution of Precision). Dies heißt frei übersetzt etwa: „Verringerung der Genauigkeit durch geometrische Einflüsse". Manche Empfänger zeigen den Wert von „GDOP" bzw. als „DOP" im Display an, im NMEA-Datenstrom wird er auf jeden Fall ausgegeben. Werte kleiner 2.0 sagen aus, dass die Positions-Bestimmung vom Gerät als sehr gut eingeschätzt wird.

Da dies allerdings nur eine sehr abstrakte dimensionslose Verhältniszahl ist, zeigen die meisten GPS-Empfänger zum leichteren Verständnis den voraussichtlichen Positions-Fehler als konkrete Entfernungsangabe an (= EPE; z. B. in Metern). Zu der Angabe von EPE bzw. DOP dann in einem der nächsten Abschnitte.

Kurz noch der Vollständigkeit halber ein paar weitere Begriffe zu „DOP" auf die man stoßen kann, sowie diese alle im Überblick:

GDOP (Geometric Dilution Of Precision);
   Gesamt-Genauigkeit; 3D-Koordinaten und Zeit.
PDOP (Positional Dilution Of Precision);
   Genauigkeit der Position; 3D-Koordinaten.
HDOP (Horizontal Dilution Of Precision);
   Horizontale Genauigkeit; 2D-Koordinaten.
VDOP (Vertical Dilution Of Precision);
   Vertikale Genauigkeit; Höhe.

Für eine Positions-Bestimmung bzw. deren Genauigkeit spielt also nicht nur die reine Anzahl der empfangenen Satelliten eine Rolle, sondern auch deren geometrische Verteilung am Himmel.

Dies war in dem Kapitel „*Das NAVSTAR - Gesamt-system*" im Abschnitt „*Wie funktioniert jetzt das GPS?* " in meinen dortigen Erklärungen mit „verwertbaren" Sats gemeint. Zwischen der Qualität des Empfangs und der Genauigkeit der Position besteht ein unmittelbarer Zusammenhang.

Im Bereich des Horizonts liegende Satelliten, plus einer direkt über dem Himmel (im Zenit), würden prinzipiell eine gute geometrische Konstellation bilden.
Allerdings wirken sich Störungen/Einflüsse durch die Atmos-, Tropos- und Ionosphäre bei am Horizont liegenden Sats am stärksten aus. Diese Sats sind am weitesten von uns entfernt und deren Signale sind am längsten unterwegs. Dadurch wirkt sich der Ionosphären-Fehler besonders stark aus. Sie werden deshalb zur Positions-Bestimmung ausgeblendet (= „Maskierung" bzw. „Mask Angle").

Abschattung (Empfang d. Sat-Signale blockiert)

Je mehr Sats der GPS-Empfänger direkt „sehen" kann, umso höher ist die prinzipiell erzielbare Genauigkeit. Die GPS-Signale sind allerdings sehr schwach und breiten sich nur geradlinig aus.
Gebäude, die Geländebeschaffenheit (= Topografie, also Berge, Schluchten, Fjorde etc.), ein dichtes Blätterdach oder elektronische Störeinflüsse (Interferenzen) blockieren daher den Empfang der Signale (= Abschattung). Der erforderliche freie „Blick" zu den Sats ist wegen der Hindernisse also nicht gegeben.
Dadurch wird eine geringere Anzahl Satelliten empfangen, als die mögliche Anzahl der sichtbaren Satelliten laut Almanach eigentlich wäre. Auf offenen Wasserflächen oder bei der Fliegerei ist das selten ein Problem, aber beim Wandern, Bergsteigen, in Städten, in einem Fahrzeug usw.

Wie im Kapitel „*Der GPS-Empfänger – Allgemeines*"
unter „*Voraussetzungen für den Empfang und die
Positions-Bestimmung*" schon erwähnt, führen nachfolgend genannte Punkte zur Abschattung:
Schluchten und enge Täler, innerstädtische Bereiche mit
hohen Häusern, dichter Wald (auch bei modernen 12 oder
14/16-Kanal Empfängern!!), Metall (Stahl, Alu etc.), metall-
bedampfte Scheiben, Stein, Beton, unter Wasser, unter der
Erde, in Höhlen, in Tunnels, innerhalb von Gebäuden, aber
auch der menschliche Körper(!!!). Für Tauchgänge eignet
sich GPS generell überhaupt nicht.
Mögliche Verbesserungsmaßnahmen für uns als Anwender
wie unter Punkt „*Anzahl der sichtbaren Satelliten*"
beschrieben.

Sollte eine erforderliche wichtige Positions-Bestimmung
wegen Abschattung/schlechter Geometrie nicht möglich
sein, den Versuch zu einem späteren Zeitpunkt wiederholen
(z. B. eine ½ oder 1 Stunde später).
Wie wir gesehen haben, sind die GPS-Sats ja nicht geostationär, sondern flitzen ständig scheinbar chaotisch über den
Himmel. Diese Zeitspanne kann aber bereits ausreichend
sein, dass sich eine völlig andere Sat-Konstellation ergibt,
und uns diese dann eine Positions-Bestimmung ermöglicht.

Bei vielen Outdoor-Anwendungen wird ein GPS im Wald
eingesetzt, dies führt häufig zu Frust. Belaubte Bäume
schirmen durch deren Saft (Elektrolyt) die GPS-Signale stark
ab. Nasse Blätter sind dann wiederum noch kritischer als
trockene. Ein paar Anmerkungen zu möglichen Abhilfen in
dem oben genannten Abschnitt.
Unkritisch sind dagegen: „normales" Glas, Kunststoffe
(„Plastik"), glasfaserverstärkter Kunststoff (GFK), Gewebe-
Stoffe (z. B. von Rucksack, Zelt, Tarp, ...). Durch diese
Materialien wird der Empfang nicht oder kaum merklich
beeinträchtigt.

Pauschal kann gesagt werden:

Beim Betrieb muss das Gerät wegen der geringen Sende-leistung der Satelliten (nur ca. 20 bis 80 Watt) und der verwendeten Frequenzen stets einen freien „Blick" zum Himmel haben. Zwischen Empfangs-Qualität und Positions-Genauigkeit besteht ein unmittelbarer Zusammenhang.

Mehrfach-Signale (Multipath)

Dies tritt auf, wenn die GPS Signale an Gegenständen wie z. B. großen Felsoberflächen oder hohen Gebäuden etc. reflektiert werden (= Multipath). Dies verlängert die Laufzeit der Signale und verursacht Fehler bei der Berechnung der Entfernung zum Satellit. In der Regel liegt dieser im Bereich um ca. 1 bis 2,5 Meter, kann allerdings im Extremfall auch bis zu 15 Meter bei der Positions-Bestimmung betragen.

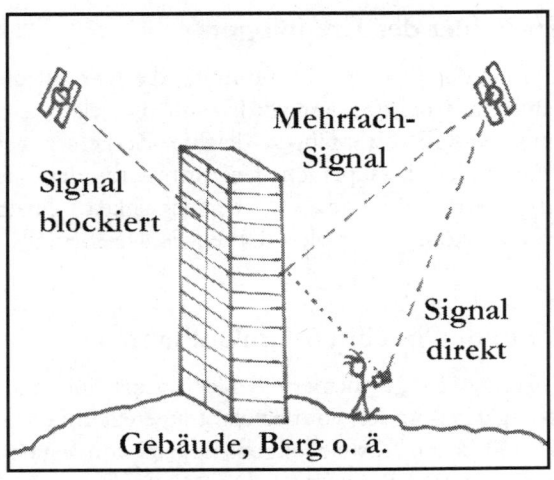

Beispiel für blockierte Sat-Signale
(= Abschattung) und Mehrfach-Signale

Der Empfang von Multipath-Signalen ist v. a. bei besonders empfangsstarken GPS-Geräten bzw. Chip-Sätzen ein Problem, wie z. B. bei SiRF III. Durch die dann zwangsläufige Einbeziehung von Mehrfach-Signalen in ihre Positions-Bestimmung, verschlechtern sie generell deren Gesamt-Genauigkeit.

Auf der anderen Seite ermöglichen diese Empfänger unter widrigen Empfangs-Bedingungen ggf. überhaupt einen Positions-Fix. Je nach Situation ist es dann u. U. egal, wenn die tatsächliche Position eigentlich ein paar hundert Meter woanders liegt. Hier ist sicherlich ein gesunder Kompromiss zwischen empfangsstark sein, aber auch nicht übertrieben empfindlich reagieren, ein sinnvoller Mittelweg.

Eine hohe Empfindlichkeit des Chip-Satzes ist letztlich nur bei gleichzeitigem Einsatz von effektiven Filtertechnologien für den Nutzer von Vorteil. Hier sind dieGeräte-Hersteller entsprechend gefordert.

Uhren-Fehler des Empfängers

Obwohl bei der Positions-Bestimmung die Uhr auf die Zeit der Satelliten synchronisiert wird, kann die relativ einfache Uhr unseres GPS-Empfängers leichte Zeitfehler verursachen. Aber auch die supergenauen Atomuhren der Satelliten können noch eine gewisse Ungenauigkeit einstreuen. Beeinflussen können wir diese Uhren-Fehler ebenfalls nicht.

Fehler in der Satelliten-Umlaufbahn

Diese werden als „Ephemeris-Fehler" bezeichnet und sind Ungenauigkeiten in der, vom Satellit mitgeteilten Position im All. Es sind kleine Abweichungen des Sats von seinen übermittelten exakten Bahndaten. Diesen insgesamt geringen Fehler können wir nicht beeinflussen, bzw. nur mit DGPS.

Genauigkeitsangabe der GPS-Geräte (EPE, DOP)

Dies ist jetzt zwar kein „Fehler", gehört aber mit in diese Thematik.

Die meisten GPS-Geräte geben Auskunft über die Genauigkeit ihrer Positions-Bestimmung (engl. Accuracy). Dies geschieht in Form von Anzeigen, wie z. B. „Voraussichtlicher Positionsfehler", „Genauigkeit", „Accuracy", „EPE" o. ä. Diese Angaben, welche üblicherweise auf der Satelliten-Statusseite zu finden sind, sind mit konkreten Zahlenangaben versehen (je nach eingestellten Einheiten am Gerät z. B. in Meter oder Feet).

Diese Werte sollte man jedoch nicht zu wörtlich nehmen. Es sind keine Absolutwerte, sondern es handelt sich hierbei um einen, vom Gerät nach bestem Wissen und Gewissen geschätzten voraussichtlichen Positions-Fehler (= Estimated Position Error bzw. EPE).

Garantiert kann die Prognose jedoch nicht werden. Generell werden diese Angaben von vielen Anwendern sehr häufig falsch interpretiert, indem sie zu euphorisch für „bare Münze" gehalten werden.

In diese Abschätzung geht eine Vielzahl von Faktoren ein, und die Hersteller geben den Berechnungs-Algorithmus natürlich nicht preis. Da wird vermutlich jeder Hersteller auch sein eigenes „Süppchen" kochen. Beim Vergleich von Geräten untereinander muss ein kleinerer EPE Wert nicht zwangsläufig bedeuten, dass dieses Gerät auch tatsächlich genauer ist.

Sehr große Bedeutung bei der Berechnung von „EPE" hat auf jeden Fall die Geometrie der Satelliten untereinander („GDOP"). Diesen Faktor haben wir bereits kennen gelernt.

Zudem beachten, dass diese EPE-Angabe nur bedeutet, dass zu 50% die Chance besteht, dass man sich tatsächlich innerhalb eines Kreises mit dem angegebenen Radius befindet.

Gleichzeitig bedeutet dies aber auch, dass sich mit 50%-iger Wahrscheinlichkeit die Position außerhalb dieses Kreisradius befindet kann.

Weiterhin besagt dieses EPE, dass sich mit 95%-iger Wahrscheinlichkeit die Position innerhalb eines Kreises mit dem doppelt angegebenen Radius befindet, sowie mit 98,9%-iger Wahrscheinlichkeit in einem Kreis mit dem 2,55-fachen Radius.

Hierzu ein Beispiel: Auf einer der Abbildungen auf den vorhergehenden Seiten gibt das GPS eine „Accuracy" von 6,8 Meter an. Dann besteht zu 50% die Möglichkeit, dass man sich innerhalb eines Kreises mit diesem Radius befindet, und mit 95%-iger Wahrscheinlichkeit befindet man sich innerhalb eines Kreises mit dem Radius 13,6 m (2 x 6,8 m). Mit 98,9%-iger Wahrscheinlichkeit innerhalb einem Kreis mit dem Radius 17,3 Meter (2,55 x 6,8 m).

Viele Garmin Geräte zeichnen zudem optional (= wenn gewünscht) auf der Karten-Seite (Map-Page) einen Kreis um die aktuelle Position (= Accuracy Circle bzw. Genauigkeitskreis), der diesen EPE-Wert dann auch visuell anzeigt. Aber auch dies ist nur eine Berechnung/Darstellung der voraussichtlichen Genauigkeit auf Basis der möglichen Fehlerquellen.

Nur weil man sich vermutlich innerhalb des Kreises befindet bedeutet dies nicht zwangsläufig, dass man sich absolut gesehen auch tatsächlich darin befindet.

Besitzer eines „Map"-Gerätes von Fa. Garmin, also ein Gerät mit hinterlegter Vektorkarte, sollten weiterhin beachten, dass die Genauigkeit der momentanen Karte mit in die Größe des Kreises eingeht.

Beispiel: Der angezeigte Wert für die Genauigkeit (Accuracy) sei 5 Meter. Wird auf der relativ groben „Basemap" sehr weit hineingezoomt um Details zu sehen („Overzoom"), ist der

Kreis deutlich größer als dieser Radius von 5 Meter, da die große Ungenauigkeit der Basiskarte bei dieser Zoomstufe mit berücksichtigt wird. Mit geladenen MapSource Feindaten wird bei gleicher Zoomstufe der Kreis deutlich kleiner ausfallen.

Manche GPS-Geräte geben anstatt des EPE-Wertes mit konkreter Zahlenangabe in Meter bzw. Feet, einen „DOP"-Wert an (= Dilution of Precision). Dies heißt übersetzt etwa: „Verwässerung/Verdünnung" der Präzision.

Dieser DOP-Wert setzt sich aus mehreren Einzelfaktoren zusammen, bewertet aber v. a. die geometrische Lage der empfangenen Satelliten zueinander. Er dient ebenfalls zur Beurteilung der Güte einer Positions-Bestimmung.

Allerdings ist es nur eine abstrakte Verhältniszahl, die keine konkreten Rückschlüsse in Meter oder Feet zulässt. Je kleiner der DOP-Wert, umso besser. Werte kleiner 2.0 sagen aus, dass die Positions-Bestimmung vom Gerät als sehr gut eingeschätzt wird.

Es lohnt sich aber nicht zu tief in die Geheimnisse der EPE und DOP Berechnung einzutauchen. Für uns sind die Beiden einfach nützlich um zu sehen, wie gut das GPS die Sats empfängt, und sie können uns eine grobe Vorstellung davon vermitteln, wie genau das Gerät arbeitet.

Ein gesundes Misstrauen gegenüber den „tollen" Zahlenwerten kann auf jeden Fall nicht schaden.

Antenne des GPS-Empfängers (Patch, Helix)

Bei den GPS Handgeräten sind zwei verschiedene Bauarten von Antennen gebräuchlich: Patch und Helix.

Den besten Empfang bieten „Patch"-Antennen, wenn das Gerät waagrecht betrieben wird (z. B. Garmin 12-er, eTrex-Reihe, Geko; Magellan eXplorist-Reihe). „Helix"-Antennen dagegen, wenn das Gerät senkrecht betrieben wird (z. B. Garmin GPS60/72/76/96-er, Magellan Meridian/SporTrak).

Hat das Gerät freie Rundumsicht zu den Sats ist es eigentlich egal, ob das Gerät waagrecht oder senkrecht gehalten wird, der Empfang wird trotzdem ausreichend sein.

Zum Tragen kommt dies dagegen bei schlechten Empfangs-Verhältnissen (z. B. im Wald, im Gebirge, in Häuserschluchten). So etwa 30 Grad Abweichung von der idealen Lage ist meist noch akzeptabel. Als Kompromiss zwischen noch ausreichendem Empfang und der Möglichkeit die Daten ablesen zu können, haben sich ca. 45° in der Praxis bewährt.

Um die Empfangsleistung seines Gerätes voll auszunutzen, lohnt also ein Blick in die Bedienungsanleitung, wie das Gerät optimal gehalten werden sollte.

Macht einfach mal diesen Versuch: Die Satelliten Status-Seite beobachten (Anzahl der Sats und Signalstärke) und schwenkt langsam das Gerät von der waagrechten in die senkrechte Lage (im „Normal-Modus", nicht im „Batteriespar-Modus"). Es müsste schon ein deutlicher Unterschied zu sehen sein.

Lange Zeit standen Geräte mit Helix-Antenne im „Verdacht" empfangsstärker zu sein, als Geräte mit Patch-Antenne. Die neueren Garmin-Geräte mit Patch-Antenne widerlegen jedoch diese Theorie. Diese stehen den „Helix"-Geräten in der Empfangsleistung um nichts nach. Scheinbar spielt nicht der Antennen-Typ selbst eine so große Rolle, sondern mehr deren Anpassung (das Fein-Tuning), sowie neben den verwendeten Chip-Sätzen vermutlich auch

die auswertende Software.
Mir scheint zudem, dass es auch fertigungsbedingte Streuungen innerhalb dem gleichen Modell eines Herstellers gibt.

Empfangs-Leistung verbessern

Neben der oben erwähnten bevorzugten Lage des GPS-Handgerätes für einen optimalen Empfang aufgrund des verwendeten Antennen-Typs, kann der Empfang unter widrigen Bedingungen noch durch folgende Maßnahmen verbessert werden:

- Gerät rechtzeitig einschalten bevor es empfangstechnisch kritisch wird, z. B. vor dem Erreichen eines Waldstückes.

- Für einen aktuellen Almanach sorgen (= „Satelliten-Fahrplan"), d. h. dem Gerät zuvor für mind. 12 ½ Minuten freien ungestörten(!!) Sat-Empfang ermöglichen. Dann weiß das GPS besser (aktueller) über die Lage der Sats Bescheid.

- Um den Einfluss des menschlichen Körpers auszuschalten (Abschattung) zur Positions-Bestimmung den Empfänger mit der gestreckten Hand in die Höhe halten

- Auf den Batteriespar-Modus der Geräte verzichten.

- Externe Zusatz-Antenne verwenden sofern eine Anschlussmöglichkeit besteht, und diese Antenne in empfangsgünstiger Lage befestigen (möglichst freie Rundumsicht).
Die externen Zusatz-Antennen sind Aktiv-Antennen, d. h. sie verstärken die Signale. Häufig sind sie leistungsfähiger, als die eingebaute Geräte-Antenne. Für Geräte ohne Antennen-Anschluss gibt es so genannte Re-Radiating bzw. Relais-Antennen. Dies sind ebenfalls Aktiv-Antennen.

Nachteilig ist, dass diese separat mit Strom versorgt werden müssen (externe 12V Stromversorgung im Fahrzeug, bzw. für Outdoor-Einsatz Ausführungen mit separatem Batteriepack im Handel).

Fehler im Zusammenspiel mit Karten

Das GPS-System bietet uns eine hervorragende Genauigkeit. Wird nun das GPS-Gerät in Verbindung mit der klassischen Papierkarte eingesetzt, kann die erzielbare Genauigkeit bei der Positions-Bestimmung insgesamt deutlich schlechter ausfallen. In den meisten Fällen wird der Empfänger genauer sein als die Karte.

Wenn es also zu Unstimmigkeiten zwischen der, vom Empfänger angezeigten Position, und deren Lage auf der Papierkarte kommt, liegt der Fehler vermutlich an der Karte. Für „moderne" digitale Karten trifft übrigens ebenso zu.

Natürlich hängt auch sehr viel von der Qualität der verwendeten Karte ab. Selbst scheinbar „gute" Karten können für eine bessere Übersichtlichkeit/Entzerrung des Kartenbildes von der tatsächlichen Wirklichkeit abweichen. Dies wird Generalisierung genannt. Manche Karten sind allerdings zum Teil schon eher schöne „Gemälde", als eine präzise GPS-taugliche Karte.

Zudem reichen häufig auch bei neuen Karten die eigentlichen Basis-Daten schon mehrere Jahrzehnte zurück – in eine Zeit, in der noch niemand eine präzise Standort-Bestimmung im 5m-Bereich für Jedermann für Möglichkeit gehalten hätte, bzw. für die damaligen Ersteller der Karten selbst möglich gewesen wäre.

Weiterhin bedenken, dass selbst auf einer Karte mit dem großen Maßstab 1:25 000 ein einziger Millimeter bereits einer Entfernung von 25 Metern in der Natur entspricht. Da können selbst mit der präzisesten Karte gewisse Ungenauigkeiten bei der Lage nicht ausbleiben.

Dies alles sollte bedacht werden, wenn beispielsweise die Route eines Bootes auf einer See-Karte zwischen eng beieinander liegenden Gefahren-Stellen hindurch festgelegt und ins GPS übertragen wird.

Diese Route ist nicht geeignet, um damit blind durch Engstellen zu navigieren, wie beispielsweise unter einer Brücke hindurch oder einem engen Fahrwasser zu folgen. GPS und Karte sind jedoch mehr als genau genug, um uns zu der Brücke oder zu dem engen Fahrwasser zu leiten. Viele der Gefahrenstellen wurden vermessen und eingezeichnet bevor es GPS gab. Daher zu diesen Gefahren immer einen ausreichenden Abstand wahren, oder ihre ganz genaue Lage durch weitere Quellen verifizieren. Dies gilt im Übrigen ebenso für die „Map"-Geräte mit integrierter Karte. Kein blinder Verlass auf deren Genauigkeit.

In diesem Zusammenhang ist ebenso ein Thema, was und was nicht in der verwendeten Karte eingezeichnet bzw. vermerkt ist, wie z. B. Inseln/seichte Stellen je nach Wasserstand auf einem See, Stromschnellen/Wasserfälle auf einem Fluss etc., also das Maß der Detailtreue.

Karten-Datum/Map-Datum

Einen sehr großen(!!!) Einfluss auf die Genauigkeit der Positions-Bestimmung in Verbindung mit einer Karte hat die korrekte Einstellung des „Karten-Datum" (engl. Map-Datum) der verwendeten Karte an dem GPS-Empfänger. Was dieser Begriff konkret für eine Bedeutung hat, sowie nähere Erläuterungen generell zum Thema Karten, sind in dem separaten Kapitel „*Grundlagen der Kartographie*" zu finden. Dieser Abschnitt sollte jetzt nur ein kurzer Vorgriff sein, um die Thematik „Einfluss auf die Genauigkeit" vollends abzurunden.

Die Genauigkeit von GPS kann leider süchtig machen. Jedoch ist in vielen Fällen so eine hohe Präzision gar nicht erforderlich. Häufig ist ein Einfaches „Ich bin ungefähr hier" völlig ausreichend. Man muss schon abwägen, ob eine Genauigkeit im Meterbereich für die jeweilige Unternehmung überhaupt erforderlich ist. Das Ziel liegt dann doch meist schon zum Zweck der Orientierung im Blickfeld.

Anwender Fehler

Dies ist zwar ebenfalls kein Fehler den man dem GPS-System anlasten kann, aber Bedienungsfehler durch den Anwender bergen insgesamt ein großes Gefahren-Potential. Eine Schwachstelle von GPS ist, dass es zu leicht ist dem Gerät einfach blind zu folgen.

Die präzise Navigation zu einem falschen Ort ist letztlich aber auch nicht von großem Nutzen, wie beispielsweise zum falschen Wegpunkt/wegen fehlerhafter Koordinaten/durch unzureichenden Sat-Empfang/durch falsche Einstellungen am Gerät etc. (z. B. der Einfluss durch die Einstellung der Nord-Referenz oder dem Karten-Datum).

Wird jedoch dies berücksichtigt, ist GPS trotzdem eines der zuverlässigsten Systeme, die derzeit verfügbar sind. Durch zwei Vorsichtsmaßnahmen können die Anwenderfehler minimiert werden. Erstens sich mit den größten Fehlerquellen/Einflussfaktoren vertraut machen, und zweitens das Ergebnis stets genauestens auf Plausibilität prüfen. Dem gesunden Menschenverstand kommt also trotz aller Vorteile von GPS noch eine wichtige Aufgabe zu.

Beispielsweise gewissenhaft checken, ob die vom Gerät angezeigte Entfernung und Richtung zum Ziel wirklich sein kann. Eine Hilfe kann dabei die „Karten-Seite" (Map-Page) der Geräte sein, auf der die eigene Position, sowie die Wegpunkte/Routen/Tracks zur Übersicht abgebildet sind.

Besonders hilfreich sind dabei natürlich die „Map"-Geräte mit hinterlegter Vektorkarte, sofern für das Gebiet detaillierte Feindaten verfügbar sind.

Ein sehr großes Fehlerpotential birgt das Ausmessen von Koordinaten auf der Karte und deren Übertragung/Eingabe in das GPS, bzw. auch der umgekehrte Weg. Hier hilft nur sorgfältig vorgehen, sowie doppelt und dreifach zu kontrollieren. Um diesen Fehler zu eliminieren können wiederum die schon erwähnten „Map"-Geräte von Nutzen sein, sofern die Wegpunkte und Routen direkt auf deren „Karten-Seite" erstellt werden. Außerdem wird damit die Problematik Karten-Datum elegant „umschifft".

Eine weitere Möglichkeit Fehler zu vermeiden ist die Touren-Planung vorab auf dem PC zu Hause mit geeigneter Software und digitalen Karten (Karten CDs oder gescannte Papierkarten). Die bequem am Bildschirm erstellten Daten (Wegpunkte, Routen, Tracks) werden dann per Kabelverbindung ins GPS übertragen. Näheres dazu im **Band 2** des „*GPS-Handbuches*" in dessen Kapitel „GPS und PC-Software/Digitale Karten".

Auswirkung von Empfangs-Verlust

Zahlreiche Anwender sind von der Empfangsleistung ihres Gerätes unter schwierigen Empfangs-Bedingungen (z. B. im Wald) ganz begeistert. Sie hätten noch nie oder nur ganz selten einmal Empfangsverlust gehabt. Diesen Leuten würde ich dazu raten, unter diesen Bedingungen mal die Satelliten Status Seite ihres Gerätes zu beobachten, ob denn der Empfang tatsächlich so „tolle" ist.

Bei aller Euphorie und der Leistungsfähigkeit der Geräte müssen nämlich herstellerspezifische Softwarelösungen berücksichtigt werden. Manche GPS (z. B. die von Fa. Garmin) errechnen noch 30 Sekunden lang die Position aufgrund der letzten Geschwindigkeit und Bewegungsrichtung, auch wenn seit 30 Sekunden keine Sats mehr empfangen werden (= Extrapolation des Gerätes durch Koppel-Navigation bzw. engl. „Dead Reckoning").

Dann erst kommt die Warn-Meldung „Poor GPS Coverage", „Weak Signals", „No Satellite Reception", „Lost Sat Reception" oder ähnlich (= kein Sat-Empfang mehr).
Derartige Lösungen sind in der Praxis praktisch und gut, damit nicht jeder kurzzeitige Empfangs-Verlust sofort zu einer Warn-Meldung führt, sollten aber beachtet werden!!

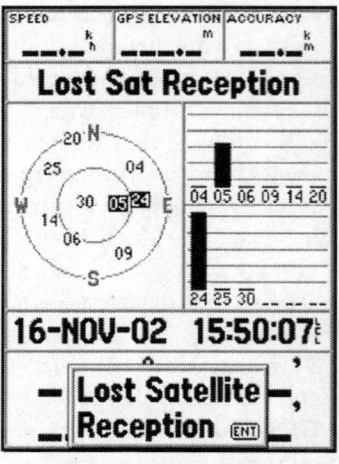

Satelliten Status-Seite

Warnmeldung, dass kein ausreichender Sat-Empfang mehr gegeben ist.
Ursache: Abschattung

Wie sich Euer Gerät in dieser Situation verhält, könnt Ihr durch einen einfachen Versuch feststellen:
Die Satelliten Status-Seite beobachten (Gerät im „Normal-Modus", nicht im „Batteriespar-Modus") und dann mit der Hand die Antenne abdecken.
Bei Garmin Empfängern mit integrierter Antenne ist das der Bereich, auf welchem die Weltkugel aufgedruckt ist – der Empfang geht auf Null zurück.

Nun zählen wie lange es dauert, bis das Gerät den Verlust des Sat-Empfanges meldet.

Andere Möglichkeit: Wie lange dauert es bis diese Meldung kommt, wenn ihr in einen Tunnel einfahrt.

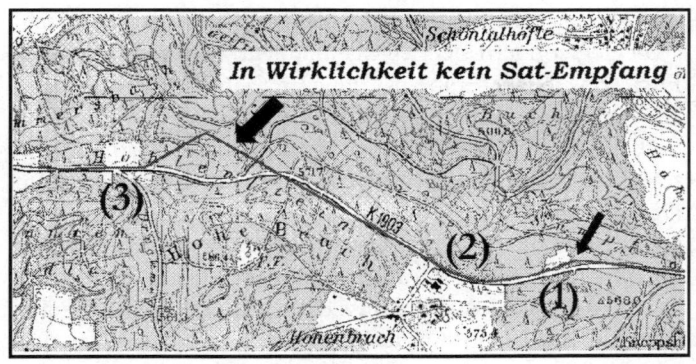

Beispiel wie sich solche Software-Lösungen in der Praxis äußern

Das obige Bild zeigt den Ausschnitt einer topographischen Karte und die lückenlos aufgezeichnete Fahrt auf der Straße durch dichten Wald (= „Track-Log"; von rechts nach links). Der Wald ist dunkel gefärbt, die hellen Flecken sind Lichtungen.

Schon bald nach der Einfahrt in den Wald wurde der Empfang schlecht. Bei der kleinen Lichtung (1) war der Empfang dann wieder ausreichend, deshalb auch dieser ausgeprägte Knick bei (1).

Hervorragend dann der Empfang bei der Lichtung (2). Im Wald danach ging dann der Empfang komplett verloren und das Gerät extrapolierte mit der zuletzt gespeicherten Geschwindigkeit und Bewegungsrichtung weiter (Koppel-Navigation).

Die gefahrenen Kurven wurden dadurch einfach ignoriert und die Fahrt geht nun geradeaus durch die „Prärie". Bei der Lichtung (3) ist der Empfang dann wieder gegeben und der Empfänger konnte seine Position neu berechnen. Der Irrtum wird sofort bemerkt, und deshalb kommt es zu diesem ausgeprägten Haken bei der Track-Aufzeichnung bei dem dicken Pfeil.

Zu keiner Zeit hatte das Gerät „Kein Sat-Empfang" gemeldet, sondern sich jeweils innerhalb dieser 30 Sekunden Frist von „Nicht-Empfang" zu „Empfang" durchgehangelt. Also ich persönlich finde diese Software-Lösung eine feine Sache, aber stets von gutem oder gar perfektem Empfang zu schwärmen kann in diesem Fall auch nicht die Rede sein. Deshalb meine Empfehlung, bei widrigen Empfangsverhältnissen stets die Satelliten Status-Seite im Auge zu behalten, um wirklich objektiv informiert zu sein.

Die Anzeige des voraussichtlichen Positions-Fehlers (EPE, Genauigkeit, Accuracy, ...) ist in diesem Falle nicht hilfreich und kein verlässlicher Indikator, da wegen interner Dämpfung insgesamt zu träge und „geschönt".

Kommt es nach Überschreitung der Zeitspanne ohne Sat-Empfang zu der besagten Warnmeldung, wird zudem die Aufzeichnung des „Tracks-Logs" abgebrochen. Ist dann der Empfang wieder gegeben, wird die „Track"-Aufzeichnung an der Stelle vorgesetzt, an welcher der Empfang wieder möglich war.

Kommt es häufig zu Unterbrechungen, besteht der Track-Log aus zahlreichen einzelnen Segmenten und vielen „Ausreißern". Bei der Auswertung mit GPS-Software wird der Beginn eines neuen Segments häufig mit „FP" (= First Point) bezeichnet. Ebenso wird jedes Mal ein neues Track-Segment begonnen, wenn das Gerät ausgeschaltet und dann irgendwann wieder eingeschaltet wird.

Wird der „Active Track-Log" im GPS als „Saved Track" abgespeichert, werden automatisch alle „First Points" entfernt und es entsteht ein einziger zusammenhängender Track (z. B. bei den Garmin Geräten).

Ein zusammenhängender Track wird für die spezielle Funktion „TracBack®" benötigt, die auf den „Saved Tracks" basiert. Dazu aber später mehr in dem Kapitel „*Grund-Funktionen der Geräte*" unter „*Die Funktion „Trace-back"/„TracBack®* ".

Soviel mir bekannt ist geben die Empfänger der Fa. Magellan keine Warn-Meldung aus, wenn der Sat-Empfang nicht mehr gegeben ist, sofern die Voreinstellung im „Setup"-Menü nicht bewusst verändert wird, um bei Empfangsverlust einen Hinweis zu geben. Die Voreinstellung steht auf „Alarm aus".
Ohne gesetzten Alarm wird nur die letzte Navigations-Info wie z. B. Position und Peilung vor dem Empfangsverlust angezeigt. Die Anzeigen sind also praktisch nur „eingefroren". Ich würde empfehlen den Alarm für Signal-Verlust zu aktivieren.

Überhaupt lohnt es sich meines Erachtens seinen persönlichen Empfänger unabhängig vom Hersteller diesbezüglich genauer zu untersuchen, wie er denn bei Empfangs-Verlust reagiert und wann welche Warn-Meldung kommt, bzw. ob überhaupt eine erscheint.

Genauigkeit der Höhen - Info

Die Geräte liefern uns neben der horizontalen Positions-Angabe von geographischer Länge und Breite auch eine Information über die Höhe (engl. Altitude/ALT oder Elevation). Allerdings ist zu beachten, dass die Höhen-Anzeige systembedingt im Mittel etwa um den Faktor 1,7 ungenauer ist, als die x/y Koordinaten der horizontalen Positions-Bestimmung.
Dies ergibt sich aus dem verwendeten mathematischen Modell bzw. v. a. wegen der geometrischen Gegebenheiten. Zudem kann bei schlechtem Satellitenempfang die Höhen-Anzeige sehr stark schwanken bzw. sehr weit daneben liegen.

Anmerkung:

In der Zeit als die „SA" (Selective Availability, = künstliche Verschlechterung) noch aktiv gewesen ist, war die Höhen-Anzeige recht großen Schwankungen unterworfen (im Grunde waren es damals eigentlich nur „Hausnummern"). Durch das Abschalten der SA (seit 02.05.2000 nicht mehr aktiv) hat die Höhenangabe nun deutlich an „Wert" gewonnen, d. h. zeigt jetzt wirklich verwertbare Informationen an.

Weiterhin berücksichtigen, dass die Höhen-Angabe bei GPS-Empfängern prinzipiell den Ellipsoid WGS 84 zum Bezug hat, und nicht die mittlere Meeres-Höhe NN (= Normal-Null bzw. = Normalhöhen-Null NHN), wie bei Landkarten üblich (= orthometrische Höhen; Bezug ist der Geoid). Daraus ergeben sich Differenzen (= Geoid-Undulation; siehe nachfolgende Skizze).

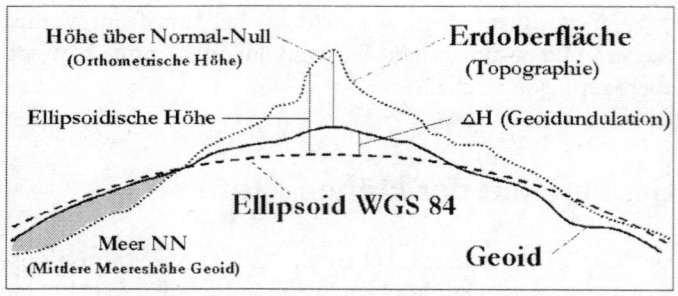

Der Bezug zu einer Höhen-Angabe

Ellipsoidische Höhe und Höhe in Bezug zur Meereshöhe NN/NHN (= orthometrische Höhe), sowie Geoid-Undulation (= ΔH)

Nähere Informationen zu Ellipsoid und Geoid in dem Kapitel „***Grundlagen der Kartographie***".

Deshalb finden sich auch manchmal bei neueren topographischen Karten Bemerkungen wie beispielsweise dieser: *„Die in der Karte angegebenen Höhen sind Meereshöhen. Mit GPS-Empfänger ermittelte Höhen beziehen sich auf das Ellipsoid des WGS 84, und sind im Blattbereich um durchschnittliche 48m größer als die Höhenwerte in der Karte".*

Mit einer scheinbar falschen Höhen-Angabe seines Gerätes wird vor allem der Besitzer einer „GPS-Maus" konfrontiert (= GPS-Empfänger ohne Tastatur und Display; Einsatz in Verbindung mit einem Notebook oder PDA (Palm oder Pocket-PC). Die angezeigte Höhe wird wegen des Bezuges WGS 84 in Mitteleuropa also grob gesagt generell um ca. 50 Meter zu hoch sein.

Aber!!!
Zumindest bei den Handgeräten von Garmin und Magellan trifft dies nicht zu, da diese Hersteller entsprechende Geoid-Informationen als Raster in die Geräte abspeichern, die je nach Standort die Geoid-Undulation interpolieren. Daraus werden dann die orthometrischen Höhen berechnet. Die angezeigte Höhe gibt daher, im Rahmen der Mess-Genauigkeit, die reale Höhe über dem Meer an (Bezug NN/ NHN). Dies gilt auch dann, wenn ausdrücklich das Karten-Datum WGS 84 eingestellt ist. Eine brauchbare Höhen-Info erfordert jedoch einen guten Sat-Empfang!!!

Über die hinterlegten einfachen Geoid-Modelle in den Geräten liegen leider keine Informationen vor, da schweigen sich die Hersteller aus. Es kann also je nach deren Genauigkeit bzw. Auflösung, je nach Gebiet auf der Erde, und auch verwendetem Gerät (Stand des Korrektur-Modells), ebenfalls zu Differenzen kommen.
Für den mitteleuropäischen Raum jedenfalls sind die Korrektur-Werte, zumindest bei den Garmin Geräten, recht

zutreffend. Bei gutem Empfang liegt die Genauigkeit der Höhen-Anzeige um die +/-10 m in Bezug auf NN/NHN (= Angabe in einer Papierkarte).
Grundsätzlich darf an die Höhen-Anzeige jedoch keine zu hohen Ansprüche gestellt werden. Bei scheinbar fehlerhafter Anzeige (z. B. negative Höhen-Angabe am Meer) liegt kein(!!) Geräte-Defekt vor. Ein GPS kann kein Ersatz für einen präzisen Höhen-Messer sein, z. B. beim Bergsteigen.

Geräte mit barometrischer Höhen-Messung

Obwohl die Höhen-Info bei den Handgeräten bei gutem(!) Sat-Empfang als ausreichend bezeichnet werden kann, kann das GPS aber trotzdem nicht immer einen präzisen Höhenmesser ersetzen, z. B. bei Bergtouren. Im Gebirge sind die erforderlich guten Empfangsverhältnisse durch Abschattung doch nicht immer gegeben.
Deshalb ist zur exakten Positions-Bestimmung wegen der geringen Entfernungen, aber großen Höhen-Differenzen im Gebirge zusätzlich zu GPS und Karte ein genauer mechanischer (barometrischer) Höhen-Messer empfehlenswert.

Die Hersteller haben dies aufgegriffen und bieten Geräte an, bei denen die barometrische Höhenmessung integriert ist. Hierzu zählen z. B. Garmin eTrex Summit/Vista(C/x), Geko 301, GPSmap60CS(x)/76S/76CS(x) oder der Silva Multi Navigator. Magellan bietet zwar ebenfalls Geräte mit Barometer-Funktion an, diese wird jedoch nicht bei allen Modellen für die Höhen-Bestimmung eingesetzt.

Bei den Garmin Geräten mit barometrischer Höhenmessung ist es empfehlenswert, den Barometer/die Höhen-Info vor Beginn einer Tour bzw. am Morgen manuell zu kalibrieren (bei gutem Empfang z. B. über die GPS-Höhe).
Die zwangsläufigen Luftdruckschwankungen über den Tag können dann durch die optionale Funktion „Auto-

Kalibrierung an" automatisch kompensiert werden. Dabei wird die barometr. Höhe bei gutem Sat-Empfang mit der berechneten GPS-Höhe abgeglichen, wobei dieses Nachführen extrem langsam erfolgt.

Würde dieser Abgleich unverzüglich erfolgen, dann hätten wir ja wieder einfach nur die GPS-Höhe. Die GPS-Höhe weist aber häufig kurzzeitige Ungenauigkeiten auf, im langzeitigen Mittel ist sie aber sehr exakt.

Umgekehrt ist der barometrische Höhenmesser kurzzeitig sehr exakt und unabhängig vom Sat-Empfang, driftet aber langfristig wegen Änderungen im Luftdruck ab. So ergänzen sich die beiden Mess-Methoden in idealer Weise. In der Praxis funktioniert das wirklich hervorragend.

Wird beim Start der Tour der Höhenmesser nicht manuell kalibriert (durch Eingabe der Höhe sofern bekannt, oder durch die berechnete GPS-Höhe), kann dieser Abgleich durch die Funktion „Auto-Kalibrierung an" sehr lange dauern und setzt natürlich auch guten Sat-Empfang voraus. Je größer die Differenz der GPS-Höhe zu der barometrischen Höhe ist, umso länger dauert dies. Zudem werden dabei unnötig Trackpunkte verbraucht (was „Trackpunkte" sind dazu später).

Prinzipbedingt kommt es bei einem barometrischen Höhenmesser bei Luftdruckschwankungen zu veränderter/ungenauer Höhenanzeige. Deshalb unterwegs bei bekannter Höhen-Info den Höhenmesser stets kontrollieren und ggf. nachkalibrieren (z. B. an Hütten, Jöchern, Scharten, Gipfeln usw.), auch wenn die Funktion „Autokalibrierung" aktiv ist.

Bei Wetterstürzen kommt es zu besonders großen Luftdruck-Veränderungen. Anderseits natürlich ein hilfreicher Indikator, um drohende Wetterveränderungen vorzeitig zu erkennen (Beobachtung Druckplot), aber schwierig für die Funktion „Autokalibrierung". Deshalb wie schon gesagt jede

Möglichkeit zum manuellen Nachkalibrieren nutzen. Ein paar Hinweise zum Kalibrieren des barometrischen Höhen-Messers bei den entsprechenden Garmin Modellen sind im **Band 2** des „*GPS-Handbuches*" in dessen Kapitel „Tipps und Hinweise" im Abschnitt „Hinweise speziell zu Garmin GPS-Handgeräten" zu finden.

Anmerkungen:
Bei den Garmin-Geräten wird beim Abspeichern von Track- und Wegpunkten generell die barometr. Höhe aufgezeichnet, nicht die berechnete GPS-Höhe. Ein wahlweises Aufzeichnen der GPS-Höhe ist derzeit nicht möglich. Nur beim Mitteln von Wegpunkten (= Averaging) wird die GPS-Höhe gespeichert. Diese Funktion „Mittelung" (Averaging) haben nicht alle Geräte.
Bei der Track-Aufzeichnung in Passagierflugzeugen mit Druckkabine wird die Höhe bei ca. 2200 Meter liegen. Diese Höhe entspricht dem üblichen Innen-Druck in der Kabine. Ein Abgleich auf die GPS-Höhe (bei Autokalibrierung an) erfolgt nicht, da die Höhen-Differenz zwischen barometrischer Höhe und GPS-Höhe größer als 1000 Fuß beträgt (ca. 300 m). Auch ein manuelles Kalibrieren auf ca. 10 000 Meter Flughöhe wird fehlschlagen.

Bisher verwenden nur die Garmin-Geräte den Barometer primär für die Höhen-Info. Einige Modelle der „eXplorist"-Reihe von Magellan und einige Geräte von Silva haben zwar einen „Altimeter", der auf Wunsch die barometrische Höhe anzeigt. Es erfolgt jedoch meines Wissens kein Abgleich mit der GPS-Höhe wie bei den Garmins, um Luftdruckschwankungen zu kompensieren.
Die Geräte/Modelle anderer Hersteller mit „Barometer" verwenden diesen nur zur Wettervorhersage/für Luftdruck-tendenzen, nicht aber zur Höhenbestimmung.

Resümee zur Genauigkeit von GPS

Die Genauigkeit des GPS-Systems ist immer wieder faszinierend. Allerdings kommt dabei der Qualität des Satelliten-Empfangs eine große Bedeutung zu (Anzahl und v. a. Verteilung der Sats über den Himmel).
Wir sollten also stets bemüht sein, im Rahmen der gegebenen Möglichkeiten für best möglichen Empfang zu sorgen (z. B. Gerät nicht in der Hosentasche, freie Sicht zu den Sats ermöglichen, Abschattung wenn's geht vermeiden, ggf. externe Antenne verwenden etc.).
Außerdem sollten wir nicht gleich Jammern und Hadern, wenn z. B. in dichtem Wald kein Positions-Fix zu bekommen ist. Auch dieser Technik sind Grenzen gesetzt. Gewisse Grenzen bezgl. der Gesamt-Genauigkeit setzt uns zudem prinzipiell das zur Verfügung stehende (Papier)-Kartenmaterial. Dabei spielen allerlei Faktoren eine Rolle.

Wer stets großen Wert auf eine exakte Höhen-Info legt, muss zwangsläufig zu einem Gerät mit integriertem barometrischen Höhenmesser greifen, oder einen zusätzlichen separaten Höhenmesser verwenden.

Wie jetzt der Einzelne das Wort „genau" definiert, ist natürlich von den Ansprüchen, dem Einsatzprofil und der Erwartungshaltung abhängig. Für den Zweck, für welchen die „Consumer"-Geräte für die Freizeit gedacht sind, nämlich als Hilfsmittel zur Navigation und Orientierung, leisten sie hervorragendes und sind meines Erachtens dabei ausreichend genau genug.
Wer dagegen mit ihnen Grenzstein-Streitigkeiten mit seinem Nachbarn austragen möchte oder die exakte Größe seines Blumen-Beetes ermitteln will, wird enttäuscht sein.
Ich erwähne dies so explizit und provozierend da mir scheint, dass diesbezüglich mancher Benutzer völlig überzogene Ansprüche an so einen „GPS-Navigator" stellt.

Überhaupt scheinen mir insgesamt teilweise unrealistische Vorstellungen/Forderungen vorzuliegen, was so ein GPS-Empfänger alles „können müssen sollte".

Gedämpfter Optimismus und keine übertriebene Erwartungshaltung ist bei WAAS/EGNOS angebracht. Für den „normalen" Outdoor-Gebrauch wird in der Praxis die erhoffte Steigerung der Genauigkeit nur in Ausnahme-fällen wirklich dauerhaft nutzbar sein.

Generell darf man sich nicht nur blindlings auf GPS verlas-sen, sondern sollte stets alternative Navigations-Hilfsmittel im Gepäck haben und in deren Umgang auch geübt sein. Der gesunde Menschenverstand sollte ebenfalls bei der Beurteilung der angezeigten Position und dem Vergleich mit der Landkarte und der Geländeformation zu Rate gezogen werden. Immer daran denken, dass uns das GPS nicht auto-matisch vor Gefahren warnt.

Ich hoffe jetzt allerdings sehr, dass ich durch die Erläuterun-gen in den vergangenen Kapiteln zu der sich kompliziert anhörenden Satelliten-Technik und den diversen Fehler-Möglichkeiten niemanden abgeschreckt habe, sich weiter für so ein kleines elektronisches Helferlein zu interessieren. Mit dem Gerät in der Hand, braucht man sich um diese komplexen Vorgänge auch gar nicht weiters zu kümmern. Die Genauigkeit und die Möglichkeiten damit, sind dagegen immer wieder faszinierend!!! Mit etwas Hindergrund-wissen, können wir diese nun noch effektiver nutzen. Aber jetzt geht's endlich in die Praxis und ins Gelände.

Grund-Funktionen der GPS-Geräte

So, nach all den mehr oder weniger doch theoretischen Betrachtungen in den vorhergehenden Kapiteln, geht es endlich in die Praxis und in's Gelände.

Die Grund-Funktionen d. GPS-Handgeräte

Welche Grund-Infos unser GPS systembedingt liefern kann, habe ich schon eingangs ausführlich in dem Kapitel *„Der GPS Empfänger – Allgemeines"* erläutert, deshalb nur kurz zur Erinnerung.

Die Grund-Infos sind:

- Anzeige von Positions-Koordinaten und der Höhe (engl. Elevation oder Altitude).

- Anzeige der Geschwindigkeit über Grund (engl. Speed).

- Anzeige der eigenen Bewegungs-Richtung über Grund (= Kurs über Grund; engl. Track).

- Anzeige von Datum und exakter Uhrzeit (engl. Date and Time).

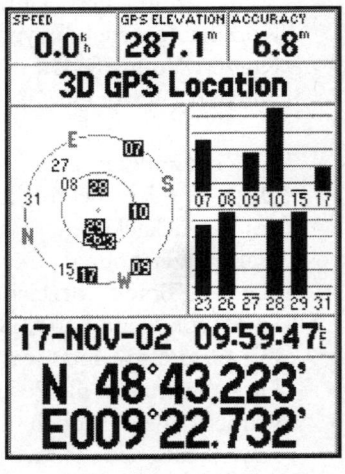

*Die Grund-Infos
eines GPS-Empfängers*
Nicht abgebildet:
Info zur Bewegungsrichtung

(Garmin GPSmap76)

So ein GPS-Handgerät liefert uns aber nicht nur diese „popeligen" Grund-Infos (von solchen Angaben in dieser Genauigkeit hätten allerdings die Seefahrer vergangener Jahrhunderte nicht einmal im Traum daran gedacht, dass so etwas jemals möglich sein würde), sondern bieten uns noch eine Fülle weiterer Funktionen, die darauf aufbauen:

- **Das Abspeichern von Positionen:**

  a.) Das sind zum einen die „**Wegpunkte**" (= WPs; engl. Waypoints), bzw. je nach Geräte-Hersteller z. B. auch „Landmark" genannt.
  Je nach Modell können ca. 500 bis 1000 Wegpunkte mit Name und einem dazugehörigen Symbol gespeichert werden. Die neueren Geräte speichern zudem meist automatisch noch die Höhen-Info ab.
  Darüber hinaus bei manchen Modellen noch automatisch Datum und Uhrzeit (UTC-Zeit), bzw. einen Kommentar (engl. Waypoint-Comment).
  Kurzer Vorgriff: Die Aneinanderreihung von Wegpunkten (Waypoints; WPs) ergibt dann eine „**Route**".

  b.) Zum anderen sind dies die „**Trackpunkte**".
  Diese werden beim „Track-Log", dem Aufzeichnen des zurückgelegten Weges automatisch gespeichert (Kursaufzeichnung). Der „**Track-Log**", meist einfach nur als „**Track**" bezeichnet, ist mit der „Brotkrumen-Spur" von Hänsel und Gretel vergleichbar.
  Die Geräte speichern ca. 1000 bis 10.000 Trackpunkte. Diese beinhalten die Positions-Koordinaten aber keinen Namen, meist jedoch Datum und Zeit (UTC-Zeit), sowie häufig eine Höhen-Info.

  Anmerkungen:
  In der Regel wird beim Track <u>nicht</u> die Geschwindigkeit gespeichert. Dies erfolgt später von der verwendeten

Software über die Berechnung der gespeicherten Positionen und den Zeit-Infos.

Den „Track" (Track-Log) nicht mit der Funktion „Route" verwechseln. Üblicherweise wird eine Tour mittels einer „Route" vorausgeplant (= Soll), der „Track" ist dann nach Beendigung der Tour der tatsächlich zurückgelegte Weg (= Ist).

Der genaue Leistungsumfang, d. h. die Anzahl speicherbarer Weg- und Trackpunkte, ist stark hersteller- und geräteabhängig.

- **Berechnungen und Anzeigen aus den Grund-Infos, der aktuellen Position, sowie den gespeicherten Positionen (Wegpunkte, Track-Log) wie beispielsweise:**

  - Routen: Eine Route ist die Aneinanderreihung von Wegpunkten (wie schon erwähnt bitte nicht verwechseln mit dem Track-Log bzw. „Track").
    Je nach Hersteller und Gerät können z. B. 1 bis 50 Routen mit jeweils 30, 50, 125 oder 250 Wegpunkten (WPs) gespeichert werden (Anzahl wieder stark abhängig von Modell und Hersteller).
  - Richtungs- u. Winkelangaben zur eigenen Bewegung und für die Navigation zum gewünschten Ziel, sowie Infos zu Abweichungen vom Soll-Kurs.
  - Graphische Zielführungshilfen.
  - Informationen zur Weg-Länge bzw. Entfernungen (Luftlinie), voraussichtlicher Ankunftszeit (ETA), Dauer bis zur Ankunft (ETE) u. v. m.
  - Trip-Computer (km-Zähler, Reisedauer, max. Geschwindigkeit, Durchschnitts-Geschwindigkeit etc.).
  - Sonnenauf- und Untergang, Mondphase, ...
  - Track-Logging, Traceback/TracBack.
  - Satelliten-Status, voraussichtlicher Positions-Fehler.
  - und vieles vieles mehr.

Diese Auflistung sollte jetzt nur kurz aufzeigen, dass die Geräte uns eine Fülle von zusätzlichen Informationen liefern und Funktionen bieten. Schon beeindruckend, was die Geräte zu leisten vermögen.

Auf die einzelnen Punkte werde ich später noch detaillierter v. a. in den Kapiteln „*Navigation und Orientierung mit GPS*", „*Nutzung von Karten ohne Gitter*", sowie im **Band 2** des „*GPS-Handbuches*" in dessen Kapitel „GPS-Handgeräte, die Hardware" zu sprechen kommen.

Einstellungen am Gerät (Setup)

Wer stolz zum ersten Mal einen nagelneuen Empfänger auspackt und sich dann eine Positions-Bestimmung durchführen lässt, wird vermutlich zunächst etwa enttäuscht sein, in welchen Einheiten ihm der Empfänger seine Werte präsentiert (z. B. Geschwindigkeit in Meilen pro Stunde, Höhe in Feet, falsche Uhrzeit, ...).

Bevor wir also so „richtig loslegen", sollten wir ein paar Einstellungen im Setup-Menü des Gerätes vornehmen, bzw. wir sollten uns vergewissern, was genau eingestellt ist.

Meine Empfehlung für die ersten „Gehversuche" mit GPS habe ich mit ⇒ gekennzeichnet. Die Einstellungen sind natürlich auch abhängig vom Einsatzzweck. Manch eine wird auch schon vom Werk aus entsprechend voreingestellt sein.

Ein Augenmerk sollten wir legen auf:

- Einheiten (engl. Units) ⇒ Metrisch (engl. Metric), also Entfernungen in km und m, sowie Geschwindigkeit in km/h und Höhe (engl. Elevation/Altitude) in Meter.

- Positions-Format (engl. Position/Location) ⇒ hddd°mm.mmm', also Positions-Angabe in Grad/Minuten/Dezimalminuten.
- Karten-Datum (engl. Map-Datum) ⇒ WGS 84.
- Nord-Referenz (engl. North-Reference/Heading) ⇒ Wahr (= geografisch Nord; engl. True).
- Zeit-Format (engl. Time Format) ⇒ 24 Stunden (engl. 24 Hour); UTC-Differenz/Zeitzone (engl. UTC-Offset/Time Zone ⇒ in Mitteleuropa (D, A, CH) +01:00 bzw. +02:00 bei Sommerzeit.
- Sprache (engl. Language) ⇒ English.

Anwendungsmöglichkeiten ohne Karte

Was kann ich denn nun mit einem Basis GPS-Empfänger ohne die Verwendung einer zusätzlichen Papierkarte im Gelände anfangen?

Also für meine Touren beim Wandern, Bergsteigen oder Paddeln in wohlbekannten heimischen Gegenden braucht man sicherlich weder GPS, noch habe ich Karte und Kompass dabei.

Bei neuen Touren in unbekanntem Gelände kann das schon anders aussehen, beispielsweise bei meinen Paddeltouren.

Die Möglichkeiten ohne Karte sind:

- Interessante/nützliche geographische Örtlichkeiten (Positionen) lassen sich unterwegs als „Wegpunkte" (Waypoints, WPs) abspeichern.
- Gespeicherte Punkte (WPs) werden sicher wieder gefunden.
  Beispiele: Den Ausgangspunkt bei Rundwegen wieder finden (z. B. bei Wanderungen querfeldein, das Hotel

oder den Parkplatz in fremden Städten), den Rückweg im Nebel/bei Dunkelheit auf einem Gletscher, bei Bootsfahrten in einem Labyrinth von Seen, ...

Die aufgezeichneten Daten (WPs) von früheren Touren, von Freunden, aus Internet-Quellen, ... Beispiel: Das Auffinden vereinbarter Treffpunkte, den Startpunkt von Touren, das Wieder finden von Abzweigungen, schöne Übernachtungsplätze, als „Mitläufer" bei früheren Touren und jetzt als Organisator, aufsuchen von POIs (= Points of Interest, d. h. Punkte von besonderem Interesse), ...

- Gespeicherte Track-Logs („Tracks"), also die automatisch aufgezeichneten Weg-Aufzeichnungen („Brotkrumen-Spur"), ermöglichen die Rückkehr auf gleichem Wege.

Dies entweder visuell auf der Karten-Seite der Geräte oder über die Funktion „Traceback" (= „Rückweg finden"; bei Fa. Garmin „TracBack®" genannt). Beispiele: Sichere Rückkehr auf gleichem Weg bei Verlust der Orientierung, bei Nebel, bei Schneetreiben, bei Dämmerung.

Einfache Wegpunkt - Navigation

Dazu ein Beispiel aus der Praxis in unbekanntem Gelände. Da hat man bei einer neuen Paddeltour endlich nach langem suchen einen ganz tollen einsamen Übernachtungsplatz mitten in der „Pampa" gefunden, oder den einzig möglichen in dicht bebautem Gelände.

Ob man den nach einigen Jahren, wenn man die Tour wiederholt, wohl wieder findet? Oder wenn man einem Paddelkameraden diesen Tipp mit auf den Weg geben möchte? Das Gehirn wird sich da unter Umständen schwer tun, GPS dagegen nicht, und bei diesem Beispiel sogar ohne die Zuhilfenahme einer Karte!

Hierzu einfach an der erwähnten Übernachtungsstelle das Gerät einschalten, und nach dem Laden der internen Software und einem Selbsttest, sowie dem anschließenden Auswerten der Satelliten-Signale wird nach ca. 30 bis 120 Sekunden die momentane Position angezeigt.
Wie bereits schon mehrfach erwähnt, empfiehlt es sich noch 1 bis 2 Minuten zu warten, bis sich ein stabiler Wert einstellt, um eine möglichst präzise Angabe des Standortes zu erhalten (wegen Positions-Berechnung über Iteration; Erfassung möglichst vieler Sats; Kompensation Uhrenfehler).

Um diese Position nun abzuspeichern, muss ein solcher „Wegpunkt" (engl. Waypoint; = WP) definiert werden. Bei anderen Herstellern können diese z. B. auch „Landmark" heißen.
Dazu die Taste „MARK" (markieren) drücken, den vom Gerät vorgeschlagenen WP-Namen für den Wegpunkt bestätigen (meist eine 3-stellige Zahl; z. B. 001) – fertig.
Dem Wegpunkt kann bei Bedarf jedoch auch ein signifikanterer Name zugeteilt werden, z. B. anstatt „001" der Name „CAMP". Die Geräte erlauben in der Regel WP-Namen mit einer Länge von 6 oder 10 Zeichen.
Das GPS kann jetzt wieder ausgeschaltet werden, dies spart auf „Outdoor"-Tour Batteriestrom.

Nachfolgend Screen-Shots von einem Geräte-Display zur konkreten Vorgehensweise (im Beispiel: eTrex Vista von Fa. Garmin).

Position als Wegpunkt abspeichern, z. B. die einsame Zeltwiese „Camp":

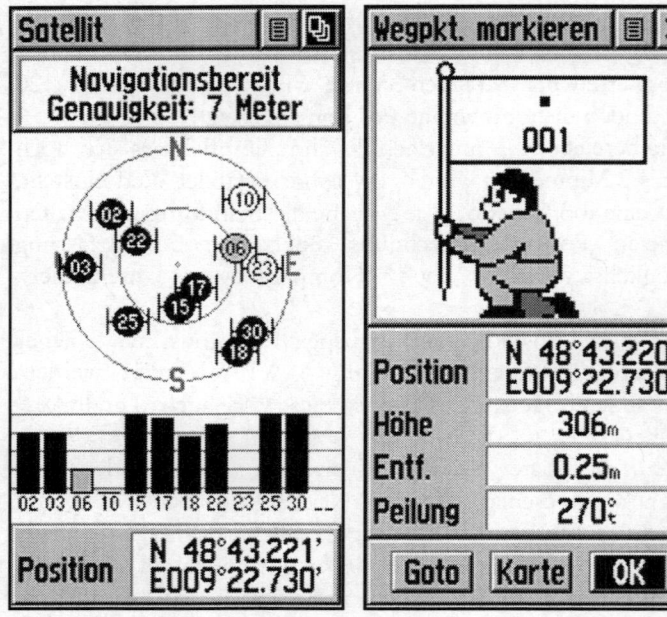

„Satelliten–Seite" mit Positions-Angabe und vermutlicher Genauigkeit (Abschätzung)

Abspeichern der momentanen Position als Wegpunkt „001" bzw. „CAMP" Funktion „MARK"

=> *Eventuell anschließend Gerät ausschalten – spart Batteriestrom*

Wenn man dann nach Jahren diesen Punkt wieder aufsuchen möchte, Gerät rechtzeitig einschalten (sonst muss man, wenn's dumm läuft, womöglich wieder Flussaufpaddeln), Taste „GOTO" drücken („gehe zu") und den Namen des

Wegpunktes in einer Liste auswählen, der angesteuert werden soll. Im Beispiel hier: WP „CAMP".
Nun wird die Entfernung und Peilung (= einzuschlagende Kompass-Richtung) zum gesuchten Ziel angezeigt.

Gespeicherten Wegpunkt aufsuchen, z. B. WP „Camp":

 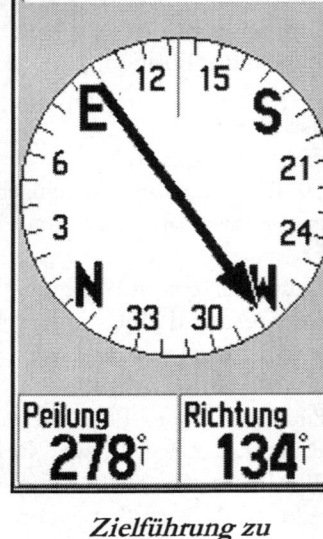

Auswahl Wegpunkt
„CAMP" im WP-Menü
für die
Funktion „GOTO"

Zielführung zu
Wegpunkt „CAMP"
mittels der
„Kompass - Seite"

Achtung:
Visuell angezeigte Richtung zum
Ziel erst unter Bewegung korrekt!!!
Ein GPS ist kein Kompass!!!

Allerdings wird prinzipbedingt nur unter Bewegung (mindestens 1 km/h; Schrittgeschwindigkeit reicht also „dicke" aus) die Richtung vom momentanen Standort zum Zielpunkt auch visuell korrekt angezeigt (= dieser Richtungspfeil in der Kompass-Rose, = Peilung bzw. engl. Bearing; siehe Abbildung).

Dies gilt ebenso für die Stellung des äußeren Kompass-Ringes, der die eigene Bewegungs-Richtung widerspiegelt, sowie der entsprechenden numerischen Angabe (Bezeichnung der eigenen Bewegungsrichtung je nach Modell z. B. als Richtung/Kurs/Kurs über Grund/Heading/Track/TRK). Alle Angaben beziehen sich natürlich grundsätzlich auf die Luftlinie, also dem direkten Weg vom eigenen Standort/ momentane Position, zum gewünschten/„anvisierten" Ziel.

Also Vorsicht:

Auch wenn man ruhig auf der Stelle steht, wird dem Nutzer eine Richtung zum Ziel eingeblendet. Diese Angabe ist aber absolut wertlos/falsch und darf nicht zur Orientierung herangezogen werden (ein GPS-Gerät ist kein Kompass!!!). Darum sich erst in Bewegung setzen, und nach etwa 5 bis 10 Sekunden wird eine verlässliche Richtungsangabe angezeigt (in der Regel werden jede Sekunde die Satelliten-Signale ausgewertet).

Wird nun der Pfeil-Richtung im Display gefolgt (= „Richtungs-Zeiger" bzw. „Bearing-Pointer"), werden wir in 979 Metern ganz exakt auf unsere ehemalige Übernachtungsstelle „CAMP" stoßen. Ist das nicht toll?

Die analoge Kompass-Anzeige funktioniert also nur unter Bewegung, d. h. beim Fahren oder Gehen. Die herkömmliche Karte/Kompass Standortbestimmung ist mit GPS-Geräten nicht möglich. Die Geräte simulieren(!!) nur einen Kompass!!

Ausnahme:
Empfänger mit eingebautem elektronischem Fluxgate-Kompass wie beispielsweise Silva GPS Compass und Multi Navigator, Magellan Meridian Platinum und manche eXplorist, sowie Garmin eTrex Summit/Vista(C/x), Geko 301 und GPSmap60CS(x)/76S/76CS(x).

Dieses oben beschriebene Verfahren zum Aufsuchen eines ganz bestimmten Wegpunktes über die Funktion „GOTO" wird häufig auch als „Wegpunkt-Navigation" bezeichnet. In diesem Zusammenhang ist der akustische Alarm bei den besser ausgestatteten Modellen ganz praktisch (z. B. bei den Garmin GPS V/60/72/76-er, Legend C(x) und Vista C(x), ...).
Bei diesen Geräten muss man nicht ständig die Entfernungs-anzeige zum Ziel im Auge behalten, sondern sie „quäken" unter Berücksichtigung der momentanen Eigengeschwindig-keit, wenn man sich 1 Minute vor dem Zielpunkt befindet, oder eine vorher individuell definierte Distanz unterschreitet.

Um also auf diversen Touren, Unternehmungen, Wanderun-gen etc. oder bei irgendwelchen anderen Aktivitäten markan-te Punkte festzuhalten, um diese dann Jahre später wieder einmal anzusteuern oder um dorthin wieder zurückzufinden (z. B. den Ausgangspunkt bei einer Wanderung), ist die Bedienung der Geräte eigentlich recht einfach und würde nicht einmal eine Karte erfordern.

Welche numerischen Navigations-Größen in den zur Verfü-gung stehenden Daten-Feldern der Geräte angezeigt werden, lässt sich je nach Anforderung ganz individuell auswählen. Näheres zu den diversen Navigations-Infos im Kapitel „*Grundlagen der Navigation*".

Zur Verfügung stehen z. B. diese Navigations-Infos:

- Name des Wegpunktes (engl. Current Destination).
- Entfernung zum Ziel
  (engl. Distance to Destination/DST).
- Geschwindigkeit über Grund bzw. Fahrt über Grund/
  FüG (engl. Speed/SPD, Speed over Ground/SOG
  oder Ground Speed).
- Peilung zum Ziel (engl. Bearing/BRG).
- Kurs über Grund/KüG bzw. „Richtung"
  (eigene Bewegungsrichtung/aktueller Kurs)
  (engl. Track/TRK, teilweise bei den Geräten auch nicht
  ganz korrekt als Heading bezeichnet).
  Anmerkung: Diesen Navigations-Begriff „Track" jetzt
  bitte nicht mit dem „Track-Log" verwechseln, der meist
  ebenfalls mit dem Namen „Track" bezeichnet wird.
- „Wende" (Winkel-Differenz zwischen Peilung (Bearing)
  und Kurs über Grund (Track)
  (engl. Turn).
- Soll-Kurs (Richtung von Start-Position zum Ziel;
  engl. Course oder Desired Track/DTK).
- Kurs-Abweichung/Kurs-Versatz
  (engl. Cross Track Error/XTE/XTK oder Off Course).
- Auf Kurs (einzuschlagende Richtung, um quasi auf
  kürzestem/schnellstem Weg die Linie des Soll-Kurses
  wieder zu erreichen; engl. To Course).
- Voraussichtliche Zeitdauer bis Ankunft/Rest-Reisezeit
  (engl. Estimated Time Enroute/ETE).
- Voraussichtliche Ankunftszeit
  (engl. Estimated Time of Arrival/ETA).
- Gutgemachte Geschwindigkeit (die Geschwindigkeit,
  mit der man sich einem Ziel in Bezug auf den kürzesten
  Weg dorthin nähert; engl. Velocity Made Good/VMG).
- Je nach Gerät einen Annäherungs-Alarm
  (engl. Proximity Waypoints).

In dem vorher geschilderten konkreten Beispiel „Camp" (letztes Bild rechts) erhält man von dem Gerät automatisch den WP-Namen, die Entfernung zu diesem Ziel („Camp") und die voraussichtliche Zeitdauer bis zur Ankunft (ETE), sowie benutzerdefiniert die Peilung (engl. Bearing) und die eigene (Bewegungs-)Richtung (engl. Track).

Welche Infos automatisch angezeigt werden und wie viele individuelle Daten-Felder zur Verfügung stehen, ist stark geräteabhängig. Im Kapitel *__Grundlagen der Navigation__* werden wir auf die einzelnen Navigations-Begiffe noch näher eingehen.

GPS - Empfänger als Hilfsmittel zur Orientierung und Navigation auf dem Motorrad in der Wüste

„GPSmap76" von Fa. Garmin
(Bild: www.garmin.de)

Routen - Navigation

Die logische Aneinanderreihung von mehreren Wegpunkten in der gewünschten Reihen-Folge ist die Funktion „Route". Es ist eigentlich nur eine Verknüpfung zu den gespeicherten WPs im Wegpunkt-Speicher. Die einzelnen Routen-Wegpunkte werden dann nach und nach „abgeklappert". Dies erfordert jedoch meist schon den Einsatz einer Landkarte, da die gewünschten Wegpunkte für die Route ja im Gerät gespeichert sein müssen.

In dem abgebildeten Beispiel besteht diese Route aus 4 Routen-Wegpunkten (aus CAMP, BRUECKE, HUETTE und KKDORF).

Von unserem Übernachtungsplatz „CAMP" haben wir also eine Route in den Ort „Kleinkleckersdorf" (KKDORF) erstellt, um dort Vorräte einzukaufen, mit den Zwischenpunkten „BRUECKE" (um über den Fluss zu gelangen) und „HUETTE" (um den Durst unterwegs zu stillen).

Auf der Abbildung ist die „Dynamische Karten-Seite" (= Moving Map-Page) der

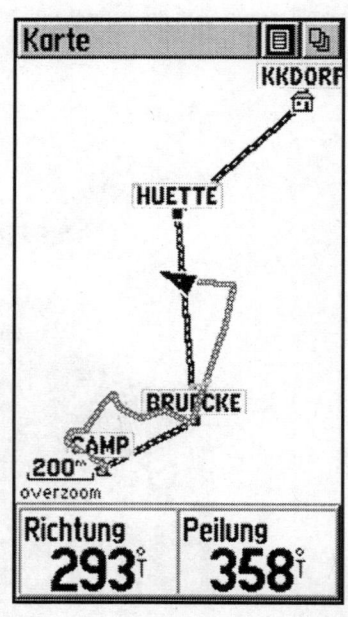

Dynamische Karten-Seite

Geräte zu sehen. Diese zeigt unsere momentan eigene Position an (das ist das Dreieck in der Mitte, die Spitze zeigt in die Bewegungsrichtung), die Wegpunkte der aktiven Route und den bisher zurückgelegten Weg, den Track-Log (= „Track").

Die Routen-Wegpunkte sind durch gerade Linien verbunden, das ist der jeweilige Soll-Kurs.

Diese „Karten-Seite" ist quasi eine Blanko-Landkarte, deren Maßstab sich in Stufen grob gesagt von ca. 3500 km bis 20 Meter ganz nach belieben verändern lässt (= Zoombereich; abhängig vom Gerät).

Wären auch noch andere Wegpunkte im Gerät gespeichert, würden diese ebenfalls angezeigt werden (bei Garmin-Geräten in der Regel die ca. 10 bis 15 zur eigenen Position nächstgelegenen Wegpunkte, sofern welche vorhanden sind). Für den Rückweg kann eine Route auf Knopfdruck einfach umgedreht werden. Zudem können bei Bedarf Wegpunkte hinzugefügt, entfernt oder die Reihenfolge verändert werden.

Welche **Besonderheiten bei der Routen-Navigation** grundsätzlich zu beachten sind, wenn diese Funktion intensiver genutzt wird, ist in dem gleichnamigen Abschnitt im Kapitel **„Navigation und Orientierung mit GPS"** näher erläutert.

Die Funktion „Traceback"/„TracBack®"

Ist das GPS eingeschaltet, zeichnet es wie schon mehrfach erwähnt automatisch den zurückgelegten Weg auf (= Kursaufzeichnung/Track-Log bzw. einfach nur „Track"). Um nun auf genau dem gleichen Weg zum Ausgangspunkt zurückzukehren, braucht man also zur Orientierung nur dieser „Brotkrumen-Spur" (= „Track") zu folgen, die ja auf der Karten-Seite dargestellt wird.

Die Geräte gehen aber noch einen Schritt weiter und bieten für mehr Komfort die Funktion „Traceback" an (= „Rückkehr auf gleichem Weg"; bei Fa. Garmin „TracBack®" genannt). Wie funktioniert diese jetzt?

Besonderheiten bei der Navigation mit TracBack®

Der aufgezeichnete Track (Track-Log) wird dabei vom Gerät automatisch nach bestem Wissen und Gewissen in Teilstücke zerlegt, und an markanten Stellen (z. B. starke Richtungsänderungen) mit speziellen Wegpunkten versehen, also quasi in eine Route.

Punkt für Punkt wird man nun, analog wie bei der Funktion Route, über graphische Zielführungshilfen zum Ausgangspunkt zurückgeführt.

Beispielsweise bei den älteren Geräten von Garmin (z. B. GPS 38, 12-er, II-er etc.) war dies ganz konkret eine Route. Die einzelnen Routen-Wegpunkte hatten die speziellen Namen „T001" usw., sowie das Wegpunkt-Symbol „T" („T" für TracBack®).

Bei den neueren Garmin Geräten ist dies etwas „verwässert", die Philosophie die dahinter steckt ist aber gleich geblieben. Für die „TracBack®" Funktion werden die gespeicherten Trackpunkte eines „Saved Tracks" herangezogen. Der „Saved Track" wird ebenfalls in Teilstücke zerlegt und mit Punkten versehen. Allerdings sind dies keine konkreten Wegpunkte mehr, sondern werden für die Navigation als „Wende-Punkte" bzw. „Turn-Points" bezeichnet.

Die Funktionsweise von TracBack® bei den aktuellen Empfängern der Fa. Garmin:

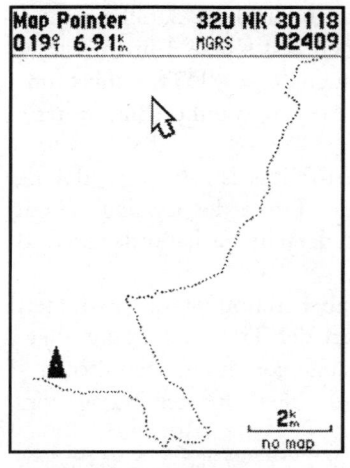

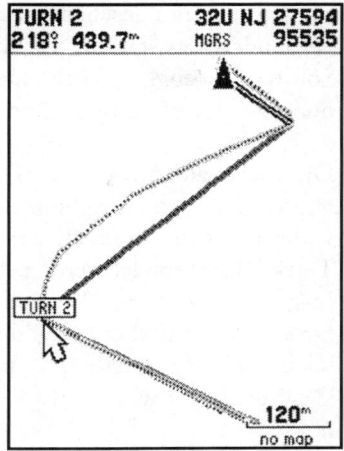

**Kursaufzeichnung
= Track-Log bzw. „Track"**

*Zu sehen: Active Track,
Zoom auf gesamten Track.*

**TracBack®,
Navigation auf Map-Seite**

*Zu sehen: Saved Track (grau),
TracBack-Route (schwarz) und
Turn-Point (entspricht quasi WP),
Zoom auf Detailausschnitt
des Tracks.*

Auf dem ersten Bild ist der gesamte aufgezeichnete Track zu sehen (= „Active Track-Log"). Beim Abspeichern als „Saved Track" wird er „entschlackt", d. h. durch das Entfernen von überflüssigen Trackpunkten wird die Gesamtzahl reduziert. Trotzdem entspricht der „Saved Track" in seinem Verlauf noch weitgehend dem Original „Active Track-Log".

Auf dem zweiten Bild ist dieser Saved Track zu sehen (grau dargestellt). Dann wurde die Funktion TracBack® ausgeführt. Man erkennt, dass nun automatisch markante

Richtungsänderungen intern als „Turn-Points" (= Wende-Punkte) ausgewählt wurden.

Die einzelnen Turn-Points werden, wie wir es schon bei der Funktion Route gesehen haben, durch diese dunklen Linien verbunden, das sind die jeweiligen Soll-Kurse. Entlang dieser Soll-Kurse (engl. Course, Desired Track/DTK) führt uns nun das Gerät zurück zum Ausgangspunkt (Bild unten).

Die maximale Anzahl der Turn-Points ist abhängig davon, wie viele Routen-Wegpunkte pro Route das jeweilige Gerät verwalten kann. Je mehr, umso detaillierter kann der „Saved Track" nachgebildet werden.

Insgesamt wird der Verlauf aber schon stark abstrahiert (grob). Es wird eben wie erklärt der Track als Route abgebildet, mit der limitierten Anzahl von möglichen Routen-Wegpunkten, wie sonst bei der Routen-Navigation.

Für dieses zweite Bild auf der vorhergehenden Seite habe ich bewusst weit hineingezoomt, um die Details besser erkennen zu können. Die Navigation bei „Trac-Back®" erfolgt also nicht entlang von Trackpunkt zu Trackpunkt, sondern nimmt teilweise auch großzügige Abkürzungen (eben von Turn-Point zu Turn-Point). Das kann einerseits gut und hilfreich, andererseits aber auch von Nachteil sein.

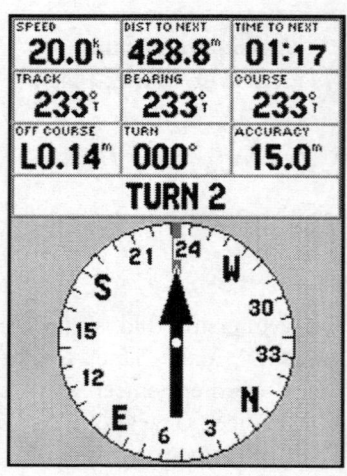

Funktion TracBack®

Navigation mit
Zielführungshilfe
(„Kompass-Seite")

Beispielsweise wenn der Rückweg im Nebel über einen Gletscher mit vielen Spalten führt, oder ein Schiff durch ein Labyrinth von Inseln oder Untiefen gesteuert werden muss. Da können solche Abkürzungen und „Abschneider" gefährlich werden.

Sicherer wäre es in solchen Fällen, den Rückweg über den Original „Active Track-Log" auf der Karten-Seite zu verfolgen (für gute Auflösung/Details weit hineinzoomen), oder direkt auf der Karten-Seite auf Basis des Track-Logs selber eine Route nach eigenen Bedürfnissen zu erstellen.

Ich persönlich nutze nie die Funktion „TracBack", sondern orientiere mich stets nur visuell auf der Karten-Seite (Map-Page) an der dort dargestellten Linie des automatisch aufgezeichneten Tracks.

Falls der Active Track-Log häufig unterbrochen war und aus mehreren einzelnen Segmenten besteht (z. B. wegen häufigem Empfangs-Verlust oder das Gerät war teilweise ausgeschaltet), wird beim Abspeichern als „Saved Track" generell ein einziger zusammenhängender Track daraus gemacht.

Es empfiehlt sich daher, beim Beginn einer Tour den Active Track-Log zu löschen und neu zu beginnen, damit kein „alter Müll" gespeichert ist, da ja „TracBack®" dann auf dem „Saved Track" basiert. Die Firmware mancher neuerer Geräte berücksichtigt diese generelle Problematik und bietet entsprechende Auswahlmöglichkeiten zur Eingrenzung an.

Geht's wirklich ohne Karte?

Für die bisher beschriebenen Anwendungsmöglichkeiten eines GPS-Gerätes haben wir keine Papierkarte benötigt. Wir haben unterwegs Positionen aufgezeichnet (Wegpunkte, Tracks), und konnten diese Punkte jederzeit ohne viel Zutun wieder mit hoher Genauigkeit „blind" aufsuchen. Brauch ich denn dann überhaupt eine Papierkarte?

Sollte die Frage vieler Leute etwa doch stimmen: *„Soll ich mir ein GPS kaufen oder weiterhin mit Karte und Kompass navigieren?"* Wir werden daher jetzt ausprobieren, ob man tatsächlich auf eine Karte verzichten kann.

Hey Klasse!!!
So ein GPS ist doch ein tolles Ding. Wir befinden uns ganz genau auf der Position:
N48°43,223' Minuten Nord u.
E09°22,732' Minuten Ost

Ups,
und wo ist das jetzt auf der Erde? Da müssen wir wohl doch eine Karte zur Hand nehmen müssen.
Hm, und wo ist das jetzt auf der Karte???
Wo bin ich denn nun eigentlich???

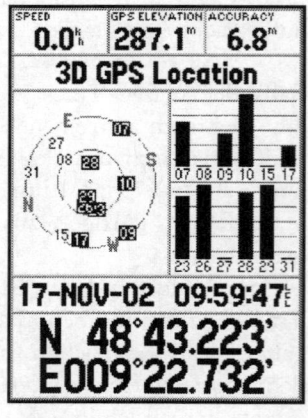

Wo bin ich eigentlich?

Und wie komme ich jetzt auf meiner Wanderkarte zu der Abzweigung X???
Ich habe gedacht, so ein GPS kann alles. Und nun???

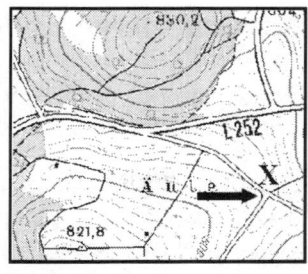

Als Fazit sehen wir, dass so ein GPS-Empfänger ohne Karte doch nur eingeschränkte Anwendungsmöglichkeiten bietet!!
Bevor mit dem GPS navigiert

Wie bringe ich es dem GPS bei, dass ich zur Kreuzung X möchte?

werden kann muss ihm mitgeteilt werden, wohin man gehen möchte.

Es ist also doch erforderlich, dass wir uns in einem der nächsten Kapitel etwas intensiver mit den Grundlagen der Kartographie beschäftigen müssen. Dazu ein kleines Beispiel:

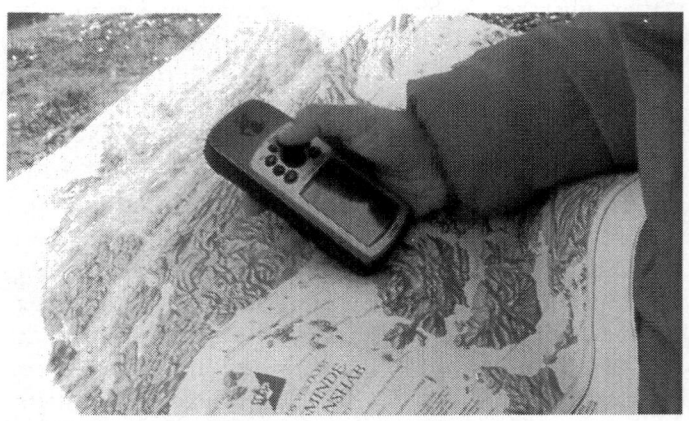

Beim Einsatz eines GPS-Geräts ist es unabdingbar, sich intensiver mit der Karte auseinander zu setzen

GPSmap76S der Fa. Garmin
(Bild: www.garmin.de)

Anwendungsmöglichkeiten mit Karte

Gehen wir noch einmal zurück zu unserem tollen Übernachtungsplatz vom Beginn dieses Kapitels, dem Wegpunkt „CAMP".

Schön wie er ist beschließen wir, noch einen Tag zu bleiben, nur das Mehl für unser Trapperbrot „Bannock" geht zur Neige, es heißt Nachschub holen. Die Frage lautet nun: Wo liegt das nächste Dörfchen? Flußab oder doch links oder rechts des Waldes? Und wie weit ist es weg? – Da schweigt nun das GPS und zeigt nur stur seine momentane Position an.

Jetzt muss erst einmal dieser Standort in eine Karte eintragen werden. Paddelkamerad A kramt dazu eine zerknitterte Straßenkarte hervor, mit der er den gemeinsamen Treffpunkt für die Tour angesteuert hat – Fehlanzeige. Die Karte verfügt über kein aufgedrucktes Koordinaten-System, eine Position lässt sich deshalb nicht übertragen – nützt also überhaupt nichts.

Glücklicherweise hat Paddelkamerad B eine topographische Karte eingesteckt die über ein Koordinaten-System verfügt, das nicht nur am Rand angerissen, sondern auch durchgezogen ist.

Nun am GPS im Setup-Menü das Koordinaten-System (Positionsformat) und das Karten-Datum der verwendeten Karte einstellen (was sich dahinter verbirgt dazu näheres im Kapitel „**Grundlagen der Kartographie**"), und mit einem Planzeiger (= Hilfsmittel zur Unterteilung des Gitters, passend für den Maßstab der Karte) die Position in die Karte eintragen.

In unserem Beispiel sei es eine topographische Karte mit Gauß-Krüger Gitter (= German Grid bzw. Deutsches Gitter) und dem Karten-Datum „Potsdam" (siehe Display-Abbildung rechts).

Übrigens kann man sich diese nützlichen Planzeiger beispielsweise im Internet unter www.maptools.com für verschiedene Maßstäbe ausdrucken („Free PDF Map Tools" auswählen).

Jetzt wird ersichtlich, dass „Kleinkleckersdorf" östlich des Baches am nächsten liegt. Damit sich der Paddelkamerad auf dem Weg dorthin nicht verläuft, kann die Position des Dörfchens, wiederum mit Hilfe des Planzeigers, aus der Karte

Einstellung von Koordinaten-System und Karten-Datum(!!) der verwendeten Karte im Setup-Menü „Einheiten" des GPS-Gerätes

abgelesen und als neuen Wegpunkt ins GPS eingespeist werden (im Beispiel der Wegpunkt „KKDORF").

Oder andere Möglichkeit der Wegpunkt-Eingabe: Aus der Karte die Richtung und Entfernung dorthin ausmessen (mit Kompass oder Kartenwinkelmesser), und diese Werte zur Festlegung des neuen WP heranziehen (= Funktion „Wegpunkt projizieren"; engl. „Project Waypoint").

In allen Fällen wird der Kamerad mit der nun schon bekannten Funktion „GOTO" über graphische Zielführungshilfen punktgenau zur Bäckersfrau nach Kleinkleckersdorf geführt. Die Seite mit der simulierten Kompass-Rose haben wir ja beispielsweise schon kurz kennen gelernt. Mehr zu den graphischen Zielführungshilfen dann im Abschnitt *„Navigations-Displays"* des Kapitels *„Grundlagen der Navigation"*, wenn wir die *„Navigations-Begriffe"* hinter uns haben.

Allerdings versperren zahlreiche Hindernisse den direkten Weg (z. B. undurchdringliche Tannenschonungen, landwirtschaftlich genutzte Flächen etc.), und er muss Umwege gehen.

Die Anzeige des GPS zum Ziel passt sich diesen geänderten Bedingungen immer wieder an (z. B. die Zahlenangaben zur Entfernung und Peilung zum Ziel, sowie die Richtung des „Kompass-Pfeiles"), aber die Umsetzung der Anzeige in den tatsächlich einzuschlagenden Weg unter den Gegebenheiten in der Natur, wird sich als gar nicht so einfach erweisen.

Auf dem Weg vom WP „Camp" am Fluss nach „Kleinkleckersdorf"

Basis GPS-Empfänger: „GPS 72" von Fa. Garmin.
(Bild: www.garmin.de)

Werden anhand der Karte noch einige Zwischenpunkte auf dem Weg in das Dorf als Wegpunkte eingespeichert (hier im Beispiel die WPs „BRUECKE" und „HUETTE"), können diese über die Funktion „Route" miteinander verbunden werden.

Bei Aktivierung der Route wird man dann, über diese graphischen Zielführungshilfen, der Reihe nach von Wegpunkt zu Wegpunkt gelotst. Diese Funktion Route habe ich ja bereits vorgestellt.

Das Dorf ist gefunden, Mehl gekauft, und es geht wieder auf den Rückweg. Der Paddelkamerad zweifelt jetzt allerdings, ob er den zurückgelegten verschlungenen Weg um die zahlreichen Hindernisse herum, so gut auch wieder zurückfinden wird. Da kann ihm aber das GPS nun wieder helfen. Während seines Marsches nach Kleinkleckersdorf war ja das Gerät ständig in Betrieb und hat unbemerkt seinen zurückgelegten Weg als „Brotkrumen-Spur" aufgezeichnet (= Kursaufzeichnung, engl. „Track").

Dieser „Track" kann jetzt beim Rückweg zur Orientierung herangezogen werden. Dies kann entweder über die „Karten-Seite" des Gerätes geschehen, oder über die spezielle Funktion „Traceback" (= „Rückkehr auf gleichem Weg"). Auch diese Funktion habe ich Euch bereits ausführlich erklärt. So eine „Karten-Seite" (= Map Page) haben übrigens auch die einfachen Basis GPS-Geräte.

Auf jeden Fall kehrt unser Paddelkamerad wohlbehalten und punktgenau wieder zum Wegpunkt „Camp" zurück.

So ein GPS ist also schon ein kleines nützliches elektronisches Helferlein zur Orientierung und Navigation, aber wir kommen doch nicht umhin, uns intensiver das Zusammenspiel mit einer Karte in den Kapiteln *__Grundlagen der Kartographie__*", *__UTM-Gitter und Nationale Koordinaten-Systeme__*" und *__Landkarte mit geographischem Gitter__*" anzusehen.

Weitere Navigations-Möglichkeiten mit GPS-Geräten sind in den Kapiteln „*Navigation und Orientierung mit GPS*", „*Nutzung von Karten ohne Gitter*", sowie im **Band 2** des „*GPS-Handbuches*" in dessen Kapitel „Tipps und Hinweise" aufgeführt.

Für solche spontanen Planungen kann dann prinzipiell ein teureres „Map"-Gerät mit hinterlegter Vektor-Karte schon hilfreich sein, sofern für das jeweilige Gebiet geeignete Feindaten grundsätzlich verfügbar und auf dem Gerät geladen sind.

Auf der „Karten-Seite" lassen sich dann ggf. direkt Wegpunkte und Routen festlegen, ohne diese von der Papierkarte abgreifen zu müssen.

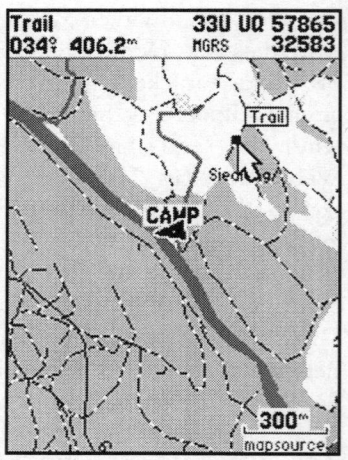

„Map"-Gerät mit gespeicherter Vektorkarte

*„GPSmap76" von Fa. Garmin
mit MapSource „Topo D"
(= topographische Karte von
Deutschland)*

Grundlagen der Navigation

Bevor wir tiefer in die Materie „Navigation" einsteigen, sollten wir zunächst klären, wie eigentlich „Nord" konkret definiert ist, denn das Magnetfeld der Erde und ihre Rotations-Achse durch die beiden Pole (Nord-/Südpol) sind nicht identisch.

Während sich ein Magnet-Kompass nach dem Magnetfeld der Erde ausrichtet, orientieren sich Karten nach dem geographischen Nordpol, also an der Rotations-Achse. Ein GPS ist diesbezüglich universell und flexibel nutzbar.

Festlegung der Nord-Referenz am GPS-Gerät

Dieses Thema (Einstellung von „Heading" bzw. der Nord-Referenz) halte ich beim Einsatz eines GPS-Gerätes für einen ganz wesentlichen Punkt, wird aber von vielen Anwendern nicht beachtet.

Einfluss der Missweisung (Deklination/Variation)

Die Missweisung, auch Deklination oder Variation genannt, ist die Winkeldifferenz zwischen der Richtung zum geographischen Nordpol und der magnetischen Nordrichtung, also der Richtung, die uns ein „normaler" Magnetkompass weist.

In Deutschland mit einer Missweisung von derzeit unter 1°, fällt eine falsche Einstellung der Nord-Referenz am GPS-Gerät nicht auf, und ist praktisch vernachlässigbar.

In Gegenden mit großer Missweisung ist sie dagegen in hohem Maße sicherheitsrelevant.

In den Rocky Mountains, also im Westen Kanadas, beträgt sie grob gesagt ca. 24° Ost (E), und auf Baffin Island, also im Nordosten Kanadas, bis zu 50° West (W).

Dort ist es dann schon ein großer Unterschied, ob ich so „richtig" nach Norden marschiere, oder versehentlich 24° nach Nordosten oder 50° nach Nordwesten „latsche".

Dies ist aber nicht nur in solch „exotischen" Gegenden wie Kanada relevant, sondern auch in „zivilisierteren". In Mitteleuropa beträgt die Missweisung zwar unter 5°, aber im Westen oder Norden Europas sieht es schon anders aus, z. B. in Irland bis 7,5°W; Island bis 20,5°W; Vardö in Norwegen ca. 12,3°E und der Osten Finnlands ca. 10°E.

In anderen Erdteilen sind die Auswirkungen noch gravierender, z. B. in Südafrika bis ca. 25°W; Los Angeles 13,4°E und Seattle 18,4°E an der Westküste der USA; New York 13,3°W und in Maine bis 19°W an der Ostküste der USA. Ich kann daher nicht ganz verstehen, warum die Bedienungsanleitungen nur so oberflächlich darüber hinweg gehen.

Die Missweisung kann regional stark unterschiedlich sein, und sie verändert sich zudem permanent über die Zeit, auch wenn dies relativ langsam geschieht. Gute Karten, wie z. B. topographische- oder See- und Flieger-Karten, geben in der Legende über die Veränderungen Auskunft.

Im Wesentlichen gibt es in diesem Zusammenhang drei verschiedene Nord-Richtungen, die an einem GPS-Gerät üblicherweise als Bezug eingestellt werden können (= Nord-Referenz; Auswahl allerdings auch abhängig vom Gerät).

Die diversen Nordrichtungen
(Rechtweisend-Nord, Magnet.-Nord, Gitter-Nord, User)

1.)   Rechtweisend-Nord/Karten-Nord/
Geographisch-Nord (= GeN; engl. „True"-North;
= „wahre" Nordrichtung).
Also genau „oben" auf der Landkarte. Bei einer Kursanzeige
von 0° bzw. 360° bewegt man sich direkt auf den geographischen Nordpol zu, bzw. auf der Karte „senkrecht nach
oben".

2.)   Magnetisch-Nord (=MaN; engl. „Magnetic"-North).
Genau die Nord-Richtung, die ein einfacher Magnetkompass
anzeigen würde, also zum magnetischen Nordpol.
Bei einer Kursanzeige von 0° bzw. 360° bewegt man sich
dann nicht auf den geographischen Nordpol zu, sondern auf
den Magnetischen.
Je nach Gebiet und dort momentan herrschender Missweisung (= Deklination bzw. Variation) sind große Differenzen
zu True möglich (Nordkanada und Grönland z. B. bis zu
68°). Einen unmittelbaren Bezug der Anzeige zu einer
Richtung auf der Karte hat man damit nicht.
Bei den GPS-Geräten heißt diese Stellung z. B. „Auto" oder
„Magnetic". Sie sind meist so voreingestellt!!! Bei dieser
Einstellung wird die, an der momentanen Position im Gerät
hinterlegte Missweisung im Setup-Menü angezeigt, z. B.
„xxx°E" bzw. „xxx°W" (dies zumindest bei Garmin).

3.)   Gitter-Nord (= GiN; engl. „Grid"-North).
Die Nordrichtung orientiert sich an den senkrechten
Netz-Linien des verwendeten Positions-Formates (z. B.
UTM-Gitter oder irgendein anderes länderspezifisches
Koordinaten-System, wie z.B. dem Gauß-Krüger Gitter in
Deutschland, Swiss-Grid in der Schweiz, Bundesmeldenetz
in Österreich, Schwedisches Gitter, Finnisches Gitter YKJ
oder KKJ usw.).

Bei einer Kursanzeige von 0° bzw. 360° bewegt man sich dann ebenfalls nicht auf den geographischen Nordpol zu, sondern entlang den, auf der Karte von unten nach oben verlaufenden senkrechten Gitter-Linien.

Ausnahme: Befindet man sich ganz genau auf dem Zentral-Meridian des Gitters (engl. Longitude Origin), weist die Richtung ausnahmsweise nach True-North.

Beim Positions-Format/Koordinaten-System „geographische Länge und Breite" in Grad/Minuten/Sekunden bzw. in Abwandlung Grad/Minuten/Dezimalminuten oder Grad/Dezimalgrad sind „True" und „Grid" identisch.

Ein GPS-Gerät und ein Magnet-Kompass verhalten sich jetzt in den beiden erst genannten Punkten genau gegenteilig: Ein einfacher Kompass zeigt nicht zum geographischen Nordpol („oben" auf der Karte; engl. True, „T"), sondern zum Magnetischen (engl. Magnetic, „M"). Über Tricks (Missweisungsausgleich um die Deklination bzw. Variation zu kompensieren) wird er dazu gebracht, nach TRUE zu zeigen, also doch zum geographischen Nordpol.

Ein GPS-Gerät dagegen berechnet seinen Kurs bzw. die Richtungsangaben in Bezug zu TRUE, und über Tricks (eingespeicherte Missweisungskarte) wird es dazu gebracht, zum magnetischen Nordpol zu zeigen (Einstellung „Auto"/„Auto Mag"/„Magnetic" o. ä. beim GPS).

Daraus ergeben sich jetzt am GPS-Gerät die folgenden Einstellmöglichkeiten für die Nord-Referenz (Auswahl allerdings abhängig vom Gerät):

1.) TRUE / WAHR (Nord in Bezug zur „wahren"/ „rechtweisenden" Nordrichtung).

Bei dieser Einstellung beziehen sich alle Richtungsangaben zum geographischen Nordpol.

Zeigt das GPS z. B. 0 Grad, bewegt man sich auf der Karte genau nach Norden (oben), bei 90° genau nach rechts (Osten) usw.

Diese Einstellung ist mir persönlich standardmäßig am liebsten.

2.) GRID / GITTER (Nord in Bezug zu einem Koordinaten-System).

Ist jetzt auch klar, Norden ist referenziert auf die senkrechten Netz-Linien eines bestimmten eingestellten Koordinaten-Systems (z. B. UTM oder ein Nationales

Einstellung Nord-Referenz im „Setup-Menü" bzw. im Menü „Einrichten"/ „Einstellungen" o. ä.

Meter-Gitter). Wird mit einer entsprechenden Karte gearbeitet, kann dies hilfreich sein.

Allerdings wird sich der Fehler zwischen Gitter-Nord und geographisch Nord in der Regel insgesamt in Grenzen halten (= Meridiankonvergenz; nicht alle Geräte lassen sich auf Gitter-Nord einstellen).

Anmerkung:
Die Meridiankonvergenz (= MK) nimmt mit dem Abstand vom Hauptmeridian stetig zu (= Zentralmeridian, = Mittelmeridian). Zudem ist deren Höhe noch von der geographischen Breite abhängig. Ggf. lässt sie sich wie folgt berechnen:

$$MK \text{ in } [°] = Abstand\_vom\_Hauptmeridian\_in[°] \times sin (Breite[°])$$

3.)   AUTO / AUTO MAG / MAGNETISCH o. ä.
(Nord in Bezug zum magnetischen Nordpol; Missweisung automatisch berechnet; Geräte sind meist so voreingestellt). Hierbei beziehen sich alle Kursangaben auf das, was ein einfacher Magnetkompass (ohne Missweisungsausgleich) anzeigen würde.

Die Berechnung stützt sich dabei auf die im Gerät eingespeicherte Missweisungs-karte (automatisch für die ganze Erde).

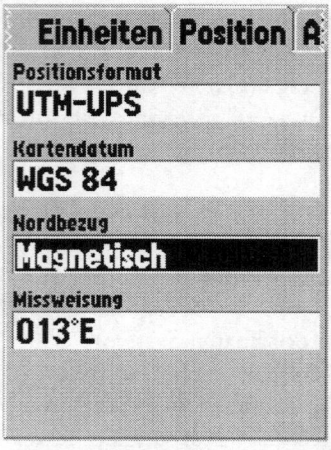

Unter „AUTO" wird dann noch die Richtung der Missweisung angezeigt, E (= östliche) oder W (= westliche), sowie deren Größe (Gradzahl, je nach Region eben; siehe Bild).

Die angezeigten Werte der Missweisung, d. h. die in der Missweisungskarte hinterlegten Maße, können aber nicht verändert werden. Bei manchen Software-Updates des Gerätes werden diese jedoch aktualisiert.

***Einstellung Nord-Referenz
auf „Magnetisch-Nord"***

*Die Höhe und Richtung der
Missweisung wird dann angezeigt.
Im Beispiel 13° östliche.*

Wird in Verbindung mit einem Magnet-Kompass navigiert, ist diese Einstellung empfehlenswert, damit die Anzeigen von GPS und Kompass übereinstimmen.

Wie schon erwähnt, wird in unseren Gefilden die Anzeige ca. 0° bis 1° E oder W signalisieren. Da deshalb die Missweisung bei uns kaum eine Rolle spielt, fällt niemanden die Problematik bzw. Tragweite der Einstellung TRUE oder AUTO weiters auf. In anderen Ländern kann dies wie vorgestellt dagegen eine wesentliche Einflussgröße sein.

4.)   USER / BENUTZER (Nord in Bezug zum magnetischen Nordpol; Missweisung jedoch benutzerdefiniert).
Ist man mit der eingespeicherten/angezeigten Missweisung
nicht einverstanden (z. B. wenn einem noch genauere oder
aktuellere Werte vorliegen), kann unter USER selber ein
Wert vorgeben werden. Dieser Wert ist dann aber fix eingespeichert und wird nicht korrigiert, wenn in eine Zone mit
anderer Missweisung gereist wird!!! Dieses „User-definiert"
bieten nicht alle Geräte.

Die Auswahlliste der beschriebenen Einstellmöglichkeiten
versteckt sich irgendwo auf den Setup-Seiten der Geräte
(z. B. als Unterpunkt bei Navigation, bei Position,
oder als extra „Richtungs-Seite" bzw. „Heading-Page").

Es betrifft alle Anzeigen am GPS zu Kurs über Grund
(TRACK (HEADING)), Peilung (BEARING), Soll-Kurs
(DESIRED TRACK, COURSE) etc. in Bezug zur üblichen
Kompass-Rose mit der 360° Grad Teilung (0°/360° Norden,
90° Osten, 180° Süden, 270° Westen).
Bei den neueren Geräten wird erfreulicherweise auf den
eingestellten Nord-Bezug in den Datenfeldern durch einen
Index neben der Gradzahl hingewiesen (z. B. durch ein „T",
„M", „G"), dies war bei den älteren Empfängern leider nicht
der Fall.

In den meisten Fällen ist es empfehlenswert, nur die vom
GPS berechneten Richtungen miteinander zu vergleichen
(TRACK bzw. „Kurs über Grund" vom GPS, BEARING
bzw. „Peilung" vom GPS, COURSE bzw. „Soll-Kurs" vom
GPS). Dann kommt es nur auf die Differenz zwischen den
Werten an, und Einflüsse durch die Missweisung kürzen sich
einfach heraus. Die eingestellte Nord-Referenz spielt dann
keine Rolle.

Wird allerdings in Verbindung mit einem Magnet-Kompass navigiert (z. B. beim Wandern oder Segeln) oder werden Richtungsangaben (z. B. die Peilung/Bearing) auf die Karte übertragen, wird der Unterschied zwischen magnetischen und „wahren" Richtungen bedeutend.

Die Einstellung der Nord-Referenz jetzt aber nicht mit der Einstellmöglichkeit der Karten-Orientierung für die „Dynamischen Karten-Seite" verwechseln (Map-Setup; z. B. nordorientiert/North-Up; nach momentanem Kurs/ Track-orientiert/Track-Up/Ahead; oder Orientierung nach Soll-Kurs/kursorientiert/Course-Up/Desired Track-Up).

Allerdings beachten, dass bei der Einstellung „nordorientiert", unabhängig was in den Grund-Einstellungen als Nord-Referenz gewählt ist, der Bezug immer geografisch Nord ist (= True/wahr). Näheres zur Einstellung der Karten-Orientierung in diesem Kapitel im Abschnitt *„Navigations-Displays"* unter *„Karten-Seite/Map-Page"*.

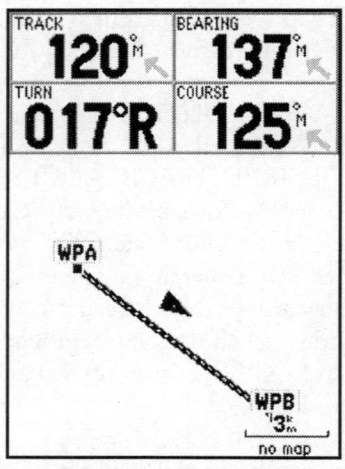

Nicht verwechseln:
Einstellung Nord-Referenz
u. Orientierung Karten-Seite

Im Beispiel Ausrichtung Karten-Seite
nordorientiert (=> generell True),
die Nord-Referenz magnetisch Nord.
=> Siehe Index „M" bei
den Navigations-Infos

Navigations-Begriffe

Die GPS-Geräte bieten uns eine Fülle von Navigations-Informationen, die in den Datenfeldern numerisch angezeigt werden können. Die Auswahl für die Datenfelder kann bei den neueren Modellen je nach Anforderung ganz individuell getroffen werden.

Zudem werden diese Informationen teilweise visuell in Form von graphischen Zielführungshilfen angezeigt. Die „Kompass"-Seite haben wir ja dafür schon beispielhaft gesehen. Auf diese Grafiken werden wir dann im nächsten Abschnitt eingehen, wenn wir die wesentlichen Navigations-Begriffe geklärt haben.

Allerdings werde ich nicht alle Navigations-Infos beschreiben die uns die Geräte anbieten, sondern wir werden uns auf die beschränken, welche für die Navigation und Orientierung wirklich relevant sind.

Auch demjenigen, der sich mit der englischen Sprache schwer tut würde ich empfehlen, sich mit den englischen Bezeichnungen der Navigations-Begriffe anzufreunden, und das Gerät auf englischer Menü-Führung zu betreiben. Es sind nur wenige Begriffe die wir uns merken müssen, aber die englischen Bezeichnungen sind meines Erachtens klarer definiert und aussagekräftiger. Außerdem sind sie inkl. ihrer Abkürzungen internationaler Standard und werden in dieser Nomenklatur auch bei der professionellen Luft- und Seefahrt verwendet. Bei der Navigation ist Englisch Fachsprache.

Die deutschen Übersetzungen sind dagegen je nach Gerät und Hersteller nicht immer soo eindeutig und teilweise sogar missverständlich. Teilweise lassen sie viel Spielraum zur Interpretation zu, was denn nun eigentlich konkret gemeint ist, wie beispielsweise das Wort „Richtung", „Steuerkurs" oder „Wende". Das liegt aber nicht an der Unfähigkeit der Übersetzer, sondern nicht alle Begriffe sind im Deutschen standardisiert.

Ihr solltet jetzt nicht schnell weiterblättern, auch wenn die nachfolgende Abbildung etwas abschreckend aussehen mag. Meines Erachtens sollte man sich schon etwas mit den Grundlagen der Navigation auseinandersetzen. Wer gelernt hat „richtig" mit dem GPS zu navigieren, anstatt ein GPS einzusetzen um das Erlernen dieser Grundlagen zu vermeiden, wird bei allen Methoden der Navigation und Orientierung davon profitieren.

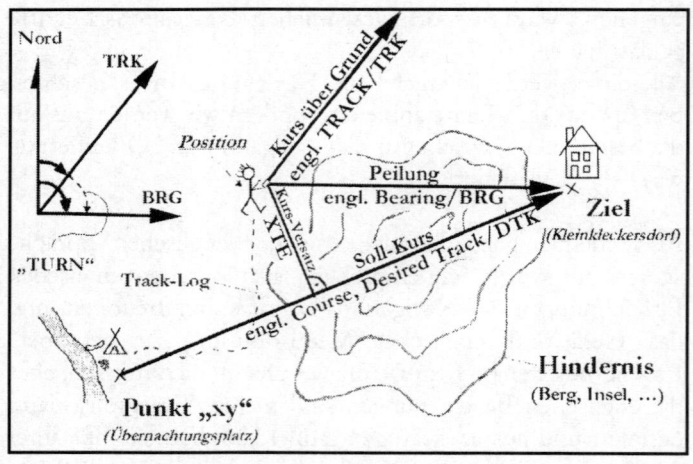

Grundbegriffe der Navigation

„Kurs über Grund", „Peilung", „Soll-Kurs", „Kurs-Versatz", bzw. in englisch: „Track", „Bearing", „Desired Track" oder „Course", „Cross Track Error/XTE"

Wie im vorangegangenen Abschnitt schon erwähnt, beziehen sich alle Richtungsangaben (Kurs/TRACK, Peilung/BEARING, etc.) üblicherweise auf die 360 Grad Einteilung wie beim standardmäßigen Kompass, d. h. 0° bzw. 360° ist genau Norden, 90° Osten, 180° Süden und 270° Westen.

TRACK/Course over Ground – HEADING
Kurs über Grund/„Richtung"

Das engl. Wort „TRACK" (= TRK) oder „Course over Ground" (= COG) beschreibt die momentane eigene Bewegungsrichtung in Bezug zur Erde.
Zu Deutsch ist es der „Kurs über Grund" (= „KüG").
Bei manchen Garmin Geräten wird sie auch als „Richtung" bezeichnet. Teilweise finden sich auch die Worte „aktueller Kurs". Der Begriff „Kurs" beschreibt jedoch bei vielen Geräten wieder den „Soll-Kurs". Das ist allerdings wieder ganz was anderes, dazu kommen wir noch gesondert.

Auf jeden Fall beantwortet uns TRACK die Frage, „wohin wir gehen" bzw. „in welche Richtung wir uns bewegen". GPS ist praktisch das einzige Instrument zur Navigation (zumindest als erschwingliches), das in der Lage ist uns diese überaus wertvolle und wichtige Info zu liefern!!! Das GPS hat keine Ahnung davon in welche Richtung die Nase eines „Vehikels" weist (z. B. Boot/Schiff/Flugzeug etc.), es kann nur den Kurs über Grund dieses Vehikels bestimmen. Aber diese Info ist für die Navigation Gold wert, da letzlich nur diese relevant ist.

Unglücklicherweise wird bei manchen Geräten (z. B. bei einigen Garmin eTrex und Geko-Modellen) anstatt „TRACK" der Begriff „HEADING" verwendet. Dieser Begriff sollte jedoch nicht in einen Topf geworfen werden. Den Unterschied zwischen TRACK und HEADING werde ich gleich anschließend detailliert erläutern.

Den Navigationsbegriff „TRACK" bitte jetzt nicht mit dem „Track-Log" verwechseln (= Kursaufzeichnung), der meist ebenfalls mit dem Namen „Track" bezeichnet wird. Aber es ist natürlich schon so, dass TRACK (TRK/COG) die Basis für die „Track"-Aufzeichnung bildet.

Unterschied TRACK zu HEADING/ Geräte mit elektronischem Kompass

Die Richtung in der ich schaue ist HEADING, die Richtung in der ich mich in Bezug zur Erde konkret bewege ist dagegen TRACK. Wer sein GPS beim Wandern, Bergsteigen oder Autofahren usw. einsetzt, für den ist der Unterschied in den meisten Fällen praktisch nicht von Bedeutung. Bei der Fortbewegung in einem Flugzeug oder Schiff/Boot dagegen, kann die Differenz zwischen TRACK und HEADING sehr groß ausfallen. HEADING ist dann die Richtung der Längsachse des „Vehikels" (wohin dessen „Nase" weist), TRACK die eigentliche Bewegungsrichtung. Eine große Differenz tritt z. B. auf, wenn seitliche Kräfte durch Seitenwind oder Strömung an dem „Vehikel" angreifen.

Dessen Führer muss dann systematisch TRACK abgleichen und eine optimale Richtung für HEADING finden (das Vehikel „anstellen"; Korrektur-Winkel zwischen HEADING und TRACK), je nachdem wie er vom Soll-Kurs abdriftet bzw. sich der Kurs-Versatz vergrößert. Das GPS berechnet dabei TRACK, den Kurs über Grund.

Notwendige Veränderungen von HEADING sind dann leicht abschätzbar (das „Anstellen"), da diese so erfolgen müssen, dass TRACK mit dem Soll-Kurs (engl. COURSE/ DTK) oder der Peilung (engl. BEARING) übereinstimmt.

Ein Beispiel zur Veranschaulichung von TRACK und HADING:
Beim Paddeln gibt es die Technik der „Seilfähre", um einen stark strömenden Fluss ohne Höhenverlust zu queren (siehe Abbildung unten). Die „Nase" bzw. die Längsachse des Bootes zeigt dabei schräg zur Strömung (= HEADING), die Strömungskräfte des Wasser greifen dann seitlich am Boot an, und versetzen das Boot geradlinig zum anderen Ufer (= TRACK).

Für die Paddeltechnik ist zwar HEADING von Bedeutung, navigatorisch dagegen nur TRACK, da nur dies die eigentliche Bewegungsrichtung des Bootes in Bezug zur Erde angibt.

Prinzipskizze zur Seilfähre vorwärts auf einem Fluss:

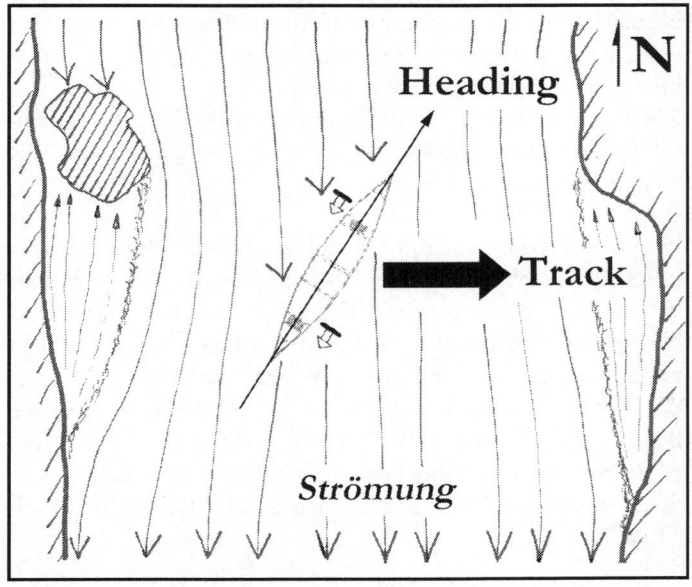

Der Unterschied zwischen „Track" und „Heading".
Die tatsächliche Bewegungsrichtung ist „Track".
In diesem Falle wäre Heading 45°, Track 90°.

Ein GPS-Empfänger kann die Richtung von „TRACK" anzeigen, üblicherweise jedoch nicht von „HEADING". Eine Ausnahme bilden die Geräte mit eingebautem elektronischem Kompass.
Sie können die Richtung anzeigen in welche das Gerät gehalten wird, also HEADING. Sie sind dafür gedacht um eine Richtung anzeigen zu können, auch wenn man sich

nicht oder nur sehr langsam bewegt (z. B. beim Bergsteigen, beim Studieren der Karte), eine Bewegung in Bezug zur Erde praktisch Null ist (z. B. beim Paddeln in starker Gegenströmung/bei Gegenwind) oder wenn kein Sat-Empfang möglich ist (z. B. im Wald mit dichtem Blätterdach). Bewegt man sich nicht, gibt es ja keine „TRACK"-Richtung.

Nützlich sind die Geräte mit elektronischem Kompass also vor allem für Wanderer und Bergsteiger etc., um sich auch im Stillstand orientieren zu können.
Allerdings reagieren diese Kompasse nicht besonders feinfühlig, für wirklich exakte Peilungen sind sie daher eher nicht zu gebrauchen.

Für die Navigation mit Flugzeug, Schiff, Boot etc. ist HEADING eigentlich eher nebensächlich, viel wichtiger ist die Information von TRACK. Gegenüber anderen Navigations-Methoden ist GPS in der Lage, uns diese Info zu liefern, das ist der große Vorteil des GPS-Einsatzes. Wie bereits erwähnt, werden leider bei manchen Geräten die Begriffe TRACK und HEADING in einen Topf geworfen, z. B. bei ein paar Modellen der Garmin eTrex-Reihe oder den Gekos. In diesem Fall ist dann HEADING praktisch TRACK.

Gut ist dies beispielsweise beim Garmin GPSmap76S mit elektronischem Kompass gelöst. In den Datenfeldern wird unterschieden zwischen „TRACK" und „HEADING" (bei der deutschen Menü-Führung „TRACK" und „STEUERKURS").
Ist der elektrische Kompass aktiv, wird bei TRACK die Bewegungsrichtung und bei HEADING die Geräterichtung angezeigt. Ist der Kompass nicht aktiv, zeigt das Feld HEADING die Richtung von TRACK an. Da wäre eine Verbesserung noch denkbar.

Beim eng verwandten Garmin eTrex Vista (ebenfalls mit elektr. Kompass) gibt es dagegen diese Differenzierung von TRACK und HEADING nicht. Dort taucht in den Datenfeldern nur pauschal der Begriff HEADING auf (bei deutscher Menü-Führung „RICHTUNG").

Beachten, dass bei den Geräten mit Kompass dieser automatisch eingeschaltet wird, wenn die Geschwindigkeit über eine bestimmte Zeitspanne unter einen bestimmten Wert sinkt, bzw. automatisch wieder abgeschaltet wird, wenn diese Geschwindigkeitsschwelle überschritten wird (z. B. bei Garmin). Diese Schwelle liegt über die Voreinstellungen ab Werk relativ hoch. Ist der Kompass aktiv, wird dies durch ein „N" im Display angezeigt.
Um den Vorteil von GPS nutzen zu können (Anzeige von „TRACK") würde ich empfehlen, die Geschwindigkeitsschwelle deutlich zu senken (z. B. auf 2 km/h bzw. 1 oder 2 Knoten), oder den Kompass ganz auszuschalten und nur zu aktivieren, wenn die Funktion wirklich gebraucht wird, da deren Stromverbrauch ziemlich hoch ist.

Weiterhin bei diesen Geräten nicht versäumen, nach jedem Batterietausch den elektr. Kompass zu kalibrieren, sowie dies nach einem größeren Standortwechsel durchzuführen (diese Kompasse orientieren sich ebenfalls nach den vorherrschenden magnetischen Feldlinien auf der Erde).
Im Betrieb dann zudem beachten, dass sie den gleichen Stör-Einflüssen unterliegen, wie ein klassischer mechanischer Magnet-Kompass (Metallgegenstände in der Nähe, elektr. Leitungen etc.).

BEARING/Peilung

„BEARING" (= BRG) bzw. zu Deutsch „Peilung" ist die Richtung von der momentanen eigenen Position zum aktiven Wegpunkt in Bezug zu Nord. Es wird uns also die Frage beantwortet, welche Richtung ich einschlagen muss, um auf direktem Weg genau zum nächsten Wegpunkt zu gelangen.

Bei der Steuerung bzw. der Navigation eines Vehikels (Flugzeug, Schiff, ...) sollte BEARING (die Peilung) mit TRACK, dem Kurs über Grund verglichen werden, nicht mit HEADING (= Längsachse eines „Vehikels"/„Blickrichtung nach vorn").
Bewegt man sich genau auf das Ziel zu, ist die Anzeige von TRACK und BEARING identisch (bzw. HEADING bei den Garmin eTrex und Geko).
Wirken seitliche Kräfte auf das Vehikel (durch Seitenwind oder Strömung) muss dessen Längsachse „angestellt" werden (Korrektur von Heading), damit TRACK und BEARING deckungsgleich werden (Kurs über Grund und die Peilung).

Bei der Orientierung im Stand (z. B. Wanderer, Bergsteiger etc.) ist dagegen die Peilung zum Ziel (BEARING) in Bezug zu HEADING („Blickrichtung nach vorn") nützlich.

TURN/Wende

„TURN" (= TRN) bzw. in Deutsch bei manchen Geräten als „Wende" bezeichnet zeigt an, welche Drehung erforderliche ist, um genau auf den aktiven Wegpunkt zu stoßen. TURN ist also die Winkel-Differenz zwischen TRACK (dem Kurs über Grund) und BEARING (der Peilung).

Die angezeigte Gradzahl gibt das Maß der erforderlichen Drehung an, und der Buchstaben „L" oder „R" signalisiert, in welche Richtung die Drehung erfolgen muss (= nach links oder rechts; z. B. 015°R). TURN wird vom Gerät, ebenso wie TRACK und BEARING, ständig berechnet und aktualisiert.

TURN ist einfacher abzulesen, als ständig TRACK und BEARING separat zu überwachen. Außerdem kann dadurch ein Datenfeld eingespart werden. Dies kann je nach Geräte-Modell von Bedeutung sein, z. B. bei der Garmin eTrex-Reihe oder den Gekos, bei den Empfängern von Magellan.

COURSE/DESIRED TRACK
bzw. Kurs/Soll-Kurs

Das ist wieder ein Thema, bei dem es mit den Begriffen und dem Verständnis zum Teil etwas drunter und drüber geht. „COURSE" (Desired Course) bzw. „DESIRED TRACK" (= DTK) ist zu Deutsch der „Soll-Kurs" oder bei manchen Geräten auch nur als „Kurs" bezeichnet.

Es herrscht teilweise deshalb Konfusion, da viele Anwender den Begriff „COURSE" bzw. „Kurs" für den Sachverhalt verwenden, der beim GPS als „TRACK" bzw. „Kurs über Grund"/„Richtung" definiert ist.

Wenn an einem Punkt „xy" (z. B. dem Übernachtungsplatz „CAMP") die Funktion „GOTO" mit Auswahl eines Wegpunktes getroffen wird (z. B. nach „Kleinkleckersdorf"), dann zieht das GPS-Gerät eine fiktive gerade Linie vom Punkt „xy" zu diesem ausgewählten Ziel. Diese fixe Linie, also die Richtung von Startposition zum Ziel, ist jetzt der vorgegebene Soll-Kurs (= DESIRED TRACK/DTK oder COURSE).

Bei einer Route ist COURSE jeweils die gerade Verbindungs-Linie von einem Routen-Wegpunkt zum nächsten.

Wenn die Karten-Seite des Gerätes angewählt wird, sieht man jetzt auch optisch eine, auf dem Display dargestellte Linie zwischen dem Punkt „xy" (momentan ist das auch noch der aktuelle Standort/Position) und dem aktiven Wegpunkt, dem vorläufigen Ziel.

Bei der Funktion „Route" sieht man den Soll-Kurs als direkte Verbindungs-Linien zwischen den einzelnen Routen-Wegpunkten.

Anmerkung:

Bei manchen Geräten kann jedoch im Setup-Menü gewählt werden, ob jetzt diese Soll-Kurs-Linie und/oder die Linie der Peilung angezeigt werden soll.

Wir sollten uns folgendes merken und auseinander halten: Während für BEARING (Peilung) zum aktiven Wegpunkt stets die momentan eigene Position der Bezug ist, also mit unserer Bewegung ein dynamischer Vorgang vorliegt der sich ständig verändert und aktualisiert, ist der Bezug für COURSE die fixe(!!) Linie zwischen 2 Punkten.

Der aktive Wegpunkt zu dem hin navigiert wird (= das vorläufige Ziel) ist das eine Ende dieser Linie, das andere Ende (= der Beginn der Linie) ist der Wegpunkt, von dem man herkommt (z. B. bei der Navigation nach „Route"). Wie schon erwähnt, wird bei „GOTO" die Position zu diesem Punkt von dem man herkommt, bei der die Funktion „GOTO" ausgeführt wird.

COURSE ist nun der erforderliche TRACK bzw. der erforderliche Kurs über Grund, um dieser fixen Soll-Kurs-Linie parallel zu folgen. Da wir uns aber damit „nur" parallel zum COURSE bzw. dem Soll-Kurs bewegen, muss diese Navigations-Info in Verbindung mit dem Kurs-Versatz (engl. OFF COURSE) eingesetzt werden (siehe nächster Punkt), um über den Abstand zu der fixen(!!) Soll-Kurs-Linie informiert zu sein, sowie der Entfernung zum Wegpunkt.

OFF COURSE/Cross Track Error (XTK/XTE) bzw. Kurs-Versatz/Kurs-Abweichung

„OFF COURSE", der „Cross Track Error" (= XTK oder auch XTE) ist zu Deutsch der „Kurs-Versatz" bzw. die „Kurs-Abweichung".
Es ist der seitliche Abstand von der momentanen eigenen Position zur der vorgegebenen fixen Linie des Soll-Kurses, also zu COURSE oder DESIRED TRACK/DTK.

Bei der numerischen Ausgabe des Kurs-Versatzes in einem Datenfeld gibt es bei den diversen GPS-Geräten gewisse Unterschiede in der Darstellungs-Philosophie. Ihr sollt daher überprüfen, wie es speziell bei Eurem Empfänger gelöst ist.

Bei vielen Handgeräten wird neben der Entfernung (= Abweichung) meist auch die Richtung der Abweichung durch „L" oder „R" für links/rechts angezeigt. Eine Anzeige von „R1.7 km" bedeutet, dass man sich 1,7 km rechts des Soll-Kurses befindet. Es bedeutet also nicht, dass man 1.7 km nach rechts steuern soll. Es ist also die umgekehrte Logik wie bei der Navigations-Info TURN bzw. „Wende". Größere fest eingebaute Anlagen haben ebenfalls eine andere Anzeige-Logik.

Manche Handgeräte geben leider die Kurs-Abweichung ohne jegliche Angabe zu deren Richtung an. Dies ist nicht gerade optimal. Ich werde aber später Techniken vorstellen, um mit diesem Manko zurecht zu kommen.

Im Gegensatz zu den meisten Handgeräten geben die meisten fest eingebauten Anlagen in Flugzeugen/Schiffen die Richtung zum Soll-Kurs an. Die Anzeige „=>" bedeutet z. B., dass sich der Soll-Kurs zur Rechten befindet.

Für die Navigation entlang geradliniger Kurse mit einem Vehikel (Flugzeug, Schiff, ...) ist es eine sehr hilfreiche Größe. Dazu näheres in dem Kapitel *„**Navigation***

und Orientierung mit GPS-Geräten" im Abschnitt
„2-Dimensionale „Vehikel"-Navigation".

Im Zusammenhang mit dem „Cross Track Error" trifft man
bei dessen visueller Darstellung auf mancher graphischen
Zielführungshilfe auf den Begriff „CDI-Skala", dem „Course
Deviation Indicator", zu Deutsch der „Kurs-Abweichungs-
Skala".

TO COURSE/COURSE TO STEER
Auf Kurs/Steuerkurs

Die Angabe TO COURSE/COURSE TO STEER (= CTS)
bzw. zu Deutsch „Auf Kurs"/„Zum Kurs"/„Steuerkurs"
gibt die empfohlene Richtung an, um möglichst schnell und
auf kurzem Weg die Soll-Kurs-Linie wieder zu erreichen.
Zumindest theoretisch soll so gesteuert werden, dass
dann TRACK mit TO COURSE identisch ist.

Allerdings reagiert TO COURSE sehr empfindlich, so dass
man sich praktisch immer im leichten Zickzack entlang
dieses Soll-Kurses bewegt. Zudem ist der Berechnungs-
Algorithmus für diese Steueranweisung abhängig von der
Geräte-Software, und für Außenstehende nicht konkret
nachvollziehbar. Nur blindlings zu folgen ist daher nicht
ratsam.
Der erfahrener Flugkapitän John Bell ist kein Freund von
diesem TO COURSE, sondern er empfiehlt stattdessen
die maßvolle Korrektur von TRACK bei einem gegebenen
Wert von OFF COURSE (= Kurs-Versatz), um keine
unharmonischen Haken zu schlagen.

Track Angle Error/TKE

Der TRACK ANGLE ERROR/TKE ist die Winkel-Differenz zwischen TRACK (dem Kurs über Grund/eigene Bewegungsrichtung) und DESIRED TRACK/DTK (= COURSE bzw. dem Soll-Kurs). Er gibt die erforderliche Drehung an, um parallel zur Soll-Kurs-Linie zu gelangen. Während TURN („Wende") direkt zum aktiven Wegpunkt leitet, führt TKE parallel zu der Soll-Kurs-Linie, welche ja durch zwei Punkte fix vorgegeben ist.

Der Vorteil von TKE ist analog zu TURN, weil dadurch ein Datenfeld eingespart werden kann und leichter abzulesen ist als TRACK und COURSE separat anzuzeigen (Kurs über Grund und Soll-Kurs).

Aber Achtung: TKE und COURSE geben auch dann noch die Richtung an um parallel zur Soll-Kurs-Linie zu gelangen, wenn der aktive Wegpunkt schon längst passiert worden ist. Diese fixe Linie, welche durch zwei Punkte vorgegeben wird, umspannt praktisch die Erde. Wenn's dumm läuft und so gesteuert wird, dass TKE immer Null ist, umkreist man theoretisch einmal die Erde.

TKE ist eine hilfreiche Navigations-Info, muss allerdings in Verbindung mit dem Kurs-Versatz (OFF COURSE) und der Entfernung zum aktiven Wegpunkt eingesetzt werden.

Mir ist allerdings kein Handgerät bekannt, das TKE anzeigt. Diese Info ist bei fest eingebauten Anlagen in Flugzeugen/Schiffen zu finden, oder eventuell bei dem einen oder andere spezielle Aviation-Handempfänger für die Fliegerei.

Course Made Good/Gutgemachter Kurs

Nur der Vollständigkeit halber, falls man mal auf den Begriff „Course Made Good" (= CMG) bzw. „Gutgemachter Kurs" stoßen sollte.
Dies ist die Peilung von einem Startpunkt (in unserem Beispiel dem Punkt „xy" bzw. dem vorhergehenden Routen-Wegpunkt) zu der momentanen Position/dem derzeitigen Aufenthaltsort. Auch hier ist mir kein Handgeräten bekannt, das CMG anzeigt.

Velocity Made Good (VMG)/ Gutgemachte Geschwindigkeit

„Velocity Made Good" (= VMG), zu Deutsch „Gutgemach-te Geschwindigkeit" ist die Geschwindigkeit, mit der man sich dem Zielpunkt in Bezug zum kürzesten Weg dorthin nähert (dies entspricht der Peilung bzw. Bearing). Sie wird auch Vektor-Geschwindigkeit zum Ziel genannt.

Dazu ein Beispiel: Unser Paddelkamerad muss ja in Klein-kleckersdorf Mehl holen, aber ein Berg versperrt ihm den geradlinigen Weg und er muss ihn umgehen. Er marschiert dann zwar weiterhin mit 5 km/h (Geschwindigkeit über Grund), aber die Geschwindigkeit mit der er sich dem Ziel nähert (= VMG) geht sehr stark zurück.
Nähere Infos zu VMG im Kapitel „***Navigation und Orientierung mit GPS***" im Abschnitt „***2-Dimensionale „Vehikel"-Navigation***".

Weitere Navigations-Infos der Geräte

Ein GPS-Gerät kann uns noch viel mehr Navigations-Informationen in den Datenfeldern anzeigen, wie beispielsweise:

- Name des Wegpunktes (engl. Current Destination).
- Entfernung von der momentanen Position zum Ziel (Orthodromen-Entfernung auf dem Großkreis). (engl. Distance to Destination/DST).
- Geschwindigkeit über Grund bzw. Fahrt über Grund/ FüG (engl. Speed/SPD, Speed over Ground/SOG oder Ground Speed).
- Verbleibende Zeitdauer bis zur Ankunft am Zielpunkt/ Restreisezeit (engl. Estimated Time Enroute/ETE).
- Voraussichtliche Ankunftszeit beim Zielpunkt (engl. Estimated Time of Arrival/ETA).
- Je nach Gerät einen Annäherungs-Alarm (engl. Proximity Waypoints).
- Bei Geräten mit Autorouting-Funktion detaillierte Abbiegehinweise bei der Straßen-Navigation (geladene geeignete Kartendaten vorausgesetzt).
- Sonnenauf- und -untergang, sowie Mondauf- und -untergang zu jedem beliebigen Ort und Zeitpunkt.
- Und vieles vieles mehr.

Beispiel für die wesentlichen Navigations-Begriffe

In dem nachstehenden Bild sehen wir nun den Unterschied zwischen TRACK, BEARING, COURSE und OFF COURSE an einem konkreten Beispiel. Einfach mal die numerischen Zahlenangaben in den Datenfeldern mit den diversen Linien vergleichen, welche ja diese Werte visuell repräsentieren.

Es ist eine Route, die aus 3 WPs besteht. Die Linie, welche die einzelnen Routen-Wegpunkte verbindet ist COURSE, d. h. WP1-WP2-WP3 (= Soll-Kurs). Diese direkte Linie von unserer aktuellen Position/dem Empfänger (= das Dreieck in der Mitte) zum momentan aktiven Wegpunkt „WP3" ist BEARING (= Peilung).

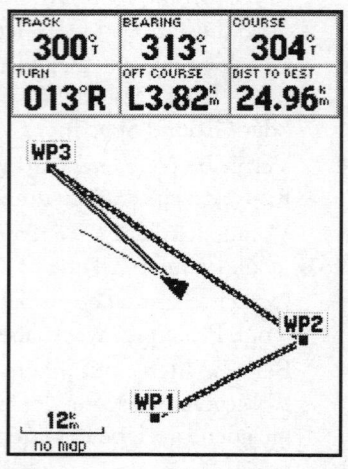

TRACK (= unsere eigene Bewegungsrichtung über Grund) wird durch die Spitze des Dreiecks, und in deren Verlängerung durch die kurze dünne Linie angezeigt. Unglücklicherweise wird diese

Wesentl. Navigationsbegriffe

TRACK (Kurs über Grund),
BEARING (Peilung zum Ziel),
COURSE (Soll-Kurs)
OFF COURSE (Kurs-Versatz)

(GPS 76 der Fa. Garmin)

Linie im Setup der Karten-Seite als „Heading-Line" bezeichnet, obwohl sie auf TRACK anstatt auf HEADING basiert (den Unterschied habe ich ja bereits ausführlich erklärt).

In der deutschen Menü-Führung taucht der Begriff „Steuerkurs" für sie auf. Dieser Name wird aber auch manchmal im

Zusammenhang mit TO COURSE/COURSE TO STEER verwendet – ganz was anderes. Deshalb genau ausprobieren, welche Anzeige/Funktion letztlich bei Eurem Gerät hinter den diversen deutschen Begriffen steckt. Meine Empfehlung lautet daher: Englische Menüführung verwenden.

Bei den Richtungsangaben TRACK/BEARING/COURSE steht in dem gezeigten Beispiel neben den angegebenen Gradzahlen noch der Index „T". Er zeigt uns an, dass es sich um „wahre"/„rechtweisende" Werte handelt, der Bezug also geographisch Nord ist (= True North = „T").

Im Datenfeld TURN wird 013°R angezeigt (= „Wende"). Es ist die Differenz zwischen TRACK und BEARING (= Kurs über Grund und Peilung). Sie signalisiert uns, dass wir 13° nach Steuerbord (= nach rechts) steuern sollten, um direkt den „WP3" zu erreichen (= BEARING/Peilung).

Bei einem fest eingebauten Empfänger (Flugzeug/Schiff) hätten wir vermutlich die Möglichkeit TKE anzuzeigen. Es ist die Winkel-Differenz zwischen TRACK und COURSE/DTK (= Kurs über Grund und dem Soll-Kurs). Es ist also die erforderliche Drehung, um parallel zu der Linie des Soll-Kurses zu gelangen, ansatt den Wegpunkt WP3 direkt anzusteuern (= TURN). In dem dargestellten Beispiel wäre dann TKE 004°R.

Das Datenfeld OFF COURSE zeigt an (L3,82 km), dass wir uns 3,82 km links von COURSE befinden, dem Soll-Kurs WP2 nach WP3. Bei einem fest eingebauten Empfänger (Flugzeug/Schiff) würde statt OFF COURSE vermutlich XTK mit einem Pfeil nach rechts angezeigt werden (= zum Soll-Kurs bzw. zur Linie des Soll-Kurses).

DIST TO DEST (= Distance to Destination, = Entfernung zum Ziel) signalisiert, dass es noch 24,96 km bis zum

WP3 sind, unserem Zielpunkt, dem Ende der Route. Alternativ würde „Dist to Next" zur Verfügung stehen (= „Entfernung zu WP" o. ä.), also jeweils die Entfernung von einem Wegpunkt der Route zum nächsten WP der Route.

Anmerkung:
Die Abbildung stammt von einem Garmin der 76-Reihe mit Graustufen-Display. Die Anzahl der möglichen Datenfelder ist bei diesen Empfängern groß (bis zu 9 Stück), und ganz individuell einstellbar. Zudem können sie die Linien für Track, Bearing und Course gleichzeitig darstellen, also die Linien für die eigene Bewegungsrichtung, die Peilung und den Soll-Kurs. Dies ist eher die Ausnahme.

Diese Track-Linie für die eigene Bewegungsrichtung wird allerdings, wie schon erwähnt, unglücklicherweise und nicht ganz korrekt als „Heading"-Line bezeichnet.

Häufig können die Geräte nur die Linie für COURSE anzeigen, den Soll-Kurs, bzw. entweder für COURSE oder BEARING, der Peilung. Aber selbst dies ist schon sehr hilfreich.

Auch wenn das Gerät prinzipiell alle Richtungs-Linien darstellen kann stellt sich die Frage, ob das wirklich sinnvoll und nützlich ist. Zu viele Infos können nämlich verwirrend sein, und so ein kleines Display unnötig „zu müllen". Für die exemplarische Darstellung aller relevanten Navigations-Infos, wie in dem Beispiel gezeigt, allerdings eine nützliche Eigenschaft.

Soll-Kurs bei Funktion „GOTO"

Wird die Funktion „GOTO zu Wegpunkt" ausgeführt, ist die Linie des Soll-Kurses/Course-Line und die Linie der Peilung/Bearing-Line zunächst identisch. Der Ursprung der Soll-Kurs-Linie wird dann nämlich an der Stelle fix festgelegt, an der die Funktion GOTO zu dem gewünschten Wegpunkt ausgelöst wird. Momentan ist das ja noch identisch mit unsere aktuellen Position.

Der Unterschied besteht dann darin, wenn wir uns fort bewegen und die Position verändern. Der Referenz-Punkt für die Soll-Kurs-Linie bleibt fix bestehen, also die Stelle, an der GOTO ausgeführt wurde.

Die Linie der Peilung zum aktiven Wegpunkt geht dagegen stets von unserer momentanen Position aus und wird permanent aktualisiert. Die Linie der Peilung ist also dynamisch/veränderlich, während die Linie des Soll-Kurses statisch/fix ist.

Wird das GPS-Gerät ausgeschaltet, wird bei manchen Empfängern auch die Funktion „GOTO" gelöscht, und damit der momentane Soll-Kurs (Desired Track/DTK/ Course) zu dem betreffenden aktiven Wegpunkt.

Wird das Gerät später wieder eingeschaltet und die Funktion GOTO zu dem gleichen Wegpunkt zwangsläufig erneut ausgeführt, ist nun die Linie von dem <u>neuen</u> Standort zu diesem Ziel als Soll-Kurs definiert.

Bei den neueren Geräte-Generationen dagegen bleibt der aktive Wegpunkt üblicherweise gespeichert, und damit der <u>ursprüngliche</u> Soll-Kurs.

Ich würde daher empfehlen vorsichtshalber zu überprüfen, wie sich Euer Gerät diesbezüglich verhält, um unter widrigen Bedingungen keine unliebsame Überraschung zu erleben.

Generell kann bei Bedarf der Soll-Kurs, und damit die Linie des Soll-Kurses auf dem Display mit den dazugehörigen numerischen Angaben, sehr leicht in Bezug zum momentanen Standort aktualisiert werden, indem über die Funktion „GOTO" einfach noch einmal der gleiche aktive Wegpunkt erneut ausgewählt wird.

Hierzu ein Beispiel: Ein Pilot möchte mit seinem Flugzeug vom Ort „A" zum Ort „B" fliegen. Am Hangar vom Ort „A" betätigt er die Funktion GOTO „B". Damit ist er über die Richtung und Entfernung zum Ort „B" informiert, sowie der Soll-Kurs festgelegt.

Nach dem Start ist er in der Luft jedoch einiges von diesem Soll-Kurs entfernt, d. h. der Kurs-Versatz (Off Course) ist groß. Es würde jetzt keinen Sinn machen einen Haken zu schlagen, um die Soll-Kurs-Linie „Hangar => Ort B" zu erreichen. Deshalb nach dem Start in der Luft erneut die Funktion GOTO „B" ausführen, um nun diesem neuen praxisgerechteren Soll-Kurs zum Ort „B" zu folgen.

Gleiches trifft prinzipiell für ein Schiff/Boot zu, nachdem es den Hafen verlassen hat und die freie See erreicht.

GPS-Handempfänger auf einer Segelyacht

Nach dem Verlassen des Hafens oder Flugplatzes etc. kann der Soll-Kurs jederzeit durch nochmaliges Drücken der Funktion „GOTO zu Wegpunkt" bei Bedarf aktualisiert werden.

„GPS III+" von Fa. Garmin
(Bild: www.garmin.de)

Navigations-Displays /
Graphische Zielführungshilfen

Nachdem wir im vorangegangenen Abschnitt „*Navigations-Begriffe*" die wesentlichen Kenngrößen bei der Navigation kennen gelernt haben, fällt es uns leichter die Funktionsweise der diversen Display-Anzeigen zu verstehen. Die Geräte bieten verschiedene Möglichkeiten uns die Navigations-Infos darzustellen. Diese Möglichkeiten variieren jedoch stark je nach Gerät, aber es gibt ein paar grundsätzliche Gemeinsamkeiten. Prinzipiell gibt es zwei völlig verschiedene Arten, wie uns das GPS die Navigations-Infos aufbereiten kann:

- a.) Anzeige in graphischer Form.
- b.) Anzeige in Form von numerischen Daten, d. h. als Zahlenwerte in Datenfeldern.

Die graphischen Anzeigen können weiter unterteilt werden in „Karten"-Darstellungen, sowie „abstrakten" graphischen Darstellungen. Letztere sind die graphischen „Zielführungshilfen" von denen schon öfters die Rede war.

Diese „abstrakten" Graphiken sind teilweise den elektromechanischen Navigations-Instrumenten nachempfunden, wie sie beispielsweise in manchen Flugzeugen zu finden sind.

Üblicherweise können wir den nachfolgend genannten vier unterschiedlichen graphischen Darstellungsformen begegnen, wobei nicht alle Empfänger die beiden letzteren unterstützen:

- Dynamische Karten-Seite (1)
  (= Map-Page; diese haben alle Geräte!!)
- Kompass-Seite (2)
  (= Richtungs-Zeiger, Bearing-Pointer, Compass-Page oder RMI; diese haben üblicherweise ebenfalls alle Geräte)
- Kurs-Zeiger (3)
  (=Course-Pointer oder HSI; diese haben nicht alle Geräte)
- Autobahn-Seite bzw. Highway-Page (4)
  (diese haben ebenfalls nicht alle Geräte)

„Richtungs-Zeiger" und „Kurs-Zeiger" sofern vorhanden (= „Bearing-Pointer" und „Course-Pointer"), verbergen sich im Allgemeinen auf der gleichen Seite („Navigations-Seite" bzw. „Pointer-Page"). Über die Menü-Steuerung kann entweder die eine, oder die andere Darstellungsweise ausgewählt werden.

Äußerlich sieht die Seite von Richtungs- und Kurs-Zeiger auf den ersten Blick fast gleich und zum Verwechseln ähnlich aus, die Funktionsweise ist jedoch völlig unterschiedlich und sollte nicht verwechselt werden.

Die Funktion des Kurs-Zeigers (= Course Pointer oder HSI) ist eng verwandt mit der Autobahn- bzw. Highway-Seite.

Nachfolgend Abbildungen der vier unterschiedlichen Darstellungsformen:

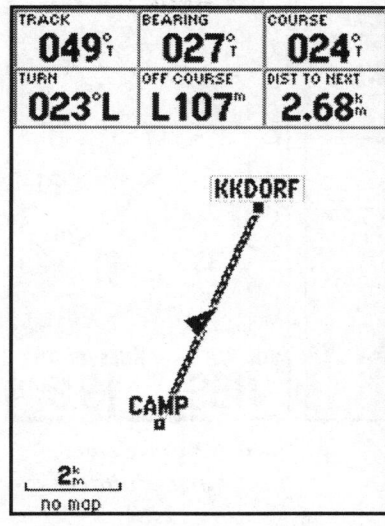

(1) Karten-Seite/ Map-Page

Auch die einfachsten Basis GPS-Empfänger verfügen über diese „Map-Page".

(2) Kompass-Seite/ Richtungs-Zeiger/ Bearing-Pointer/ RMI

Diese Darstellungsform nicht mit dem nachstehenden „Kurs-Zeiger" verwechseln.

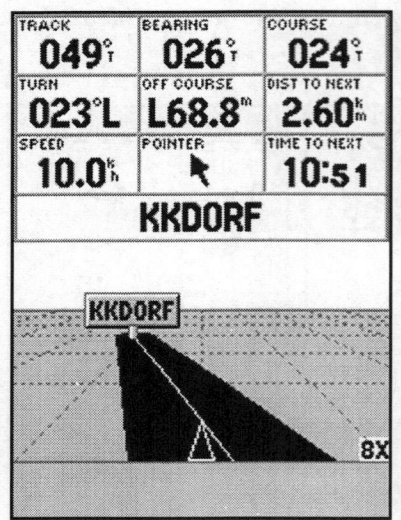

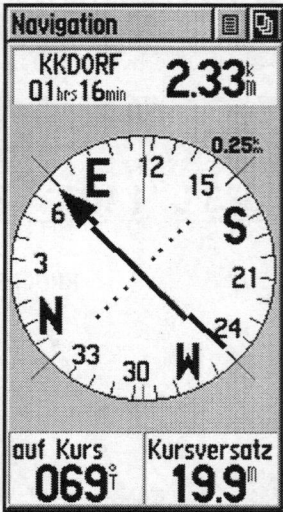

(3) Autobahn-Seite/
Highway-Page

(4) Kurs-Zeiger/
Course-Pointer/
HSI

Obwohl optisch sehr unterschiedlich, sind diese beiden Darstellungen
aus navigatorischer Sicht eng miteinander verwandt.
Nicht jedes Gerät bietet diese beiden Navigations-Displays.

Je nach Anforderung ergibt sich, mit welchem Navigations-
Display/graphischer Zielführungshilfe und mit welcher
Auswahl für die Datenfelder die gestellte Aufgabe am besten
zu lösen ist.

Für welche man sich jetzt entscheidet ist nämlich nicht egal,
da jeweils grundverschiedene Philosophien dahinter stecken,
obwohl das Ziel letztendlich das gleiche bleibt.
Je nach Einsatzbedingung muss deshalb die richtige Wahl
getroffen werden.

Immer daran denken, dass all die verschiedenen Grafiken
eigentlich nur die ganz grundlegenden Kenngrößen der

Navigation widerspiegeln Die Unterschiede möchte ich jetzt kurz erläutern.

Karten-Seite/Map-Page

Der Karten-Seite sind wir schon öfters in diesem Büchlein begegnet. Neben der Satelliten-Statusseite um mich über die Empfangsverhältnisse zu informieren, ist sie für mich das wichtigste Bindeglied zur Orientierung mit GPS.

Über die Karte wird die Referenz zu den eingespeicherten Wegpunkten/Routen/Tracks bzw. zu dem bisher zurückgelegten Weg (= Kursaufzeichnung, „Brotkrumenspur", Active Track-Log, „Track") hergestellt.

Die Datenfelder liefern die dazugehörigen Navigations-Infos als präzise Zahlenwerte.

Die Karten-Seite eines „Map"-Gerätes

Das Beispiel zeigt eine Bootsfahrt auf dem Bodensee zum Wegpunkt „H-EINFAHRT".

Die Abbildung oben zeigt dafür ein Beispiel. Bei der Fahrt über den Bodensee gewährt uns die Karte den Überblick. Die Zoomstufe dabei je nach Anforderung beliebig auswählen.

Wir erkennen, dass wir rechts vom Soll-Kurs sind und nach links steuern müssen, um den nächsten Wegpunkt, die Hafeneinfahrt von Lindau zu erreichen. Die Datenfelder geben uns dazu die genauen Angaben: Wir sind 204 Meter rechts vom Soll-Kurs und sollten 8° nach backbord (links) steuern, um in 1,36 km Entfernung auf den Wegpunkt zu stoßen.

So eine Karten-Seite hat jedes GPS-Handgerät, die Anzahl der möglichen Datenfelder ist jedoch stark vom jeweiligen Modell abhängig. Bei den Garmin Geko und Basis eTrex „gelb"/Summit ist sie beispielsweise stark eingeschränkt bzw. überhaupt nicht möglich, die GPS 72/76-er mit Graustufen-Display bieten dagegen wahlweise bis zu 9 Stück.

Bei einem Basis-Empfänger zeigt die Karten-Seite zwar keine „richtige" Karte mit kartographischen Hintergrundinformationen an, aber es werden dort trotzdem lagerichtig Wegpunkte, Routen und Tracks dargestellt, sowie Navigations-Linien (Soll-Kurs-Linie und/oder Linie der Peilung).

Eine erweiterte Orientierungshilfe bieten die teureren „Map"-Geräte mit hinterlegter Übersichtskarte (= Basemap) und der Möglichkeit, noch zusätzliche detaillierte Feindaten auf Vektorbasis laden zu können (je nach Einsatzzweck straßenorientierte-, topographische- oder See-Karten). Besonders nützlich ist dies, wenn unterwegs spontan nicht vorgeplante Wege eingeschlagen werden.
Weiterer Vorteil: Auf der Karten-Seite können direkt Wegpunkte und Routen erstellt werden. Das überaus fehlerträchtige Übertragen von Koordinaten aus einer Papierkarte kann damit umgangen werden.

Die Ausrichtung der „Dynamischen Karten-Seite" kann individuell im „Map-Setup" gewählt werden (= Orientierung bzw. engl. Orientation). Zur Verfügung stehen in der Regel:

- Nordorientiert/Nord-oben
  (engl. North-Up).
- Momentaner Kurs/trackorientiert/Track-oben
  (engl. Track-Up/Ahead).
- Soll-Kurs/kursorientiert
  (engl. Course-Up/Desired Track-Up)

Nordorientiert bedeutet, dass die Karte immer fix nach geographisch Nord (True) ausgerichtet ist, also wie bei Papierkarten gewohnt, Norden immer „oben" ist. Es ist dann, völlig unabhängig was als Nord-Referenz bei den Grund-Einstellungen ausgewählt ist, generell immer(!) „True" der Bezug.

Bei „Track-oben"/„Ahead" richtet sich die Ausrichtung der Karte immer nach der momentanen eigenen Bewegungs-richtung über Grund (TRACK), das kann dann u. U. ein ziemliches „Gezappel" sein.

Bei der Orientierung nach dem Soll-Kurs (COURSE bzw. Desired Track; Richtung durch „Route" oder „GOTO" vorgegeben), weist dann immer dieser nach oben auf dem Display. Diese Option haben nicht alle Geräte.
Bei den beiden zuletzt genannten Möglichkeiten wird zur Orientierung die Nord-Richtung durch einen Pfeil und „N" am Kartenrand gekennzeichnet.

Für welche Wahl man sich entscheidet ist letztlich auch abhängig vom persönlichen Geschmack. Ich bevorzuge üblicherweise nordorientiert, um immer einen direkten Bezug zur Papierkarte bzw. den vier Himmelsrichtungen zu haben.

In dem voran gegangenen Beispiel ist jedoch „kursorientiert" eingestellt. Der genannte Pfeil mit dem Hinweis auf die Nordrichtung „N" ist auf der Karte bzw. auf der „Map" links oben zu sehen.

Kompass-Seite/Richtungs-Zeiger
Bearing-Pointer oder RMI

Dieser Anzeige sind wir ebenfalls schon mehrfach begegnet. Sie ist weit verbreitet, und eigentlich jedes Gerät bietet sie in dieser oder einer ähnlichen Form. Der Name kann manchmal etwas variieren, wie z. B. Navigations-Seite bzw. engl. Pointer-Page oder RMI. *Anmerkung: RMI ist die Abkürzung für Radio Magnetic Indicator. Dieser Name hat jetzt aber nichts mit der im GPS verwendeten Technik zu tun.*

„Kompass-Seite" mit Richtungs-Zeiger bzw. Bearing-Pointer

Bei dieser Darstellung wird die Peilung (engl. Bearing, BRG) zur Zielführung herangezogen. Die Peilung ist die direkte Richtung von einem x-beliebigen Standort zum ausgewählten Zielpunkt. Angezeigt wird sie als großer Pfeil innerhalb dieser simulierten Kompass-Rose.

Dieser Pfeil weist stets zum aktiven Wegpunkt (in diesem Fall Wegpunkt „H-Einfahrt"), auch wenn noch so viele Umwege oder Haken geschlagen werden. Er passt sich also wechselnden Bedingungen stetig an.

Der äußere Ring des simulierten graphischen Kompasses zeigt dabei an der 12 Uhr Position die momentane eigene Bewegungsrichtung an, also den Kurs über Grund (engl. TRACK, TRK; bei manchen Modellen auch nicht ganz korrekt HEADING genannt).

Die Abweichung des Pfeils von der 12 Uhr Position repräsentiert die Winkel-Differenz zwischen TRACK und BEARING (= Kurs über Grund und Peilung), also TURN (zu Deutsch „Wende" o. ä.).

In der obigen Abbildung habe ich in den Datenfeldern, mit Ausnahme der Entfernung zum aktiven Wegpunkt, genau die Navigations-Infos ausgewählt, wie sie von der „Kompass-Seite" bzw. dem „Bearing-Pointer" in graphischer Form dargestellt wird.

Bei der 12 Uhr Position die eigene Bewegungsrichtung (= TRACK 48°) und die Spitze des Pfeils weist zum Ziel (= Peilung bzw. BEARING 79°). TURN 31°R gibt an, dass man sich um 31° nach rechts drehen muss, um den Wegpunkt zu erreichen.

Ist der Wert von TRACK und BEARING dann gleich, bzw. ist die Spitze des Pfeils mit der 12 Uhr Position deckungsgleich, bewegt man sich exakt auf den Wegpunkt zu.

Anmerkungen:
Nur bei aktiver Navigation, d. h. bei Funktion „GOTO" oder „Route", wird bzw. kann ein Richtungs-Pfeil in der Kompass-Rose angezeigt werden. Ansonsten ist nur der äußere Ring zu sehen (= Anzeige der eigenen Bewegungsrichtung).

Die Kompass-Seite sieht zwar aus wie ein Kompass, aber ein GPS-Gerät ist kein Kompass!!! Dieser wird nur simuliert. Nur unter Bewegung (mindestens 1 km/h; Schrittgeschwindigkeit reicht also aus) liefert er verwertbare Hinweise. Im Stillstand hat einzig der angezeigte numerische Wert für die Peilung im Datenfeld, neben der Entfernungsangabe, Gültigkeit, nicht aber die Kursangabe (TRACK, Kurs über Grund) und die angezeigte Pfeil-Richtung des Pointers für die Peilung.

Eine Ausnahme bilden Geräte mit integriertem elektronischem Fluxgate-Kompass. Diese gestatten auch im Stand eine Richtungsbestimmung. Allerdings reagieren diese nicht besonders feinfühlig. Zum Zwecke der Orientierung sind sie hilfreich, aber nicht geeignet für ganz präzise Peilungen.

Die RMI-Anzeige von einem Flugzeug unterscheidet sich etwas zur RMI-Anzeige beim GPS. Beim Flugzeug orientiert sich der RMI an „Heading", also der Längsachse bzw. der Richtung der „Nase". Die RMI-Anzeige beim GPS nimmt dagegen Bezug auf TRACK, dem Kurs über Grund.

Für die Navigation entlang eines Soll-Kurses (engl. Course, Desired Track, DTK) ist der „Bearing-Pointer" bzw. „Richtungs-Zeiger" nicht empfehlenswert.
Für den überwiegenden Teil der Nutzer im Outdoor-Bereich dagegen (Wanderer, Bergsteiger, Mountain-Biker, Geocacher, ...) oder für Fahrten im öffentlichen Straßenverkehr, ist sie neben der Karten-Seite zu bevorzugen.
Letzlich kann die Karten-Seite jedoch den gleichen Zweck wie der Bearing-Pointer/Richtungs-Zeiger erfüllen, wenn man sich dort deren Kern-Information „TURN" bzw. „Wende" in einem Datenfeld anzeigen lässt. Zusätzlich kann sie aber einen Gesamt-Überblick der Situation bieten.

Manche Geräte (z. B. die Garmin eTrex mit Click-Stick) haben im Setup-Menü auf dieser Pointer-Seite wahlweise die Auswahlmöglichkeit „Richtungs-Zeiger" bzw. „Bearing-Pointer" (entspricht der oben beschriebenen Funktion), oder „Kurs-Zeiger" bzw. „Course-Pointer".

Obwohl die Grafik auf den ersten Blick ziemlich gleich aussieht, verhält sie sich gänzlich anders. Auf dies kommen wir gleich im Anschluss zu sprechen. Deshalb sorgfältig prüfen, welche Wahl getroffen wird!!

Kurs-Zeiger/Course-Pointer/HSI

Beispielsweise das Garmin GPS V, die eTrex mit Click-Stick, GPS 60/C(x)/CS(x), GPS 76C(x)/CS(x) und die meisten Aviation-Empfänger haben diesen „Kurs-Zeiger" bzw. englisch „Course-Pointer" oder „HSI" (= Horizontal Situation Indicator). Man sollte diese Anzeige nicht mit dem zuvor beschriebenen „Richtungs-Zeiger" bzw. „Bearing-Pointer" verwechseln!!

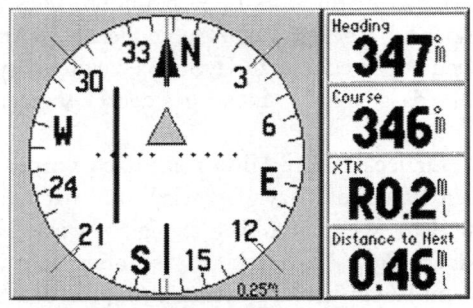

Kurs-Zeiger/Course-Pointer
(GPS V der Fa.Garmin)

Der äußere Ring des graphischen Kompasses zeigt bei der 12 Uhr Position wieder die momentane eigene Bewegungsrichtung an, also den Kurs über Grund (engl. Track, TRK; bei manchen Modellen auch nicht ganz korrekt HEADING genannt).

Die Spitze des Pfeils im Inneren des Kompass zeigt aber in Richtung des Soll-Kurses (engl. Course, Desired Track, DTK), und nicht wie vorhin in Richtung der Peilung bzw.

Bearing.

Der mittlere Teil des Pfeils wird „D-Bar" oder „CDI-Skala" genannt (= Course Deviation Indicator bzw. Kursabweichung-Skala). Diese zeigt uns graphisch das Maß des Kursversatzes an (= OFF COURSE, Cross Track Error, XTK, XTE). Der mittlere Teil des Pfeils repräsentiert also die Linie des Soll-Kurses.

Die CDI-Anzeige selbst lässt sich über die Zoom In/Out-Knöpfe in Stufen skalieren, also der Maßstab verändern. Im oberen Beispiel beträgt die gesamte Bandbreite der Abweichungs-Skala +/- 0,25 Meilen (siehe Vermerk rechts unten auf der Display-Abbildung).

Weiterhin zeigt uns der Hinweis „R" in dem Datenfeld für Off Course (= Cross Track Error/XTK/Kurs-Versatz), dass wir uns rechts der Soll-Kurs-Linie befinden. Dies ist natürlich korrekt, die Anzeige-Philosophie der HSI-Anzeige ist jedoch genau entgegengesetzt davon. Sie zeigt auf graphische Weise an, dass nach links gesteuert werden muss.

Das kleine Dreieck in der Mitte zeigt nach vorne, wenn zu dem aktiven Wegpunkt navigiert wird, und nach rückwärts, wenn von dem Wegpunkt weg navigiert wird. Nicht alle Geräte haben dieses Dreieck, es ist aber sehr nützlich. Das Problem: Wenn nur der Pfeilrichtung für den Soll-Kurs gefolgt wird, kann man quasi wenn's „dumm läuft" einmal unnütz um die ganze Welt reisen, wenn die Entfernungsangabe zum aktiven Wegpunkt nicht im Auge behalten wird. Wird der Wegpunkt passiert, ändert sich nämlich die Richtung des Pfeiles nicht!!

Dann ist das kleine Dreieck schon hilfreich und nützlich, einem peinlichen navigatorischen Missgeschick vorzubeugen.

Manch ein GPS-Nutzer ist schon in Schwierigkeiten geraten, weil er dem Richtungs-Pfeil bei der HSI-Grafik gefolgt ist, um über diese Info den aktiven Wegpunkt zu erreichen.

Dies funktioniert zwar mit der zuvor vorgestellten RMI-Anzeige, nicht aber beim HSI.

Grundsätzlich muss man sich dessen bewusst sein, dass uns das Folgen des Pfeils beim HSI nur parallel zur Linie des Soll-Kurses (Course, Desired Track) führt, aber nicht der aktive Wegpunkt angesteuert wird.

Für die Navigation entlang geradliniger Soll-Kurse mit einem Vehikel (z. B. Flugzeug, Schiff, ...) ist der Kurs-Zeiger bzw. Course-Pointer/HSI schon eine feine Sache, muss aber unter Einbeziehung der „CDI-Skala"/„D-Bar" und ggf. der numerischen Info (= Zahlenwert) von Off Course bzw. dem Kurs-Versatz eingesetzt werden.

Für den „normalen" Outdoor-Einsatz ist er dagegen nicht zu empfehlen. Leider habe ich selber kein geeignetes Gerät, um die Anzeigen an einem konkreten Beispiel besser aufzeigen zu können.

Die meisten Aviation-Empfänger haben zusätzlich noch ein kleines dreieckiges Symbol am Rand der äußeren Kompass-Rose, der „Bug" genannt wird. Wird dieser „Bug" im Setup-Menü so eingestellt, dass er Bearing bzw. die Peilung anzeigt, so fungiert dieser praktisch so wie die Pfeilspitze beim „Richtungs-Zeiger" bzw. „Bearing-Pointer". Mit dem „Bug" können also beide Navigations-Infos auf einem Display vereint werden. Damit erhält man dann eine kombinierte RMI und HSI-Anzeige. Dies ist sehr hilfreich.

Allerdings sollte man sich vergewissern, welche Richtung der „Bug" standardmäßig ab Werk anzeigt (= Default-Wert). Meist zeigt dieser ab Werk „TO COURSE" an. Mit Ausnahme beim Garmin GPS III Pilot kann dies aber auf der HSI-Seite auf Bearing bzw. Peilung abgeändert werden.

Anmerkung:
Die HSI-Anzeige von einem Flugzeug unterscheidet sich etwas zur HSI-Anzeige beim GPS. Beim Flugzeug orientiert

sich der HSI an „Heading", also der Längsachse bzw. der Richtung der „Nase". Die HSI-Anzeige beim GPS nimmt dagegen Bezug auf TRACK, dem Kurs über Grund.

Autobahn-Seite/Highway-Page

Der Name „Autobahn-Seite" bzw. „Highway-Page" ist leider etwas missverständlich. Diese Darstellungsform ist nicht zur Navigation gedacht, wenn man mit einem Fahrzeug beispielsweise auf einer deutschen Autobahn unterwegs ist, bzw. sie ist allgemein überhaupt nicht zur Orientierung/ Zielfindung im öffentlichen Straßenverkehr geeignet.

Wie der zuvor beschriebene „Kurs-Zeiger"/„Course-Pointer"/„HSI" ist sie für die geradlinige Navigation entlang eines Soll-Kurses vorgesehen (= Course, Desired Track, DTK), also beispielsweise ein Schiff auf einer festgelegten Route exakt durch Untiefen oder durch ein Gewirr von Insel zu steuern, ein Flugzeug auf einem geradlinigen Kurs zu halten, bei Wüstenfahrten auf einer Piste, usw.

Wie wir ja schon kennen gelernt haben, sind bei einer „Route" die geraden Verbindungslinien zwischen den einzelnen Routen-Wegpunkten der Soll-Kurs. Bei der Funktion „GOTO" ist es die fixe Linie zu dem dann aktiven Wegpunkt, ausgehend von dem Standort, bei dem diese Funktion ausgeführt wird.
Der Soll-Kurs ist dabei als Korridor dargestellt. Die Breite des Korridors kann in Stufen den Gegebenheiten angepasst werden, sie gibt graphisch die Kurs-Abweichung wieder (= OFF COURSE, Cross Track Error, XTK, XTE). Je nach Gerät kann man auf 2 verschiedene Ausführungen der Autobahn-Seite stoßen.

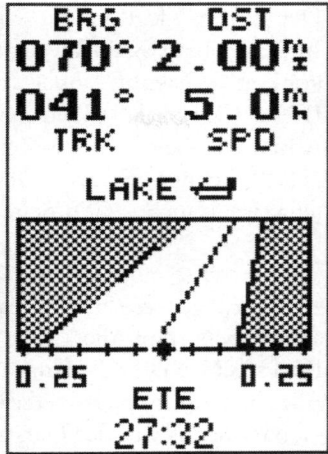

**Autobahn-Seite
bei neueren Garmin's**

*„3D-Navigations-Seite"
Keine konkrete Skalierung,
aber individuelle Datenfelder*

**Autobahn-Seite
bei einem Garmin GPS 12**

*CDI-Skala, aber nur ein
individuelles Datenfeld
(im Beispiel: ETE)*

Bei den neueren Geräten von Garmin (Abbildung oben links) ist sie praktisch eine räumliche Darstellung der Karten-Seite. Sie kann gleichzeitig 3-dimensional alle in der Nähe liegenden Wegpunkte, Routen und Tracks darstellen. Sie wird daher teilweise als „3D-Navigations-Seite" bezeichnet (= „3D-Navigation-Page"). Von Nachteil ist allerdings, dass die breite des Korridors keine konkrete Skalierung aufweist, also keinen Rückschluss auf den tatsächlichen Kursversatz zulässt.

Bei den älteren Geräten von Garmin (Abbildung oben rechts) wird nur die Zielführung zum momentan aktiven Wegpunkt dargestellt. Es ist zwar ein eher einfaches und nüchternes „Instrument", aber in gewisser Weise praktischer als die moderne Variante.

Der Vorteil liegt in der CDI-Skala (= Course Deviation Indicator bzw. Kursabweichungs-Skala). Sie gibt uns visuell konkret Auskunft über das Maß des Kursversatzes. Diese CDI-Skala haben wir schon im vorangegangenen Abschnitt beim „Kurs-Zeiger" bzw. „Course-Pointer"/ „HSI" kennen gelernt. Deshalb wird diese Anzeigeform teilweise auch CDI-Seite bzw. CDI-Page genannt.

Wie bereits eingangs erwähnt, kann zwar bei beiden Ausführungen die breite des Korridors ausgewählt werden, aber eben nur die „alte" Variante lässt unmittelbare Rückschlüsse über die Kurs-Abweichung zu.
Allerdings muss man Fairerweise zugeben, dass die neueren Geräte flexibler in der Darstellung individueller Infos in den Datenfeldern sind. Über die Angabe von „Kurs-Versatz" bzw. „Off Course" in einem der Datenfelder, lässt sich dieser Mangel numerisch kompensieren.

Bei der räumlichen „Autobahn" der aktuellen Geräte von Garmin wird die eigene Position und der Kurs über Grund (Track) durch das Dreieck und dessen Pfeilrichtung dargestellt, sowie der Kursversatz (Off Course, Cross Track Error, XTE/XTK) durch die Abweichung von der weißen Mittel-Linie (= Linie des Soll-Kurses). Im Falle des Beispiels also eine Abweichung nach rechts (Bild links auf der vorhergehenden Seite).
Das Maß der Kurs-Abweichung wird/kann durch die Datenfelder angezeigt werden (im Beispiel „R203^{m}", d. h. eine Kurs-Abweichung von 203 Meter nach rechts).

Bei der 2-dimensionalen Autobahn der älteren Geräte von Garmin wird die Position durch die Raute auf der Kursab-weichungs-Skala (CDI-Skala) dargestellt, wobei die Richtung der Kurs-Abweichung relativ zur Positionsraute auf dieser Skala erfolgt. Im Falle des Beispiels also eine Abweichung nach links (Raute ist nicht mittig im Korridor). Manche

Geräte stellen noch zusätzlich unten einen Pfeil dar, der stets in die Richtung des Wegpunktes zeigt (= Peilung/Bearing/BRG).

Um den Wegpunkt zu erreichen muss, egal bei welcher Variante, einfach in Richtung der Mitte der graphischen Autobahn gesteuert werden. In beiden Fällen als nach rechts. Die „Schräglage" der Autobahn gibt die Winkel-Differenz zwischen „Track" (= Kurs über Grund, eigene Bewegungsrichtung) und „Bearing" (= Peilung zum Wegpunkt) wieder. Diese Winkel-Differenz ist „Turn" bzw. „Wende". Ist „Turn" gleich Null, bewegt man sich direkt auf das Ziel zu und die Autobahn/der Highway zeigt genau nach oben auf dem Display. Diese Richtung dann, unter Beachtung der zulässigen Kurs-Abweichung, beibehalten.

Band-Kompass

Manche Geräte haben zusätzlich noch einen Kompass, der als ein schmales Band dargestellt wird. Die Markierung in der Mitte unten gibt die eigene Bewegungsrichtung an, also den Kurs über Grund bzw. „TRACK". Im Beispiel ist dies 0°/360° bzw. Norden.

Bei aktiver Navigation weisen zudem kleine Richtungspfeile oben/unten auf die zu steuernde Richtung hin, um den aktiven Wegpunkt zu erreichen (im Beispiel siehe rechte Seite).

**Band-Kompass
beim Garmin GPS 72**

Es sind Hinweise, um die Winkel-Differenz zwischen TRACK und Bearing (= Peilung) kompensieren zu können (= TURN bzw. Wende). Sind die kleinen Richtungspfeile mit der Markierung in der Mitte deckungsgleich, ist TURN gleich Null. Dann bewegt man sich direkt auf den aktiven Wegpunkt zu.

Wahl des Navigations-Displays

Wie wir gesehen haben, sind die diversen Anzeigen doch mehr oder weniger stark abstrakt. Die Karten-Seite kann uns dabei noch am ehesten ein Bild von der Realität vermitteln. Natürlich hängt die Wahl des bevorzugten Displays auch vom jeweiligen Einsatzzweck ab.

Da sowohl das mögliche Einsatzspektrum von GPS, als auch die Vorkenntnisse der Nutzer hinsichtlich Navigation und Orientierung sehr breit gefächert sind, fällt es natürlich schwer allgemein gültige Aussagen zu treffen.

Die Anforderungen eines routinierten Navigators auf einem Segelschiff, dem Führer eines Sportbootes, dem erfahrenen Piloten, dem Wanderer, dem Bergsteiger in den Alpen, dem jugendlichen Geocacher ohne große navigatorische Kenntnisse, dem Biker auf seiner „Harley", dem Rennradfahrer, dem Mountainbiker, der Tourist in einer unbekannten Großstadt etc. – all diese Anforderungen sind doch sehr stark unterschiedlich.

Ich persönlich bevorzuge in der Regel die „Karten-Seite", auch wenn es sich nicht um ein „Map"-Gerät mit hinterlegter Vektorkarte handelt, also ohne zusätzliche kartographische Hintergrund-Informationen. Schon die lagerichtige Darstellung von Wegpunkten, Routen und Tracks zur Übersicht in Kombination mit den exakten numerischen Navigationsgrößen in den Datenfeldern, sowie den diversen Navigations-Linien, halte ich für sehr hilfreich.

Wenn ich eine Tour mit Wegpunkten/Routen/Tracks vorbereitet habe, schalte ich sogar häufig bei meinem

„Map"-Gerät die Vektorkarte ab, um für eine bessere Übersichtlichkeit die Infos auf diese wesentlichen Kern-Informationen zu reduzieren, also gleiche Verhältnisse wie bei einem Basis GPS-Gerät.

Nachteilig allerdings, wenn ein Empfänger zu wenige oder keine Datenfelder auf der Karten-Seite anzeigen kann. Dies z. B. bei den Garmin Geko's oder dem „gelben" Basis eTrex/Camo/Summit.

Für anspruchsvollere Navigation, beispielsweise mit einem „Vehikel" (Boot, Schiff, Flugzeug, ...), können daher diese Geräte nicht den Anforderungen genügen. Dies ebenfalls bei den mir bekannten Magellan-Handgeräten. Mit nur zwei Datenfeldern können sie komplexere Navigationsaufgaben nicht zufrieden stellend bewältigen.

Bei den älteren Geräten wie Garmin GPS 12 und II-er Serie wird auf der Karten-Seite zwar standardmäßig der Kurs über Grund (Track, TRK) und Peilung (Bearing, BRG) angezeigt, aber leider besteht keine Möglichkeit den Kurs-Versatz (Off Course, Cross Track Error, XTK, XTE) einzublenden. Natürlich kommt es auch auf das jeweilige Einsatzprofil an, ob mehr als ein oder zwei Datenfelder wirklich zwingend notwendig sind.

Weitere Nachteile unter Umständen: Je nach Gerät kann die Karten-Seite beim Update (Bildaufbau) manchmal zu träge sein. Dies vor allem bei den „Map"-Geräten bei der Darstellung von zu vielen Details.

Auf den kleinen Displays lassen sich natürlich Entfernungen, ein Kursversatz, erforderliche Kurskorrekturen etc. schlecht abschätzen, aber die Datenfelder können diese Nachteile wieder hervorragend kompensieren.

Die Datenfelder liefern die präzisen Angaben, die uns das Kartenbild nicht bieten kann, aber dafür bietet es uns den Gesamt-Überblick, die uns die abstrakten Zahlenwerte wiederum nicht liefern können. Wäre ja schon fatal und eine gewisse „Schmach", mit hoher Präzision zum falschen Wegpunkt zu navigieren.

Die Karten-Seite in Verbindung mit sorgfältig ausgewählten Datenfeldern, halte ich für die beste Möglichkeit, mit einem GPS-Gerät präzise zu navigieren. Dies z. B. mit „Vehikeln" wie Sport- oder Segelbooten, Schiffen, Flugzeugen etc. Diese Empfehlung setzt jedoch voraus, dass der Empfänger ausreichend numerische Navigations-Infos auf der Karten-Seite darstellen kann.

In der Regel können die Infos für die Datenfelder bei allen neueren Geräten ganz individuell ausgewählt werden. Hier ist es empfehlenswert sich intensiver mit dem jeweiligen Gerät auseinander zu setzen, da die Voreinstellung der Datenfelder ab Werk für die Navigation in der Praxis meist nicht besonders glücklich gewählt ist.

Häufig lässt sich bei diesen Geräten in einem Datenfeld auch ein kleiner Richtungs-Zeiger/Bearing-Pointer einblenden, also die Kern-Info der „Kompass"-Seite bzw. RMI. Allerdings halte ich diesen „Pointer" für nicht so präzise wie dessen entsprechender Zahlenwert „TURN" bzw. „Wende" in einem der Datenfelder.

Bei der Orientierung zu Fuß, mit Fahrzeugen (Auto, Motorrad, Mountain-Bike, usw.), kann aber auch die Kompass-Seite (Richtungs-Zeiger bzw. Bearing-Pointer/RMI) für eine schnelle Erfassung der Situation beim Abfahren einer vorbereiteten Route nützlich sein. Bei diesen Fortbewegungsmitteln bleibt meist keine Zeit bzw. besteht nicht die Möglichkeit, die Infos in den kleinen Datenfeldern abzulesen.

Dies ebenso bei einfachen Basis-Empfängern, bei denen keine Datenfelder auf der Karten-Seite dargestellt werden können. Dann von Zeit zu Zeit auf die Karten-Seite wechseln, um sich einen Gesamt-Überblick über die Navigations-Situation zu verschaffen.

„Map"-Geräte/Basemap

In einer anderen Liga spielen allerdings die neuesten GPS-Handgeräte mit der Möglichkeit des automatischen Routings, wie es in ähnlicher Weise bisher nur die fest eingebauten Navigations-Systeme in Kraftfahrzeugen geboten haben.

Bei dieser Art der Navigation mit Auto, Motorrad, Rennrad usw. ist die Karten-Seite sicherlich die erste Wahl, die außerdem zusätzliche detaillierte Abbiegehinweise liefert (siehe Abbildung). In den meisten Fällen haben diese Geräte sogar Farb-Displays, welche die schnelle Erfassung der Situation noch wesentlich erleichtern.

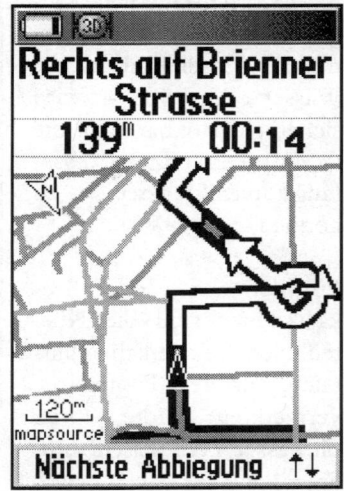

Karten-Seite bei einem Gerät mit Autorouting. Anzeige von detaillierten Abbiegehinweisen.

(Garmin GPSmap76C mit Farb-Display und Detail-Karte)

Die „Map"-Geräte, egal ob autorouting-fähig oder nicht, haben eine eingespeicherte Basiskarte (= „Basemap"). Diese kann aufgrund begrenzter Speicher-Ressourcen natürlich nicht detailliert sein, und sie kann deshalb auch nicht die Wirklichkeit metergenau wiedergeben. Deshalb wird sie von vielen GPS-Besitzern als völlig „wertlos" abqualifiziert. Ich sehe das etwas anders und differenzierter. Wer auf seinem Motorrad mit der Basemap über Schleichwege durch den Straßen-Dschungel einer Großstadt gelotst werden möchte, wird selbstverständlich enttäuscht sein.

Wer dagegen in entlegene-
ren Gebieten wirklich navigieren oder sich orientieren
muss – sei's zu Lande,
Wasser oder Luft – wird
sicherlich dankbar sein, die
darauf vermerkten „Auf-
fang-Linien" ansteuern zu
können.

Für den Segler oder See-
kajakfahrer sind die Küs-
tenlinien sicherlich hilfreich, für den Piloten die
vermerkten Städte, Orte,
Gewässer oder Eisenbahn-
linien, und für den Wüstenfahrer die lebenswichtigen
wenigen Ansiedlungen.

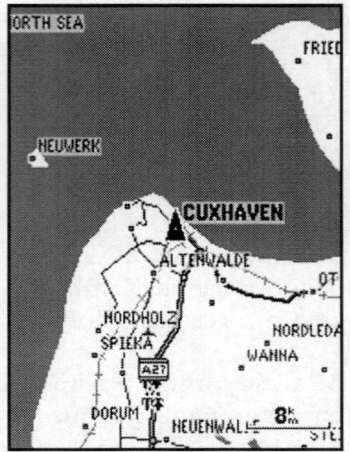

**Kartenseite mit „Basemap"
zur Grobübersicht**

*(Garmin GPSmap76 mit
Graustufen-Display)*

Da spielt es dann bestimmt keine nennenswerte Rolle, ob
diese Geländemerkmale 100 Meter oder auch mehr an der
Realität daneben liegen oder nicht, das eigentliche Ziel ist
ja dann schon in Sichtweite. Es ist eben ein grobes,
vereinfachtes Abbild der Landschaft mit Städten, größeren
Ortschaften, Hauptverkehrsstraßen, Landesgrenzen, Küsten-
linien, großen Flüssen etc.

Diese Geräte können zudem wahlweise noch mit speziellen
Feindaten geladen werden (straßenorientierte-, topographi-
sche- oder mit See-Karten).
Auch wenn nicht die optimalen Feindaten zur Verfügung
stehen sollten, z. B. detaillierte Straßenkarte bei einer
Wanderung oder einem Segel-Turn statt einer topographischen Karte bzw. einer Seekarte, so ist das zur Orientierung
trotzdem hilfreich. Die darauf detaillierter verzeichneten

Ortschaften, Straßen, Küstenlinien etc. können sicherlich sehr nützlich sein.

Natürlich wäre es aber bei einem Segel-Turn töricht zu meinen, dadurch auf die geeigneteren Seekarten gänzlich verzichten zu können, die diesbezüglich mehr Infos haben und auch auf Gefahrenstellen hinweisen.

Karten-Seite zur Navigation einrichten

Welche Informationen auf der Karten-Seite dargestellt werden können, ist natürlich stark vom jeweiligen Gerät abhängig. Neben Wegpunkten/Routen/Tracks, z. B. die Basemap, detaillierte Karten, Anzahl und Größe der Datenfelder, sowie Navigations-Linien.

Navigations-Linien

Am Anschluss an die Erklärung der Navigations-Begriffe habe ich ein Bild von einem GPS 76 gezeigt, auf dem beispielsweise zur Demonstration die Navigations-Linien von Soll-Kurs (Course, Desired Track), der Peilung (Bearing) und der eigenen Bewegungsrichtung (Kurs über Grund bzw. Track („Heading"-Line)) alle gleichzeitig abgebildet sind. Dies gestatten nicht alle Geräte.

Üblicherweise wird standardmäßig nur die Linie für den Soll-Kurs (Course, Desired Track) dargestellt (bei „GOTO" bzw. „Route"). Manche Geräte gestatten alternativ, oder auch noch zusätzlich, die Linie für die Peilung (Bearing). Sollte Euer Gerät nur die Linie für den Soll-Kurs zeigen können, ist dies aber eigentlich schon ausreichend genug. Wenn man sich alles anzeigen lässt was möglich ist, so ist das nicht unbedingt hilfreich. Die kleinen Displays sind dann schnell überladen und werden unübersichtlich. Hier sollte man sich mit seinem Gerät auseinandersetzen welche Linien angezeigt werden können, und auch ausprobieren, welche man persönlich bevorzugt.

Details auf der Karten-Seite

Ähnliches gilt auch für die Besitzer von „Map"-Geräten. Viele dieser Empfänger gestatten es, den generellen Grad der Detaillierung im Setup-Menü auf der Karten-Seite auszuwählen. Dies gilt z. B. ebenfalls für die Basemap.

Weiterhin kann bei manchen Geräten eingestellt werden, ab welcher Zoom-Stufe, bzw. ob überhaupt, bestimmte Elemente auf der Karten-Darstellung zur Anzeige gebracht werden (z. B. Straßennetz, Ansiedlungen, Gewässer, Points of Interest (POIs), Höhenlinien, Marine-Infos, etc.). Viele und noch mehr Details bedeutet nicht automatisch auch besser.

Es ist schon eine gewisse Gratwanderung zwischen detailliert sein auf den Displays und „voll gemüllt". Natürlich kommt es auch auf den jeweiligen Einsatzzweck an. Das gleiche gilt ebenfalls für die Beschriftung bzw. die Größe der Schrift für die einzelnen Karten-Informationen.

Es empfiehlt sich daher damit herumzuexperimentieren, und die Karten-Darstellung mit wachsender Erfahrung den eigenen Bedürfnissen anzupassen.

Daten-Felder

Natürlich ist auch die Anzahl und Wahl der Datenfelder stark von dem Einsatzzweck eines Empfängers abhängig. Wie wir gesehen haben, kann ja das mögliche Einsatzspektrum eines GPS sehr breit und vielfältig gefächert sein. Außerdem kann bei vielen Geräten ausgewählt werden, wie viele Datenfelder angezeigt werden. Je nach Modell kann die maximal mögliche Anzahl sehr weit streuen, und liegt etwa zwischen 1 und 9 Stück.

Welche Infos interessieren mich denn, wenn ich zu einem Ziel navigiere, oder mich orientieren muss? Aus dieser Frage ergibt sich dann, welche Datenfelder benötigt werden. Im Normalfalle möchte ich folgendes wissen:

1. In welche Richtung bewege ich mich?
   ⇒ Kurs über Grund bzw. Track.
2. In welche Richtung muss ich denn gehen?
   ⇒ Peilung bzw. Bearing, oder
      Soll-Kurs bzw. Course/Desired Track.
3. Wie weit ist es bis zum nächsten Wegpunkt?
   ⇒ Entfernung bzw. Distance.
4. Wie weit bin ich vom Soll-Kurs entfernt?
   ⇒ Kurs-Versatz bzw. Off Course/Cross Track Error.
5. Wie lautet denn der momentan aktive Wegpunkt?
   ⇒ Name des Wegpunktes bzw. Waypoints/WP.
6. Wie schnell bin ich denn?
   ⇒ Geschwindigkeit über Grund bzw. Speed.
7. Wie lange dauert es noch bis zum nächsten Wegpunkt?
   ⇒ Voraussichtliche Zeitdauer/Restreisezeit bis zum nächsten WP bzw. Estimated Time Enroute/ETE.

Die Punkte 6 und 7 würde ich allerdings nicht zu den unbedingt wichtigen Infos bei der Navigation zählen, können aber trotzdem von Interesse sein.

Wie bereits angemerkt, variiert je nach Gerät die Möglichkeit Datenfelder anzeigen zu können. Dies vor allem hinsichtlich der möglichen Anzahl. Daher kann ich keine generelle Empfehlung zur Auswahl geben.

Leider gestatten nur ein paar wenige Geräte die Auswahl vom Namen des aktiven/nächsten Wegpunktes als Datenfeld auf der Karten-Seite.

Wenn man von der Navigation mit einem „Vehikel" ausgeht (Segel- oder Sportboot, Schiff, Flugzeug, ...), so wären bei 4 Datenfeldern die folgenden Infos als Ausgangs-Basis empfehlenswert. Viele neuere Geräte bieten genau diese Anzahl:

TURN (bzw. Wende), OFF COURSE (bzw. Kurs-Versatz), DISTANCE to NEXT/CURRENT DISTANCE (bzw. Entfernung zum nächsten Wegpunkt), WPT NEXT (bzw. Name nächster Wegpunkt).
Können noch mehr Daten angezeigt werden, ist das selbstverständlich noch besser. Werden weniger als 4 Daten angezeigt, kann man sich natürlich ebenfalls behelfen.

Die Wahl von TURN bzw. „Wende" hat den Vorteil, dass damit die beiden wichtigsten Navigations-Infos mit einem einzigen Datenfeld „erschlagen" werden, nämlich TRACK (= Kurs über Grund, die eigene Bewegungsrichtung) und BEARING (= Peilung, die direkte Richtung zum Ziel). Wird so gesteuert, dass TURN gleich Null ist, bewegt man sich direkt auf den nächsten aktiven Wegpunkt zu. Stehen genügend Datenfelder zu Verfügung ist es aber sicherlich eine Überlegung wert, TRACK und BEARING neben DISTANCE (= Entfernung) noch zusätzlich separat anzuzeigen.
Wenn TRACK und BEARING identisch sind, dann ist TURN gleich Null, d. h. man ist auf dem direkten Weg zum Ziel.

Anmerkung: Bei manchen Empfängern wird TRACK nicht ganz korrekt auch als HEADING bezeichnet (z. B. bei manchen Garmin eTrex Modellen und der Garmin Geko-Reihe).

Ich persönlich bevorzuge zudem die Orientierung der Karten-Seite nach Norden (North-Up). Dadurch habe ich über die Pfeilrichtung des Positions-Symbols (haben z. B. alle neueren Garmin-Geräte) und der automatischen Track-Log

Aufzeichnung (= „Track") eine visuelle Kontrolle über die eigene Bewegungsrichtung (= TRACK, Kurs über Grund) in Bezug zu den vier Himmelsrichtungen. So kann jederzeit die Frage beantwortet werden „*Kann denn diese Richtung überhaupt richtig sein?*".

Bei der Navigation mit „Vehikeln" hat die Orientierung der Karten-Seite nach dem Soll-Kurs (kursorientiert bzw. Course Up) aber sicherlich ebenfalls ihre Vorteile. Letztlich sollte die Wahl der Karten-Orientierung der persönliche Geschmack treffen. Einfach mal die verschiedenen Möglichkeiten in der Praxis ausprobieren, was einem am besten liegt.

OFF COURSE bzw. „Kurs-Versatz" hilft uns nicht nur beim direkten Ansteuern des nächsten Wegpunktes, sondern v. a. bei der parallelen Navigation entlang eines Soll-Kurses bzw. einer Routen-Linie.

DISTANCE to NEXT/CURRENT DISTANCE bzw. „Entfernung zum nächsten Wegpunkt" ist natürlich eine sehr hilfreiche Information.

NEXT WAYPOINT bzw. der „Name des nächsten Wegpunktes" ist ebenfalls nicht unbedeutend. Präzise zum falschen Wegpunkt (WP) zu navigieren, ist eben mehr als nur eine peinliche Angelegenheit. Man muss schon sicherstellen, dass auch wirklich der WP angesteuert wird, denn man ins Auge gefasst hat.

Im Kapitel „***Navigation und Orientierung mit GPS***" unter „***Besonderheiten bei der Routen-Navigation***" werden wir noch sehen, dass beim Folgen einer Route dieser „Lapsus" durchaus schneller passieren kann, als einem lieb ist.

Kann die Karten-Seite die Info über den WP-Namen nicht anzeigen, sollte zur Kontrolle wenigstens ab und zu zur Kompass-Seite (Richtungs-Zeiger/Bearing-Pointer bzw. Kurs-Zeiger/Course-Pointer) oder zur Autobahn-Seite

(Highway-Page) gewechselt werden. Auf diesen Seiten wird der WP-Namen auf jeden Fall angezeigt.

Gestattet das Gerät die Anzeige der „Bearing"-Line auf der Karten-Seite (= Linie der Peilung), so kann dies ebenfalls hilfreich sein, dem navigatorischen „Faux Pas" vorzubeugen.

Mögliche Variation der Daten-Felder

Wie eingangs schon erwähnt, soll die oben vorgestellte Bestückung nur mal so als Ausgangs-Basis dienen.

Stehen genügend Datenfelder zur Verfügung, kann TRACK (Kurs über Grund, eigene Bewegungsrichtung), BEARING (Peilung) und COURSE (Desired Track, Soll-Kurs) auch jeweils separat angezeigt werden, oder noch zusätzlich zu TURN (Wende).

Manche speziellen Aviation-Empfänger für die Fliegerei verfügen nicht über „TURN", haben aber dafür „TKE" (= Track Angle Error). Bei begrenzter Anzeigemöglichkeit bietet es sich dann an, einfach TURN durch TKE zu ersetzen. Allerdings beachten, dass TKE die Winkeldifferenz zwischen TRACK (Kurs über Grund) und COURSE/ Desired Track (Soll-Kurs) ist.

Dadurch wird man also nicht direkt zu dem Wegpunkt geleitet, sondern nur parallel zu COURSE, dem Soll-Kurs. Es muss also auch noch OFF COURSE/Cross Track Error (Kurs-Versatz) berücksichtigt werden, sofern der WP direkt passiert werden soll.

Verfügt ein Gerät nur über 2 Datenfelder auf der Karten-Seite, wie beispielsweise die mir bekannten Magellan Hand-geräte, so bietet es sich an TURN („Wende" o. ä.) und DIST (Entfernung) auszuwählen. Hängt aber sicherlich auch vom Verwendungszweck und den persönliche Vorlieben ab. Dies ist z. B. ausreichend, um zu einem Wegpunkt zu navi-gieren. Wird dann so gesteuert dass TURN gleich Null ist, wird das gewünschte Ziel bzw. der Wegpunkt erreicht.

Wird einer Route bzw. der Linie des Soll-Kurses gefolgt, ist noch der Cross Track Error/XTE/XTK (= Kurs-Versatz) von Interesse. Zwar ist Distance (= Entfernung) nicht primär erforderlich um einer Route/dem Soll-Kurs zu folgen, aber sehr hilfreich. Daher lautet die Empfehlung TURN und DISTANCE auf der Karten-Seite einzustellen, und sich XTE/XTK auf einer der anderen Seiten anzeigen zu lassen, die von Zeit zu Zeit gecheckt wird.

Die Garmin eTrex mit Click-Stick und Graustufen-Display bieten zwar nominell auch nur 2 Datenfelder an (= eTrex Venture, Legend, Vista), aber bei der Option „Show Nav Status" bzw. „Nav.-Status zeigen" werden noch zusätzlich Name des Wegpunktes, Entfernung (Distance) und Restreisezeit bis zum Wegpunkt (Estimated Time Enroute/ETE) angezeigt.
Konkret also 5 nützliche Infos, auch wenn 3 davon nicht individuell auswählbar sind. In diesem Falle ist es empfehlenswert, für die beiden Datenfelder „TURN" (Wende) und „OFF COURSE" (Kurs-Versatz) zu wählen.

Sehr viele Datenfelder kann das Garmin GPS 72 und die 76-Reihe mit Graustufen-Display bieten (bis zu 9 Stück). Der Name des aktiven Wegpunktes kann aber auf der Karten-Seite nicht zu Anzeige gebracht werden. Dieser wird konkret mit Namen nur auf den anderen Navigations-Displays erwähnt und auf der Routen-Seite mit einem kleinen Pfeil markiert.

Allerdings kann die Anzeige von zu vielen Navigations-Infos auch unnötig verwirrend sein. Zudem schrumpft dann die Schriftgröße für die einzelnen Daten und sie werden dadurch schlechter ablesbar. Man muss dann schon genauer hinschauen und kann die Zahlenwerte nicht mehr mit einem streifenden Blick erfassen – schlecht für die Navigation. Weiterhin sollten die Datenfelder nicht zuviel Raum auf der Karten-Darstellung wegnehmen. Es gilt also einen gesunden Kompromiss zu finden. Die Spanne reicht z. B. bei dem erwähnten GPS 76 von 9 Datenfeldern in kleiner Schriftgröße, bis zu 2 Datenfelder in riesiger Schrift. Ein Kompromiss zwischen Anzahl Datenfelder, guter Ablesbarkeit und verbleibender Kartengröße wären beispielsweise 4 Datenfelder bei mittlerer Schriftgröße.

Einige der größeren Aviation-Empfänger von Garmin, wie beispielsweise die Modelle 295 und 196, gestatten entweder mehr Datenfelder auszuwählen, oder ein HSI oder RMI einzublenden.

Die Kombination von Karten-Seite plus HSI oder RMI auf einem einzigen Display ist natürlich schon eine wesentlich bessere Sache, anstatt diese Seiten nacheinander durchblättern zu müssen. Allerdings ist es wie schon erwähnt zu empfehlen, den kleinen „Bug" im Setup-Menü so einzurichten, dass er anstatt „TO COURSE" die Info von „BEARING" anzeigt.

Wie schon angedeutet kann uns so ein GPS noch wesentlich mehr nützliche Informationen liefern, als die angesprochenen bzw. empfohlenen Basis-Navigations Infos:

Hierzu zählen z. B. die Geschwindigkeit über Grund (= Speed); voraussichtliche Rest-Reisezeit zum nächsten Wegpunkt (= Estimated Time Enroute at Next/ETE at Next/ Current ETE); voraussichtliche Rest-Reisezeit bis zum letzten Ziel (= Estimated Time Enroute at Destination/ETE at Dest/Final ETE); voraussichtliche Ankunfts-Uhrzeit am nächsten Wegpunkt (= Estimated Time of Arrival at Next/ ETA at Next/Current ETA); voraussichtliche Ankunfts-Uhrzeit am letzten Ziel (= Estimated Time of Arrival at Destination/ETA at Dest/Final ETA), und vieles vieles mehr.

Der Garmin eTrex Vista mit Graustufen-Display offeriert beispielsweise über 50 verschiedene Daten. Eine Übersicht darüber ist auf meiner Internet Seite zu finden (von Gerhard Haupt): www.kanadier.gps-info.de/d-datenfelder_vista.pdf

Allerdings sind diese Daten nur sekundär wichtig, und müssen nicht ständig auf dem bevorzugten Navigations-Display erscheinen. Es bietet sich dann an, all diese Daten von sekundärer Wichtigkeit auf einem der anderen Navigations-Displays zusammenzufassen und sich dort anzeigen zu lassen, oder je nach Gerät z. B. auch auf der Seite „Trip-Computer" bzw. „Reisecomputer".
Dann muss bei Bedarf nur zwischen den einzelnen Anzeige-formen hin- und her geschaltet werden. Dies geht einfacher und schneller, als auf dem bevorzugten Navigations-Display die Datenfelder abzuändern.

Weiterhin sollten die wichtigsten Datenfelder möglichst in einer logischen Reihenfolge angeordnet werden, um ein schnelles Erfassen der Situation zu ermöglichen. Mein erster Blick auf's GPS ist immer auf die Ecke links oben fixiert. Da ich TURN (bzw. Wende) für eine der nützlichsten Navigations-Infos halte, platziere ich sie dort. OFF COURSE (bzw. Kurs-Versatz) ist mir ebenfalls wichtig und wird daneben oder darunter angeordnet.
Die Anordnung ist natürlich auch von den persönlichen Vorlieben abhängig, aber es ist meines Erachtens schon sehr empfehlenswert, eine gewisse Logik in die Anordnung hineinzubringen.

In dem Kapitel „*Navigation und Orientierung mit GPS*" werden wir nochmals, in Abhängigkeit von der gestellten navigatorischen Aufgabe, gezielt auf die graphischen Display-Anzeigen, Datenfelder und Besonderheiten eingehen, um je nach Anforderung die best mögliche Wahl zu treffen.

Navigation u. Orientierung mit GPS

Allgemeines

Da ein GPS-Empfänger sehr vielfältig für die Navigation und Orientierung eingesetzt werden kann, und die Anwender daher ein breites Feld unterschiedlicher Anforderungen haben und abdecken möchten, sollten wir den Begriff „Navigation" näher differenzieren.
Deshalb möchte ich zwischen vier grundverschiedenen Anforderungsprofilen unterscheiden:

- 2 - Dimensionale Navigation mit einem „Vehikel" (Segel- und Sportboot, Schiff, Flugzeug, ...).

- 2 - Dimensionale Navigation zu „Fuß" querfeldein (Wanderer, Bergsteiger, „Hiker" über Fjell, ...).

- 1 - Dimensionale Navigation entlang einem „Pfad" (= Straßen, Wege, Bäche, Flüsse, ...).

- 1 - Dimensionale „Pfad" - Navigation mit automatischem Routing und „Fahrzeug" (Auto, Motorrad, Fahrrad, als Fußgänger ...).

Je nach Anforderung ergibt sich dann, mit welchem Navigations-Display/graphischer Zielführungshilfe, welcher Auswahl für die Datenfelder, und welcher Vorgehensweise die gestellte Aufgabe am besten zu lösen ist. In diesem Kapitel greife ich teilweise auf die praxisorientierten Verfahren des amerikanischen Airline-Piloten John Bell zurück, die er auf seiner hervorragenden englischsprachigen Webseite www.cockpitgps.com vorstellt. Ein ganz besonderer Dank an John, auf sein Material zurückgreifen zu dürfen.

Eine 2-dimensionale Navigation liegt vor, wenn beliebig in alle Richtungen gesteuert werden kann, und das GPS dann zur Führung benutzt wird. Dabei unterscheide ich nochmals zwischen „Vehikel"- und Navigation zu „Fuß". Obwohl einige Dinge dabei gleich sind, gibt es doch gewisse Unterschiede.

Bei der 1-dimensionalen „Pfad"-Navigation wir das GPS dazu eingesetzt, entlang einem vorgegebenen „Pfad" zu navigieren. Dies beispielsweise, wenn auf einer Straße, einem Weg, einem Fluss, ... entlang navigiert wird. In diesen Fällen wird das GPS nicht zu Steuerung bzw. dem Halten eines Kurses eingesetzt, sondern zur Orientierung.
Einige Handgeräte bieten inzwischen sogar automatisches Straßenrouting. Dies ist zwar ebenfalls 1-dimensionale „Pfad"-Navigation, muss aber trotzdem separat betrachtet werden, da dies mit Navigation und Orientierung im klassischen Sinne kaum mehr etwas gemein hat.

2 - Dimensionale „Vehikel" - Navigation

Der große Vorteil von GPS liegt darin, dass es uns einen konkreten Zahlenwert für die Richtung ausgibt, in die wir uns tatsächlich in Bezug zur Erde bewegen. Dies ist „TRACK" bzw. „Kurs über Grund".
Im Gegensatz dazu haben wir im Kapitel „**_Grundlagen der Navigation_**" unter „**_Navigations-Begriffe_**" noch das Wort „HEADING" kennen gelernt. Dies ist die Richtung in die wir blicken, bzw. die Stellung der Längsachse eines Vehikels.

Zwar ist GPS nicht das erste und einzige Navigations-Instrument das in der Lage ist diese überaus wichtige Info von „TRACK" zu liefern, aber es ist die erste Technologie, welche dies zu einem erschwinglichen Preis ermöglicht. Dadurch wird diese hilfreiche Navigations-Größe einem großen Kreis von Nutzern zugänglich gemacht.

Boote, Schiffe und Flugzeuge sind die besten Beispiele für eine „Vehikel"-Navigation in 2 Dimensionen. Sie sind in ihrer Bewegung räumlich nicht eingeschränkt, bzw. an einen bestimmten „Pfad" gebunden.
Speziell in den genannten Fällen kann zwischen der Längsachse des „Vehikels" und der tatsächlichen Bewegungsrichtung über Grund (TRACK) ein großer Unterschied sein. Wind und Strömungen können Ursache dafür sein, dass das „Vehikel" sich nicht in die Richtung bewegt, in welche dessen Längsachse bzw. „Nase" zeigt, d. h. in die Blickrichtung des Steuermannes, Piloten etc. (HEADING).

Die meisten Navigations-Methoden haben sich aus der Tatsache heraus entwickelt, dass es schwierig bzw. unmöglich war TRACK (den Kurs über Grund) direkt und exakt zu messen. Zwar ist es möglich viele dieser konventionellen Techniken auch mit dem GPS einzusetzen, aber erst die Ausnutzung der Info von TRACK ermöglicht es, das volle Potential eines GPS auszunutzen.

Auch wenn's schon zu den Ohren herauskommt, kurz zur Wiederholung und um es sich nochmals zu vergegenwärtigen:
TRACK (Kurs über Grund) ist die Richtung in die man sich bewegt, HEADING ist die Richtung in die man zeigt („Blickrichtung nach vorn"/Längsachse eines „Vehikels"). Aufgrund von Wind und Strömung können diese beiden Richtungen stark differieren. Prinzipbedingt hat ein GPS keine Info über unser HEADING, also in welche Richtung es gehalten wird.
Es ist nur in der Lage unsere Bewegungsrichtung aufzuzeigen, dies ist TRACK. Das GPS ist aber für uns praktisch das einzige Hilfsmittel zu Navigation, welches überhaupt im Stande ist, TRACK zu ermitteln.

Einen kleinen Nachteil hat jedoch GPS. Bewegt man sich nicht, hat das Gerät keinen Bezug zu einer Richtung. Deshalb gibt es Empfänger mit einem integrierten elektronischen Kompass, der einen magnetischen Sensor enthält. Unterhalb einer bestimmten Geschwindigkeitsschwelle gibt das Gerät die Info von HEADING des magnetischen Sensors an, oberhalb der eingestellten Geschwindigkeitsschwelle gibt das Gerät dann TRACK vom GPS an. Nähere Infos dazu in dem Kapitel *„Grundlagen der Navigation"* in dem Abschnitt *„Unterschied TRACK zu HEADING/*Geräte mit elektronischem Kompass".

Ich habe so ein Gerät mit integriertem elektr. Kompass. Für manche Situationen halte ich es schon für ein nützliches Ausstattungsdetail. Allerdings reagieren diese nicht besonders feinfühlig. Zur Orientierung im Stand ist es ausreichend, aber für ganz exakte Peilungen sind sie eher nicht geeignet. Da diese Kompasse einen hohen Stromverbrauch haben, empfehle ich diese generell abgeschaltet zu lassen (Einstellung im Setup-Menü) und nur gezielt zuzuschalten, wenn die Funktion wirklich benötigt wird.

Zumindest sollte man jedoch meines Erachtens die Geschwindigkeitsschwellen zum Ein- und Abschalten des Kompasses deutlich senken, um bei der Navigation den Vorteil der „TRACK"-Info auch wirklich nutzen zu können (z. B. auf 2 Km/h bzw. 1 oder 2 Knoten).

Auf jeden Fall sollte man darüber informiert sein, ob der vom Gerät angezeigte Wert auf TRACK oder HEADING Bezug nimmt. Ist der elektr. Kompass aktiv, wird dies bei den Garmin-Geräten durch ein kleines Symbol „N" auf den diversen Navigations-Displays signalisiert. Ist der elektrische Kompass nicht mehr aktiv, verschwindet das „N".

Unglücklicherweise gibt es bei der Bezeichnung der diversen Begriffe bei den Geräten teilweise ein wildes durcheinander. TRACK, zu deutsch der Kurs über Grund (= KüG), wird in der Navigation auch „Course over Ground"/„COG" genannt, und ist bei einigen GPS entsprechend so bezeichnet.

Manchmal wird TRACK und HEADING leider in einen Topf geworfen, beispielsweise bei einigen Garmin eTrex-Modellen und der Geko-Reihe. Bei diesen gibt es nur den Begriff HEADING, obwohl es die Info von TRACK ist. Bei den Geräten mit elektr. Kompass wechselt nicht die Bezeichnung im Datenfeld, wenn sich dessen Bezug zwischen TRACK vom GPS und HEADING vom magnet. Sensor verändert.

Doch nun wieder zurück zur eigentlichen Navigation. Auch wenn Wind oder Strömung keine Probleme bereitet, so sind trotzdem für sehr viele Aktivitäten die Navigations-Techniken nützlich, die auf TRACK (Kurs über Grund) basieren, also die nachfolgend beschriebenen Methoden. Dies z. B. bei Fahrten durch offene Wüsten, Fahrten mit dem Schnee-Scooter oder Hundeschlitten über Fjellflächen.

Allerdings gibt es auch Situationen, bei denen man keine brauchbaren TRACK Infos bekommen wird. Dies beispielsweise beim Wandern, Bergsteigen, bei Skitouren etc. Obwohl es beim Wandern mit akzeptabler Geschwindigkeit und bei offenem Gelände mit gutem Sat-Empfang natürlich schon möglich ist, die Info von TRACK zu erhalten, wird diese des öfteren doch nicht nutzbar sein.
Häufig kann die Navigation bzw. Orientierung wegen äußerer Umstände nur im Stillstand erfolgen, und sie findet auch oft in Gelände mit eingeschränktem Sat-Empfang wegen Abschattung satt (im Wald, durch Topographie wie Berge, Schluchten, Gebäude usw.). Deshalb müssen wir die 2-Dimensionale Navigation zu „Fuß" getrennt betrachten.

Grundsätzliche Techniken

Die meisten Navigations-Aufgaben bei der 2-Dimensionalen „Vehikel"-Navigation können in zwei grundsätzliche Bereiche unterteilt werden:

- Die Navigation zu einem Punkt (Wegpunkt).
- Die Navigation entlang einer Linie (Soll-Kurs).

Diese beiden sind zwar nicht völlig anders, aber es gibt doch etwas unterschiedliche Verfahren, um dies zu erledigen. Wenn man von seiner momentanen Position bzw. Aufenthaltsort nur irgendwie möglichst direkt zum nächsten Wegpunkt gelangen möchte, dann handelt es sich um die Navigation zu einem Punkt.

Bei der Navigation entlang einer Linie kommt als weiteres Kriterium noch hinzu, dass es eine Rolle spielt, wie weit man von dieser Linie entfernt ist. Diese Linie des Soll-Kurses (Course) wird von einem anderen Punkt kommend fix zu dem Punkt vorgegeben, zu dem man hingelangen möchte.

Prinzipiell kann in allen Fällen nach den Informationen navigiert werden, die entweder auf BEARING (= Peilung) oder COURSE (= Soll-Kurs) basieren.

Rein gedanklich ist es jedoch empfehlenswert zu einem Punkt zu navigieren, indem TRACK mit BEARING verglichen wird (Kurs über Grund mit Peilung), die Navigation entlang einer Linie dagegen durch Vergleich TRACK mit COURSE erfolgt (Kurs über Grund mit Soll-Kurs). Allerdings gibt es GPS-Empfänger, die entweder für die eine oder die andere Methode optimal geeignet sind. Es ist jedoch mit etwas Technik auch mit Hilfe von Bearing-Daten (Peilung) möglich entlang einer Linie zu navigieren. Ebenso kann man mit Hilfe der Infos zu Course (Soll-Kurs) zu einem Punkt gelangen.

Unterstützt das GPS die Info von „TURN", würde ich die Techniken empfehlen, die auf Bearing bzw. Peilung basieren. Dies ist bei den meisten Hand-Empfänger der Fall. Kann das

Gerät „TKE" anzeigen, dann empfehlen sich die Methoden die auf Course bzw. Soll-Kurs basieren. Dies trifft auf viele fest installierte Empfänger zu, wie z. B. im Aviation-Bereich.

Navigation zu Wegpunkt mit Info von BEARING und TRACK

Die Navigation zu einem Wegpunkt mit Hilfe des GPS ist einfach zu bewerkstelligen. Das „Vehikel" einfach so steuern, dass die Zahlenwerte von TRACK (Kurs über Grund) und BEARING (Peilung) identisch sind.

Kann bei dem GPS ein Datenfeld für TURN (Wende o. ä.) angezeigt werden, dann so steuern, dass TURN gleich Null ist. TURN ist die Winkel-Differenz zwischen TRACK und BEARING. Navigatorisch ist TURN also gleichwertig, spart aber ein Datenfeld ein und ist etwas einfacher abzulesen.

Dem „Bearing-Pointer" oder „Richtungs-Zeiger" zu folgen (entweder als Datenfeld auf der Karten-Seite oder auf der speziellen „Kompass"-Seite/RMI) ist praktisch das gleiche, aber die Datenfelder sind einfach präziser als der „Pointer" (Zeiger).

Die Karten-Seite hat aber dabei wie schon mehrfach erwähnt, gegenüber der „Kompass"-Seite/RMI zudem den Vorteil eine Gesamt-Übersicht zu bieten, auch wenn es sich nicht um ein „Map"-Gerät handelt.

Bei manchen einfachen Basis-Empfängern (z. B. Garmin Geko, eTrex „gelb"/Camo/Summit) dürfte allerdings der Richtungs-Zeiger der beste Kompromiss sein (= „Kompass-Seite" bzw. „Navigations-Seite"). Diese einfachen Geräte gestatten häufig nur ein individuell wählbares Datenfeld auf der „Kompass-Seite", nicht aber auf der „Karten-Seite". TRACK, bzw. bei diesen teilweise als HEADING bezeichnet, und BEARING kann also nicht gleichzeitig angezeigt werden. Außerdem steht TURN häufig nicht zur Verfügung, dies z. B. bei älteren Garmin eTrex „gelb"/Camo/Summit.

Nachfolgend ein Beispiel: Wir sind mit unserem Boot mitten auf der Ostsee und möchten zurück in den Hafen von Travemünde.

Bereits beim Hinausfahren haben wir an der Mündung des Flusses Trave ins Meer den Wegpunkt TRAVE abgespeichert. Nun aktivieren wir die Funktion „GOTO" TRAVE, um sicher dorthin zurück zu kehren.

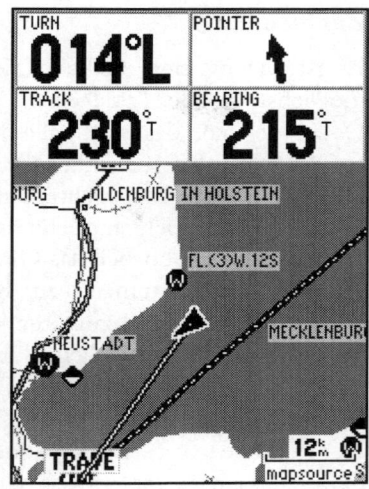

Navigation mit Track und Bearing, sowie Turn oder Pointer

Dargestellt: Course u. Bearing-Line.
(GPSmap76 von Fa. Garmin mit MapSource WorldMap)

In der Abbildung sind die drei verschiedenen Möglichkeiten dargestellt, so dass ein direkter Vergleich möglich ist: Zum einen TRACK und BEARING (Ziel: identischer Zahlenwert), alternativ oder zusätzlich dazu „TURN" (Ziel: =Null), sowie der „POINTER", die graphische Darstellung von „TURN". Diesen „Pointer" halte ich allerdings nicht für so präzise wie das Datenfeld TURN.

Anmerkung: Dass der Wert von TURN nicht ganz die Differenz von TRACK und BEARING ergibt, ist durch die Rundung auf ganze Gradzahlen begründet.

Weiterhin ist die standardmäßige Navigations-Linie „Course Line" aufgetragen (= Linie des Soll-Kurses; schwarz/ punktiert dargestellt). Nur manche Geräte können alternativ dazu, oder auch noch zusätzlich, die „Bearing-Line" (= Linie der Peilung) zur Anzeige bringen (wie in diesem Falle beim Garmin GPSmap76).

Zur Steuerung

Es ist wichtig eine effektive Methode zu finden, um eine möglichst gerade Linie/einen geraden Kurs zu steuern. Daran denken, dass sich alle Navigations-Infos des GPS auf TRACK, den Kurs über Grund beziehen, und nicht auf HEADING, der Längsrichtung des „Vehikels".

Im Aviation-Bereich empfiehlt der erfahren Airline-Pilot und Hobby-Flieger John Bell das GPS mehr als ein Navigations-, als ein Flug-Instrument zu betrachten. Der Wert der erforderlichen Kurs-Korrektur nimmt zwar auf das GPS Bezug, aber die tatsächliche Drehung erfolgt sinnvoller in Bezug auf den „Heading"-Indikator, der Anzeige für die Längsachse des Flugzeuges.

Der Gyro-Sensor (= Meßinstument für den Gier-Winkel um die Längsachse) gibt meist eine schnellere und bessere Rückmeldung, da manche GPS eine etwas zeitverzögerte Rück-Info liefern.

Anders sieht es im Marine-Bereich bei kleineren Booten aus. Diese haben keinen Gyro-Sensor. Es bleibt daher nichts anderes übrig als auszuprobieren, wie am besten in Bezug zur GPS-Anzeige gesteuert werden muss.

Anspruchsvoll kann dies vor allem bei rauer See werden. Durch Roll- und Gierbewegungen in den Wellenbergen und Tälern kann es zu einem leichten Zick-Zack-Kurs kommen, mit entsprechend schwankenden Werten für die TRACK-Richtung, dem Kurs über Grund. In diesen Fällen muss dann selbst im Kopf eine gewisse Mittelwert-Bildung vorgenommen werden.

In diesem Zusammenhang ist es generell empfehlenswert auf den „Batterie-Spar-Modus" der Geräte zu verzichten, und den „Normal"-Modus zu wählen (Update Rate der Navigations-Infos bei den Garmin Empfängern im Spar-Modus nur alle fünf Sekunden, anstatt wie „normal" jede Sekunde). Die GPS reagieren mit einer Richtungs-Info bereits ab einer Geschwindigkeit von ca. 0,2 m/sec, also schon ab weniger als 1 km/h. Deshalb auf Schiffen/Booten eine externe GPS-Antenne nicht an höchster Stelle montieren (z. B. Masttopp), da es sonst durch Wanken und Rollen etc. bei rauer See zu irreführenden/verwirrenden Anzeigen kommt.

Geradliniges „Tracking" gegenüber „Hundekurve"

Wenn immer so gesteuert wird, dass TURN (Wende) gleich Null ist (Wert von TRACK und BEARING identisch, also von Kurs über Grund und Peilung), dann bewegt man sich direkt auf das Ziel zu. Eigentlich eine einfache Sache.

Wird allerdings versucht einen Kurs mit dem Kompass zu steuern (= Heading), welcher der GPS-Peilung zu dem Wegpunkt entspricht (= Bearing), dann wird man mehr oder weniger eine gekrümmte Linie zurücklegen, der „Hundekurve". Dies passiert beispielsweise, wenn mit der „Nase" eines Schiffes/Bootes/Flugzeuges bei Seitenwind/Strömung einfach nur die Richtung des Ziels anvisiert wird.
Das Ziel wird zwar letztlich auch erreicht, aber es ist eine etwas unglückliche Art und Weise. Je nach dem was sich links und rechts der vorgesehenen Route bzw. des Soll-Kurses befindet, auch nicht ganz ungefährlich. Im englischen wird diese Zielsuche als „Homing" bezeichnet.

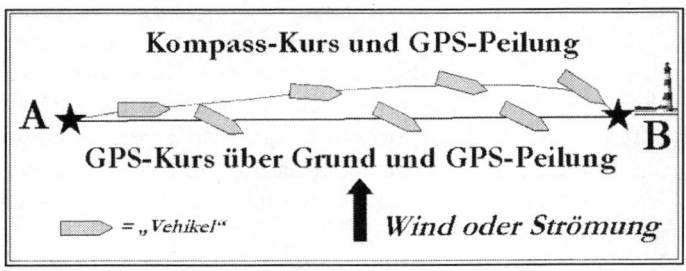

Geradliniges „Tracking" gegenüber „Hundekurve"
(= „Homing", d. h. GPS-Peilung für Heading genutzt)

Beim Paddeln wird dieses „Anstellen" des Bootes, um eine seitliche Strömung auszugleichen und ein geradliniges „Tracking" zu ermöglichen, als „Seil-Fähre" bezeichnet. Im Kapitel *__Grundlagen der Navigation__* habe ich diese Paddel-Technik beim Thema *__Unterschied TRACK zu HEADING__* unter *__Navigations-Begriffe__* ausführlich vorgestellt. Absolut gesehen spielt „Heading", die Längsrichtung des „Vehikels", für die Navigation dabei keine Rolle.

Wird die beschriebene Technik des Abgleichens von TRACK und BEARING benutzt (dem Kurs über Grund und der Peilung), bewahrt uns das GPS von diesem „Homing", der „Hundekurve".
Dies hat beispielsweise Vorteile, wenn vom Soll-Kurs (COURSE, Desired Track) abgewichen wird, sei es versehentlich oder bewusst. Der kürzeste Weg zum nächsten Wegpunkt ist es dann, diesen WP über BEARING (Peilung) bzw. TURN direkt und geradlinig anzusteuern, anstatt auf die vorgegebene Linie des Soll-Kurses (= den Abschnitt zwischen 2 Routen-Wegpunkten, =„Leg") zurückzukehren. Dies ist einer der Gründe, warum das Datenfeld „TO COURSE" („Zum Kurs" o. ä.) nicht empfehlenswert ist.

Befindet sich zwischen der aktuellen Position und dem nächsten Wegpunkt keine Gefahrenstelle, spricht eigentlich nichts dagegen den direkten Weg zu nehmen. Lauert dazwischen eine Gefahr, wird man jedoch lieber selber einen Kurs festlegen, um den Soll-Kurs wieder zu schneiden als blindlings dem Datenfeld „TO COURSE" („Zum Kurs" o. ä.) zu folgen. Zudem ist der Berechnungs-Algorithmus für diese Steueranweisung abhängig von der Geräte-Software, und für Außenstehende nicht konkret nachvollziehbar.
Ob dieses direkte Ansteuern der Wegpunkte allerdings immer möglich und sinnvoll ist, beispielsweise beim Segeln, überlasse ich natürlich den Spezialisten.

Navigation/Orientierung auf Sicht

Da GPS den Kurs über Grund bestimmt und anzeigt (TRACK) anstatt die „Blickrichtung nach vorn"/Längsachse eines „Vehikels" (HEADING), hat zur Folge, dass sich Gelände-Merkmale an Land nicht an der Stelle befinden, wo man sie eigentlich vermutet, sofern diese Differenz für das erforderliche „Anstellen" des Vehikels nicht berücksichtigt wird (= Korrektur-Winkel).

Gehen wir noch mal zurück zur vorherigen Abbildung. Wir sind auf dem <u>direkten</u> Weg vom Punkt A zum Punkt B, dem Leuchtturm. So zeigt uns dies auch das GPS-Display. Blicken wir vom Steuerstand geradeaus zum Bug des Schiffes, sehen wir allerdings nur Wasser. Erst wenn wir unseren Blick um 25° nach links wenden, können wir den Leuchtturm sehen. Dies ist der erforderl. Korrektur-Winkel, um den Einfluss von Strömung und/oder Seitenwind auszugleichen. Für die Sinne bzw. für das Auge ist dies natürlich schon etwas irritierend.

„TRACK" und „Sichtung"

Geradliniges Ansteuern des WP „B", des Leuchtturms, mit Kurs über Grund 90°. Kompass-Kurs/Längsachse des Vehikels dagegen 115° zum Ausgleich der seitlichen Strömung.

Für das Auge, also für die Navigation/Orientierung auf Sicht, sollte deshalb richtigerweise die Peilung zum Ziel (Bearing), mit der „Blickrichtung nach vorn"/Längsachse des „Vehikels" (Heading) abgeglichen werden. Allerdings ist eine hohe Genauigkeit selten wirklich notwendig. Deshalb genügt in der Regel über diese Problematik eben prinzipiell Bescheid zu wissen, und eine grobe Vorstellung über dieses „Anstellen" bzw. den „Drift-Winkel" zu haben. Man muss ja nur entsprechend etwas nach links oder rechts blicken, und nicht nur stur geradeaus.

Anders herum gesagt: Wenn man den Wegpunkt sieht und diesen mit der Längsachse des Vehikels abgleicht, erhält man eine Vorstellung von der Größe des „Drift-Winkels".

Empfindlichkeit von „TURN"

Die prinzipielle Empfehlung lautet, sich bei der Navigation mit GPS an dem Datenfeld von „TURN" (Wende) zu orientieren. Nähert man sich jedoch einem Wegpunkt, reagiert TURN zunehmend empfindlicher. Das GPS zeigt sogar einen Wert von bis zu 90 Grad an, bevor die Navigation zum nächsten Wegpunkt wechselt (standardmäßig erfolgt der Wechsel von einem WP zum nächsten, wenn die Winkel-Halbierende zwischen den beiden Soll-Kurs-Linien überschritten wird).

Ebenso empfindlich reagiert dabei natürlich auch BEARING (Peilung), da die beiden Daten in direktem Bezug stehen (TURN = Winkel-Differenz zwischen TRACK und BEARING).

Wird sowohl die Entfernung (Distance) zu dem Wegpunkt, als auch das Maß für den Kurs-Versatz (Off Course, Cross Track Error) beobachtet, so ist ersichtlich, dass eine Drehung nach rechts um 55 Grad nicht erforderlich ist

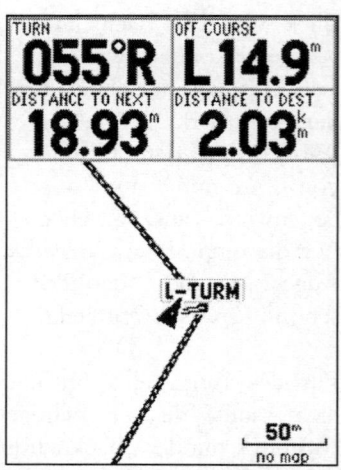

Empfindlichkeit v. TURN bzw. BEARING (Peilung)

(siehe Abbildung oben).
In Wirklichkeit ist vermutlich sogar ein leichter Schwenk nach links mehr angebracht als die angezeigte Rechtsdrehung, um auf den nächsten Abschnitt der Route zu stoßen. Anders sieht es natürlich aus, wenn der Wegpunkt tatsächlich erreicht bzw. die Boje gerammt werden soll.

Mit etwas Übung wächst dann die Erfahrung, diesen rasant ansteigenden Wert für TURN als Empfindlichkeit zu werten, und nicht als eine rasch zunehmende Abweichung vom vorgesehenen Kurs. Hinweise sind, dass der nächste Wegpunkt sehr nahe ist, und sich der Wert für den Kursversatz (Off Course, Cross Track Error/XTK) nicht vergrößert.

Navigation entlang fixer Linie mit Info der Peilung

Es gibt Situationen, bei denen man sich ziemlich exakt entlang einer definierten Linie bewegen möchte, die durch 2 Punkte fix vorgegeben ist. Dies beispielsweise, wenn eine Route festgelegt wird, um zwischen zwei Gefahrenstellen sicher hindurch zu fahren, durch ein Gewirr von Inseln mit Untiefen zu finden, oder wenn einem bestimmten Fahrwasser/Flugroute gefolgt werden muss. Um dies in die Tat umzusetzen, sollte man sich mit dem Wert für OFF COURSE (= Cross Track Error/XTK, Kursversatz) auseinandersetzen.

Dabei ist es wichtig zu wissen, durch welche (Weg)-Punkte diese Linie definiert wird (= Mittellinie des Soll-Kurses). Einer dieser beiden Punkte ist der nächste aktive Wegpunkt. Der andere Wegpunkt ist der „Ursprungs-WP" von dem man herkommt. Dies ist entweder der vorhergehende Wegpunkt bei der Funktion „Route", oder der Ort, an dem die Funktion „GOTO Wegpunkt" ausgeführt wird.

Die Navigation entlang einer Route erfordert ständige Steuerung. Dafür ist nicht nur die Info von OFF COURSE

(Kursversatz) wichtig, sondern ebenso von TURN (Wende). Die Kunst dabei ist zu erkennen, ob TURN ein weiteres Abdriften vom Soll-Kurs anzeigt das korrigiert werden muss, oder einen Winkel in Richtung des Soll-Kurses der solange unkorrigiert bleiben kann, bis die Mittellinie des Soll-Kurses erreicht wird.

Am einfachsten ist es zum nächsten Wegpunkt zu navigieren, wenn TURN (Wende o. ä.) immer auf Null gehalten wird. Dies funktioniert gut, sofern man sich bereits nahe genug an der Mittellinie des Soll-Kurses befindet. Die eigene Bewegungsrichtung und diese Linie werden dann weitgehend deckungsgleich verlaufen, und am nächsten Wegpunkt zusammentreffen (=> *dabei Empfindlichkeit von TURN beachten*).

Ein fortgeschritteneres Verfahren mit GPS-Handgeräten ist der Vergleich der angezeigten Richtung von TURN (Wende), zu der angezeigten Richtung von OFF COURSE (Kursversatz). Wenn die beiden Richtungen übereinstimmen (R oder L), wird der eigene Kurs zu unseren Gunsten korrigiert. Wenn sie nicht übereinstimmen, driftet man weg von der Mittellinie des Soll-Kurses, und muss um den Wert von TURN korrigieren. Zur Veranschaulichung ist dies in der folgenden Tabelle aufgetragen. Diese Tabelle muss man sich natürlich nicht merken, sondern nur das Folgende: TURN muss korrigiert werden, wenn dessen Richtung (R oder L) <u>nicht</u> mit der Richtung von OFF COURSE übereinstimmt.

TURN	OFF COURSE	Maßnahme
L	L und abnehmend	Annäherung – TURN ist i. O.
L	R und zunehmend	Abweichung – um TURN korrigieren
R	L und zunehmend	Abweichung – um TURN korrigieren
R	R und abnehmend	Annäherung – TURN ist i. O.

Manche Handgeräte zeigen leider nicht die Richtung von OFF COURSE, dem Kursversatz an, haben also kein Angabe von R oder L. Wenn das verwendete Navigations-Display nicht das Ablesen oder Abschätzen der Richtung für die Korrektur erlaubt, kann der Verlauf des Trends für OFF COURSE herangezogen werden.

Falls OFF COURSE zunimmt, sollte TURN korrigiert werden. Falls OFF COURSE abnimmt, ist TURN das Maß dafür, um wie viel der Winkel der Kurskorrektur größer ausfällt als erforderlich ist, um den Wegpunkt direkt zu erreichen (im Fall der direkten Ansteuerung wäre ja dann TURN gleich Null).

Ist TURN gleich Null und man hat nicht rechtzeitig in Richtung der Mittellinie des Soll-Kurses korrigiert, muss jedoch geraten werden. Dazu ein paar Grad drehen, und dann wieder nach der oben beschriebenen Vorgehensweise verfahren.

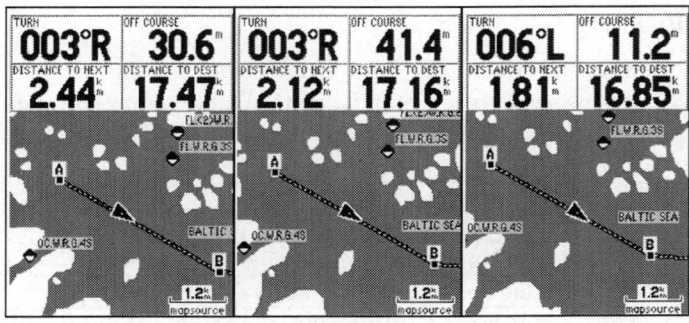

Gerät ohne Anzeige der Richtung für OFF COURSE
=> Beobachtung des Trends von „OFF COURSE"

	Wert von	
Ausgangssituation	*OFF COURSE*	*Korrektur von TURN*
	nimmt zu.	

Die obige Abbildung demonstriert die beschriebene Technik anhand von drei aufeinander folgender Bildschirm-

„Screenshots" eines Gerätes, das nicht die Richtung von OFF COURSE (XTK/XTE, Kurs-Versatz) anzeigen kann.

Momentan navigieren wir entlang der Soll-Kurs-Linie von Wegpunkt A nach B. In dem zweiten/dem mittleren Bild erkennen wir, dass uns TURN 003°R signalisiert, dass wir eine „Abweichung" bekommen, da OFF COURSE gegenüber dem ersten Bild zunimmt. Wir steuern daraufhin 9 Grad nach rechts, und wie aus dem dritten Bild ersichtlich ist, nimmt der Wert von OFF COURSE (Kurs-Versatz) ab. Der Wert von 006°L bei TURN im dritten Bild zeigt an, dass um diese 6 Grad mehr in Richtung der Mittellinie des Soll-Kurses gesteuert wurde als erforderlich wäre, um den Wegpunkt direkt anzulaufen.

Geht OFF COURSE gegen Null, rechtzeitig vor dem Erreichen der Mittellinie des Soll-Kurses um den Wert von TURN korrigieren. Dabei die Trägheit des jeweiligen Vehikels berücksichtigen, dies erfordert etwas Übung und Erfahrung.

Nachstehend nochmals kurz eine kleine Tabelle für die Vorgehensweise bei Geräten ohne Richtungsanzeige bei OFF COURSE, dem Kurs-Versatz:

TURN	Trend OFF COURSE	Maßnahme
L	abnehmend	Annäherung – TURN ist i. O.
L	zunehmend	Abweichung – TURN korrigieren
R	zunehmend	Abweichung – TURN korrigieren
R	abnehmend	Annäherung – TURN ist i. O.

Bietet ein Empfänger nur 2 Datenfelder auf der Karten-Seite (z. B. Magellan Handgeräte), so empfiehlt es sich TURN („Wende" o. ä.) und DISTANCE (= Entfernung) auf dieser auszuwählen, und sich den Cross Track Error/XTE/XTK (= Kurs-Versatz) auf einer der anderen Seiten anzeigen zu lassen, die von Zeit zu Zeit gecheckt wird.

Navigation entlang fixer Linie
mit Info des Soll-Kurses

Ebenso wie die Info von OFF COURSE (Kurs-Versatz) auf eine Linie Bezug nimmt, die durch 2 fixe Punkte definiert wird, gibt es auch eine Richtungs-Angabe, die ebenfalls diese Linie zum Bezug hat. Dies ist „COURSE" oder „Desired Track"/„DTK", bzw. der „Soll-Kurs".

Wird COURSE (= Soll-Kurs) anstatt der direkten Richtungs-Information zum Wegpunkt eingesetzt (= Bearing/Peilung), kann die Empfindlichkeit der Richtungs-Info von der Peilung eliminiert werden, wenn sich dem Wegpunkt genähert wird. Dies ist ja, wie wir gesehen haben, bei TURN (Wende) bzw. BEARING (Peilung) der Fall.

Zudem wird uns ermöglicht, parallel zu dieser Linie des Soll-Kurses zu navigieren. Diese Möglichkeit ist ganz praktisch, wenn mit einem leichten Kurs-Versatz zur vorgegebenen GPS-Route navigiert werden kann, wie beispielsweise entlang einem bestimmten begrenzten Fahrwasser, wo es nur darauf ankommt innerhalb eines bestimmten Korridors zu bleiben, aber nicht jede Boje zu treffen. Bei der praktischen Umsetzung gehe ich davon aus, dass entlang der Bojen auf Sicht navigiert wird, und das GPS zur Referenz dient.

Da wir uns bei der Navigation nach COURSE bzw. dem Soll-Kurs aber „nur" parallel dazu bewegen, muss diese Info stets in Verbindung mit dem Kurs-Versatz (engl. OFF COURSE/XTK) eingesetzt werden, um über den Abstand zu der fixen(!!) Linie des Soll-Kurses informiert zu sein.

Die nachfolgende Abbildung zeigt den Unterschied zwischen dem Einsatz der Richtungs- bzw. Peilungs-Info (Bearing), und der Info zum Soll-Kurs.

In diesem Fall ist TRACK (eigene Bewegungsrichtung/Kurs über Grund) identisch mit COURSE (Soll-Kurs). Dies bedeutet, dass wir uns exakt <u>parallel</u> zu der Mittellinie des Soll-Kurses bewegen. Der Versatz zu dieser Mittellinie beträgt dabei 17,1 Meter nach links, das ist OFF COURSE (Kurs-Versatz). Eine Drehung nach rechts um 53° wie uns TURN anzeigt wäre in diesem Falle absolut kontraproduktiv.

Navigation nach COURSE

TRACK und COURSE sind identisch, TURN und BEARING dagegen empfindlich bei Annäherung an Wegpunkt. Kontrolle von OFF COURSE.

Zahlreiche spezielle Aviation-Empfänger für die Fliegerei bzw. viele fest installierte GPS Geräte für Flugzeug/Schiff/Boot können TURN (Wende) nicht zur Anzeige bringen. Sie haben auch nicht genügend Datenfelder, um Track und Bearing separat anzuzeigen, ohne dass sonst wichtige Infos fehlen. Dafür verfügen diese über das Datenfeld „TRACK ANGLE ERROR" bzw. „TKE". TKE ist die Winkel-Differenz zwischen TRACK (Kurs über Grund) und COURSE (Soll-Kurs).

Es ist eine ähnliche Funktion wie TURN, aber eben mit dem Unterschied, dass COURSE und nicht BEARING den Bezug bildet.

Beim Gebrauch der Soll-Kurs-Info lauert jedoch eine Falle. Die Linie des Soll-Kurses, welche durch den nächsten aktiven Wegpunkt und den „Ursprungs"-Wegpunkt definiert wird, umkreist die Erde. Dadurch kann der anvisierte Wegpunkt schon längst passiert sein, aber das GPS signalisiert uns still und brav, dass wir uns noch korrekt auf dem Soll-Kurs befinden.

Wird entlang einer Route navigiert, ist dies üblicherweise bis zum vorletzten Wegpunkt der Route kein Problem, da das GPS in der Regel automatisch von einem Wegpunkt der Route zum nächsten wechselt.

Beim letzten Wegpunkt der Route, dem Ziel, wird's dann interessant. Da es keinen weiteren WP gibt, zu dem nach dem Passieren gewechselt wird, ist beispielsweise Piloten schon das Missgeschick passiert, dass sie wegen dieses Verhaltens über ihren Zielflughafen hinweg geflogen sind. Theoretisch kann man so einmal die Erde umrunden, und fängt dann beim „Ursprungs"-Wegpunkt wieder von vorne an.

Die Info von BEARING (Peilung) und TURN (Wende) zum Ziel korrigieren sich dagegen von selbst. Die Beobachtung dieser Daten, sowie der Entfernung zum Ziel (Distance) können das Missgeschick in Grenzen halten. TURN beispielsweise wird dann plötzlich einen Wert um die 180° anzeigen, und die Entfernungsangabe nimmt ständig zu.

Navigation zu Punkt mit Info des Soll-Kurses

In den meisten Fällen ist es am einfachsten, wenn TURN (Wende) oder BEARING (Peilung) verglichen mit TRACK (Kurs über Grund) herangezogen wird, um zu einem Wegpunkt zu navigieren.

Allerdings gibt es einige Geräte, bei denen es aufgrund der verfügbaren Datenfelder auf dem Display besser ist, TRACK (Kurs über Grund) mit COURSE (Desired Track/DTK bzw. Soll-Kurs) zu vergleichen, anstatt mit BEARING (Peilung).

Einige Aviation-Empfänger für die Fliegerei bieten beispielsweise hierfür extra ein Datenfeld „TRACK ANGLE ERROR" bzw. „TKE". TKE ist die Winkel-Differenz zwischen TRACK (= Kurs über Grund) und COURSE/DTK (= Soll-Kurs). Es ist eine ähnliche Funktion wie TURN aber eben mit dem Unterschied, dass COURSE/DTK und nicht BEARING den Bezug bildet.

Das Wesentliche dabei ist, dass eine fixe Linie über die Funktion „GOTO" zu dem WP festgelegt wird (= Soll-Kurs) und dann entlang dieser resultierenden fixen Linie navigiert wird, oder entlang dem anliegenden aktiven „Routen"-Abschnitt.

Es wird so gesteuert, dass man sich möglichst parallel zum Soll-Kurs bewegt und dabei nur eine geringe Abweichung von diesem hat (Kurs-Versatz minimal). Gegebenenfalls mit einem neuerlichen „GOTO" aktualisieren, und entlang dieser neuen Linie mit Hilfe von TRACK ANGLE ERROR/TKE und OFF COURSE (Cross Track Error/XTK/XTE) navigieren. Zur Aktualisierung von „GOTO" siehe *„Soll-Kurs bei Funktion „GOTO" "* unter *„Navigations-Begriffe"* in dem Kapitel *„Grundlagen der Navigation"*.

Velocity Made Good/VMG bzw. Gutgemachte Geschwindigkeit

Was steckt eigentlich hinter diesem „Velocity Made Good" (= VMG) bzw. der „Gutgemachten Geschwindigkeit"? Beim Segeln beispielsweise könnte dies eine interessante Größe sein. Ich selber bin jetzt kein Segler, sondern kann den Sachverhalt an dieser Stelle nur theoretisch erläutern. Ob und wie dies in der Praxis genutzt werden kann, überlasse ich lieber den Fachleuten.

Ein Segelboot hat für's Segeln eine optimale Winkelstellung in Bezug zur Windrichtung, die Geschwindigkeit ist dann maximal. Der Nachteil ist jedoch, dass dieser Winkel das Boot nicht unbedingt in die Richtung führt, in die man eigentlich möchte. Dreht man bei, um in die Richtung des aktiven Wegpunktes zu gelangen, verringert sich insgesamt die Geschwindigkeit des Bootes.

Allerdings vergrößert sich dabei die Geschwindigkeit in die Richtung des Wegpunktes, was letztlich ja nützlicher ist. Das GPS kann nun dazu eingesetzt werden diesen Winkel so zu optimieren, dass der Wegpunkt schnellstmöglich erreicht wird.

Viele Handgeräte haben das Datenfeld Velocity Made Good (VMG), die manchmal auch als Vektorgeschwindigkeit zum Ziel genannt wird.

VMG ist die Geschwindigkeits-Komponente, die in Richtung der Peilung zum Ziel weist (Bearing). Dies ist ja stets die direkte Linie vom Boot zum aktiven Wegpunkt (= Bearing-Line bzw. Linie der Peilung). Man kann auch einfach sagen: VMG ist die Geschwindigkeit, mit der man sich dem aktiven Wegpunkt/dem Ziel nähert.

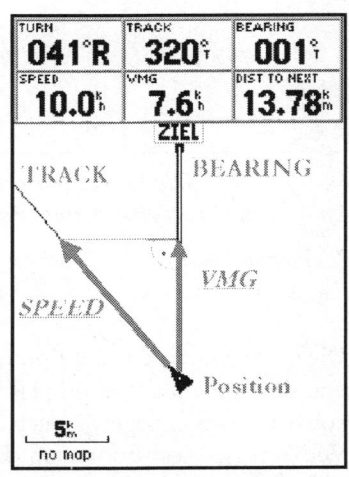

Velocity Made Good

Schematische Darstellung der geometrischen Zusammenhänge

Die Formel zur Berechnung von VMG ist einfach:
VMG = SPEED * cos (TURN), wobei
TURN = TRACK – BEARING ist, oder zu Deutsch:
VMG = Geschwindigkeit über Grund * cos („Wende"),
wobei „Wende" = Kurs über Grund – Peilung ist.

Anmerkungen: Der Begriff „Wende" findet sich bei manchen Garmin Empfängern bei deutscher Menü-Führung. Es ist nicht die Geschwindigkeit entlang der Linie des Soll-Kurses (Course, Desired Track). Der Soll-Kurs steht mit VMG in keinem Zusammenhang.

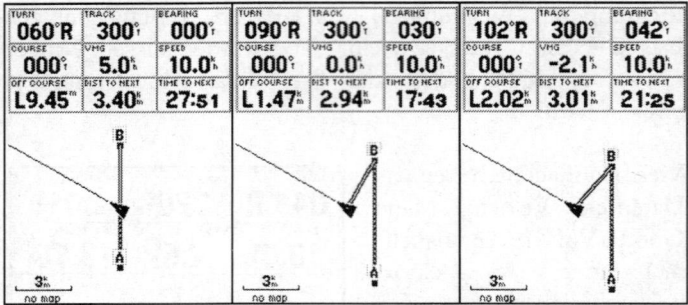

**Die Geschwindigkeit von VMG
bei verschiedenen Positionen des Bootes**

Position/Bild 1   *Position/Bild 2*   *Position/Bild 3*

Die Geschwindigkeit des Bootes über Grund (SPEED/SPD) und der Kurs über Grund (TRACK/TRK) sind dabei immer konstant. Das einzige was sich ändert sind die geometrischen Verhältnisse des Bootes in Bezug zu den Punkten „A" und „B" (= Linie des Soll-Kurses). Siehe hierzu die Daten-felder für detaillierte Angaben. Unser anvisiertes Ziel ist der Punkt „B". Das erkennen wir an der dargestellten Bearing-Line zu „B", der Linie der Peilung.

Im mittleren Bild ist VMG auf Null zurückgegangen, und im dritten Bild ist VMG sogar negativ. Dies geschieht, weil wir uns durch die Beibehaltung der gleichen Fahrtrichtung nach dem Bild 2 vom Wegpunkt „B" entfernen.
Dies ist zudem im Datenfeld „Dist to Next" (Entfernung zu nächstem WP) ersichtlich. Würde man einen Kreis um den

Punkt B ziehen, wäre die Position im mittleren Bild der Berührpunkt mit der Tangente. TRACK und BEARING bilden dabei einen rechten Winkel (siehe auch Datenfeld TURN => 90°).

Wird in allen drei Fällen die Geschwindigkeits-Komponente des Bootes in Richtung des Soll-Kurses (Course) aufgetragen, so ist diese immer 5 km/h. Die Berechnung hierzu: SPEED * cos (COURSE – TRACK) oder zu Deutsch: Geschwindigkeit * cos (Soll-Kurs – Kurs über Grund). In diesem Falle (Anmerkung: Course = 0° bzw. 360°): 10 km/h * cos (0° – 300°) = 10 km/h * cos (60°) = **5 km/h**. Für die Geschwindigkeits-Komponente entlang des Soll-Kurses gibt es kein Datenfeld.

Obwohl im Bild 3 die Geschwindigkeit in Richtung des Punktes „B" negativ ist (= VMG), bewegt sich das Boot trotzdem in Richtung des Soll-Kurses von Punkt „A" nach Punkt „B" fort. Der Kurs-Versatz (OFF COURSE) nimmt allerdings stetig zu.

Die Lage des Punktes „A" und der Soll-Kurs (Course) spielt für VMG keine Rolle. Maßgebend für VMG sind nur die Faktoren SPEED, TRACK, BEARING bzw. TURN, also Geschwindigkeit über Grund, Kurs über Grund, Peilung bzw. „Wende".

Für die Visualisierung ist die obige Darstellung bewusst etwas übertrieben. In vielen Fällen wird VMG einigermaßen nahe bei der Geschwindigkeit in Richtung des Soll-Kurses liegen. Das dritte Bild soll dazu beitragen, die Hintergründe von VMG besser zu verstehen.

Kommt man in den Bereich bei dem VMG negativ ist, so ist man vermutlich zu weit in die gleiche Richtung gesegelt.

VMG kann uns allerdings nicht sagen, wie weit auf dem gleichen Kurs gesegelt werden soll. Die Info von VMG kann nur dafür genutzt werden, die Richtung beim Segeln zu optimieren. Bewegt man sich direkt auf den aktiven Wegpunkt zu, wird VMG konstant bleiben und identisch mit SPEED sein, der Geschwindigkeit über Grund. Ausgenommen wenn man sich direkt auf den Wegpunkt zu bewegt, wird VMG jedoch immer kleiner werden, je näher man an den Wegpunkt herankommt. Dies ist jedoch üblicherweise ein längerer Prozess und läuft eher kontinuierlich ab, als eine Veränderung von VMG durch Richtungsänderungen.

Eine Richtungsänderung wird nicht nur TRACK ändern, den Kurs über Grund, sondern ebenso SPEED, die Geschwindigkeit über Grund. Die Änderung von SPEED ist dabei eine Folge der Veränderung der Stellung des Bootes zum Wind.

Letztlich bleibt nur auszuprobieren in welche Richtung gesteuert werden muss, damit zu jedem Zeitpunkt der Wert von VMG am größten ist, also „Try and Error" (Versuch und Irrtum).

Grundsätzlich ist es so, dass die kurzfristigen Auswirkungen von Richtungsänderungen leichter feststellbar sind, als der längerfristig andauernde Abfall von VMG aufgrund der sich zwangsläufig verändernden geometrischen Verhältnisse.

Interessant ist VMG vor allem dann, wenn der Wegpunkt angesteuert werden kann, ohne den direkten Weg nehmen zu müssen. Sich direkt mit Rückenwind fortzubewegen, wäre dazu ein Beispiel. Mit Rückenwind wird jedes Segelboot direkt zu einem Punkt segeln.

Allerdings ist die Vektorgeschwindigkeit zum Ziel (= VMG) häufig höher, wenn in einem leichten Winkel gesegelt wird, der Punkt wird dadurch in kürzerer Zeit erreicht. Man kann auch so sagen: Durch die Erhöhung der Geschwindigkeit kann eine Zunahme der Entfernung über-kompensiert werden, in dem eben nicht der direkte Weg genommen wird. Das Datenfeld VMG kann dazu genutzt werden, um diesen Winkel herauszufinden.

Die „Gutgemachte Geschwindigkeit" (VMG) wird zudem vom Gerät für die Berechnung der ETE's und ETA's herangezogen (= Estimated Time Enroute bzw. voraussichtliche Rest-Reisezeit, sowie Estimated Time of Arrival bzw. voraussichtliche Ankunftszeit). „TIME TO NEXT" bzw. „Zeit zum WP" sind nur andere Worte für ETE.
Wie jedoch diese Angaben konkret berechnet werden, kann vermutlich niemand beantworten (z. B. bei den Garmin's). Bewegt man sich auf den aktiven Wegpunkt zu, funktioniert die Sache recht gut. Es scheint eine gewisse kurzzeitige Mittelwert-Bildung zu erfolgen, um Schwankungen in der Geschwindigkeit und Zeiten des Stillstandes zu kompensieren. Bewegt man sich nicht in Richtung des WPs, sind die Angaben teilweise fragwürdig. Auf jeden Fall scheinen noch mehr Faktoren eine Rolle zu spielen, als nur VMG.

Gefahrenstellen meiden

Mit Motorbooten ist es relativ einfach, Gefahrenstellen aus dem Weg zu gehen. Es kann eine sichere Route festgelegt werden, der dann gefolgt wird.
Beim Segeln beispielsweise ist dies komplizierter, da es häufig erforderlich ist entlang der Route hin- und her zu segeln, um vorwärts zu kommen.
Um diese Aufgabe zu erfüllen, kann das GPS auf verschiedene Art und Weise eingesetzt werden. Wie schon an anderer Stelle erwähnt, bin ich jedoch kein Segler. Ich kann daher nur auf theoretischer Basis die Möglichkeiten aufzeigen, die uns so ein GPS bieten kann.

Alle Verfahren setzen jedoch voraus, dass man eine Seekarte besitzt, mit deren Umgang vertraut ist, Zonen die gefahrlos bzw. sicher sind einzeichnen kann, sowie das Ermitteln von Positionen auf der Karte beherrscht und die Koordinaten ins GPS einspeichern kann.

Diese Techniken können bereits mit einem einfachen Basis-Empfänger ohne hinterlegte Vektorkarte genutzt werden. Natürlich geht dies aber ebenso in Verbindung mit einem dieser teureren „Map"-Geräte.

Definition eines Korridors

Segelt man zwischen Gefahrenstellen hindurch, so basiert das Verfahren darauf, eine Route genau in der Mitte zwischen den Gefahren hindurchzulegen (= Linie des Soll-Kurses). Dann eine maximal zulässige Entfernung festlegen, die man von diesen fixen Mittellinie der Route abkommen darf, d. h. über den zulässigen Kurs-Versatz links/rechts. Es wird also darüber ein sicherer Korridor festgelegt. Die meisten GPS-Empfänger gestatten dazu die Angabe von OFF COURSE/CROSS TRACK ERROR/XTK/XTE, dem Kurs-Versatz.

Wird die Route aktiviert (im nachfolgenden Beispiel die Route „A–B"), erhält man über diese Info dann eine Rückmeldung, ob man sich noch innerhalb des festgelegten sicheren Bereiches aufhält. In der Abbildung auf der nächsten Seite ist dies dargestellt.
Es kann nun nach belieben hin- und hergesegelt werden, solange nicht der maximal zulässige Wert für den Kurs-versatz li./re. überschritten wird, der die Breite des Korridors für den sicheren Bereich definiert.
Viele Handgeräte gestatten es einen Alarm zu aktivieren (Warnmeldung auf dem Display und/oder einen Pieps-Ton), sobald ein vom Nutzer selbst festgelegter Wert für den Kurs-Versatz (Off Course) übertreten wird.

Nachfolgend eine Prinzip-Skizze für die Definition eines sicheren Korridors:

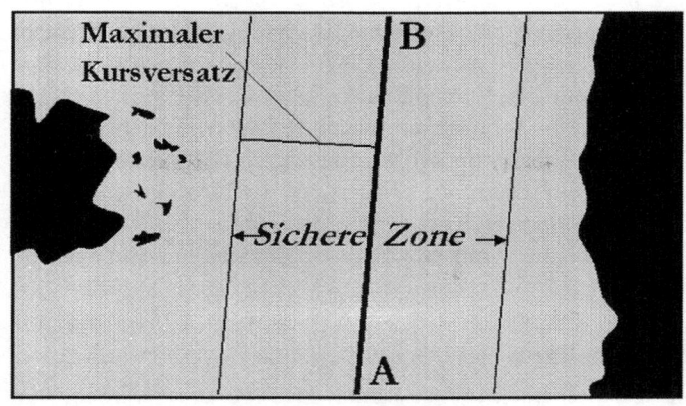

Der Korridor für den sicheren Bereich ist definiert

Die Mittel-Linie wird durch die Linie des Soll-Kurses der Route von Wegpunkt „A" nach „B" gebildet. Die Breite des Korridors wird durch den maximal zulässigen Wert für den Kurs-Versatz li./re. festgelegt (= Off Course, Cross Track Error, XTK, XTE).

Zur Navigation ist dann die Karten-Seite (Map-Page) zu empfehlen, auf der man sich in einem der Datenfelder den Wert für den Kursversatz (OFF COURSE/CROSS TRACK ERROR/XTK/XTE) anzeigen lässt.

Dies empfiehlt sich ebenfalls bei den Basis-Geräten ohne Kartendarstellung, bei der diese Seite ja nur die Route mit den Wegpunkten, die Linie des Soll-Kurses, den bisher zurückgelegten Weg (= Track-Log) und die eigene Position zeigt. Auf manchen Karten-Seiten kann der Kursversatz leider nicht angezeigt werden (z. B. bei Garmin GPS 12, GPS II). In diesen Fällen ist dann ein Display wie z. B. die Highway-Page (Autobahn-Seite) hilfreicher. Gerade bei diesen genannten älteren Modellen kann auf der Highway-Seite die Breite des dort wiedergegebenen Korridors festgelegt werden (= CDI-Skala für das Maß des Kursversatzes). Bei den neueren Modellen mit 3-dimensionaler Highway-

Darstellung ist eine konkrete Skalierung leider nicht mehr möglich.

Es gibt ein paar sehr einfache Basis GPS-Empfänger, die generell keine Möglichkeit bieten den Wert für den Kursversatz (Off Course) numerisch anzuzeigen (z. B. ältere Garmin eTrex „gelb"/Summit, eMap, …). In diesen Fällen kann dann die Karten-Seite genommen werden, allerdings das ganze Verfahren mit erheblich eingeschränkter Genauigkeit.

Definition einer Grenz-Linie

Eine ähnliche Technik kann dazu genutzt werden, um parallel einer Küstenlinie zu navigieren. Die nachfolgende Abbildung zeigt eine Seekarte auf der eine Linie eingezeichnet ist, welche die Grenze darstellt, bis zu der sich der Küste genähert werden darf. Dies z. B. beim Segeln.

Die Route A-B-C-D kann in das GPS geladen werden und das Gerät ist dann dabei behilflich um zu verhindern, dass diese Grenz-Linie überschritten wird.

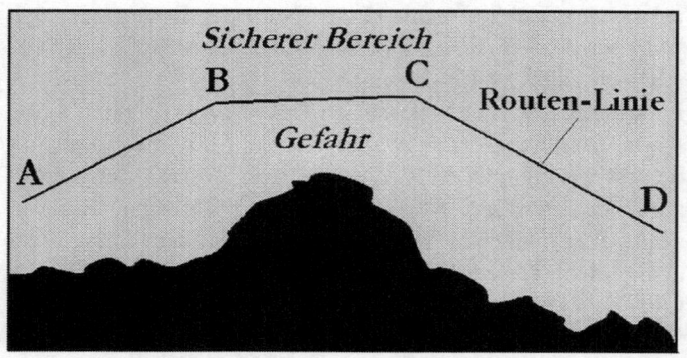

Es ist die Grenzlinie definiert,
bis zu der sich der Küste genähert werden darf.
Diese Linie wird als Route ins GPS geladen.
Visuelle Kontrolle auf der „Karten-Seite" des Gerätes.

Definition einer sicheren Zone über Peil-Winkel

Eine weitere Methode beruht darauf, dass ein Bereich zwischen zwei sich schneidenden Linien gebildet wird. So lange sich das Boot innerhalb der beiden Peil-Linien befindet welche die Gefahren abgrenzen, ist das Boot in sicherem Gewässer. Siehe nachstehende Abbildung:

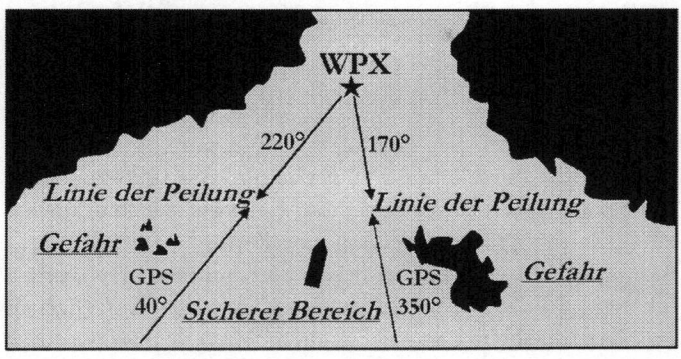

Der sichere Bereich ist über die beiden Peil-Linien festgelegt. Das GPS-Gerät liefert stets die Peilung zum Wegpunkt „WPX". Liegt der Wert zwischen 040° und 350°, befindet sich das Boot in der sicheren Zone.

Jedes GPS-Gerät kann die Peilung (Bearing) zum aktiven Wegpunkt anzeigen. Allerdings beachten, dass das GPS immer die Peilung zum Wegpunkt angibt. Im dargestellten Beispiel haben wir den Wegpunkt „WPX" festgelegt. Von diesem WP gehen die beiden Peil-Linien 220° und 170° aus. Das GPS-Gerät dagegen gibt eine Peilung von 040° anstatt 220° auf der linken, und 350° anstatt 170° entlang der rechten Linie zu diesem Wegpunkt „WPX" aus. So lange sich die Position des Bootes zwischen 040° und 350°T befindet („T" = True bzw. geographisch Nord/

Rechtweisend Nord/„wahre" Nordrichtung), ist es in sicheren Gefilden.

Es gibt übrigens einen einfachen kleinen Trick, um die umgekehrten Werte für die Peilung im Kopf zu berechnen. Anstatt 180 Grad abzuziehen oder dazuzuzählen, einfach 200° dazuzählen und dann 20° abziehen, oder andersherum: Wenn die erste Stelle 0 oder 1 ist, die erste Stelle um 2 erhöhen und dann die zweite Stelle um 2 verringern. Wenn die erste Stelle 2 oder 3 ist, die erste Stelle um 2 verringern und dann die zweite Stelle um 2 erhöhen.

Dazu ein Beispiel: Die Peilung vom Wegpunkt aus sei 248°. Dann ist die umgekehrte Peil-Richtung vom GPS zum WP: Bei der ersten Stelle 2 abziehen und bei der zweiten Stelle 2 hinzuzählen ergibt eine Peilung von 068°.
Allerdings gibt es Fälle, bei denen Stellen übertragen werden müssen (z. B. 296). Aber es ist trotzdem etwas einfacher, als 180 dazuzuzählen oder abzuziehen. Mehr als 360° sollten jedoch nicht herauskommen.
Anmerkung: Wir können diese Vereinfachung mit den umgekehrten Peilungen problemlos machen, da wir nur in einem begrenzten Gebiet operieren und keine kontinent-übergreifende Großkreis-Navigation betreiben.

Ein wesentlicher Punkt bei dem oben vorgestellten Verfahren ist die Beachtung des eingestellten Nord-Bezuges am GPS-Empfänger.
Je nach Wahl im Setup-Menü beziehen sich die angezeigten Werte entweder auf geographisch Nord (= rechtweisend Nord, „wahr" bzw. True) oder Magnetisch Nord. Steht das GPS auf magnetisch Nord und es werden Winkel auf der Karte bestimmt, darf nicht versäumt werden, diese dann noch um das Maß der Missweisung (= Deklination/ Variation) zu korrigieren.

Ich persönlich würde „Rechtweisend Nord" (= geographisch Nord, True) bevorzugen. Für dieses Verfahren ist es insgesamt am wenigsten anfällig für Fehler.

Allerdings erlaubt die Einstellung auf magnetisch Nord den parallelen Einsatz eines Kompasses. Die Peilung (Bearing) zu einem Ziel wird durch die Längsachse des „Vehikels" (= Heading) bestimmt, zu der die relative Peilung hinzugezählt wird.

Ein Beispiel hierzu: Ist der Wegpunkt „WPX" ein Objekt das man sehen kann (z. B. ein Leuchtturm), dann kann man auf Sicht eine relative Peilung erhalten. Ist die Längsachse des Bootes beispielsweise in einer Richtung von 55° (= Heading) und dieses Objekt befindet sich 35° links von der Längsachse in Bezug zum Bug (= relative Peilung), dann beträgt die Peilung zu dem Objekt (= Bearing) 55° – 35° = 20°

Proximity- bzw. Annäherungs - Wegpunkte

Handelt es sich um eine isoliert dastehende Gefahr (z. B. einzelne Insel, Riff, Wrack, ...), so gestatten manche Geräte die Festlegung einer Alarm-Zone um einen Wegpunkt (= Annäherungs- bzw. Proximity-Alarm).

Mit dieser Funktion kann also ein Kreis um einen bestimmten Wegpunkt herum gelegt werden, mit einem vom Nutzer selbst definierbaren Radius. Dieser Kreis wird auf der „Karten-Seite" (= „Map-Page") als Ring um den betreffenden „Proximity-Waypoint" bzw. „Annäherungs-Wegpunkt" angezeigt.

Tritt man in den Ring ein, bzw. befindet man sich innerhalb des Kreises, wird eine Warn-Meldung und/oder ein akustischer Piepton ausgegeben. Die Funktion ist allerdings auf eine Anzahl von ca. 10 Wegpunkte begrenzt (z. B. bei den Garmin-Handgeräten).

Bei derartigen einzelnen Gefahrenstellen dann in deren Mitte einen Wegpunkt festlegen, sowie den Radius für den Annäherungsalarm auf einen „todsicheren" Wert setzen.

Dazu ein Beispiel: Wir sind mit unserem Boot auf der Ostsee entlang der schwedischen Küste unterwegs (siehe nachstehende Abbildung). Der Küste vorgelagert sind einige Inseln.

Um mit diesen nicht in Konflikt zu geraten, haben wir dort Wegpunkte festgelegt (= WPs „DANGER" 1 bis 4), und noch einen großzügigen Alarm-Radius um diese gesetzt.

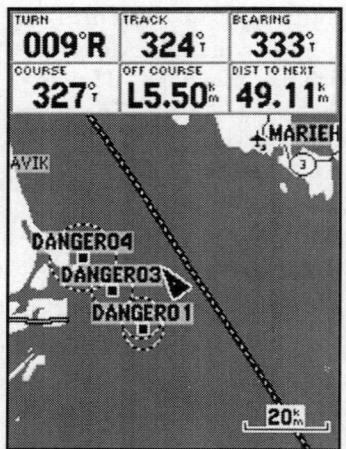

Proximity-Waypoints bzw. Annäherungs-Wegpunkte

An den Gefahrenstellen sind Wegpunkte festgelegt (DANGER 1 - 4) und dann mit einem Alarm-Radius versehen worden. => Proximity-Waypoints (GPSmap76 der Fa. Garmin).

Auf der Karten-Seite sind die Kreise um die WPs mit dem festgelegten Alarm-Radius zu sehen. Befindet man sich innerhalb der/ des Kreises, wird eine Warnung/ ein Alarm ausgegeben.

Auf der Seite „Proximity" bzw. „Annäherung" werden die WPs ausgewählt und der Alarm-Radius individuell für jeden Wegpunkt festgelegt. Die Geräte gestatten ca. 10 WPs als Annäherungs-Wegpunkte.

Gestattet das GPS-Gerät keine Proximity-Waypoints, können aber trotzdem Wegpunkte definiert werden, welche die Gefahren repräsentieren.

Je nach Gerät kann mit dem Cursor auf der Karten-Seite über diese Wegpunkte gegangen werden, und erhält so eine Info über die Entfernung und Peilung von der aktuellen Position dorthin. Diese Infos sind dabei zusätzlich zu den Angaben zum aktiven Wegpunkt; siehe Abbildung rechts.

Diese Funktion gibt es jedoch beispielsweise nicht beim „gelben" Basis eTrex/ Camo/Summit und Geko-Serie von der Fa. Garmin (= einfache Basis-Geräte).

Je nach Situation bzw. Objekt kann es empfehlenswert sein die Wegpunkte nicht genau in die Mitte der Gefahrenstelle zu positionieren, sondern mehr an deren Rand in Richtung der Route (siehe Beispiel).

Beispiel für Wegpunkte an Gefahrenstellen bei einem Gerät ohne Proximity-Waypoints

Viele Geräte haben einen Karten-Cursor (= Map Pointer). Entfernung und Peilung von der eigenen Position zum Cursor werden angezeigt. Zudem noch dessen Koordinaten im eingestellten Pos.-Format. Im Beispiel ist Wegpunkt „DANGER03" 10,75 km von uns entfernt mit der Peilung 251° True.

MOB – Man over Board

Bei manchen Anwendungsfällen von GPS (z. B. beim Segeln, im Sportboot, bzw. allgemein bei der Schifffahrt) sollte man wissen, wie ganz schnell ein Wegpunkt markiert wird und dann sofort zu diesem navigiert werden kann. Der wirkliche Nutzen ist abhängig von den Sicht-Verhältnissen und der Geschwindigkeit, falls eine Person tatsächlich über Bord gehen sollte, dies kann jedoch u. U. lebensrettend sein.

Viele Geräte der Fa. Garmin beispielsweise, haben eine spezielle Funktion „MOB" (= „Man over Board" bzw. „Mann über Bord").
Die Funktion ist kombiniert mit der Bedientaste „GOTO" oder „NAV". Werden diese Tasten etwas länger gedrückt, wird an der Stelle sofort ein Wegpunkt mit dem Namen „MOB" vorgemerkt. Wird die nachfolgende Frage ob zu MOB navigiert werden soll bestätigt, wird dieser Wegpunkt „MOB" im Wegpunkt-Speicher abgelegt und automatisch ein „GOTO" zu MOB ausgelöst. Der WP „MOB" ist damit sofort der aktive Wegpunkt zu dem navigiert wird.

Bei den neueren Garmin eTrex mit Click-Stick funktioniert es ähnlich. Den Click-Stick drücken um einen neuen Wegpunkt anzulegen, dabei wird automatisch ein Name vorgegeben (allerdings nicht „MOB").
Dann gleich im Menü auf die Funktion „GOTO" clicken und bestätigen. Es wird nun sofort zu diesem Wegpunkt zurück navigiert. Es ist aber möglich, dass je nach Software-stand etwas abweichend vorgegangen werden muss.

Messen auf der Karten-Seite

Bei vielen Garmin-Empfängern können direkt auf der Karten-Seite (Map-Page) Messungen durchgeführt werden, ohne dass hierzu extra ein Route angelegt werden müsste, oder eine laufende Routen-Navigation abgebrochen werden muss. Dies zumindest bei den „Map"-Geräten, aber beispielsweise ebenfalls bei den Basis-Empfängern GPS 60/72/76, eTrex Venture). Das ist überaus praktisch und nützlich.

Messungen direkt auf der Karten-Seite
(GPSmap76 der Fa. Garmin)

Messung von der momentan eigenen Position aus mit dem Karten-Cursor (Map Pointer). Anzeige von Entfernung, Peilung und dessen Koordinaten.

Messung von einem beliebig gesetzten Referenz-Punkt aus. Anzeige von Entfernung, Peilung und Koordinaten des Map Pointers in Bezug zu diesem Referenz-Punkt.

Wird die Multifunktions-Taste (= „Touch Pad") in der Mitte gedrückt, z. B. bei den Garmin GPS 60/72/76-er, erscheint auf der Karten-Seite ein Cursor (= Map Pointer). Dann werden Entfernung und Peilung von der momentan eigenen Position zu diesem Karten-Cursor angezeigt, und zudem noch dessen Koordinaten im eingestellten Positions-Format (siehe Abbildung oben links). Die Anzeige für den Map-Pointer selbst ist dynamisch, d. h. sie aktualisiert sich während der Bewegung ständig.

Weiterhin kann MENU gedrückt werden und erhält dann unter anderem die Auswahl „Measure Distance" bzw. „Entfernung messen". Wird diese gewählt, erscheint beim Karten-Cursor „ENT REF" (= Eingabe Referenzpunkt). Wird nun ENTER gedrückt (Eingabe-Taste), wird diese Stelle als Referenz-Punkt gesetzt. Nun zeigt der Karten-Cursor (Map Pointer) die Entfernung und Peilung (Bearing) in Bezug zu diesem virtuellen Referenz-Punkt.
In der Abbildung rechts oben wurde bei der Insel „Arholma" dieser Referenz-Punkt gesetzt (durch „ENTER"), und dann der Cursor zur Soll-Kurs-Linie der Route bewegt. Im Display ist unter „Map-Pointer" zu sehen, dass der Abstand 7,39 Kilometer beträgt. Würde jetzt „ENTER" gedrückt werden, würde von diesem neuen Punkt aus gemessen werden.

Bitte beachten, dass bei dieser speziellen Funktion „Entfernung messen" die Karten-Seite automatisch auf „Norden oben"/„North Up" schaltet. Im linken Bild des Beispiels wird die Nordrichtung noch durch den Pfeil links oben angezeigt (eingestellt ist „Track oben"/„Track Up"/ „Ahead"). Im rechten Bild ist der Pfeil dagegen nicht mehr sichtbar, da die gesamte Seite automatisch nach Norden ausgerichtet wird.

Track-/Kurs-Aufzeichnung

Das momentane Kapitel befasst sich nahezu ausschließlich mit der Navigation, also der Frage, auf welche Art und Weise ich meinen Ziel-Punkt erreichen kann.

Manchmal ist es allerdings auch interessant zu erfahren, wo man eigentlich so ganz genau gewesen und „herumgekurvt" ist. Das GPS kann uns dabei ebenfalls behilflich sein. Ist das GPS eingeschaltet, zeichnet es nämlich automatisch den zurückgelegten Weg auf (= „Track-Log" bzw. einfach nur „Track" (= Kursaufzeichnung)). Diese „Brotkrumenspur" wie bei Hänsel & Gretel habe ich im Kapitel *„**Grund-Funktionen der GPS-Geräte**"* bereits ausführlich vorgestellt.

Der „Track" kann dazu genutzt werden, um den Rückweg zu finden. Dies entweder nur visuell auf der Karten-Seite, was ich persönlich bevorzuge, und/oder über die spezielle Funktion „TracBack".

Für die Dokumentation des zurückgelegten Weges wie oben angesprochen, ist dies natürlich ebenfalls äußerst hilfreich. Der „Track" ist aber auch während des Navigierens zu einem Ziel als weitere Orientierungshilfe von großem Nutzen (Anzeige auf der „Karten-Seite)".

Bei fast allen Abbildungen des GPS-Displays in diesem Kapitel wird allerdings leider dieser Track-Log nicht gezeigt, da diese Screenshots im Simulator-Modus der Geräte am heimischen PC entstanden sind.

Der aufgezeichnete „Track" kann auf der Karten-Seite der Geräte betrachtet werden, und zudem gibt es eine Fülle von Karten-Software-Programmen, um diese am PC darzustellen und auszuwerten.

Je nach Programm kann die Darstellung des „Tracks" auf einer unterlegten Landkarte/Luft-Photo/Sat-Bild etc. erfolgen. So lässt sich die Frage: *„Wo war ich denn eigentlich?"* sehr leicht beantworten. Siehe hierzu ausführlich das Kapitel

„Touren-Planung", sowie im **Band 2** des *„GPS-Handbuches"* das Kapitel „GPS und PC-Software/Digitale Karten".

Weiterführende Literatur

Wer sich mit all diesen Navigations-Techniken noch ausführlicher auseinandersetzen möchte, dem sei das Buch „Cockpit GPS" in englischer Sprache von dem erfahrenen Airline-Piloten John Bell empfohlen. Zu finden als PDF-Download auf seiner Internet-Seite unter www.cockpitgps.com.

Großkreis - Navigation

Die GPS-Geräte navigieren über den „Großkreis", zumindest die von der Fa. Garmin. Für die meisten Anwendungen in der Freizeit hat dies keinen Einfluss bzw. ist nicht groß von Bedeutung.

Einfach gesagt ist dies folgendes: Wird auf einem Globus von einem beliebigen Punkt zu einem anderen Punkt ein Faden gespannt, dann ist dieser gespannte Bogen die Reise-Route über den Großkreis.

Würde man diese Reise-Route auf eine Papierkarte übertragen, würde diese auf den meisten Karten als eine gekrümmte Linie dargestellt werden. Ursache für diese Krümmung ist die Projektion der Karte, welche die Kartographen einsetzen müssen, um ein Stück der kugelförmigen Erde auf ein ebenes Stück Papier abbilden zu können, unserer Karte.

Der Begriff „Großkreis" hat jetzt aber nichts mit der gekrümmten Linie auf der Karte zu tun, sondern mit der Tatsache, dass der Bogen dieser Reise-Route den gleichen Radius hat, wie der Radius der Erde (= Orthodrome).

Für die Navigation mit Schiffen über die Weltmeere, oder Langstrecken-Flüge von einem Kontinent zum anderen, ist der Großkreis schon von großer Bedeutung, da es trotz der „krummen Linie" die kürzeste Verbindung darstellt. Übrigens ist dabei der Soll-Kurs von dem einen Punkt zum anderen nicht einfach nur um 180 Grad unterschiedlich, wenn in die entgegen gesetzte Richtung gereist wird. Der anfängliche Großkreis-Kurs von Berlin nach Sydney in Australien ist z. B. 75°. Der anfängliche Soll-Kurs von Sydney nach Berlin ist jedoch 315°.

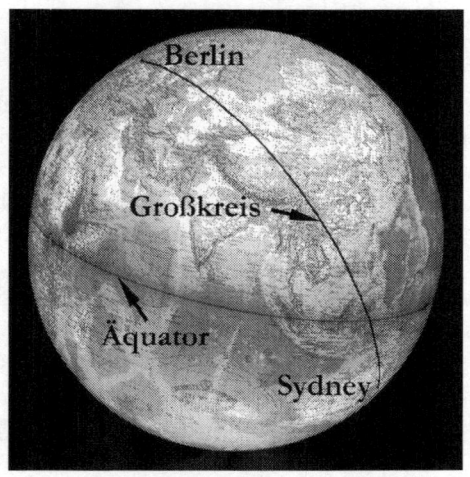

Navigation auf dem Großkreis von Berlin nach Sydney

*Die Linie des Soll-Kurses ist auf dem runden Globus,
also quasi auf unserer Erde, von Berlin nach Sydney
ein geradliniger Bogen und der kürzeste Weg*

Der Winkel des Soll-Kurses ist bei der Navigation auf dem Großkreis keine konstante Größe, sondern ändert sich permanent. In hohen Breiten ändert er sich am schnellsten (z. B. in Norwegen, Island, Grönland, Alaska, Nord-Kanada). Dies macht die Navigation nicht gerade einfach.

2 - Dimensionale Navigation zu „Fuß"

Wie bereits schon im ersten Kapitel dieses Büchleins erwähnt, ist ein GPS-Gerät kein Ersatz für fehlende Kenntnisse im Umgang mit Karte und Kompass. GPS sollte nur als ein weiteres, ergänzendes Hilfsmittel zur Orientierung und Navigation betrachtet werden.
Auch ohne GPS sollte man in der Lage sein, den sicheren Weg nach Hause zu finden. Dann stellt sich letztlich gar nicht die häufig gestellte Frage: *„Soll ich ein GPS, oder Karte und Kompass nehmen?"*.

Ein „normales" Basis GPS-Gerät orientiert sich selber nach dem „Kurs über Grund" (= „TRACK"). TRACK ist unsere momentane eigene Bewegungsrichtung in Bezug zur Erde. So lange man sich mit einer weitgehend gleichmäßigen Geschwindigkeit fortbewegt, die oberhalb einer bestimmten Schwelle liegt, können die Methoden der vorhergehenden Abschnitte eingesetzt werden, die ja auf TRACK, dem Kurs über Grund beruhen.
Seit dem Abschalten der künstlichen Verschlechterung SA im Mai 2000 erhält man mit den modernen 12-Kanal Parallel-Empfängern bereits ab einer Geschwindigkeit von ca. 0,2 m/sec eine verlässliche Richtungsinfo, also schon unterhalb von 1 km/h. Schrittgeschwindigkeit reicht daher völlig aus.

Auch beim Paddeln, z. B. mit dem See-Kajak auf dem Meer, werden so die GPS-Infos die auf TRACK basieren, dem Kurs über Grund, hilfreich. Wenn man bedenkt, dass der Einfluss von Strömung und Wind größer ist als ein schnelleres Boot, dann ist die Gelegenheit TRACK zur Verfügung zu haben von enormem Nutzen.
Dadurch werden die in den vorhergehenden Abschnitten vorgestellten Techniken noch nützlicher und können

universell bei den unterschiedlichsten Aktivitäten eingesetzt werden.

Das Problem bei der Navigation zu Fuß ist jedoch, dass man sich häufig nicht mit ausreichender Geschwindigkeit oder Gleichmäßigkeit fortbewegt, um TRACK (Kurs über Grund) wirklich nutzen zu können.

Ohne TRACK wiederum, hat ein Basis GPS-Gerät keine Vorstellung von seiner Ausrichtung/Orientierung in Bezug zu den vier Himmelsrichtungen. Erschwerend kommt noch hinzu, dass die Navigation zu Fuß häufig in Gegenden erfolgt, in denen der Empfang der Sat-Signale sehr schwach ist (Abschattung durch Topographie wie Berge/Schluchten etc, im dichten Wald, in Städten durch Gebäude, ...). Aber selbst wenn bei gutem Sat-Empfang gewandert wird, der TRACK (Kurs über Grund) wird mehr durch den zurückgelegten Weg des Gerätes bestimmt, als durch den Wanderer. Die modernen Geräte sind so empfindlich, dass sogar die Armbewegungen registriert werden, wenn der GPS-Empfänger in der Hand gehalten wird.

Es ist natürlich schon möglich, das Gerät während des Wanderns in einem Gebiet mit gutem Sat-Empfang permanent in der Hand zu halten, und den Zielführungs-hilfen direkt zu folgen.

Möchte man jedoch das GPS generell beim Wandern einsetzen, dann ist es schon besser Kenntnisse darüber zu besitzen, wie das GPS auch ohne „TRACK" zu beobachten (den Kurs über Grund), genutzt werden kann. Dies vor allem in bewaldeten Gegenden. Das bedeutet den Einsatz eines Kompasses, oder den Besitz eines Gerätes mit eingebautem elektronischem Kompass.

Es gibt Aktivitäten die so an der Grenze liegen, wie beispielsweise beim Paddeln auf Bächen oder Flüssen durch bewaldetes Gebiet. In Gegenden mit dichtem Blätterdach können die Sat-Signale durch diese Abschattung blockiert sein. Hinsichtlich des Begriffs „Navigation" ist das ja normalerweise kein Problem, sorgt aber für Verdruss, da die Fähigkeit des GPS für die Orientierung zu sorgen, nicht immer gegeben ist.

In solch einem Fall ist es ja völlig überflüssig die Richtung zu bestimmen, in die gesteuert werden sollte. Die Entscheidung in welche Richtung momentan gesteuert werden muss, wird durch die Ufer des Flusses getroffen.

Für die Orientierung ist dagegen die Frage interessant, in welchem Abschnitt des Flusses man sich momentan befindet.

Unterschied TRACK zu HEADING bzw. Kurs über Grund zur „Blickrichtung"

Schon im Kapitel „*Grundlagen der Navigation*" haben wir uns unter „*Navigations-Begriffe*" mit dem Unterschied zwischen TRACK und HEADING auseinandergesetzt. Die Richtung in der ich schaue ist HEADING, die Richtung in der ich mich bewege ist dagegen TRACK, der Kurs über Grund.

Leider werden bei manchen Geräten die Begriffe TRACK und HEADING in einen Topf geworfen, z. B. bei ein paar Modellen der Garmin „eTrex"-Reihe und der „Gekos". In diesem Fall ist dann HEADING praktisch TRACK.

TRACK/Kurs über Grund

Es ist nun wichtig den Unterschied beim Verhalten des GPS im Betriebszustand „TRACK", und dem Verhalten eines GPS mit integriertem Kompass unterhalb der festgelegten Geschwindigkeitsschwelle zu verstehen, bei der auf die Richtungs-Info des Kompass zurückgegriffen wird, also auf „HEADING" und nicht auf TRACK.

Die Richtung von TRACK, also unsere eigentliche Bewegungsrichtung im Normal-Fall, wird am Gehäuse des GPS-Empfängers stets bei der 12 Uhr Stellung angezeigt. Dies ist völlig unabhängig davon, wie das Gerät gehalten wird!! Alle anderen Infos nehmen auf diese Stellung bzw. „TRACK" Bezug.

Dazu ein Beispiel: Wir sind in einem Canadier („Kanu") auf einem See unterwegs, und bewegen uns direkt nach Norden (0 bzw. 360°; siehe linkes Bild des nachstehenden Beispiels). Dann schwenken wir während der Fahrt einfach das Gehäuse des GPS um 90 Grad nach rechts, also quer zur Fahrtrichtung (Bild rechts). Unsere Bewegungsrichtung wird nach wie vor bei der 12-Uhr Stellung mit 0° angezeigt. Die digitalen Zahlenangaben verändern sich dabei ebenfalls nicht.

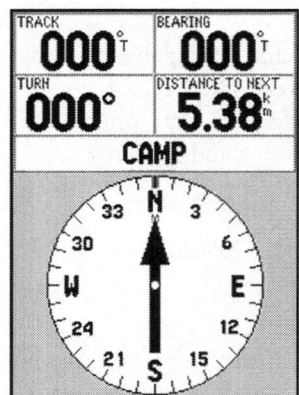 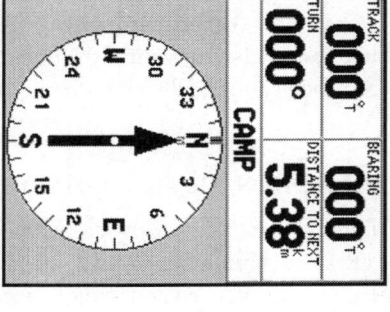

„Normaler" GPS-Empfänger bei der Anzeige von TRACK (= Kurs über Grund)

Die Anzeige von TRACK ist unabhängig von der Lage des Gerätes. Bezug für die Anzeige ist immer die 12-Uhr Stellung des Gehäuses.

Obwohl dieses Verhalten für den Besitzer eines Kompasses etwas befremdlich aussehen mag, so halte ich es doch für eine feine Sache, dass das GPS stets unabhängig von der Richtung arbeitet, in die es gehalten wird.

So lange wie sich das GPS unter Bewegung befindet, kann TRACK (Kurs über Grund) eine sehr nützliche Info sein.

Wenn das GPS anhält, wird üblicherweise der letzte Wert von TRACK herangezogen und zur Anzeige gebracht. Aber selbst wenn das GPS fest auf der letzten Kurs-Richtung ruht gibt es Einflüsse, die zufällige Werte verursachen.

Sobald das GPS eine Veränderung in der Position erkennt, spiegelt sich dies sofort in dem Wert von TRACK (Kurs über Grund) wieder. Dies tritt auch noch nach dem Abschalten der künstlichen Verschlechterung SA auf (die SA ist seit dem Mai 2000 nicht mehr aktiv), stellt aber letztlich kein nennenswertes Problem dar.

Manchmal wird auch durch eine kleine Bewegung von uns selbst eine Änderung der Anzeige von TRACK verursacht, wie beispielsweise durch einen kleinen Schritt oder einer Armbewegung, falls das Gerät in der Hand gehalten wird.

HEADING/Geräte mit elektrischem Kompass

Es gibt ein paar Möglichkeiten das Fehlen der Info von TRACK (Kurs über Grund) auszugleichen.

Einen Ausweg stellen einige der teureren GPS-Modelle in Form eines integrierten elektronischen Kompasses bereit. Unterhalb einer bestimmten Geschwindigkeitsschwelle, die vom Benutzer festgelegt werden kann, greift das GPS auf den elektr. Kompass zurück, um die Richtung zu ermitteln. Diese Geschwindigkeitsschwelle liegt standardmäßig bei ca. 16 km/h, kann aber auch deutlich gesenkt werden (z. B. auf ca. 2 km/h bzw. 1 kn/h).

Da der Stromverbrauch des elektr. Kompass jedoch recht hoch ist, empfehle ich, diesen generell abgeschaltet zu lassen und nur einzusetzen, wenn die Funktion tatsächlich benötigt wird (im Setup-Menü entsprechend einstellen). Bei den Geräten von Garmin kann dann bei Bedarf der Kompass jederzeit über länger gedrückt halten der „PAGE"-Taste zugeschaltet werden, und ebenso wieder abgeschaltet.

Die andere Möglichkeit mit der Situation fertig zu werden ist ganz einfach die Verwendung eines zusätzlichen magnetischen Kompasses für die Orientierung. Auch wenn das GPS keine Ahnung davon hat in welche Richtung es gehalten oder bewegt wird, so kann es uns trotzdem numerisch mitteilen, welche Richtung wir zum Ziel einschlagen müssen (= Zahlenwert für Peilung bzw. Bearing). Zudem bekommen wir eine Info über die Entfernung zum momentan aktiven Wegpunkt.

Nochmals zurück zu dem Beispiel unserer Paddeltour im Canadier („Kanu") über einen See direkt nach Norden. Diesmal sind wir aber mit einem GPS mit integriertem elektr. Kompass ausgerüstet (siehe Abbildung auf nachfolgender Seite).
Dass der Kompass aktiv ist erkennen wir an dem kleinen „N" auf dem Display. Wie vorhin habe ich das Datenfeld TRACK (Kurs über Grund) eingeblendet, aber diesmal anstatt der Entfernung zum Wegpunkt (Distance to Next) zum Vergleich das Datenfeld HEADING, also die Richtung in die das Gehäuse gehalten wird („Blickrichtung nach vorn" bzw. „Steuerkurs"; das Garmin GPSmap76S gestattet die Anzeige dieser beiden Daten gleichzeitig).
So lange wir uns bewegen und das Gerät in Fahrtrichtung gehalten wird, ist praktisch alles wie beim letzten Beispiel (nachstehendes linkes Bild). Doch nun stoppen wir das Kanu, und schwenken zudem das Gerät wieder um 90 Grad nach rechts, also quer zur Fahrtrichtung.

Der äußere Kompass-Ring zeigt nun bei der 12-Uhr Stellung an, dass das Gerät genau nach Osten gehalten wird (= „E" für East = Ost). Zudem wird uns dies numerisch durch die Angabe „HEADING 90°" für die „Blickrichtung nach vorn" mitgeteilt (90° = Osten).

Weiterhin beachten, dass der Pfeil nach wie vor in die Richtung weist, in der sich unser Ziel befindet, der Wegpunkt „CAMP". Der Pfeil zeigt nicht wie bei TRACK im ersten Beispiel unbeirrt auf die 12-Uhr Position des Gehäuses.

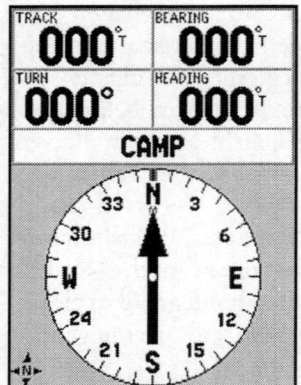 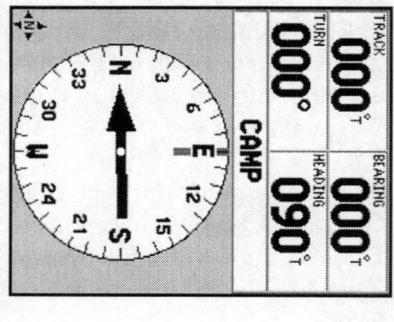

GPS-Empfänger mit aktivem elektronischen Kompass bei der Anzeige von HEADING („Steuerkurs")

GPS im Stillstand: Der Kompass-Ring bei 12-Uhr und HEADING weisen auf die Richtung hin, in die das Gerät gehalten wird (90° bzw. E / Ost).
Der Pfeil weist <u>stets</u> in Richtung zum Ziel, dem aktiven Wegpunkt.

Mit dem elektr. Kompass können wir also auch im Stillstand eine Richtungsbestimmung vornehmen, sowie die einzuschlagende Richtung zum nächsten Wegpunkt bestimmen.

Wenn das Einsatzprofil bzw. die Rahmenbedingungen nicht gegeben sind, um verwertbare Infos für TRACK (Kurs über Grund) zu erhalten, d. h. sich das GPS nicht in ausreichender Bewegung befindet, sind all die Datenfelder wertlos, die damit im Zusammenhang stehen.

Die nachstehende Übersicht zeigt eine Auswahl dann nützlicher und wertloser Daten:

Nützliche Daten (engl./deutsch)		*Nutzlose Daten (engl./deutsch)*	
BEARING	Peilung	TRACK	Kurs ü. Grund
COURSE	Soll-Kurs	TURN	Wende
OFF COURSE	Kursversatz	POINTER	Richtungszeiger
DISTANCE	Entfernung	ETA	Vor. Ankunftszeit
ELEVATION	Höhe	ETE	Vor. Reisezeit
LOCATION	Position	SPEED	Geschwindigkeit
HEADING (*)	Steuerkurs	ODOMETER	Kilometerzähler

Anmerkungen:
(*) HEADING bzw. „Blickrichtung nach vorn"/Steuerkurs bieten prinzipiell nur Geräte mit elektr. Kompass. Die Begriffe TRACK und HEADING gehen leider teilweise durcheinander, z. B. bei einigen Garmin eTrex-Modellen und den Gekos.
Eine gewisse Ausnahme bei der Einstufung in „nutzlos" muss bei ETE (Estimated Time Enroute/voraussichtl. Restreisezeit) und ETA (Estimated Time of Arrival/ voraussichtl. Ankunftszeit) eingeräumt werden, da diese Werte über Mittelwertbildung bestimmt werden und daher trotzdem aussagekräftig sein können, auch wenn Stop-Pausen vorliegen.

Mit Ausnahme von GPS-Empfängern mit integriertem Kompass, ist in den meisten Fällen die Karten-Seite (Map-Page) das einzige, unmittelbar hilfreiche Navigations-Display.

Die anderen Seiten können aber durchaus nützlich sein, um informative Datenfelder anzuzeigen.

Ich persönlich bevorzuge die Orientierung der Karten-Seite nach Nord (North-Up). Eine andere Alternative ist die Orientierung nach dem Soll-Kurs/kursorientiert (Course-Up/Desired Track-Up). Die Wahl überlasse ich aber letztlich dem persönlichen Geschmack.

Keinesfalls empfehlen würde ich dagegen die Orientierung nach „Track-Up"/„Ahead" (momentaner Kurs bzw. Bewegungsrichtung). Bei dieser wird die Karten-Seite unter Bewegung in der Regel wild „herumzappeln", da jede Richtungsänderung eine Neuausrichtung der Karte zur Folge hat.

Wird „nordorientiert" für die Karten-Seite gewählt (North-Up), ist der Bezug für die Karten-Darstellung generell geographisch Nord (= „wahre" Nordrichtung bzw. „True"). Dies ist unabhängig von der Wahl des Nord-Bezuges für die diversen Richtungsangaben im Setup-Menü. Siehe hierzu auch das Kapitel *„**Grundlagen der Navigation**"* unter *„Festlegung der Nord-Referenz am GPS-Gerät"*. Dies bedeutet:

Auch wenn sich die angezeigten Zahlen-Werte auf magnetisch Nord beziehen sollten („M"), ist die Darstellung auf der Karte immer auf geographisch Nord bezogen.

GPS-Peilung in Verbindung mit Magnet-Kompass

Der Schlüssel um mit GPS-Gerät und separatem Kompass zu navigieren/sich zu orientieren, ist das Datenfeld von „BEARING", bzw. in deutsch der „Peilung" zum Ziel. Wird die Nord-Referenz am GPS so eingestellt, dass sich die Werte auf magnetisch Nord beziehen, dann kann das GPS unmittelbar dazu genutzt werden uns mitzuteilen, in welche Richtung wir gehen müssen (= numerische Angabe der Gradzahl), benutzen dann jedoch den Kompass, um uns die korrekte Richtung dorthin visuell anzeigen zu lassen.

Wie wir ja schon wissen, ist ein GPS kein Kompass!!
Nur unter Bewegung kann es uns eine Richtungs-Info
liefern, d. h. über einen Pfeil optisch anzeigen.

Hierzu ein Beispiel: Wir wandern durch Wald und halten an
einer Lichtung an, um mit Hilfe von unserer Karte, dem
GPS und dem Kompass den Weiterweg zu bestimmen.
Unser Ziel ist ein kleiner Waldsee, der Wegpunkt „SEE".
Das GPS teilt uns mit, dass der magnetische Wert für die
Peilung zum WP „SEE" 241° beträgt. Das „M" im Datenfeld BEARING (= Peilung) weist darauf hin, dass sich der
angegebene Wert auf magnetisch Nord bezieht. Bei älteren
Geräten wird der Bezug leider nicht angezeigt.
Dann stellen wir auf der Grundplatte des Kompasses diese
241° ein, oder halten ihn in der 12-Uhr Position, falls er
keine Grundplatte mit drehbarem Ring haben sollte. Dann
drehen wir uns so lange, bis die Kompass-Nadel auf
der Nord-Marke steht. Wir haben uns nun in die entsprechend erforderliche/korrekte Marschrichtung ausgerichtet.

Unbedingt beachten(!!), dass der Pfeil in der simulierten
Kompass-Rose des GPS-Displays bei Stillstand nicht in die
korrekte Richtung zeigt, auch wenn er auf der richtigen
Peilung von 241° steht.
Der Grund: Der Bezug für diese Richtungsanzeige, d. h. die
Stellung des äußeren Kompass-Ringes ist mehr oder weniger
willkürlich (= Richtung von TRACK bzw. eigene
Bewegungsrichtung/Kurs über Grund). Es ist ein Gerät
ohne integrierten elektr. Kompass.

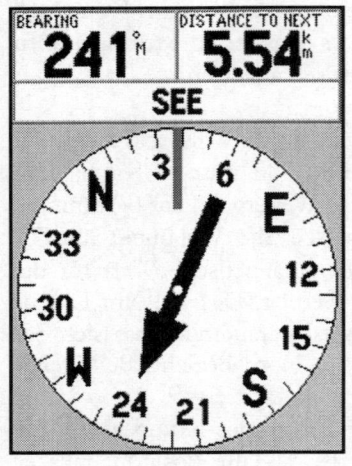
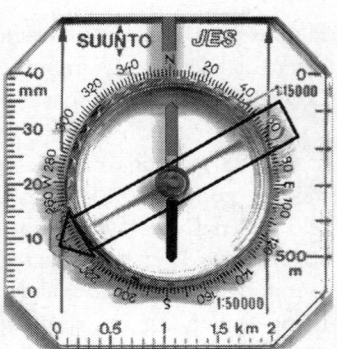

„Normaler" GPS-Empfänger bei Stillstand in Kombination mit einem Magnet-Kompass

Das GPS kann uns bei Stillstand den Zahlenwert für die Peilung zum Wegpunkt anzeigen, aber nicht die Richtung dorthin weisen.
Der Kompass kann uns nicht die Peilung zum Wegpunkt mitteilen, aber er kann die Peilung dorthin gemäß des Zahlenwertes vom GPS visuell anzeigen.
<u>Achtung:</u> Wegen elektromagnetischer Beeinflussung des Kompass durch das GPS einen Abstand zwischen beiden Instrumenten halten!!

Solange man nicht geht (mit mindestens 0,2 m/s, d. h. 1 km/h würde schon ausreichen) und dabei das GPS bei gutem Sat-Empfang betreibt, ist der dargestellte Pfeil/ Richtungs-Zeiger (= Bearing-Pointer) absolut wertlos, seit denn, das Gerät hat einen integrierten Kompass. Allerdings liefert uns das GPS wertvolle Navigations-Infos, wie die Entfernung und Peilung (Bearing) zum Ziel, wobei wir letztere mit einem preiswerten Kompass nutzen können.

Das Praktische bei der Navigation mit GPS-Bearing (Peilung) und Kompass ist, dass es sich entsprechend selbst aktualisiert. Jedes mal, wenn die Peilung zum aktiven Wegpunkt nachgeprüft wird, bezieht das GPS dies auf die momentan aktuelle Position. Ist man zuvor etwas vom direkten Weg abgekommen, liefert uns das GPS von diesem aktuellen Standort stets eine neue Peilung zu dem Wegpunkt.

Orientierung für den Stadt-Touristen zu Fuß

Die beschriebene Vorgehensweise ist nicht nur „Outdoors", sondern auch zur Orientierung in fremden Städten einsetzbar.

Allerdings sollte die Erwartungshaltung nicht zu hoch gesteckt sein. Wegen der Gebäude werden die Satelliten-Signale sehr leicht blockiert, es kommt zu Abschattungen ohne ausreichenden Empfang. Dies ganz sicherlich in engen Altstadt-Gassen. Vermutlich aber ebenso in den City-Bereichen großer Metropolen mit ihren hohen (Büro)-Gebäuden. Der Winkel für einen freien Blick zum Himmel wird dort vermutlich genauso gering ausfallen.

An größeren Straßenkreuzungen, oder wenn man sich auf breiten Hauptstraßen bewegt, ist jedoch meist ein ausreichender Sat-Empfang möglich (zumindest eine 2D-Positition mit eingeschränkter Genauigkeit).

Ein Kompass und eine Karte sind immer noch die wesentlichsten Hilfsmittel zur Orientierung, um sich in einer Stadt zurechtzufinden. Aber trotz der Einschränkungen ist ein GPS äußerst nützlich, wenn eine fremde Stadt zu Fuß erkundet wird. Lässt man das GPS eingeschaltet und kommt zu einer größeren Straßenkreuzung, erhält man ja üblicherweise schon eine Positions-Bestimmung.

Wer ein Gerät ohne eingebauten Kompass besitzt, sollte einen separaten Magnet-Kompass in der Tasche haben, um eine Richtungs-Bestimmung vornehmen zu können.

Dazu genügt eine sehr einfache preiswerte Ausführung. Ganz praktisch ist dabei ein primitiver Kompass für das Uhrenarmband.

Die Straßen sind in der Regel mit ihren Namen beschildert, so dass eine exakte Richtungs-Bestimmung gar nicht notwendig ist. Es ist dann schon ausreichend die richtige Entscheidung zwischen den beiden möglichen entgegen gesetzten Richtungen zu treffen. Deshalb würde sogar meist schon eine ganz grobe Kompass-Richtung von innerhalb 90° genügen, jedenfalls zumindest theoretisch.

Wesentlich ist der Besitz einer Karte. Dabei reichen die kostenlosen oder preiswerten Karten bzw. Stadtpläne aus dem Touristen-Büro, Hotel, Campingplatz, ... aus. Üblicherweise ist es viel einfacher auf diesen Karten eine Route zu planen, als auf dem kleinen Display eines „Map"-Gerätes. Dies selbst dann, wenn anschließend eine detaillierte Route ins kartenfähige GPS eingegeben wird, anstatt nur einem einfachen „GOTO" zum Ziel.

Hilfreich ist es natürlich schon, eine zusätzliche detaillierte Karte auf dem GPS-Display zur Verfügung zu haben. Bei den Garmin „Map"-Geräten wären dies die MapSource-Karten „Road & Recreation", „MetroGuide", „CitySelect", „CityNavigator" oder ggf. auch die „Topos" (topographische Karten).

Mit den „CitySelect"/„CityNavigator"-Karten ist in Verbindung mit einem dafür geeigneten Handgerät sogar automatisches Routing möglich, d. h. das Gerät berechnet automatisch den Weg zum gewünschten Ziel (Einstellung auf „Fußgänger" bzw. engl. „Pedestrian" im Setup-Menü). Von daher dürfte momentan ein Garmin eTrex Vista C(x), GPSmap60CS(x) oder 76CS(x) mit CitySelect oder CityNavigator-Karten, Autorouting, Farb-Display und im Bedarfsfalle elektronischem Kompass für eine Richtungsbestimmung im Stand das Optimum für den Touristen in fremden Städten darstellen.

Alle genannten MapSource Produkte bieten darüber hinaus noch eine Fülle von POIs (= „Points of Interest", bzw. zu Deutsch: „Punkte von besonderem Interesse"), die in fremden Gefilden überaus praktisch und nützlich sind. POIs sind z. B. Bahnhöfe, Restaurants, Hotels, Sehenswürdigkeiten, Krankenhäuser, Werkstätten, Tankstellen etc. Um sie thematisch zu ordnen und zu sortieren, werden sie in Kategorien zusammengefasst, wie z. B. Essen & Trinken, Unterkunft, Unterhaltung, Geschäfte, Transport, usw. Die POIs können nach Namen gesucht werden, oder alternativ nach den nächstgelegenen Punkten. Bei letzterer Möglichkeit wird unterschieden ob der Bezug für die Suche die momentane Position ist, oder die Lage des Karten-Cursors sofern dieser in Aktion ist (= Map Pointer).

POIs werden quasi wie Wegpunkte behandelt und können für die Ziel-Suche eingesetzt werden, d. h. sowohl für die Funktion „GOTO" als auch „Route". Bei Bedarf kann ein POI auch ganz konkret als Wegpunkt abgespeichert werden.

In den meisten Fällen wird zum Auffinden eines Zieles ein simples „GOTO" ausreichend sein. Hat man Sat-Empfang mit einer Positions-Bestimmung, kann die Info von Peilung (Bearing) und Entfernung (Distance) dorthin in Verbindung mit einem einfachen Kompass genutzt werden, um zu erkennen, ob man noch in die richtige Richtung geht oder ob das Ziel eventuell schon überschritten ist.

Zudem kann die Karte zu Rate gezogen werden und ggf. können noch Passanten gefragt werden. Das GPS ist ein weiteres Hilfsmittel dazu. Stehen auf einem „Map"-Gerät Karten-Feindaten zur Verfügung und dann auch noch die Möglichkeit des Autoroutings, ist dies natürlich optimal.

Generell kann bei den „Map"-Geräten eine Route über „drag and drop" (quasi „ziehen und fallen lassen") zu Kreuzungen und Abzweigungen entlang des Weges gelegt werden. Am einfachsten ist es, zunächst eine Route aus zwei Punkten anzulegen (z. B. der Ausgangspunkt (Hotel, Parkplatz, ...) und das gewünschte Ziel). Dann auf der Routen-Seite die Funktion „Edit on Map"/„Use Map"/„Karte benutzen" o. ä. wählen, und an markanten Kreuzungen und Abzweigungen zusätzliche Routen-Wegpunkte setzen. Die einzelnen Routen-Punkte werden zwar nur durch gerade Linien verbunden und folgen nicht exakt dem Straßenverlauf, aber dies ist schon hilfreich genug.

Wie eine Route direkt auf der Karten-Seite editiert wird, beschreibe ich ausführlich im Abschnitt *__Besonderheiten bei der Routen-Navigation__* unter *__Eine Route auf der Karten-Seite erstellen__*. Hört sich alles komplizierter an als es ist, einfach ausprobieren.

Ein Basis-GPS ohne Vektorkarten-Darstellung und POIs ist aber ebenfalls von Nutzen. Es empfiehlt sich ganz generell, z. B. die Lage des Ausgangspunktes (Hotel, Parkplatz, Bahnhof, Campingplatz, Busbahnhof, ...) als Wegpunkt abzuspeichern.

Hat man dann unterwegs im Straßengewimmel etwas die Orientierung verloren, bekommt man in der Regel wie erwähnt an einer Straßenkreuzung eine Positions-Bestimmung, sowie einen Wert für die Peilung zum Ziel (= Bearing; z. B. zurück zum Parkplatz, zum Hotel, ...). Außerdem erhält man noch eine Info zu der Entfernung dorthin.

Dann genügt der Blick auf einen einfachen preiswerten Kompass, um die richtige Richtung dorthin einzuschlagen. Für diesen Zweck ist z. B. auch der schon erwähnte Kompass für das Uhrenarmband ganz praktisch und ausreichend. Es geht ja nur darum eine grobe Vorstellung von der Lage des Zieles zu erhalten.

Die Schwierigkeiten bei einem Basis-Gerät ohne Karte liegen viel mehr darin, Koordinaten bzw. überhaupt die Lage eines gewünschten Zieles zu bekommen, das man von seinem Ausgangspunkt (Parkplatz, Hotel, ...) ansteuern möchte.

Egal welches Gerät: Unterwegs auf „Tour" durch eine fremde Stadt ist die Verwendung so eines primitiven Stadtplanes in der Hosentasche, einem Kompass am Uhrenarmband und einem GPS recht unauffällig. Sieht es doch aus wie ein Telefon-Handy. Man wird so kaum als „Touri" auffallen. Es empfiehlt sich, die Karten-Seite auf nordorientiert („North Up"/„Nord oben") einzustellen, sowie sich die Peilung (Bearing) und nach Möglichkeit noch die Entfernung (Distance) zum Ziel anzeigen zu lassen.

Wahl des Displays für die Navigation

Welche Darstellung sich für die Navigation in erster Linie anbietet, ist abhängig von den Möglichkeiten des jeweiligen GPS-Gerätes. Ich persönlich bevorzuge die Karten-Seite (Map-Page), sofern genügend Datenfelder darauf angezeigt werden können.

Bei einem „normalen" GPS ohne integrierten Kompass wären dies „Peilung" und „Entfernung" zum Wegpunkt (= BEARING und DISTANCE).

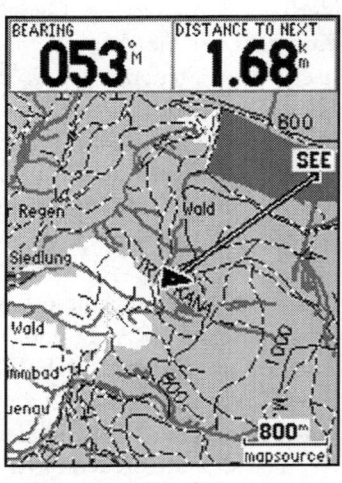

Dabei empfiehlt sich die Karten-Seite nicht nur bei den teureren „Map"-Geräten mit eingespeicherter „Basemap", sondern auch bei den Basis-Geräten, die keine hinterlegte Vektorkarte haben.

Dies wären beispielsweise das Garmin GPS 60/72/76, eTrex Venture, ..., bei denen nur die eigene Position, Wegpunkte/Routen/Tracks

Karten-Seite/Map-Page

GPSmap76 der Fa. Garmin mit MapSource Topo Deutschland.

und Navigations-Linien (Soll-Kurs und/oder Peilung) zur Übersicht graphisch aufgetragen werden.

Bei den einfachen Einsteiger-Geräten wie beispielsweise Garmin eTrex „gelb"/Camo/Summit, Geko-Reihe, ... ist die Karten-Seite als hauptsächliches Display zur Navigation allerdings nicht hilfreich, da kein Datenfeld einblendbar. Es wird schon ein Display benötigt, das die Peilung (Bearing) und möglichst auch die Entfernung (Distance) zum nächsten Wegpunkt anzeigen kann. Bei diesen Modellen wird vermutlich die „Kompass"-Seite (Pointer-Page) die meisten Infos liefern, auch wenn der Richtungs-Zeiger selbst (= Bearing-Pointer), nur bedingt zu gebrauchen ist. Je nach Gerät kann zudem die Trip-Computer Seite nützlich sein, sofern diese 4 benutzerdefinierbare Datenfelder bieten sollte.

Verfügt man über ein Gerät mit integriertem elektrischen Kompass, ist die Anzeige von HEADING („Blickrichtung nach vorn"/Steuerkurs) von Interesse.
Hier gilt es allerdings die genaue Bezeichnung für diesen Navigations-Begriff, sowie die Möglichkeiten des jeweiligen Gerätes prinzipiell zu erforschen. Beispielsweise verhält sich das Garmin eTrex Vista mit Graustufen-Display etwas anders, als das Garmin GPSmap76S.

Das Vista mit Graustufen-Display bietet diese Differenzierung zwischen TRACK und HEADING nicht. Es wird nur pauschal das Datenfeld HEADING (= „Richtung") geboten. Das GPSmap76S dagegen verfügt über die beiden unterschiedlichen Datenfelder TRACK und HEADING (= „Track" und „Steuerkurs").
Ist bei beiden Geräten der elektr. Kompass aktiv, bezieht sich TURN (= „Wende"; Winkel-Differenz zur Peilung/Bearing) weiterhin auf die eigene Bewegungsrichtung (Kurs über Grund, TRACK) und nicht auf die „Blickrichtung" des

elektr. Kompass (= Lage des Gehäuses), wie man dies eigentlich erwarten würde. Ob der elektr. Kompass aktiv ist oder nicht, nimmt also bei diesen Geräten TURN generell auf TRACK Bezug (Kurs über Grund). Wenn der elektr. Kompass beim GPSmap76S inaktiv ist, zeigt das Feld von HEADING den Wert von TRACK an.

Was ich damit ausdrücken möchte: Es empfiehlt sich die Eigenarten seines persönlichen Gerätes genau kennen zu lernen. Ein Firmware-Update oder ein anderes Modell kann sich diesbezüglich völlig anders verhalten.

Die mir bekannten Geräte von Magellan können 2 Daten-felder auf der Karten-Seite anzeigen. Ob sich bei den Ausführungen mit elektr. Kompass das Feld TURN auf HEADING oder auf TRACK bezieht, kann ich jetzt nicht sagen, einfach ausprobieren.
Egal ob Garmin oder Magellan: Wenn bei aktivem Kompass TURN auf HEADING Bezug nehmen würde („Blickrich-tung" des Kompass/Lage des Gehäuses), könnte durch die Verwendung von TURN anstatt von HEADING und BEARING separat, ein Datenfeld eingespart werden.

Magnetisch Nord

Wird beim GPS-Gerät mit den Daten navigiert, die auf der eigenen Bewegungsrichtung bzw. dem Kurs über Grund basieren (= „TRACK"-Daten), ist der Einfluss der magneti-schen Missweisung (= Deklination oder auch Variation genannt) nicht problematisch.
Dies ist deshalb so, da BEARING und TRACK (Peilung und Kurs über Grund) jeweils miteinander verglichen werden. So lange sich beide Werte entweder auf magnetisch oder geographisch Nord (= „wahre" Nordrichtung/ „rechtweisend" Nord bzw. „True") beziehen, streicht sich die Missweisung von selbst heraus. Wird jedoch ein GPS in

Verbindung mit einem Kompass verwendet, wird's heikel.

Prinzipiell ermittelt das GPS die Richtung in Bezug auf geographisch Nord. Durch ein eingespeichertes mathematisches Modell der magnetischen Missweisung ist es jedoch in der Lage, für die ganze Welt die Deklination/Variation zu berücksichtigen.

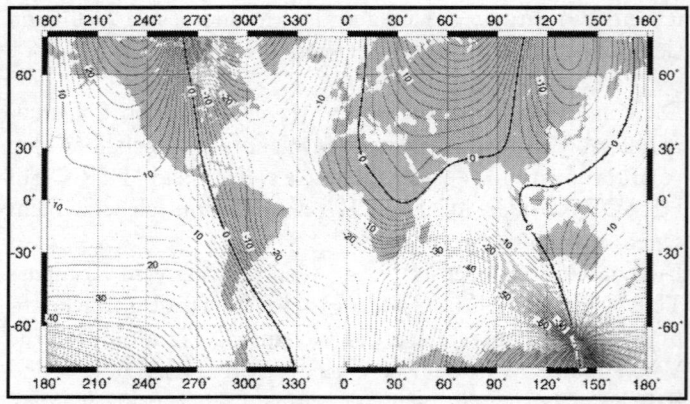

Units (Declination): degrees; Contour Interval: 2 degrees; Map Projection: Mercator

Karte vom Magnetfeld der Erde mit Stand Jahr 2000.
Größe der globalen Missweisung.

© Grafik: www.ngdc.noaa.gov

Sofern der Empfänger im Setup-Menü entsprechend eingestellt wird, gibt das GPS die Werte für die Navigation stets korrigiert um die Missweisung an. Siehe hierzu das Kapitel *„Grundlagen der Navigation"* unter *„Einstellung der Nord-Referenz am GPS-Gerät"*.
Auf diese Weise können Dinge wie beispielsweise die Peilung (BEARING), unmittelbar mit einem Kompass verwendet werden. Die Handgeräte der Fa. Garmin z. B. sind ab Werk auf „magnetisch Nord"/„Magnetic" voreingestellt.

Dies sollte beachtet bzw. überprüft, und ggf. abgeändert werden.

Obwohl das GPS-Gerät auf Wunsch automatisch um die magnetische Missweisung korrigiert gibt es trotzdem Gründe, warum man gerne Wissen möchte, mit welchem Wert das Gerät rechnet bzw. wie das Maß der Missweisung in einer bestimmten Gegend generell ist.

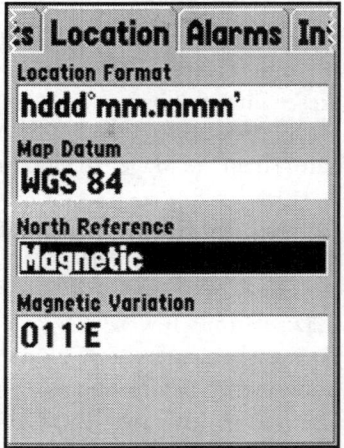

Wenn im Setup-Menü „Magnetisch"/ „Magnetic" für die Nord-Referenz gewählt wird, kann auf dieser Seite der Wert für die Missweisung bezogen auf die jeweilige Position abgelesen werden (siehe Abbildung rechts).

Angabe der Größe der örtl. magnet. Missweisung (= Deklination/Variation) im Setup-Menü für die Nord-Referenz

Gute topographische Karten, Seekarten etc. geben üblicherweise die Deklination, bezogen auf ein ganz bestimmtes Jahr zusammen mit der zu erwartenden jährlichen Veränderung, in der Legende an.

Wird jedoch eine Karte verwendet die keine Angaben macht, ist die Info des GPS schon hilfreich. Dies beispielsweise, um mit Hilfe von GPS und Kompass solch eine Karte nach geographisch Nord auszurichten, also einzuordnen.

Positions-Bestimmung mit Hilfe von Höhe-Linien (z. B. im Gebirge)

Zur exakten Positions-Bestimmung ist vor allem im Gebirge oder stark hügeligen Gelände ein separater mechanischer (barometrischer) Höhenmesser nützlich, oder ein Gerät, wo dieser integriert ist (z. B. Garmin eTrex Summit/Vista(C/x), GPSmap60CS(x)/76S/76CS(x), Geko 301, Silva Multi Navigator, manche Magellan eXplorist-Modelle).

Anhand der Höhen-Linien auf topographischen Karten und der Info vom Höhenmesser, kann in Verbindung mit der Positions-Angabe des GPS-Gerätes, der eigene Standort sehr präzise ermittelt werden.
Dies ist besonders im Gebirge praktisch wegen der geringen horizontalen Entfernungen, aber großen Höhendifferenzen. Die Höhen-Angabe des GPS-Gerätes selbst ist hierzu in manchen Fällen prinzipbedingt nicht genau genug, oder unter schwierigen Empfangs-Bedingungen unbrauchbar wie teilweise im Gebirge.

Allerdings beachten, dass es bei einem barometrischen Höhenmesser systembedingt bei Luftdruckschwankungen zu veränderter/ungenauer Höhen-Anzeige kommt. Deshalb unterwegs bei bekannter Höhen-Info den Höhenmesser stets nachkalibrieren (z. B. an Hütten, Jöchern, Gipfeln, Orten usw.).
Dies auch bei den Kombi-Geräten Garmin eTrex Summit/ Vista(C/x), GPSmap60CS(x)/76S/76CS(x), Geko301 durchführen (Höhenwert manuell vorgeben), selbst wenn die Funktion „Autokalibrierung" aktiv ist. Näheres zu Geräten mit barometrischer Höhenmessung im Kapitel „**_Genauigkeit des GPS-Systems_**" unter „**_Genauigkeit der Höhen-Info_**".

Weitere Hilfen zur Orientierung und Navigation

Obgleich die Verwendung der GPS-Peilung (= Bearing) in Verbindung mit einem Kompass die wesentliche Methode für die Navigation zu Fuß darstellt, gibt es noch eine Reihe weiterer hilfreicher Möglichkeiten.

Auch wenn die Info über TRACK (Kurs über Grund) häufig nicht nutzbar ist, so ist sie doch für Abschnitte der Tour hilfreich, bei denen eine relativ gleichmäßige Richtung und Geschwindigkeit in Gegenden mit gutem Sat-Empfang gehalten werden kann.

Es gibt Gebiete auf der Erde, bei denen wegen ihres hohen Eisenerz-Gehaltes, ihrer Nähe zu den geographischen Polen oder gar der Nähe zum magnetischen Pol (z. B. die Hudson Bay), eine TRACK-Info des GPS (Kurs über Grund) weitaus zuverlässiger ist, als die Richtungsangabe von einem Kompass. Allerdings sollte dann die Nord-Referenz auf „True" bzw. „Wahr" stehen, da das interne Missweisungs-Model in diesen Regionen sicherlich ebenfalls an seine Grenzen stößt.

Die Info von OFF COURSE (Cross Track Error/XTK, Kurs-Versatz) ist ebenfalls hilfreich. Wenn der Wert für den Kurs-Versatz zunimmt, bewegt man sich nicht geradlinig, also auf dem direkten Weg zum nächsten aktiven Wegpunkt. Auch wenn der Wert für den Kurs-Versatz abnehmen sollte ist nicht sichergestellt, dass der Wegpunkt direkt angesteuert wird. In solch einem Fall nimmt der Wert für den Kurs-versatz nicht schnell genug ab, um direkt auf den Wegpunkt zuzugehen oder unter Umständen auch zu schnell.

Eine weitere Navigations-Hilfe ist die Veränderung der Peilung zum Ziel (Bearing). Bewegt man sich im Uhrzeigersinn auf den aktiven Wegpunkt zu, vergrößert sich der Wert für die Peilung (Bearing). Bewegt man sich dagegen gegen den Uhrzeigersinn darauf zu, nimmt der Wert für die Peilung permanent ab.

Dies ist praktisch analog wie auf der Kompass-Rose oder auch auf dem Ziffernblatt einer Uhr. Im Uhrzeigersinn nehmen die Werte zu, im Gegen-Uhrzeigersinn nehmen sie ab. Wird die Peilung (Bearing) größer, dann bewegt man sich im Uhrzeigersinn bzw. nach links. Wird die Peilung kleiner, dann bewegt man sich im Gegen-Uhrzeigersinn bzw. nach rechts.

Seite „Sonne und Mond"

Die meisten neueren Empfänger zeigen die Position von Sonne und Mond am Himmel, in Bezug zu den vier Himmels-Richtungen, graphisch auf der extra Seite „Sun and Moon" bzw. „Sonne und Mond" an (unter Accessories/Celestial, bzw. unter Zubehör/Himmel).

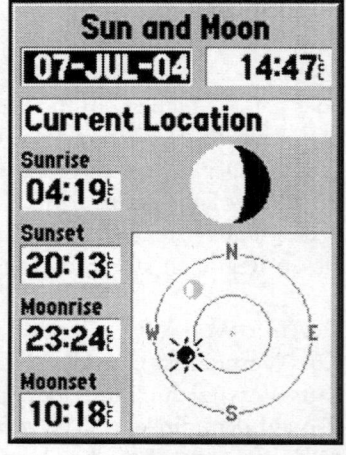

Die Darstellung des Himmels, sowie der Position von Sonne und Mond erfolgt analog wie bei der Satelliten-Statusseite, d. h. der äußerer Kreis = Horizont 0°, Punkt in der Mitte = Zenith 90° (direkt über uns), mittlerer Kreis = Lage von 45° zum Horizont.

„Sun and Moon"-Seite

Grobe Orientierung durch Abgleich der Grafik mit dem Stand v. Sonne und/oder Mond

(Garmin GPS 76)

Durch den Abgleich dieser Grafik auf dem GPS-Display mit dem tatsächlichen Stand von Sonne und/oder Mond, kann eine grobe Richtungs-Bestimmung durchgeführt werden.

Einsatz „Wahre" Nordrichtung am Kompass

Viele der klassischen Orientierungs-Methoden mit Karte und Kompass können durch den GPS-Einsatz angepasst werden. Anstatt den Kompass nur dafür zu benutzen um magnetische Werte abzulesen, in dem die Kompass-Nadel nach Norden ausgerichtet wird, ist es ebenso möglich ihn so zu drehen, dass die Nadel um das Maß der Missweisung abgeglichen wird, um „wahre" Nordrichtungen zu erhalten (= „rechtweisend" Nord/geographisch Nord bzw. True).

Hierzu ein Beispiel: Wir wandern im Norden Finnlands. Laut GPS beträgt die örtliche magnet. Missweisung (Deklination/Variation) 11°E, also 11° Ost (E = East bzw. Ost). Dann den Kompass beim Einnorden so drehen, dass die Nadel auf 11° steht anstatt auf Norden. 11° ist 11° östlich von Norden (östliche Missweisung).
Anderes Beispiel: Wir sind zum Paddeln im Osten der USA. Laut GPS beträgt die örtliche magnet. Missweisung 7°W, also 7° West. Dann den Kompass beim Einnorden so drehen, dass die Nadel auf 353° steht anstatt auf Norden. 353° ist 7° westlich von Norden (westliche Missweisung).

Mit dem so ausgerichteten Kompass können nun „wahre"/ „rechtweisende" Richtungen bestimmt werden, also nach geographisch Nord (True). Karten sind üblicherweise immer nach geographisch Nord ausgerichtet („oben" auf der Karte).

Das GPS-Display ausrichten

Die Technik um eine Papierkarte nach Norden auszurichten, um sie mit der Topographie, dem tatsächlichen Gelände vor Ort abzugleichen, ist bekannt: Das Einnorden.

Dabei wird der Kompass mit seiner Anlegekante an den östlichen Kartenrand gelegt. Die Nordmarke des Kompasses zeigt dabei zum Nordrand der Karte. Dann die Karte zusammen mit dem Kompass so lange drehen, bis die Spitze der Magnetnadel auf der Missweisungsmarkierung/dem Deklinationsstrich steht. Die Richtung der Karte stimmt nun mit geographisch Nord überein.

Hat der Kompass keinen Missweisungsausgleich wie in unserem Beispiel, muss noch die magnet. Missweisung (Deklination/Variation) berücksichtigt werden. Hierzu noch mal zurück zu unserem letzten Beispiel, bei der die Variation 7°W beträgt (7° westl. Missweisung). Dann die Karte zusammen mit dem Kompass so lange drehen, bis die Nadel auf 353° steht.

Diese Methode lässt sich nun übertragen, um die „Karten-Seite" des GPS-Empfängers mit Hilfe eines separaten Kompasses nach dem Gelände auszurichten. Im nachfolgenden Beispiel ist es ein Garmin GPSmap76, das über keinen integrierten elektr. Kompass verfügt.

Zum leichteren Verständnis und zur besseren Darstellung auf den Bildern habe ich die Missweisung etwas übertrieben (satte 20°W).

Der Kniff ist es, die Nord-Süd-Linie des Kompasses und das Display des GPS parallel zueinander auszurichten. Bei einem Kompass mit Grundplatte, wie auf dem Bild unten, ist die Sache „easy". Einfach die Kompass-Rose nach Norden drehen und das GPS-Display an der Grundplatte ausrichten. Dann beide Instrumente drehen bis die Kompass-Nadel, korrigiert um die jeweilige Missweisung, auf Norden steht *(=> in diesem Fall auf 340°).*

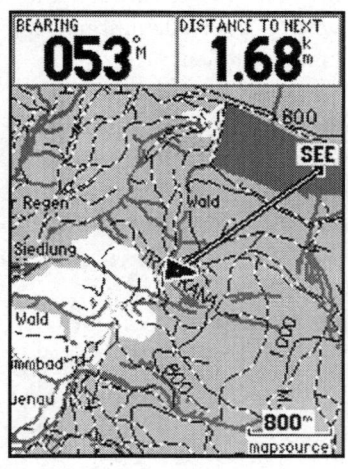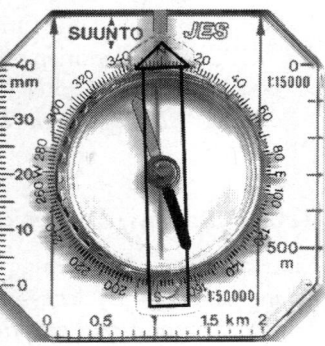

Einnorden des GPS-Displays mit Hilfe eines Kompass (Beispiel: 20° westliche Missweisung)

In der Praxis wegen elektromagnetischer Beeinflussung des Kompass durch das GPS einen Abstand zwischen beiden Instrumenten halten!!

(GPSmap76 der Fa. Garmin mit MapSource Topo Deutschland)

Anmerkungen:

- Ein GPS ist ein elektronisches Gerät, welches die Nadel eines Magnet-Kompass mehr oder weniger stark beeinflusst/beeinflussen kann.

  Obwohl für die Darstellung der prinzipiellen Vorgehensweise beide Instrumente unmittelbar nebeneinander abgebildet sind, ist es beim praktischen Einsatz zu empfehlen, einen gewissen Abstand zu halten. Ein paar Zentimeter Abstand und eine Ausrichtung nach Augenmaß ist für die meisten Fälle bereits ausreichend.

  Man kann ja beide auf einen rechtwinkligen Träger

positionieren (jeweils an einem Ende; z. B. auf Landkarte, Reiseführer/Buch, Vesper- oder Klemmbrett, ...)
und dann diesen Träger komplett drehen.

- Um das GPS-Display wie angesprochen einnorden zu
  können, muss die Orientierung der Karten-Seite des
  GPS auf „nordorientiert"/„North-Up" eingestellt sein.
  Siehe hierzu Kapitel *„**Grundlagen der Navigation**"*
  unter *„**Navigations-Displays**"* => *„**Karten-Seite**"*.

Triangulation/Dreiecks-Messungen

Eine übliche Anwendung mit dem Kompass ist die
Triangulation (= Dreiecks-Messung), um den eigenen Stand-
ort/die Position zu ermitteln (z. B. durch „Rückwärts-
Einschneiden"/Kreuzpeilung etc.).

Das GPS kann die Positions-Bestimmung in einer Vielzahl
unterschiedlicher Koordinaten-Systeme/Positions-Formate
ausgeben. Dies ist aber nur so lange hilfreich wie man eine
Karte besitzt, auf der das jeweilige Gitter/Koordinaten-
System auch aufgedruckt ist.

Ein GPS kann jedoch ebenso für die Triangulation eingesetzt
werden, so dass mit dessen Hilfe der eigene Standort auch
auf einer Karte bestimmt werden kann, die über kein Gitter
verfügt. Entgegen dem Kompass ist das GPS aber nicht nur
auf Objekte/Landmarken beschränkt, die man direkt sieht.
Die Thematik wird in dem separaten Kapitel *„**Nutzung von
Karten ohne Gitter**"* näher erläutert.

Missweisung und Nadelabweichung bestimmen

Mit einem GPS-System kann durch einfache Bestimmung
von zwei GPS-Koordinaten und einem Peilwinkel (von
einem Kompass) die örtliche Nadelabweichung zum UTM-
Gitter, sowie die Missweisung (= Deklination/Variation)
ermittelt werden.

Die Nadelabweichung beinhaltet die Meridiankonvergenz (= Winkeldifferenz zwischen Gitter- und geographisch Nord), sowie die Missweisung (Winkeldifferenz zwischen magnetisch- und geographisch Nord), also insgesamt magnetisch Nord zu Gitter-Nord.
Die geniale Methodik hat Thomas Kühefuß ausgetüftelt. Ein ganz besonderer Dank an Thomas, dass ich diese hier in dem Buch vorstellen darf.

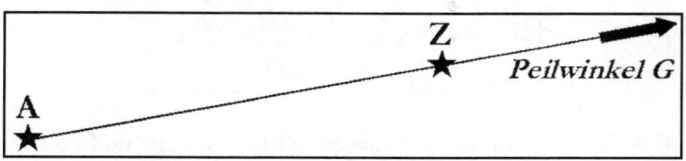

Voraussetzungen:
Wir benötigen dazu keine Karte, sondern lediglich einen anpeilbaren Punkt. Der Kompass darf bei der Peilung nicht betreffend einer Missweisung verstellt sein.

Von einem beliebigen Ausgangspunkt „A" merken wir uns die UTM-Koordinaten (Rechtswert R_A und Hochwert H_A) und peilen einen erreichbaren Punkt „Z" in ausreichend großer Entfernung an. Wir halten den gepeilten Geländewinkel „G" fest. Anschließend begeben wir uns zu dem angepeilten Punkt „Z" und erfassen auch dessen UTM-Koordinaten (Rechtswert R_Z und Hochwert H_Z).

Aus den beiden Koordinaten-Paaren errechnen wir nun den Kartenwinkel „K". Die Formel für den Kartenwinkel ist abhängig von der gepeilten Richtung.
Der Geländewinkel „G" dient dabei zur Fallunterscheidung.

Voraussichtl. Kartenwinkel = G − voraussichtl. Nadelabweichung
Es gibt drei verschiedene Fälle:

Fall 1: Kartenwinkel wird liegen: Zwischen 0° und 89,99°

$$K = \arctan\left(\frac{R_Z - R_A}{H_Z - H_A}\right)$$

Fall 2: Kartenwinkel wird liegen: Zwischen 90° und 269,99°

$$K = 180° + \arctan\left(\frac{R_Z - R_A}{H_Z - H_A}\right)$$

Fall 3: Kartenwinkel wird liegen: Zwischen 270° und 360°

$$K = 360° + \arctan\left(\frac{R_Z - R_A}{H_Z - H_A}\right)$$

Ist für den Standort „A" auch noch die Meridiankonvergenz MK bekannt, so kann sehr einfach die Deklination bestimmt werden. Siehe hierzu die Darstellung der Zeigerbilder auf den nächsten Seiten.

MK = Abstand_vom_Hauptmeridian x sin (Breite)

Ein Hinweis zur erzielbaren Genauigkeit:

Da die beiden Koordinaten nur mit der gegebenen GPS-Genauigkeit ermittelt werden können, ergibt sich für die Rechnung erst bei einer Minimalentfernung „A_{min}" der beiden Punkte ein ausreichend genaues Ergebnis.

Bei einer angenommenen GPS-Genauigkeit von +/-5m für jede Positionen müssen diese schon mehr als 2,2 km voneinander entfernt sein, um eine Genauigkeit von besser 0,5° für den Kartenwinkel zu ergeben. Deshalb beim

Aufnehmen der beiden Punkte „A" und „Z" auf guten und ausreichend langen Sat-Empfang achten.

Die Beziehung lautet:

$$A_{min} = \frac{2 \cdot GPSGen_A + 2 \cdot GPSGen_Z}{\tan \alpha}$$

A_{min} entspricht dem erforderlichen Mindestabstand und Winkel Alpha (α) der erwarteten Genauigkeit. Für die Punkte „A" und „Z" wird jeweils die Genauigkeit der ermittelten Positionen angegeben (Wert von „EPE" vom GPS abgelesen).

Allerdings beachten, dass die Werte von „EPE" nur optimistische Einschätzungen des Gerätes selbst sind. Siehe hierzu das Kapitel *„__Genauigkeit des GPS-Systems__"* unter *„__Genauigkeitsangabe der GPS-Geräte__"*.

Dazu ein Beispiel:

Wir befinden uns in Ost-Island auf dem Hochplateau bei Eidar. Die erwartete Nadelabweichung beträgt ca. 20° westlich.

Die UTM-Koordinaten (UTM-Zone/Rechtswert/Hochwert) lauten:

Punkt „A":   28W   535094 7249517
Punkt „Z":   28W   538538 7250642
                    (=>Geländewagen in. ca. 3km Entfernung)

Gemessener Peilwinkel mit dem Kompass: „G" = 86,5°
Wir befinden uns rechts vom Hauptmeridian (Rechtswert ist größer als 500).

Der Kartenwinkel „K" wird etwa 86,5° – 20° = 66,5°
erwartet, damit gilt die Formel von **Fall 1**.

$$K = \arctan\left(\frac{R_Z - R_A}{H_Z - H_A}\right)$$

RZ – RA = 538538 – 535094 = 3444
HZ – HA = 7250642 – 7249517 = 1125

K = arctan (3,06133) = 71,9°

Es ist G > K und damit die Nadelabweichung N:
N = K – G = 71,9° – 86,5° = –14,6°, also westlich

Wir sind rechts des Hauptmeridians und haben eine
westliche Nadelabweichung.
Damit trifft der Fall 4 in der Darstellung der Zeigerbilder zu
(siehe nächste Seiten).

Hauptmeridian = 15°W

Position von Punkt „A" in geographischen Koordinaten
(das GPS im Setup-Menü unter Positionsformat von UTM
auf hddd.ddddd° umstellen):

      N65° 21´ 59.6"   bzw.   N65,366°
      W14° 14´ 43.6"   bzw.   W14,245°

Unterschied zum Hauptmeridian: 15° – 14,245° = 0,755°

MK = 0,755° x sin (65,366) = 0,68°

Die Deklination D ist damit aus Skizze nach Fall 4 der
Zeigerbilder

D = N – MK = 14,6° – 0,68° = 13,92° (westlich)

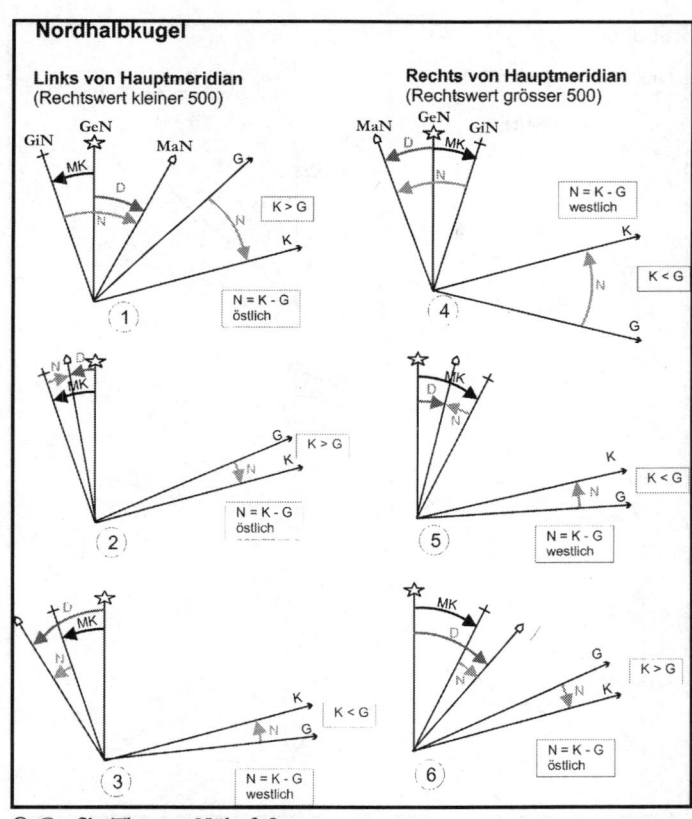

© Grafik: Thomas Kühefuß

Ermittlung Nadelabweichung N und Deklination D
aus Unterschied Kartenwinkel K und Geländewinkel G
für die <u>Nordhalbkugel</u> der Erde
(MK = Meridiankonvergenz)

*Aus Vergleich von berechnetem Karten- und gemessenem Peilwinkel
(Geländewinkel) entsteht die Nadelabweichung N sowie die
Deklination D, sofern die Meridiankonvergenz MK errechnet wurde.*

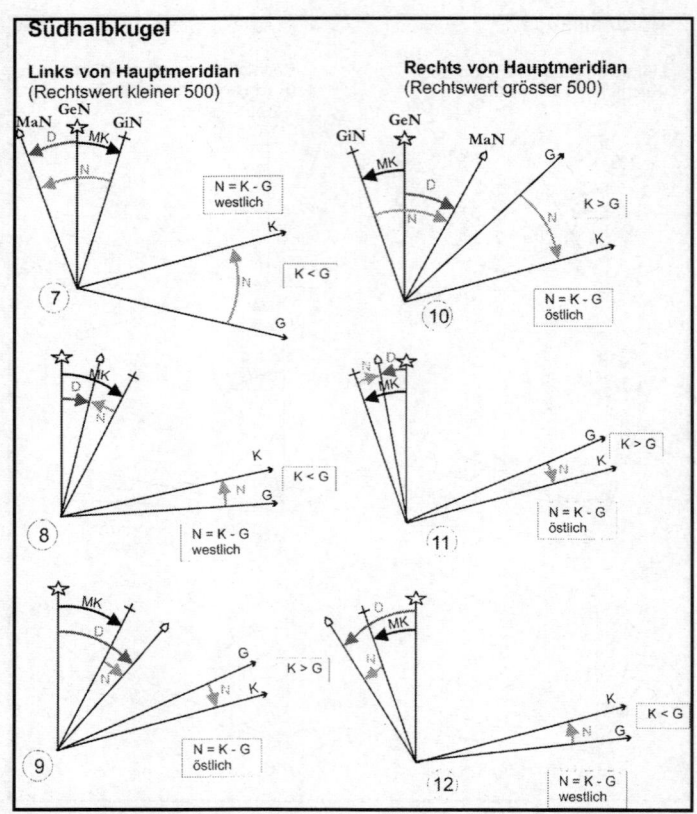

© Grafik: Thomas Kühefuß

Ermittlung Nadelabweichung N und Deklination D aus Unterschied Kartenwinkel K und Geländewinkel G für die <u>Südhalbkugel</u> der Erde (MK = Meridiankonvergenz)

Aus Vergleich von berechnetem Karten- und gemessenem Peilwinkel (Geländewinkel) entsteht die Nadelabweichung N sowie die Deklination D, sofern die Meridiankonvergenz MK errechnet wurde.

Definitionen für die beiden Zeigerbilder:

MK: Meridiankonvergenz
             (= Abstand von Hauptmeridian x sin (Breite))

D: Deklination (= Abweichung magnetisch Nord *MaN*
             nach Geographisch Nord *GeN*)

N: Nadelabweichung (= magnetisch Nord *MaN* nach
             Gitternord *GiN*)

K: Kartenwinkel

G: Geländewinkel (gepeilt)

In der Wüste Namibias

*Mit einem GPS-Empfänger, einem Kompass und etwas Rechnerei
lässt sich die tatsächlich herrschende Missweisung
an jedem beliebigen Ort bzw. Gebiet ermitteln.*

eTrex Summit der Fa. Garmin
(Bild: www.garmin.de)

1 - Dimensionale „Pfad" - Navigation

Egal ob man sich auf einem Wanderweg/Pfad/Trail, auf einer Strasse oder auf einem Bach/Fluss bewegt, die Anforderungen an die Navigation sind in allen Fällen ähnlich.

Im Gegensatz zur 2-Dimensionalen Navigation mit „Vehikel" bzw. zu „Fuß", wie in den beiden letzten Abschnitten beschrieben, wird das GPS nicht für Steuerungsaufgaben entlang einer Route bzw. zu einem Wegpunkt benötigt.

Infos zu TRACK und BEARING, also zur eigenen Bewegungsrichtung/Kurs über Grund und der Peilung zum Ziel sind daher nicht erforderlich bzw. nützlich.

Die momentan erforderliche Navigation und Steuerung vor Ort entlang des „Pfades" wird nämlich durch dessen Begrenzungen vorgegeben. Das ist der Verlauf des Wanderweges, der Verlauf und die Breite der Strasse, oder die Uferränder eines Flusses.

Trotzdem kann das Folgen einer GPS-Route sehr hilfreich sein, um den Fortschritt bzw. den Verlauf der Unternehmung abschätzen zu können, auch wenn die Route selbst zur Steuerung nicht benötigt wird. Es ist hier mehr eine Frage der Orientierung, wo ich mich auf dem natürlich vorgezeichneten „Pfad" befinde, um eine zeitliche und entfernungsmäßige Abschätzung der Reise vornehmen zu können.

Hierzu ein Beispiel: Wir machen eine Paddel-Tour mit dem Canadier („Kanu") auf dem gewundenen Flusslauf des „Regen" im Bayrischen Wald.

Die direkte Luftlinien-Entfernung vom Start- zum Endpunkt des Trips wäre nicht so besonders weit. Die wirklich zurückzulegende Entfernung auf dem Fluss ist dagegen deutlich weiter. Wird diese Strecke mit einem Canadier oder Kajak bewältigt, schon ein wesentlicher Unterschied.

Nachstehend die direkte Route vom Start zum Endpunkt der Paddel-Tour:

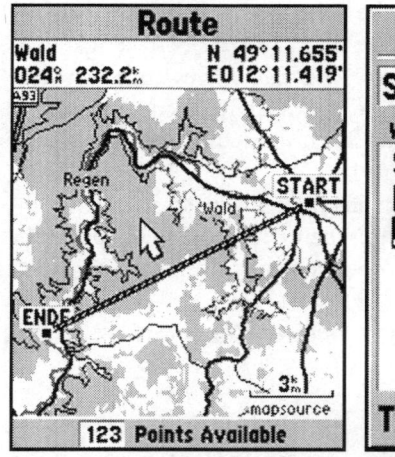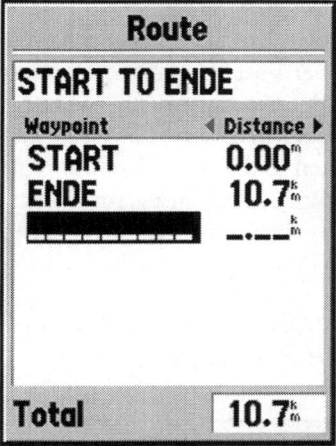

Die direkte Route von Wegpunkt „Start" zu WP „Ende"

Der Verlauf der Route und die Entfernungsangaben haben keinen hilfreichen Bezug zur Wirklichkeit

(Garmin GPSmap76S mit MapSource Topo Deutschland)

In solchen Fällen ist es empfehlenswert zusätzliche Routen-Wegpunkte einzufügen, um den tatsächlichen Verlauf des „Pfades" besser nachzubilden, und damit eine genauere Info über die wirkliche Entfernung zu erhalten.

Bei einem „Map"-Gerät mit hinterlegter Vektorkarte ist dies eine ganz einfache und schnell zu erledigende Angelegenheit.

Im Beispiel ist es ein GPSmap76S der Fa. Garmin. Bei den Garmin's kann die Route mit dem „Editing-Feature" direkt auf der Karten-Seite sehr effektiv nach belieben bearbeitet werden. Dies durch verschieben (= move/drag), löschen (= delete) und einfügen (= insert) von Routen-Wegpunkten. Besitzern von einem Garmin „Map"-Gerät würde ich dringend empfehlen, sich mit dieser hervorragenden Möglichkeit intensiver auseinander zu setzen.

Das Editieren der Route auf der Karten-Seite eines „Map"-Gerätes vereinfacht die Sache schon erheblich, aber prinzipiell kann die Vorgehensweise ohne größere Schwierigkeiten bei Basis-Geräten ohne Karte ebenfalls angewandt werden. Bei diesen ist dann zwar keine Karte als Referenz hinterlegt, aber man kann das gleiche auch mit vorhandenen Wegpunkten und Tracks durchführen.

Es sei aber trotzdem nicht verschwiegen, dass eine Tourenvorbereitung auf dem heimischen PC nochmals deutlich einfacher, schneller und bequemer von statten geht.

Nachstehend nun eine detailliertere Route des Paddel-Trips:

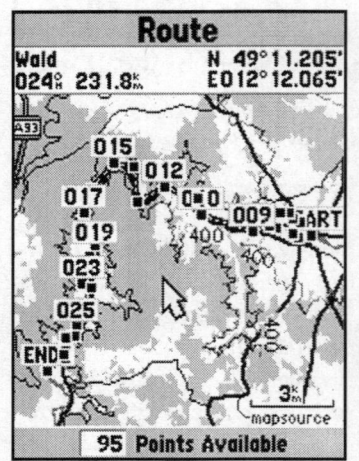

Die optimierte Route von Wegpunkt „Start" zu „Ende"

Verlauf der Route bzw. der Flusslauf weitgehend nachgebildet.
Editieren der Routen-Wegpunkte direkt auf der Karten-Seite des GPS.
Detaillierte Infos über die Entfernungen zwischen den einzelnen
Wegpunkten der Route und der Gesamt-Entfernung.

Der Maßstab der Karten-Seite (Map-Page) eines jeden GPS lässt sich über einen extrem weiten Bereich verändern (= zoomen). So kann man sich sowohl einen Überblick über den Fortschritt des gesamten Geschehens bzw. der gesamten Tour verschaffen, als auch einzelne Passagen sehr detailliert betrachten (siehe Abbildungen auf der nächsten Seite).

Bei der „Pfad"-Navigation, bei der es ja kein „links und rechts des Weges gibt", besteht eigentlich keine konkrete Notwendigkeit, die Navigations-Linien für den Soll-Kurs und/oder die Peilung einzublenden (Course-/Bearing-Line). In der nachfolgenden Abbildung sind sie daher für eine bessere Übersichtlichkeit auf der Karten-Seite weggelassen.

Weiterhin ist auf den Bildern zu sehen, dass andere Daten-felder als bei der 2-Dimensionalen Navigation ausgewählt sind. Navigatorische Infos wie Track, Bearing, Turn, Course/Desired-Track, Cross Track Error/Off Course etc. (Kurs über Grund, Peilung, Wende, Soll-Kurs, Kurs-Versatz etc.) haben für uns keinen nutzen.
Hilfreich sind dagegen Angaben wie z. B. zu den ETE's, ETA's und Distances, also zu den voraussichtlichen Rest-Reisezeiten, voraussichtlichen Ankunftszeiten und Entfernungen.
Ich schreibe hier in der Mehrzahl, da bei den meisten Geräten diese Angaben bezogen auf den nächsten aktiven Wegpunkt (Next) und dem Endpunkt der Route (Destination/Final) zur Auswahl stehen. Zumindest für dieses Beispiel sind nur die Angaben zum Ende des Trips von Interesse.

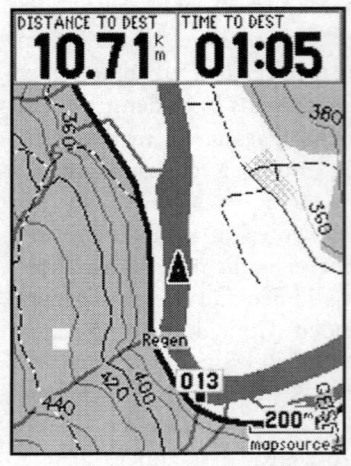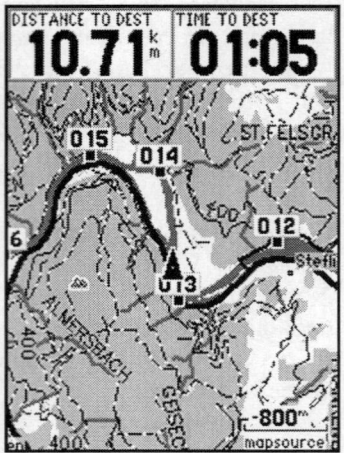

Unterwegs auf der Paddeltour

Große Zoomstufe um   Kleine Zoomstufe für besseren
Details zu sehen   Überblick der Gesamtsituation

(Garmin GPSmap76S mit MapSource Topo Deutschland)

Weiterhin ist natürlich eine Route bei der „Pfad"-Navigation sehr hilfreich, wenn Abzweigungen/Gabelungen/Kreuzungen entlang des Wanderweges oder dem Straßen-Netz, Fluss-Verzweigungen etc. einen Wechsel des „Pfades" bzw. eine signifikante Richtungsänderung erfordern.

Dann die Routen-Wegpunkte auf jeden Fall an diesen wichtigen Schlüsselstellen festlegen. Um relativ unwichtige Routen-Wegpunkte, die „nur" dazu dienen den Streckenverlauf besser nachzubilden, von den wirklich relevanten Wegpunkten zu unterscheiden, die eine wichtige Richtungsänderung erfordern, gibt es mehrere Möglichkeiten. Beispielsweise durch die Wahl aussagekräftiger Symbole für die Wegpunkte, und/oder geschickter Kürzel bei den WP-Namen für Abbiege-Anweisungen und sonstigen Hinweisen von großer Bedeutung.

Es gibt zudem Situationen, bei denen „Pfad"-Navigation zusammen mit 2-Dimensionaler Navigation zum Einsatz kommt. Dies beispielsweise bei einer längeren Paddel-Tour. So lange wir einen Fluss hinunterpaddeln, nutzen wir die „Pfad"-Navigation. Wenn wir dann zu einem See gelangen, setzen wir die 2-Dimensionale Navigation ein, um diesen zu überqueren.

Auch wenn die „Map"-Geräte es erlauben, für spontane Touren direkt auf der Karten-Seite Wegpunkte und Routen festzulegen, so ist dies für eine umfangreichere Touren-planung doch mühsam. Zudem müssen für die jeweilige Unternehmung geeignete Detail-Karten geladen sein. Weiterhin können die eher abstrakten Vektorkarten nicht so einen Eindruck von der tatsächlichen Wirklichkeit vermitteln, wie eine „richtige" Papierkarte.

Ebenso ist die Bestimmung von Positionen auf einer Papier-karte und deren Übertragung ins GPS, bei einer größeren Anzahl eine arbeitsintensive Angelegenheit und außerdem sehr fehlerträchtig. Diese Vorgehensweise ist üblicherweise bei den Basis-Geräten erforderlich.

Eine wesentliche Erleichterung bei der Planung bietet da der Einsatz von digitalen Karten am heimischen PC. In vielen Fällen können auf den Karten in Verbindung mit geeigneten Programmen zudem künstliche „Tracks" (= Track-Logs) erstellt werden.

Dies ist eine Möglichkeit, von der ich persönlich sehr gerne Gebrauch mache. Für die Orientierung setze ich meist solche „Tracks" zusammen mit Wegpunkten an markanten/ wichtigen Stellen lieber ein, als Routen. In den Kapiteln „*Touren-Planung*" und „*Mit Tracks zur eigenen Base-map*" werden wir uns noch näher damit auseinandersetzen.

1 - Dimensionale „Pfad" - Navigation mit automatischem Routing und „Fahrzeug"

Die neueren „Map"-Geräte mit hinterlegter Vektorkarte im „Handy"-Format gestatten sogar automatisches Straßenrouting, also eine Funktionalität, wie dies bisher prinzipiell nur die teuren fest eingebauten Fahrzeug - Navigations-Systeme geboten haben. Von der Fa. Garmin sind es z. B.: GPS V, Quest 1/2, eTrex Venture Cx/ Legend C(x)/Vista C(x), GPSmap60/C(x)/CS(x), GPSmap76C(x)/CS(x), GPSmap96/C, NavTalk, iQue ...

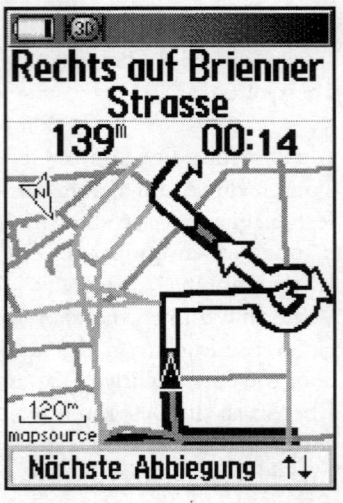

Karten-Seite bei einem Gerät mit Autorouting. Anzeige von detaillierten Abbiegehinweisen.

Garmin GPSmap76C mit Farb-Display und Detail-Karte (Bild: www.garmin.de)

Wer sich speziell für die Straßen-Navigation interessiert, kann sich im Internet z. B. hier über die aktuellen Garmin Geräte informieren: www.garmin.de/Presseinformation.php (Katalog auswählen). Die Geräte der Fa. Magellan sind zumindest derzeit (Stand: 07/2006) hinsichtlich dieser Funktionalität bei weitem nicht so leistungsfähig und ausgereift, wie die der Fa. Garmin.

Dem kleinen elektronischen Helferlein kann also beispielsweise „gesagt" werden, dass ich von meiner momentanen Position nach Innsbruck in die Kapuzinergasse möchte. Das GPS berechnet dann je nach gewählten Voreinstellungen entweder die schnellste oder kürzeste Straßen-

Verbindung, und leitet uns entsprechend zum Ziel. Wird die vorgeschlagene Route verlassen, wird auf Wunsch automatisch eine Neuberechnung durchgeführt. Die Fahranweisungen erfolgen üblicherweise über Pieptöne, sowie detaillierten Grafiken auf der Karten-Seite. Beim kleinen Modell Garmin „Quest" sogar über „richtige" Sprachanweisungen mit externem Lautsprecher in deutscher Sprache, sofern das Gerät an eine 12V Bordstromversorgung angeschlossen ist.

Das automatische Routing funktioniert bereits mit der fest eingespeicherten „Basemap", der Basis-Karte, mit denen die Geräte serienmäßig ausgeliefert werden. Allerdings ist die Basemap recht grob, so dass keine zu hohen Ansprüche an die Qualität des Routings, sowie der Genauigkeit und dem Detaillierungsgrad der Karte gestellt werden sollten. Für Überlandverbindungen auf Hauptstraßen/Autobahnen mag's ausreichend sein, nicht jedoch für innerstädtische Bedürfnisse.
In diesem Zusammenhang daran denken, dass nur in Europa gekaufte Garmin-Geräte über eine europäische Basemap verfügen. Wird ein Gerät in den USA erworben, ist generell eine Basemap von Amerika aufgespielt. Ein Routing in Europa ist über diese Basemap dann praktisch nicht möglich.

Erst mit den optionalen detaillierten Karten-Feindaten kann das Potential des automatischen Routings so richtig genutzt und völlig ausgeschöpft werden. Bei den dafür geeigneten Garmin Handgeräten sind es die MapSource „CitySelect"/ „CityNavigator"-Karten, welche über die erforderlichen Infos zur automatischen Routenberechnung verfügen. Allerdings sind diese ganz speziellen Vektorkarten ein nicht unerheblicher Kostenfaktor, der berücksichtigt werden sollte. Für die Feindaten steht je nach Gerät eine Speicherkapazität von ca. 8/24/56/115/243 MB zur Verfügung oder auf handelsüblichen MicroSD-Speicherkarten. Letztere bis 1 GB.

Können alle Regionen die bereist werden komplett mit den „CitySelect"/„CityNavigator"-Karten abgedeckt werden, ist es eigentlich aus rein technischer Sicht kein nennenswerter Nachteil, wenn man ein Gerät aus den USA besitzt. Kann dagegen nicht alles abgedeckt werden und das Routing muss auf die Basemap zurückgreifen, dann natürlich sehr wohl. Nachteile bei einem Garmin US-Gerät sind allerdings auch bei der Suche über die „FIND"- bzw. „NAV"-Taste in der Orts- bzw. Städte-Datenbank zu erwarten, die in der Regel auf die Basemap zurückgreift. Zudem beachten, dass sich die „x"-Geräte von Garmin nicht auf deutsche Menü-Führung umstellen lassen (=> nur englisch).

Wenn für das Routing nicht nur der Endpunkt gewählt wird, sondern auch gezielt bestimmte Wegpunkte dazwischen definiert werden die angesteuert werden sollen, dann empfiehlt es sich die automatische Routen-Neuberechnung zu unterdrücken (ganz abschalten oder auf „manuell" einstellen).

Beispielsweise Motorradfahrern geht's meist nicht darum nur irgendwie von Punkt A zu Punkt B zu gelangen, sondern möchten bewusst ganz bestimmte Strecken abfahren. Muss nämlich von der Route abgewichen werden (Umleitung, Strasse gesperrt, ...) und es ist „Neuberechnung" eingestellt, dann rechnen die Geräte sofort auf kürzestem/ schnellstem Weg zum Zielpunkt. Die ursprünglich geplante Strecke mit den Zwischenpunkten wird ignoriert. Wird dagegen die Neuberechnung unterdrückt („manuell" bedeutet, dass nachgefragt wird, ob eine Neuberechnung gewünscht wird), dann bleibt die Route erhalten und die Navigationsanweisungen werden unabhängig davon fortgesetzt, wo wieder in diese „alte" Route eingeschwenkt wird. Allerdings sollte individuell geprüft werden, wie sich Euer Gerät bei der geschilderten Bedingung tatsächlich verhält. Je nach Model sind Unterschiede möglich und zudem kann ein Update der Firmware schnell wesentliche Veränderungen bringen.

Lässt man sich auf dem PC eine Route mit der Garmin MapSource Software und den „CitySelect"/„CityNavigator"-Karten automatisch berechnen und überspielt dann diese Route auf den Garmin-Empfänger, so werden in der Regel nur die eingegebenen manuellen Routen-Wegpunkte ins Gerät übertragen (Start und Ziel, sowie ggf. Zwischenpunkte), nicht aber die detailliert berechnete Streckenführung. Dies z. B. bei Garmin Legend/Vista C(x), GPSmap60/C(x)/CS(x), 76C(x)/CS(x). Ausnahme nur beim GPS V und Quest. Bei diesen wird zunächst die gesamte Route übertragen.

Dies bedeutet, dass in fast allen Fällen im GPS eine Neuberechnung der Route erfolgt. Je nach den Einstellungen am PC und am Gerät bzw. den Software-Ständen, können dann die berechneten Streckenführungen voneinander abweichen. Wie schon erwähnt, ist das Automatische Routing auf den dafür geeigneten GPS nur mit der „Basemap" oder den optionalen MapSource „CitySelect"/„CityNavigator" Detailkarten möglich.

Mit den preiswerteren MapSource „MetroGuide" Karten (gleiche Karten-Darstellung/Genauigkeit/Umfang) ist zwar generell Routing am PC möglich, nicht aber im GPS. Wird eine mit der „MetroGuide" am PC berechnete detaillierte Route in ein autoroutingfähiges Gerät überspielt, werden nur Start, Ziel und ggf. manuell gesetzte Zwischenpunkte übertragen.

„WinGDB" www.softsolutions.be/GPS/Garmin/wingdb.htm, ein kleines kostenloses Programm, kann hier jedoch eine gewisse Abhilfe schaffen. Damit kann so eine berechnete „Auto-Route" in eine brauchbare Luftlinien-Route („Direct Route") oder in einen „Track" umgewandelt werden.

Wird diese Route dagegen in ein nicht routingfähiges GPS überspielt, wird diese Route relativ genau wiedergegeben. Allerdings folgt sie im Gerät nicht mehr exakt dem Straßenverlauf, sondern es ist ebenfalls eine Luftlinien-Route, jedoch hat sie an wichtigen Kreuzungspunkten/Richtungsänderungen Stützpunkte. Dazu werden auf das Gerät „Map-Points" übertragen, die sich ähnlich wie Routen-Wegpunkte verhalten, aber nicht im Wegpunktspeicher in Erscheinung treten.

Im Setup für das Autorouting kann eine Wahl für das verwendete Verkehrsmittel getroffen werden, z. B. Pkw, Lkw, Fahrrad, Fußgänger. Obwohl auch „Fußgänger" (Pedestrian) zur Wahl steht, ist jedoch das automatische Routing weitgehend nur auf das Straßennetz bezogen. Es ist also nicht dafür geeignet, sich als Wanderer, Bergsteiger, Paddler oder allgemein „Outdoorer" quer durch die „Pampa" führen zu lassen.

Natürlich ist es auch mit diesen Geräten möglich, nach „normalen" Luftlinien-Routen zu navigieren, wie wir sie bisher in dem Büchlein gesehen haben. Dies z. B. bei Outdoor-Aktivitäten, bzw. bei Verwendung von nicht autoroutingfähigem Kartenmaterial (z. B. bei topographischen Karten oder Seekarten).

Allerdings muss, bzw. kann im Setup des Gerätes (= Einstellungen) ausgewählt werden, ob generell immer eine automatische Route oder eine Luftlinien-Route erstellt werden soll, oder ob alternativ immer nach dem gewünschten Typ nachgefragt wird. Dies sollte unbedingt beachtet werden, um unsinnigem Routing vorzubeugen oder Fehlermeldungen zu vermeiden.

Dies beispielsweise, wenn auf einer Topo-Karte eine Luftlinien-Route erstellt werden soll, das Gerät aber auf Autorouting steht („Folge Strasse"/„Follow Road" o. ä.). Dann greift das Gerät intern auf die momentan gar nicht sichtbare „Basemap" zurück, um auf deren Basis eine automatische Straßen-Route zu erstellen. So etwas geht dann natürlich in die „Hose".

Dabei sollte man aber nicht dem Gerät die Schuld geben, sondern anerkennend berücksichtigen, dass diese Geräte prinzipiell in der Lage sind, zwei grundverschiedene Anforderungsprofile abdecken zu können. Außerdem sollte man bedenken, dass es sich hier in der Regel um Empfänger handelt, die in erster Linie für den „Outdoor"-Einsatz konzipiert sind und nun als Beigabe dieses „Autorouting" beherrschen. Ansprüche wie bei einem speziellen fest installierten Fahrzeug Navigations-System sollte man daher vorsichtshalber nicht haben. Wenn man sich der Hintergründe bewusst ist, letztlich aber auch „Null Problemo".

Besonderheiten bei der Routen-Navigation

Im Kapitel „*Grund-Funktionen der GPS-Geräte*" haben wir den Begriff „Route" bereits kennen gelernt. Eine Route ist die Aneinanderreihung von mehreren Wegpunkten(*), wobei die Reihenfolge dieser Wegpunkte der gewünschten Richtung und Folge des Weges entsprechen muss. Wird ein Wegpunkt erreicht, wechselt die Navigation üblicherweise automatisch zum nächsten Routen-Wegpunkt.
(*) Anmerkung: Das können auch sonstige gespeicherte Punkte sein wie z. B. POIs (= Points of Interest, = „Punkte von besonderem Interesse"), die manche Geräte anbieten.

Ob man sich nur grob entlang eines jeden Routen-Abschnittes (= engl. „Leg") bewegt, oder zum nächsten Wegpunkt jeweils möglichst exakt über den Soll-Kurs (Desired Track, Course) navigiert, ist von den Einsatzverhältnissen abhängig.
Beispiele: Wird entlang einer Fahrrinne gesteuert, so ist die Größe des Kursversatzes (Off Course/Cross Track Error/ XTE/XTK) wesentlich.
Wird dagegen von einem Punkt auf einem See zu einem anderen Punkt navigiert, die über eine ganze Kette von Seen führt, so wird man direkt von Wegpunkt (= WP) zu Wegpunkt navigieren. In diesem Falle wird man jeweils am Ausfluss der Seen, also am Beginn des Kanals oder Baches der

den jeweils nächsten See verbindet, einen Wegpunkt setzen. Wird dann der nächste See erreicht, wird man sich bemühen so direkt wie möglich den nächsten Ausfluss (WP) zu erreichen, anstatt sich Gedanken um die seitliche Abweichung von der Route zu machen. Wesentlich ist dann nur die Peilung (Bearing) zu dem betreffenden Routen-Wegpunkt. Wird auf einem Fluss navigiert, so ist wiederum die Info über Track und Bearing (Kurs über Grund und Peilung) bei weitem nicht so wichtig, da es sich im Wesentlichen um eine 1-Dimensionale Navigation handelt. Dies haben wir in einem der vorherigen Abschnitte bereits ausführlich behandelt.

Für den Rückweg kann eine Route auf Knopfdruck einfach umgedreht werden. Zudem können bei Bedarf Wegpunkte hinzugefügt, entfernt oder die Reihenfolge verändert werden. Prinzipiell sind Routen eigentlich eine einfache Sache. Setzt man sie häufig ein, so ist es jedoch empfehlenswert und lohnend, sich näher mit deren Eigenarten/Besonderheiten auseinander zu setzen, um keine unliebsamen Überraschungen zu erleben. Es gibt doch ein paar Tricks und auch Stolperfallen.

Erster Routen-Abschnitt leitet zum zweiten WP

Bitte beachten, dass bei der Aktivierung eine Route generell nicht zum ersten Wegpunkt der Route navigiert wird, sondern zum zweiten WP. Warum?
Wenn eine Route auf „aktiv" gesetzt wird, verwendet das Gerät die momentane Position, um einen „Einstiegspunkt" in die Route zu berechnen. Dabei wird auf jede Teilstrecke der Route geschaut (= „Leg" bzw. „Segment"). Die am nächsten liegende Teilstrecke(!!) wird ermittelt, und dann eine Richtungsanweisung berechnet, um diese Linie zu schneiden. Es wird nicht nach Wegpunkten gesucht!! Deshalb wird auch nie der erste Wegpunkt einer Route als Ziel bei dieser Suche nach einer Teilstrecke ausgewählt.

Hierzu ein Beispiel: Wir möchten einer Route folgen, die vom Wegpunkt „A" nach „B" nach „C" und nach „D" führt. Wird die Route aktiviert ermittelt zunächst das Gerät, dass das Segment „A" nach „B" am nächsten zu unserer momentanen Position liegt. Dann ist „B" der Wegpunkt zu dem navigiert wird, und „A" ist der „Ursprungs-" Wegpunkt, der das erste Segment der Route definiert.

Ist es für die gestellte navigatorische Aufgabe zwingend erforderlich den ersten Wegpunkt der Route zu passieren, z. B. für die Navigation entlang der Soll-Kurs-Linie von Routen-Wegpunkt „A" zu „B", dann als ersten Punkt für die Route einen zusätzlichen, vorhergehenden Punkt definieren. Alternativ kann der erste Wegpunkt auch über die Funktion „GOTO" angesteuert werden, trotz aktivierter Route.

Die Funktion GOTO „Zu Wegpunkt" hat eine höhere Priorität als die momentan aktive Route. Wird dieser bestimmte Wegpunkt dann erreicht, geht die Navigation nach Route in der Regel automatisch weiter **(*)**.
Auch in Fällen bei denen das Gerät partout nicht den gewünschten Routen-Wegpunkt ansteuert, oder man bewusst von der Route abweichen möchte, kann das Gerät über die Funktion „GOTO" dazu gezwungen werden, einen ganz bestimmten Wegpunkt anzusteuern.
(*) Es gibt allerdings ein paar GPS, die dieses „GOTO während Route" (engl. „Enroute GOTO") nicht beherrschen. Es empfiehlt sich daher, dies bei seinem persönlichen Gerät gezielt auszuprobieren. Ich werde nachher noch etwas näher darauf eingehen.

Wie sich das eingangs erwähnte Verhalten in der Praxis auswirkt, dazu ein kleines Beispiel (siehe Abbildungen auf der nächsten Seite).
Bei Nacht und Nebel sind wir mit unserem Boot auf einem See (das Dreieck in der Mitte ist die momentane Position).

Um die Halb-Insel zu umrunden und sicher den Hafen zu erreichen, legen wir vorsichtshalber eine Route fest (= Wegpunkt WP01, WP02, WP03, ...) und aktivieren diese. Wie uns aber im linken Bild die Linie für die Peilung/ Bearing verrät, führt uns das GPS nicht wie gewünscht zum WP01, sondern zum WP02. Die Fahrt würde sehr unsanft auf der Halb-Insel enden.

Über „GOTO WP01" können wir aber trotz aktiver Route das Gerät dazu zwingen, uns zum gewünschten WP zu leiten (Bild rechts). Alternativ könnte ein „Ur"-Wegpunkt „WP00" zu Beginn der Route dieses Problem ebenfalls lösen.

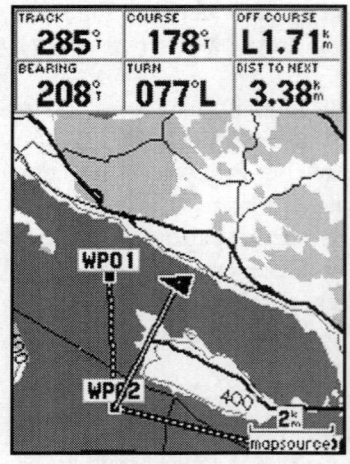

Routen-Navigation:
Es wird nicht der erste WP der Route angesteuert

=> Crash auf Halb-Insel

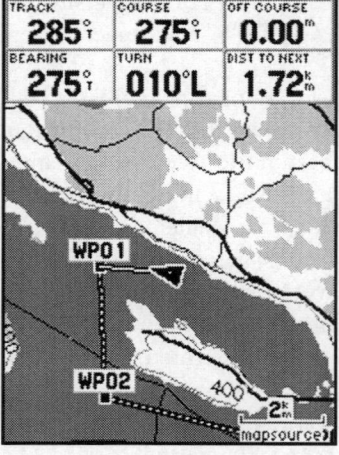

Routen-Navigation:
Abhilfe durch GOTO „Zum ersten Wegpunkt", oder zusätzlichen „Ur"-Wegpunkt festlegen

Anmerkung:
Eine Linie für die Peilung (Bearing) können nicht alle Geräte anzeigen. An diesem Beispiel wird ebenfalls ersichtlich, dass

uns die Karten-Seite als Navigations-Display grundsätzlich den besten Überblick über die Gesamt-Situation vermitteln kann. Ob wir wohl bei den anderen Anzeige-Alternativen rechtzeitig bemerkt hätten, dass uns das GPS zum vermeintlich „falschen" Wegpunkt navigiert? Dies beispielsweise bei der „Kompass-Seite" bzw. dem Richtungs-Zeiger/Bearing-Pointer?

Überprüfen von Routen

Wenn eine Route nach Kriterien wie beispielsweise Gesamt-Entfernung, sowie Entfernungen und Soll-Kurse zwischen den einzelnen Routen-Wegpunkten überprüft wird, sollte sichergestellt werden, dass die Route nicht aktiv gesetzt ist. Ist die Route nämlich aktiviert, basieren die ganzen Entfernungsangaben auf die momentane Position des GPS, anstatt vom ersten Wegpunkt der Route auszugehen.

Wechsel zum nächsten Routen-Wegpunkt

Wenn einer Route gefolgt wird, so wird automatisch das nächste Routen-Segment angezeigt, d. h. die Richtung zum nächsten Routen-Wegpunkt gewechselt bzw. angezeigt, auch wenn der vorherige Routen-Wegpunkt gar nicht exakt passiert worden ist.

Dies erfolgt üblicherweise/standardmäßig, wenn eine vom Gerät berechnete Linie überschritten wird. Diese Linie ist die Winkelhalbierende zwischen dem Soll-Kurs der momentanen Teilstrecke, und dem Soll-Kurs des nächsten Routen-Segmentes.

Nachfolgend eine Grafik zu der standardmäßigen Weiterschaltung zum nächsten Wegpunkt der Route:

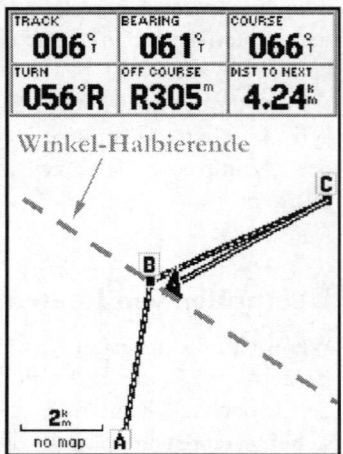

Übliche Weiterschaltung zum nächsten Wegpunkt

Es ist eine Route vom Wegpunkt „A" nach „B" nach „C".
Zur Visualisierung zu welchem WP navigiert wird,
ist neben der Course-Line (Linie des Soll-Kurses)
die Bearing-Line aufgetragen (Linie der Peilung zum aktiven WP).
Nachträglich eingezeichnet ist die Winkel-Halbierende
der beiden Soll-Kurse.

Navigation zum WP „B".   *Navigation zum WP „C".*
Wir befinden uns vor der   *Der Wechsel zu „C" ist nach dem*
Winkelhalbierenden (WH).   *Überqueren der WH erfolgt.*

Einer Route zu folgen funktioniert in den meisten Fällen
problemlos. Der Wechsel zum jeweils nächsten Routen-
Wegpunkt erfolgt stets korrekt. Allerdings kann es in der
Praxis schon passieren, dass dies nicht immer der Fall ist.
Es scheint, dass die Garmin's manchmal etwas ins
„Straucheln" kommen, wenn man an einer Stelle von der
Route aufgefangen wird, die bereits hinter dem ersten
Abschnitt der Route liegt. Dann „beißen" sie sich an dem

vorher gehenden Routen-Wegpunkt fest, und es erfolgt kein Wechsel zu den Routen-Wegpunkten, die tatsächlich angesteuert werden sollen.

Sollte es zu diesem Phänomen kommen, erkennt man dies in der Regel sofort auf der Karten-Seite. Es ist dann am einfachsten, die Route nochmals zu aktivieren. Die Vorgehensweise ist dabei je nach Gerät etwas unterschiedlich.

Bei manchen Geräten muss hierzu die Routen-Navigation zuerst beendet werden und kann dann anschließend wieder neu gestartet werden. Andere Geräte wiederum gestatten im Routen-Menü eine Reaktivierung, also ein nochmaliges Starten der Route.

In allen Fällen wird so eine Neu-Berechnung der Route im Gerät ausgelöst, damit ein neuer „Einstiegspunkt" in die Route bestimmt wird.

Für bestimmte Anwendungsfälle kann der standardmäßige Wechsel bzw. dieses „Umschalten" der Routen-Wegpunkte unbrauchbar sein, also bei Überschreitung der Winkel-Halbierenden der beiden Routen-Segmente.

Manche neueren Geräte gestatten daher Einstellmöglichkeiten, wie der WP-Wechsel (engl. „Waypoint-Transition") erfolgen soll.

Zur Auswahl stehen „Auto" (= Verhalten wie oben beschrieben; Standard), „Manual" (= Weiterschaltung auf Knopfdruck) und teilweise noch „Distance" (= Weiterschaltung bei Annäherung im einstellbaren Radius). Die Auswahlmöglichkeit befindet sich allerdings meist etwas versteckt im Setup-Menü auf der Routen-Seite.

„Enroute GOTO" bzw. „GOTO während Route"

Wenn man einen Wegpunkt ansteuern möchte, der jedoch nicht der momentan aktive Wegpunkt ist, wird dies im englischen „Enroute GOTO" genannt. Ich habe dies jetzt mal als „GOTO während Route" eingedeutscht.

Beispielsweise kommt es unterwegs des öfteren vor, dass man zwar einen Wegpunkt der Route auslassen bzw. überspringen möchte, aber anschließend trotzdem der restlichen Route wieder folgen will. Durch die Funktion „GOTO" wird dann ein neuer aktiver Wegpunkt ausgewählt. „GOTO" hat eine höhere Priorität als die Funktion „Route".

Zudem wird damit ein neues aktives Segment (= Leg) angelegt. Es ist die Linie von der Position, an dem die Funktion „GOTO" betätigt wird, zu dem neuen aktiven Wegpunkt. Dies ist dann der neue bzw. aktuelle Soll-Kurs (= Course).

Ebenso ist es möglich ein „GOTO" zu dem bereits aktiven (Routen)-Wegpunkt auszuführen, falls von einer Position abseits der Route direkt zu diesem aktiven WP navigiert werden soll. Dies geht sehr schnell und einfach, da der aktive Wegpunkt in den Menüs bereits ausgewählt ist, und nur noch der „GOTO"- oder ggf. „Direct"-Bedienknopf gedrückt und anschließend bestätigt werden muss.

Damit wird eine neue Linie des Soll-Kurses gezogen, sowie der Wert für Off Course, der Kurs-Versatz, wird aktualisiert. Allerdings ist diese Vorgehensweise nicht erforderlich, wenn über BEARING und TRACK oder TURN zu dem aktiven Wegpunkt navigiert wird, also über die Info von Peilung und Kurs über Grund oder „Wende".

Ein „GOTO" ist jedoch notwendig, wenn über COURSE/ Desired Track/DTK und TRACK navigiert wird (= Soll-Kurs und Kurs über Grund), oder über TKE wie bei fest installierten Anlagen bzw. manchen Aviation-Empfängern für die Fliegerei.

Wird ein „Enroute GOTO" zu einem entfernter liegenden Wegpunkt der Route ausgeführt, also dazwischen liegende Routen-Wegpunkte ausgelassen, sollte das Gerät die Routen-Navigation nach dem Erreichen des nun aktiven Routen-Wegpunktes fortzusetzen.

Allerdings beherrschen dies nicht alle GPS. Manche Geräte beenden die Routen-Navigation bei der Ausführung eines „GOTO" zu einem entfernt liegenden Routen-Wegpunkt, anstatt diese anschließend fortzusetzen.

Zu diesen „Kandidaten" gehört beispielsweise bei Garmin das „gelbe" Basis-eTrex/Summit und Camo (zumindest die älteren Versionen), sowie das GPS V bei „Off Road"-Routen. Es ist aber durchaus möglich, dass sich dies inzwischen mit Firmware-Updates geändert hat.

Ich möchte mit diesen Bemerkungen nur anregen, dass Ihr Euch mit Eurem persönlichen Gerät näher auseinandersetzen solltet wie es sich diesbezüglich verhält, um im Bedarfsfalle entsprechend gerüstet zu sein.

Die selbige Empfehlung gilt natürlich auch für die Besitzer von Magellan-Geräten. Soweit mir bekannt ist, beenden die Magellan's ebenfalls die Navigation der restlichen Route, sofern ein „GOTO" zu einem dazwischen liegenden Routen-Wegpunkt ausgeführt wird. Es soll jedoch möglich sein, ein Routen-Segment auszuwählen.

Gehört der ausgewählte Wegpunkt nicht zu der Route, wird bei allen Geräten und Herstellern die Navigation entlang der restlichen Route auf jeden Fall beendet. Gegebenenfalls also die Navigation nach „Route" nach dem Erreichen des aktiven „GOTO"-Wegpunktes manuell wieder aufnehmen.

Zu dem „Enroute GOTO" nun ein Beispiel:
Wir sind beim Paddeln an der schwedischen Ostküste und möchten dabei in Landnähe bleiben. Dazu haben wir uns grob eine Route vom Ort Bottna zum Ort Ostersjon erstellt (siehe Abbildung unten).

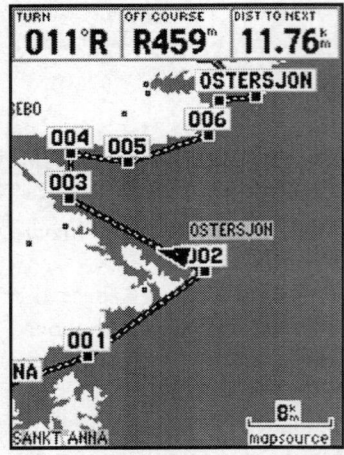

Die Original-Route „Bottna" nach „Ostersjon"

Wir haben den Wegpunkt 002 bereits passiert und
sind nun auf dem Weg zum Wegpunkt 003.
Dies wird zudem auf der Seite „Active Route" durch das kleine Dreieck
bei „003" links angezeigt. Dieser ist in 11,76 km Entfernung.

(GPSmap76 der Fa. Garmin mit MapSource MetroGuide Europa)

Das Meer ist ruhig und das Wetter ist schön, so dass wir die Abkürzung vom Wegpunkt 002 direkt übers offene Wasser zum WP 006 wagen können. Wir entschließen uns also dazu, trotz aktiver Route die Funktion „GOTO 006" auszuführen. Dazu kann der Wegpunkt einfach direkt über den Karten-Cursor auf der Karten-Seite (Map-Page) ausgewählt werden.

Andere Möglichkeiten: Auswahl des gewünschten Routen-Wegpunktes über die Seite „Active Route" oder alternativ über die „normale" Wegpunkt-Liste, und jeweils dann Aktivierung der Funktion „GOTO".

Übrigens gelangt man bei den Garmin eTrex Venture/Legend/Vista sehr schnell auf diese Seite „Active Route", indem einfach der linke untere Knopf (= Taste „FIND") länger gedrückt wird. Dann mit dem Cursor den gewünschten Wegpunkt selektieren. Bei diesen Geräten dürfte diese Methode der schnellste und einfachste Weg sein, ein „GOTO während Route" abzusetzen.

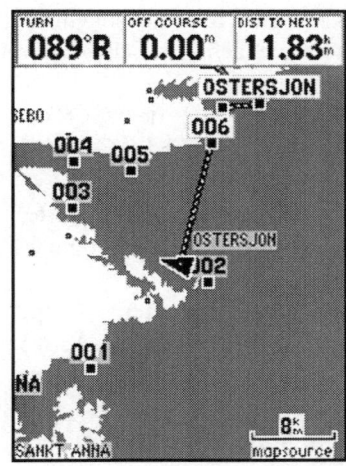

Die aktualisierte-Route „Bottna" nach „Ostersjon" nach der Ausführung des „Enroute GOTO" zum Wegpunkt 006

Durch diese Maßnahme werden jetzt in dem Beispiel die Routen-Wegpunkte 003, 004 und 005 einfach ausgelassen. Während sich in der vorherigen Abbildung OFF COURSE (Kursversatz) auf die Linie des Routen-Segments 002 nach 003 bezieht, ist nun der Bezugspunkt für den Beginn dieser Soll-Kurs-Linie der Ort, an dem die Funktion „GOTO" ausgeführt wurde.

Bei manchen Aviation-Geräten für die Fliegerei kann nicht nur ein Wegpunkt für das „GOTO" ausgewählt werden, sondern zudem das Segment (= Leg) zu diesem Wegpunkt. In so einem Falle geht dann die Linie für den Soll-Kurs nicht von dem Punkt aus, an dem GOTO ausgeführt wurde, sondern vom vorhergehenden Wegpunkt der Route zum nun ausgewählten aktiven Wegpunkt. In dem Beispiel wäre es dann die Linie von WP 002 zu WP 006.

Man sollte sich aber nicht nur damit auseinandersetzen, wie man an seinem Gerät so ein „Enroute GOTO" absetzt, sondern wie man diesen Befehl ggf. auch wieder löschen kann, um zur normalen Routen-Navigation zurückzukehren. Je nach Gerät geschieht dies unterschiedlich (am Beispiel der Garmin Empfänger):
Geräte mit Bedientaste „GOTO": Drücken der GOTO-Taste, dann MENU wählen und „CANCEL GOTO" anclicken (= aufheben/löschen von GOTO).
Geräte mit Bedientaste „NAV": Drücken der NAV-Taste, „NAVIGATE ROUTE" auswählen und dann die Original-Route wieder aufnehmen.
Garmin Venture/Legend/Vista: Linken unteren Knopf länger gedrückt halten (= Taste „FIND"), bis Seite „Active Route" erscheint. Auf STOP clicken, welches dann zu NAVIGATE wechselt. Nun dieses „NAVIGATE" anclicken. Damit wird die gesamte Route wieder aktiviert.
Aviation-Geräte mit einer Bedientaste „Direct" („D" mit einem Pfeil durch): Drücken der D-Taste und „Resume Route" o. ä. auswählen (= wieder aufnehmen). Falls dies nicht zur Verfügung steht, MENU drücken und nach CANCEL GOTO oder CANCEL DIRECT schauen.

Eine Route auf der Karten-Seite erstellen

Bei jedem GPS können Wegpunkte angelegt und dann eine „Route" daraus erstellt werden, indem man diese Wegpunkte der Reihenfolge nach auflistet (Ausnahme: Ganz puristische Basis-Geräte wie z. B. Garmin Geko 101 können keine Route verwalten).

Viele „Map"-Geräte, also GPS-Empfänger mit Vektorkarten-Darstellung, bieten die Möglichkeit, eine Route direkt auf der Karten-Seite (Map-Page) zu erstellen und auch zu verändern. Zumindest bei den Geräten der Fa. Garmin ist dem so. Die Geräte der Fa. Magellan sind nach meinen Infos in der Form derzeit dazu nicht in der Lage.

Ich habe die Bearbeitung einer Route auf diese Weise ja schon einmal im Abschnitt *„1 - Dimensionale „Pfad" - Navigation"* vorgestellt. Leider wird dieses „Editing-Feature" in den Benutzer-Handbüchern nur oberflächlich erwähnt und behandelt, also das Verschieben (move/drag), Löschen (delete), einfügen (insert) von Routen-Wegpunkten. Besitzern von einem Garmin „Map"-Gerät würde ich dringend empfehlen, sich mit dieser hervorragenden Möglichkeit intensiver auseinander zu setzen und damit herumzuexperimentieren.

Von Gerät zu Gerät ist die Vorgehensweise leicht unterschiedlich, aber mit etwas „Forscher-Drang" und der Bedienungsanleitung in der Hand schon zu verstehen. Dies alles zu beschreiben würde den Rahmen jetzt etwas sprengen.

Sehr praktisch ist dies z. B. für spontane Touren-Planungen in unbekannten Gebieten, oder wenn Änderungen bei der geplanten Tour vorgenommen werden müssen. Vorteil ist zudem dabei, dass es zu keinen Mess- und Übertragungsfehlern kommen kann, wie dies bei der manuellen Eingabe von Wegpunkten/Koordinaten ins Gerät die große

Gefahr ist, die aus einer Papierkarte abgegriffen werden. Die Benutzung von Papierkarten ist nämlich nicht nur etwas aufwendig, sondern auch fehlerträchtig. Als Grundlage für die Planung ist sie jedoch zur Referenz sehr hilfreich oder sogar unverzichtbar.

Prinzipiell kann diese Vorgehensweise ohne größere Schwierigkeiten bei Basis-Geräten ohne „Map" (Karte) ebenfalls angewandt werden. Beispielsweise die Geräte Garmin eTrex Venture, GPS 60/72/76 bieten die gleichen Möglichkeiten. Bei diesen Empfängern ist dann zwar keine Karte als Referenz hinterlegt, aber man kann das gleiche auch mit vorhandenen Wegpunkten, Tracks und POIs machen.

Bei der Routen-Erstellung auf den „Map"-Geräten gibt es noch eine Besonderheit zu erwähnen. Steht der Karten-Cursor auf einem Objekt der Vektor-Karte (z. B. Straßenkreuzung, Name einer Stadt, ...) speichert das GPS diesen Punkt unter dessen Namen intern als „Map-Point" ab. Der Bildschirm zum Anlegen/Abspeichern eines Wegpunktes erscheint dabei nicht. Bezüglich der Navigation behandelt das Gerät „Map-Points" wie Wegpunkte, im Wegpunkt-Speicher werden diese jedoch nicht aufgelistet.
Üblicherweise ist dies alles kein Problem. Es macht auch nichts, wenn mehrere „Map-Points" dann den gleichen Namen haben. Wenn so ein Punkt, aus welchen Gründen auch immer, explizit als Wegpunkt abspeichert werden soll, ist dies ebenfalls möglich.
Hierzu im Routen-Menü die Route aufrufen, den betreffenden „Map-Point" auswählen und „ENTER"-drücken. Dann MENU drücken und SAVE AS WAYPOINT (als Wegpunkt speichern) wählen. Nun kann der WP beliebig benannt und ein Symbol ausgewählt werden. Die genaue Vorgehensweise ist insgesamt wieder vom verwendeten Gerät abhängig.

Danach die Route abändern, indem über diesen neuen Wegpunkt gegangen wird, der sich ja nun an der gleichen Stelle befindet, wie der vorherige „Map-Point".

Andere Möglichkeit: Bevor oder während die Route erstellt wird auf der Karten-Seite das gewünschte Objekt anclicken, dann MENU drücken und als Wegpunkt abspeichern. Beim anschließenden Erstellen der Route dann auf diese Wegpunkte zurückgreifen.

Ob jetzt bei der Routen-Erstellung ein Objekt auf der Karten-Seite vom Gerät als „Map-Point" behandelt wird, oder sich gleich abspeichern lässt wie ein „normaler" Wegpunkt, scheint bei den Garmin Empfängern auch abhängig vom installierten MapSource Kartenmaterial zu sein. Bei straßenorientierten Karten ist diese eher der Fall, als bei topographischen Karten.

Die Möglichkeit eine Route auf der Karten-Seite direkt editieren zu können ist zudem sehr praktisch, um diese nachzuvollziehen und zu überprüfen, ob sie wirklich so ausgefallen ist wie gewünscht.

Hierzu die Karten-Seite mit dem Cursor verschieben (= engl. „Pan"). Geht man bei manchen Geräten mit dem Cursor über den ersten Routen-Wegpunkt und drückt ENTER, so wird der Menüpunkt NEXT angeboten. Auf diese Weise kann von WP zu WP gesprungen und visuell die Route überprüft werden.

Beispiel: Route über eine Kette von Seen

Zur Erstellung und Bearbeitung einer Route direkt auf der Karten-Seite hierzu nun ein Beispiel. Wir sind zum Paddeln mit unserem Canadier („Kanu") in Schweden, und haben unser Lager am Ufer eines Sees aufgeschlagen. Es ist der Wegpunkt CAMP.

Wir müssen Vorräte bunkern und möchten dazu in den kleinen Ort Vrena paddeln um einzukaufen. Der Weg dorthin führt über mehrere verästelte Seen und die Passagen, welche die einzelnen Seen verbinden, sind aus der Boots-Perspektive schwer zu erkennen, auch wenn sie von kleinen Brücken überspannt werden.

Nun die Vorgehensweise: Zunächst legen wir eine Route vom Ausgangspunkt (= WP „CAMP") zum Ziel an (= WP „Vrena"); siehe Bild 1. Danach verschieben wir noch die Routen-Linie an den Beginn der Passagen, welche die einzelnen Seen verbinden, d. h. wir fügen die Wegpunkte 001, 002 und 003 ein (= insert); siehe Bild 2.

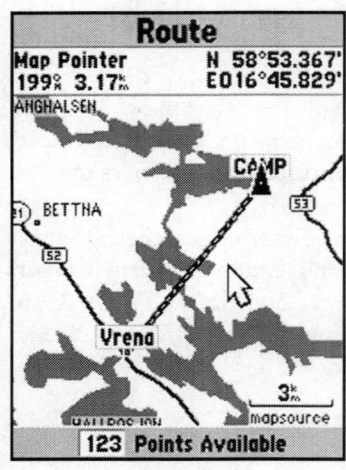

Bild 1
Direkte Route von
WP CAMP zu WP Vrena

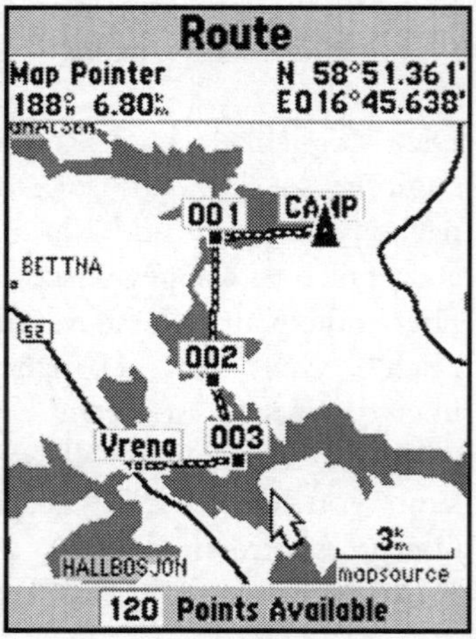

Bild 2
Ergänzte Route m. WPs an
den Verbindungs-Passagen

(GPSmap76 der Fa. Garmin mit MapSource MetroGuide Europa)

Wie man auf dem nachfolgenden Bild 3 noch deutlicher sieht, führt uns die Route teilweise über Land. Prinzipiell ist dies eigentlich kein Problem, man kann sich ja an den Ufer-Rändern orientieren.

Vom WP 001 zum WP 002 ist es zunächst sowieso 1-Dimensionale „Pfad"-Navigation. Steuern wir dann aber auf dem See direkt auf den WP 002 zu, würde dies in einer Sackgasse enden. Wir sollten daher auf jeden Fall noch den WP 006 einfügen, damit dies nicht geschieht; siehe Bild 4. Fügen wir noch weitere Wegpunkte hinzu (z. B. WP 005 am Ausgang des Verbindungsstückes) erleichtert dies die Navigation auf dem Rückweg zum WP CAMP, wenn die Route hierzu einfach „umgedreht" wird (= „Reverse Route" bzw. „Route umkehren").

Es empfiehlt sich also jeweils am Ein- und Ausgang des Sees einen Wegpunkt zu setzen, um die Verbindungspassagen auch auf dem Rückweg zu finden.

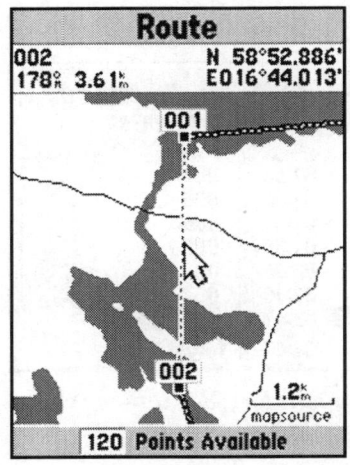

Bild 3
Einfügen weiterer WPs auf der Karten-Seite

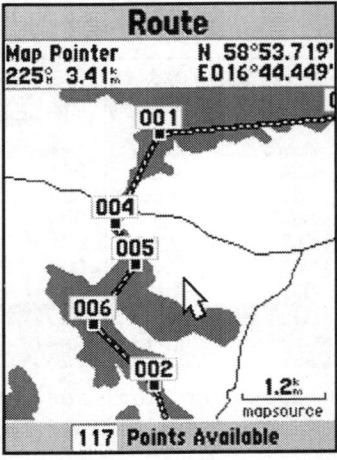

Bild 4
Route mit WPs für den Rückweg ergänzt

Die geplante Fahrt-Route möglichst exakt mit Wegpunkten nachzubilden hat noch weitere Vorteile. Zum einen bekomme ich in der Routen-Beschreibung eine Angabe zu der Gesamt-Entfernung die auf mich zukommt. Drücke ich dann noch MENU, kann ich „Plan Route" (Route planen) auswählen.

Dort können Angaben zur Geschwindigkeit, dem Treibstoffverbrauch, der Abfahrts-Zeit und dem Abfahrts-Datum gemacht werden. Geben wir nun als Paddler z. B. 4,5 km/h als Geschwindigkeit ein, so bekommen wir eine Vorstellung davon wie weit die Fahrt ist, und wie lange sie vermutlich dauern wird. Dies ist nachfolgend abgebildet.

Die Angaben zu den Soll-Kursen (= Course) und den Entfernungen der einzelnen Routen-Abschnitte (= Leg Distance) sind weiterhin hilfreich, wenn zusätzlich mit einem Magnet-Kompass gearbeitet wird. So dienen diese Infos quasi als Grundlage für eine Marschskizze. Dabei jedoch unbedingt auf die eingestellte Nord-Referenz am GPS-Gerät achten (magnetisch Nord oder geographisch Nord/True).

Route			Route			Route	
CAMP-VRENA			CAMP-VRENA			CAMP-VRENA	
Waypoint	◀ Distance ▶		Waypoint	◀ Time To ▶		Waypoint	◀ Course ▶
004	4.28ᵏ		004	57:06		004	150°
005	4.95ᵏ		005	01:06		005	213°
006	5.99ᵏ		006	01:19		006	131°
002	7.25ᵏ		002	01:36		002	158°
003	9.46ᵏ		003	02:06		003	202°
007	10.2ᵏ		007	02:16		007	279°
Vrena	12.6ᵏ		Vrena	02:47		Vrena	
Total	12.6ᵏ		Total	02:47		Total	215°

Detaillierte Infos zur Route auf der „Routen-Seite".
Zur Auswahl stehen unter anderem:

Gesamt-Entfernung   *Benötigte Zeit*   *Soll-Kurse*

(GPSmap76 der Fa. Garmin)

Gefahren bei der Routen-Navigation

Vorsicht bei der Festlegung von Routen für die Sportschiff-fahrt (Motorboot, Segeln, …). Eine Route wird gerne anhand von Bojen bzw. allgemein Seezeichen festgelegt, und diese als Routen-Wegpunkte eingespeichert.

Wegen der hohen Genauigkeit des GPS-Systems ist es allerdings nicht selten, dass beim Abfahren der Routen diese Wegpunkte bzw. Bojen/Seezeichen dann gerammt werden. Die Gefahr ist besonders groß, wenn man die Arbeit einer Ruderanlage mit Autopilot überlässt. Über die NMEA-Schnittstelle können die GPS-Handgeräte durchaus als Info-Quelle für einen Autopiloten eingesetzt werden.

Problematik der Navigation nach Bojen/Seezeichen
in Verbindung mit der hohen Genauigkeit
des GPS-Systems

Routen-Planung am PC

Eine Route lässt sich aber nicht nur direkt am Gerät
erstellen, sondern auch sehr bequem am heimischen PC.
Sein großer Bildschirm sorgt für eine gute Übersicht, und
Maus und Tastatur gestalten die Eingabe deutlich einfacher
und praktischer.

Hierzu steht inzwischen eine Fülle unterschiedlichster GPS-
Software Programme und auch Karten-Material zur Verfügung. Die am PC festgelegte Route wird dann üblicherweise
zusammen mit den dazugehörigen Routen-Wegpunkten per
Kabel ins GPS übertragen.

In diesem Zusammenhang ist nicht nur die Software
„MapSource" der Fa. Garmin und deren Pendant
„MapSend" der Fa. Magellan zu nennen, sondern es steht
noch eine Reihe weiterer leistungsfähiger Lösungen bereit.
Nähere Infos zur Routen- bzw. allgemein Touren-Planung
am PC im Kapitel *„Touren-Planung"*, sowie speziell zu
geeigneten GPS-Programmen und Karten im **Band 2** des
„GPS-Handbuches" in dessen Kapitel „GPS und PC-
Software/Digitale Karten".

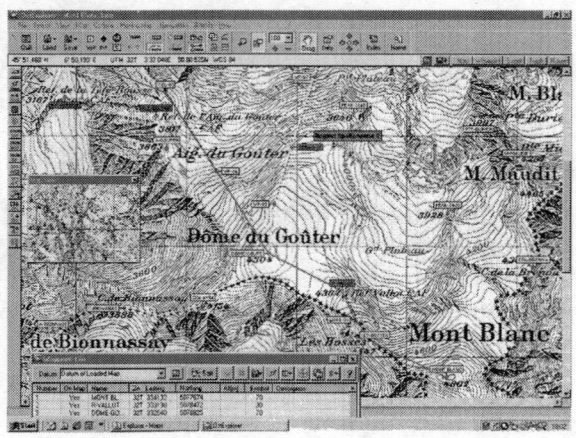

***Touren-Planung am PC mit geeigneten digitalen
Karten und entsprechender spezieller Karten-Software***

Touren-Planung

Einführung

So ein GPS-Gerät vereinfacht die Planung und Durchführung von Touren entscheidend, erfordert aber eine sorgfältige Vorbereitung. Ist dies sichergestellt, kann es uns auch in unbekanntem Gelände eine sichere Navigation und Orientierung gewährleisten.

Die Planung erfolgt durch das Festlegen von „Wegpunkten" (= Waypoints, WPs) auf der Karte und dem Einspeichern von deren Koordinaten in das Gerät. Durch die Aneinanderreihung von mehreren Wegpunkten kann zusätzlich eine „Route" gebildet werden, wobei die Reihenfolge der Wegpunkte der gewünschten Richtung und Folge des Weges entsprechen muss.

Während eine Route die Vorausplanung für einen noch zurückzulegenden Weg darstellt (= Soll), ist im Gegensatz dazu ein „Track" (= Track-Log) die Aufzeichnung eines real zurückgelegten Weges (= Ist). Dies habe ich schon ausführlich im Kapitel *„**Grund-Funktionen der Geräte**"* erläutert.

Grundvoraussetzungen

Die Grundlage schlechthin für jegliche Planungs-Aktivitäten ist eine gute Karte(!!), und hier fangen leider die Schwierigkeiten bereits teilweise an.

Unbrauchbar sind Karten die über kein aufgedrucktes Koordinaten-System verfügen, oder nur mit einem Suchgitter ausgestattet sind (Gitter wie beim Spiel „Schiffe versenken"). Wie wir aber in dem separaten Kapitel *„**Nutzung von Karten ohne Gitter**"* noch sehen werden, sind diese für uns doch nicht gänzlich wertlos, erfordern jedoch spezielle Techniken und einen größeren Aufwand.

Bedingt brauchbar sind Karten ohne durchgezogenes Gitter, d. h. welches nur an den Rändern angerissen ist, oder Karten mit Grad-Netzen (= geographisches Koordinaten-System). Bei letzterem ist das Bestimmen von Positionen mühsamer, aber doch lösbar. Siehe hierzu das Kapitel „*__Landkarte mit geographischem Gitter__*".

Gut zu gebrauchen sind Karten mit durchgezogenem UTM-Gitter oder einem Nationalen-Metergitter, wie z. B. das deutsche Gauß-Krüger-Gitter, Schweizer-Gitter, Bundes-meldenetz in Österreich, Schwedisches-Gitter, Finnisches-Gitter, ... Siehe hierzu das Kapitel „*__UTM-Gitter und Nationale Koordinaten-Systeme__*".

Es ist also eine genaue Karte mit einem aufgedruckten amtlichen Koordinaten-System erforderlich, z. B. geografisches Gitter mit Angabe von Länge und Breite, UTM oder ein nationales geodätisches Gitter (= Metergitter), auf denen Positions-Koordinaten entnommen und übertragen werden können.

Deshalb Augen auf beim Kartenkauf und eine sorgfältige Auswahl treffen. Keine „Gemälde", sondern topographische Karten erwerben. Wie wir noch sehen werden, zudem auf Angaben zur Projektion der Karte, dem aufgedruckten Gitter/Koordinaten-System und dem Karten-Bezugssystem (= Karten-Datum, Map-Datum) achten.

Bevor eine Karte mit GPS-Geräten verwendet werden kann muss sichergestellt werden, dass das Koordinaten-Gitter (Format der Positions-Angabe) und das „Karten-Datum" der verwendeten Karte mit den Einstellungen des Gerätes über-einstimmen(!!). Ggf. muss man diese Einstellungen anpassen. Hinter dem Begriff „Karten-Datum" (= geodätisches Datum oder Karten-Bezugssystem, =„Map-Datum") verbirgt sich der zu Grunde liegende Referenz-Ellipsoid für die Erde bei der Kartenerstellung. Wird diesbezüglich bei der Kartenarbeit in Verbindung mit einem GPS „geschlampert" und nicht mit der erforderlichen Sorgfalt vorgegangen, sind Fehler in der Positionsbestimmung von mehreren hundert Metern möglich. Siehe hierzu ausführlich das Kapitel *„Grundlagen der Kartographie"*.

Bei der erstmaligen Verwendung einer Karte sollte man in jedem Fall vor Ort an einem bekannten Referenz-Punkt die vom Gerät angezeigten Koordinaten des aktuellen Standortes (= Ref.-Punkt) mit den abgelesenen Werten der Karte vergleichen, um wirklich sicher zu sein, dass die Einstellungen korrekt sind. Hinweise zum „Karten-Datum", sowie zum Gitter und Ablesen der Koordinaten finden sich oft in der Legende der Karte oder im Internet.

Touren-Planung konventionell

Nach dieser einmaligen Vorarbeit, kann mit einer guten Papierkarte und dem GPS-Gerät jederzeit der aktuelle Standort auf der Karte ermittelt werden.

Umgekehrt können während der Planungsphase für die Tour, auf der Karte Ziel- oder Zwischenpunkte abgelesen und in das GPS-Gerät eingegeben werden. Es werden also ähnlich wie bei einer Marschskizze die Punkte bestimmt, die man unterwegs passieren möchte.

Werden mehrere Zwischenpunkte der geplanten Tour ins GPS eingegeben (z. B. an Abzweigungen des Weges oder der Straße, der gesuchte Ausfluss eines Sees, bestimmte Inseln oder sonst wichtige Schlüsselstellen der Tour), können diese Punkte wie schon erwähnt als „Route" verknüpft werden, und das GPS-Gerät wird den Nutzer zielgenau von einem Wegpunkt der Route zum Nächsten führen.

Bei aktivierter Routen-Funktion sind die einzelnen Routen-Wegpunkte auf der „Karten-Seite" (= „Map-Page"; diese Seite haben auch die einfachen Basis-Geräte) über Linien miteinander verbunden (= Course-Line bzw. Linie des Soll-Kurses). Zudem leiten graphische Zielführungshilfen mit Infos zu Richtung und Entfernung von Wegpunkt zu Wegpunkt.

Es ist empfehlenswert, die Wegpunkte schon vor Beginn der Tour in aller Ruhe an einem großen Tisch zu Hause, in der Berghütte, ... ins Gerät einzugeben.
Weiterhin sollte man Wegpunkte im Umkreis erfassen, so dass man auf unerwartete Touren-Änderungen, Schlechtwetter, Notfälle etc. besser vorbereitet ist. Gerade bei Notfällen und Unglücken ist der Faktor Zeit ein weiterer wesentlicher Aspekt, zumal diese ja häufig noch in Verbindung mit schlechtem Wetter, Dunkelheit auftreten. Weiterer positiver Nebeneffekt: Man kennt sich hinterher bestens auf der Karte aus.
Routen und Alternativ-Routen können so vorab sinnvoll vorbereitet werden. Die geplanten Routen und Wegpunkte auf jeden Fall in die Karte zur Referenz einzeichnen, um dann im Gelände stets einen Bezug zur Karte zu erhalten. Zu guter letzt nicht vergessen Ersatzbatterien für das Gerät einzupacken. Bei Kälte Lithium-Zellen.

Manchen Anwendern ist nicht geläufig, wie Wegpunkte zu Hause am „grünen" Tisch für ihr weit entfernt liegendes Tourengebiet überhaupt angelegt werden.
Das Gerät einschalten und in den „Simulator" Modus versetzen. Je nach Gerät kann dies auch „GPS Off", „GPS aus", „Indoors", „Demo-Mode", „Ohne GPS nutzen", ... genannt sein. Damit wird der Satelliten-Empfangsteil abgeschaltet, und das Gerät sucht nicht vergeblich nach Satelliten für eine Positions-Bestimmung innerhalb von einem Gebäude. Zudem spart dies erheblich Batteriestrom.

Dann zuerst im Setup-Menü das Positions-Format/Koordinaten-System der verwendeten Karte auswählen und danach dann das Karten-Datum/Map-Datum einstellen bzw. kontrollieren. Diese Reihenfolge ist zu empfehlen, da manche Geräte „mitdenken" und von sich aus das Map-Datum automatisch umstellen. Dies erfolgt allerdings nicht in allen Fällen korrekt. Beim UTM-Gitter wird z. B. stets WGS 84 genommen, dies trifft aber nicht auf jede Karte zu.

Bei einem weit entfernt liegenden „exotischen" Nationalen-Koordinaten-System/Positions-Format sich ggf. im Simulator-Modus in die betreffende Region versetzen, wegen deren begrenzten Gültigkeitsbereiches.

Jetzt ganz wie gewohnt einen Wegpunkt markieren (je nach Gerät z. B. Taste „MARK", „ENTER", den Click-Stick, ... drücken). Es wird automatisch die „Wegpunkt-Seite" erscheinen und einen Namen für den neuen Wegpunkt vorgeschlagen. Nun aber erst mal langsam(!!) und nicht voreilig bestätigen.

Jetzt einfach die vorbelegten Koordinaten gemäß Euren eigenen Bedürfnissen abändern. Die Vorbelegung ist dabei ganz praktisch, da man damit eine Vorlage besitzt, wie die Eingabe konkret auszusehen hat.

Der Wegpunkt-Name, ggf. der Wegpunkt-Kommentar (haben nicht alle Geräte) und das Symbol können ebenfalls bei Bedarf individuell verändert werden. So, und jetzt erst den Wegpunkt durch die Betätigung von „Enter" abspeichern.

Übrigens: Wenn bei den Garmin's im Editier-Modus der einzelnen Felder der Cursor ganz nach links gedrückt wird, leer sich dieses Feld komplett. Dies ist z. B. bei der Eingabe des WP-Namens und WP-Kommentars sehr praktisch. Wenn wir auf diese Weise alle Wegpunkte festgelegt haben, können wir die spezielle „Routen-Seite" aufrufen und beginnen, die einzelnen Routen festzulegen. Dabei wird auf die angelegten Wegpunkte im WP-Speicher zurückgegriffen.

Allerdings ist die manuelle Eingabe von Routen bzw. allgemein Wegpunkten mit zehn und mehr Punkten nach Karte etwas mühsam. Zudem ist die Gefahr sehr groß, dass sich beim Ermitteln/Übertragen/Abspeichern der Koordinaten Fehler einschleichen.

Prinzipiell stehen uns zur Übertragung von Koordinaten aus der Karte in ein GPS-Gerät zwei Möglichkeiten zur Verfügung:

- Wegpunkte wie beschrieben manuell in der Karte genau bestimmen (z. B. mit Lineal/Netzteiler/Planzeiger), und dann per Hand-Eingabe einzeln in den GPS-Empfänger eintippen. Wie gesagt ist dies bei einer größeren Anzahl von Wegpunkten sehr mühsam und nicht empfehlenswert.

- Deutlich eleganter und bequemer ist es, ein GPS-Softwareprogramm für den heimischen PC einzusetzen. Dafür stehen unterschiedliche Lösungen zur Verfügung. Nahezu alle GPS-Handgeräte verfügen über eine Schnittstelle zum PC (über die serielle Schnittstelle (COM-Port) und/oder USB).

  Zur Verbindung ist ein entsprechendes Datenkabel erforderlich. Die auf dem PC erstellten Wegpunkte, Routen und Tracks werden dann in „einem Rutsch" ins GPS-Gerät überspielt.

Wie auf manuelle Art und Weise Koordinaten auf der Karte ermittelt und übertragen werden, habe ich in den Kapiteln *„Landkarte mit geographischem Gitter"* und *„UTM-Gitter und Nationale Koordinaten-Systeme"* detailliert erläutert. Nun wollen wir uns intensiver mit digitalen Karten und der Touren-Vorbereitung am PC auseinandersetzen.

Touren-Vorbereitung am PC

Viel einfacher, komfortabler und schneller geht es, wenn Touren am PC zu Haue mit geeigneten digitalen Karten vorbereitet werden. Geeignet heißt, dass sich auf der CD ein Programm befinden muss, mit dem Wegpunkte, Routen oder Tracks (also „Pfade") mit einigen Mausklicks mehr oder weniger komfortabel definiert, und per Datenkabel zum GPS-Gerät geschickt werden können.

Digitale Karten

Empfehlenswert sind z. B. die digitalisierten topografischen Rasterkarten der deutschen Landesvermessungsämter Top50-Serie/Top 200, deren Pendant AMAP in Österreich, sowie die deutschen MagicMaps CDs. Auf diesen befindet sich das spartanische Programm „GPStrans" für den Datenaustausch zwischen Karte und GPS.

Eine ähnliche Funktionalität bieten die topografischen Karten CDs der Schweiz SwissMap 25/50/100, sowie die Karten CDs des Kompass-Verlages und die digitalen AV-Karten der Alpenvereine (DAV/OeAV).

Allerdings beachten, dass die einfachen Programme für den Datentransfer dieser CDs nur mit wenigen GPS-Herstellern kompatibel sind. In der Regel nur für die Geräte der Fa. Garmin und eventuell noch der Fa. Magellan.

Ungeeignet für diesen Zweck sind in der Regel die ganzen Routenplaner wie z. B. Microsoft Autoroute, MarcoPolo Großer Reiseplaner, Map & Guide, Falk, Route 66 usw. Diese Karten bzw. deren Viewer-Programme haben zwar eine GPS-Schnittstelle, aber meist nur für die Anzeige der aktuellen Position auf der Karte am PC bzw. Notebook (= Moving Map/GPS-Online).

Zudem sind diese Routenplaner mit Vektorkarten auf das Straßennetz ausgelegt und weniger auf die umliegende Topografie wie Flüsse und Seen. Allerdings gestatten sie in der Regel das Ablesen von Koordinaten, die dann wieder manuell in das GPS-Gerät eingetippt werden können (mühsam).

Unterscheidung: Raster- und Vektor-Karten

Wie schon angeklungen, muss grundsätzlich zwischen Raster- und Vektorkarten unterschieden werden.

Bei der Rasterkarte besteht die Landkarte aus einem „richtigen" Bild, das aus einzelnen Bildpunkten aufgebaut ist („Pixeln"). Sie sind plastischer und anschaulicher, eben so wie eine konventionelle Papierkarte, was sie ja quasi auch sind. Sie bieten mehr Farben und damit mehr Möglichkeiten der kartografischen Differenzierung wie beispielsweise zwischen Wald, Sumpf, Heide, ..., die Schummerung für 3D-Effekt etc.

Sie basieren praktisch auf einem festen Maßstab, welcher der gescannten (= digitalisierten) Papier-Vorlage zugrunde liegt. Wird in sie hineingezoomt, werden sie sehr schnell „grobschlächtig". Aber auch beim Herauszoomen werden sie rasch unleserlich. Diese Effekte gibt es bei den Vektorkarten dagegen nicht.

Bei der Vektorkarte besteht die Karte nur aus Vektoren, die digital in Datenbanken gespeichert sind (Punkte und Linien). Das eigentliche Kartenbild wird erst beim Betrachten über mathematische Funktionen berechnet und dargestellt. Sie wirken immer etwas „dünn" und abstrakt. Schummerungen etc. sind nicht darstellbar. Dafür können sie nach belieben stufenlos gezoomt werden. Die Anzahl der gezeigten Informationen ist in der Regel zoom-abhängig. Je weiter in die Karte hineingezoomt wird, umso mehr Details werden dargestellt. Sie haben keinen konkreten

Maßstab bzw. nur einen „virtuellen", eben den, welchen man gerade auf dem Display eingestellt hat.

Weitere Möglichkeiten mit GPS-Software

Neben diesen einfachen Programmen die in Verbindung mit den oben genannten topographischen Karten CDs zur Datenübertragung geliefert werden (Top50, MagicMaps, AMAP, SwissMap usw.), gibt es spezielle GPS-Software, die wesentlich mehr Komfort und Funktionen bieten.

Für die hier genannten digitalen Karten sind dies Fugawi und Touratech-QV (TTQV). Wesentlicher Vorteil beider Programme ist, dass sämtliche Karten unter der gleichen Benutzeroberfläche und Datenverwaltung verwendet werden können. Diese können u. a. auch die weit verbreiteten Karten im BSB-Format lesen (z. B. zahlreiche Seekarten/Charts werden in diesem Format angeboten).

Zudem können eigene Papier-Karten gescannt, kalibriert (= Georeferenzierung) und in das System eingebunden werden. Damit sind auch Planungen über die Grenzen der verfügbaren Karten CDs hinaus möglich.

Wenn hauptsächlich die Verwendung von selbst gescannten Karten, sowie Charts im BSB-Format im Vordergrund steht, und die Topo-Karten CDs von Deutschland/Österreich/ Schweiz nicht von Interesse sind, ist das Programm OziExplorer noch eine lohnenswerte Alternative.

Die Vektorkarten der diversen Routenplaner (MS Autoroute, MarcoPolo, Route 66 etc.) können jedoch in keinem der drei genannten Programme gelesen werden (wegen der Lizenzbedingungen proprietäre Datenformate). Gleiches gilt für Navigations-CDs der diversen fest eingebauten Fahrzeug Navi-Systeme, da diese immer auf das Navi-System speziell zugeschnitten sind und sich nicht anderweitig nutzen lassen. Für Fugawi und TTQV sind allerdings ebenfalls Vektorkarten erhältlich. Mit TTQV ist sogar automatisches Routing wie bei den Routenplanern möglich. Interessant ist dies z. B. bei straßengebundenem GPS-Einsatz mit Auto, Motorrad, LKW, etc., oder um sich für Outdoor-Aktivitäten die Route für die Anreise berechnen zu lassen und dann als „Route" oder „Track" ins GPS-Gerät zu laden. Fugawi wiederum kann mit einer kostenpflichtigen Erweiterung auch die topografischen Karten CDs von Schweden nutzen.

Diese Programme bieten alle Schnittstellen zu den gängigen GPS-Geräten bzw. Herstellern. Die Kern GPS-Funktionen zur Erstellung von Daten (Wegpunkte/Routen/Tracks), dem Austausch dieser Daten mit dem GPS-Gerät, deren Darstellung auf Kartenmaterial am PC oder Notebook, sowie deren Verwaltung, also das, was man in ca. 80% der Fälle benötigt, ist in allen drei Programmen enthalten.

Unterschiede gibt es bei Zusatzfunktionen und der Benutzeroberfläche. Alle drei Programme können zum Testen aus dem Internet geladen werden und es sei jedem Interessenten geraten, diese Möglichkeit intensiv zu nutzen: www.fugawi.de / www.ttqv.de / www.oziexplorer.com . Man sollte sich aber auch die Zeit nehmen und sich in die Dokumentation der Programme einlesen.

Die Webseiten der Programme geben zudem Auskunft darüber, welche Datenformate und Karten-CDs unterstützt werden. Ich möchte aber nicht versäumen explizit darauf hinzuweisen, dass Kartenmaterial nicht zum Lieferumfang dieser Programme gehört.

Weiterhin beachten, dass bei all diesen Programmen und digitalen Karten zwar Daten wie Wegpunkte/ Routen und ggf. Tracks erstellt werden können, aber nur diese Daten können in den GPS-Empfänger übertragen werden, nicht aber die eigentlichen Karten. Die Geräte können nur mit speziellem vektorisiertem Kartenmaterial der Hersteller gefüttert werden, dazu

aber später mehr. Eine Ausnahme bilden lediglich die PDAs (Palm und Pocket-PC mit geeigneter Software).

Anmerkung: Die drei genannten Programme sind sehr leistungsfähig, allerdings auch nicht ganz billig. Insgesamt ist das Angebot an GPS-Programmen inzwischen sehr vielfältig und decken das gesamte Spektrum wünschenswerter Funktionen ab: Kartendarstellung, Erstellung/Verwaltung und Austausch von GPS-Daten, Dokumentation von Reisen (inklusive der Darstellung und Zuordnung von Fotos). Falls nur Teile dieser umfassenden Funktionen benötigt werden, könnten z. B. die Programme GARtrip www.gartrip.de und GPS TrackMaker www.gpstm.com interessant sein.

Mehr zu Programmen (auch kostenlose bzw. Freeware) im **Band 2** des *„GPS-Handbuches"* in dessen Kapitel „GPS und PC-Software/Digitale Karten".

Touren-Planung mit GPS-Programmen am PC

Wie erfolgt nun die Touren-Planung mit digitalen Karten und diesen Programmen auf dem PC?

Steht für das Tourengebiet eine geeignete Karten CD mit Kalibrier-Informationen zur Verfügung die das verwendete Programm lesen kann (siehe oben z. B. BSB-Karten/Charts, Top50-Reihe, MagicMaps, AMAP, SwissMap etc.), sind die Vorbereitungen schnell erledigt. Einfach die Karte mit der Kalibrierung in das System importieren – fertig.

Bildet eine Papierkarte die Basis, ist der Aufwand zunächst etwas größer. Die Karte muss eingescannt (150 bis 200 dpi und 256 Farben reichen aus; abspeichern im Grafik-Format „TIF"-Packbits Compressed oder „PNG", nicht jedoch als „JPG"(!!)) und dann anhand des aufgedruckten Koordinaten-Systems, der Angabe des Karten-Datum (= geodätisches

Bezugssystem) und ggf. der zu Grunde liegenden Karten-Projektion kalibriert werden.

Dies bedeutet, dass durch die Auswahl von mindestens 3 Punkten die gleichmäßig über die ganze Karte verteilt sind, und der Eingabe von deren Koordinaten (entweder geographische Koordinaten Länge/Breite oder Rechts- und Hochwert bei UTM bzw. nationalen Gittern) ein Bezug zur Erdoberfläche hergestellt wird (= Georeferenzierung). Dabei so genau wie möglich arbeiten.

Es soll aber an dieser Stelle nicht verschwiegen werden, dass man bei der Kalibrierung von nicht amtlichen Karten auf nicht unerhebliche Schwierigkeiten stoßen kann. Z. B. keine Angaben zur Projektion oder zum Karten-Datum, kein aufgedrucktes oder angerissenes Gitter, Gitter nachlässig aufgedruckt (lageversetzt), keine oder unvollständige Angaben zum verwendeten Gitter, Karte zu stark generalisiert oder einfach ungenau („Gemälde").

Unbrauchbar sind Karten die über kein aufgedrucktes Koordinaten-System verfügen, oder nur mit einem einfachen Such-Gitter ausgestattet sind (Gitter wie beim Spiel „Schiffe versenken"). Hier muss man sich dann die erforderlichen Koordinaten für die Passpunkte aus anderen Quellen/Karten beschaffen.

Beim Kauf von Karten also Augen auf und auf diese Punkte achten, damit die erforderliche Georeferenzierung ohne Mühen gelingt.

Egal ob CD oder gescannte Karte, die Touren-Planung ist nun ein Kinderspiel. Die gewünschte Karte wird im Programm geöffnet und durch Maus-Clicks werden nun Wegpunkte oder Routen-Wegpunkte an den gewünschten Stellen festgelegt.

Auf gleiche Weise können so Tracks „künstlich" erstellt werden. Normalerweise ist ja ein „Track" (= Track-Log) die Aufzeichnung vom GPS-Gerät über den real in der Natur zurückgelegten Weg, liegt also stets immer in der Vergangenheit. Nun haben wir aber die Möglichkeit Tracks für die Planung und Durchführung einer Tour im Vorfeld erstellen zu können.

Dies eröffnet eine Vielzahl nützlicher Anwendungsfälle. Durch den zu Hause vorgeplanten Track hat der Benutzer im Gelände stets eine Orientierungshilfe vor Augen. Nähere Details stehen dann auf der Papier-Karte zur Verfügung, auf der dieser Track zur Referenz eingezeichnet ist. Ich persönlich arbeite in der Regel lieber mit diesen „künstlichen" Tracks, als mit „Routen". Dies z. B. um den Verlauf eines Weges, einer Strasse, eines Flusses für das GPS detailliert nachzubilden. Durch Wegpunkte an markanten Stellen wird es dann noch ergänzt. Allerdings nutze ich dabei nie die Funktion „TracBack", sondern orientiere mich nur visuell auf der Karten-Seite an dieser vorgezeichneten Track-Linie (bei manchen Basis Einsteiger-Geräten nur bedingt bzw. nicht möglich).

Anmerkung: Mehr über die „künstliche" Erstellung und Nutzung von Tracks in dem extra Kapitel „*__Mit Tracks zur eigenen Basemap__*".

Über ein Verbindungskabel werden all diese Daten (Wegpunkte/Routen/Tracks) anschließend in sekundenschnelle ins GPS-Gerät übertragen.

Zur Referenz während der Tour empfiehlt es sich die Wegpunkte/Routen/Tracks in die Papierkarte einzuzeichnen, oder die Karte mit diesen Informationen auszudrucken. Die Anzahl der Wegpunkte etc. spielt so nur noch eine untergeordnete Rolle und wird lediglich von den Speichermöglichkeiten des jeweiligen Gerätes begrenzt. Es ist deshalb ratsam möglichst viele Wegpunkte und ggf. Alternativ-Routen zu erstellen, geht ja „ratzfatz".

So ist man für eventuell kurzfristig erforderliche Änderungen der Tourenpläne bereits gerüstet und hat einen zusätzlichen Sicherheits- und Zeitgewinn bei Notfällen, die meist durch einen Unfall, Wettersturz, Nebel, Einbruch der Dunkelheit etc. eintreten, und der Faktor Zeit dann eine wesentlichen Rolle spielt. Es ist dann nicht erforderlich unter widrigen Bedingungen und unter Stress-Situation erstmal Positionen auf der Karte ermitteln zu müssen (birgt zudem erhebliches Fehlerpotential), sondern man ist bereits optimal vorbereitet.

Weiterhin ist es empfehlenswert die Route bzw. die Routen mit den einzelnen Wegpunkten, Entfernungen und Soll-Kursen auszudrucken, damit sie quasi als Marschskizze in Verbindung mit einem Kompass eingesetzt werden kann. Ebenso ist ein Ausdruck der kompletten Wegpunkt-Liste mit den WP-Namen, ggf. WP-Kommentar und den Koordinaten ratsam. Sollte man versehentlich am Gerät Daten löschen, kann darauf zurückgegriffen werden.

Durchführung der geplanten Touren mit GPS

Das Erstellen von Wegpunkten, Routen und Tracks am PC ist also nur eine Sache von Minuten. Sollte es auf der Tour erforderlich sein das GPS zur Hilfe nehmen zu müssen, muss im Gerät nur die entsprechende Route oder der Wegpunkt (bei Funktion „GOTO") aktiviert werden, und kann sich dann vom Gerät leiten lassen.

Damit kann auf einfache Weise genau der Linie oder dem Soll-Kurs gefolgt werden, den man sich vorher auf der Karte ausgesucht hat, auch wenn dies noch so verzwickt oder schwer zu erkennen ist.

Beispielsweise beim Paddeln eine Fahrt durch ein Labyrinth von Inseln, der versteckt im Schilf verborgene Ausfluss eines Sees oder den sicheren Hafen im Nebel. All dies lässt sich natürlich auf unzählige andere Aktivitäten und Einsätze übertragen (z. B. Motorradfahren, Mountain-Biken, Wandern, Bergsteigen, in der Wüste, beim Fliegen, auf See, …).

Die intensive Tourenvorbereitung am PC mit möglichst vielen Wegpunkten und Alternativ-Routen hat noch weitere Vorteile. Man beschäftigt sich dabei vorab sehr intensiv mit der Karte, entdeckt dabei so nebenbei manches nützliche Detail, und „kennt" sich auf der Karte einfach gut aus. Vor Ort ist dann manchmal ein GPS gar nicht mehr von Nöten.

Zur Kontrolle der eigenen Position bzw. des momentanen Standortes genügt ein kurzes Einschalten des Gerätes. Irgendeiner meiner zahlreichen Wegpunkte liegt dann in der Nähe und mit einem kurzen Blick auf die Karte, auf der diese Wegpunkte zur Referenz vermerkt sind, genügt, um die weitere Orientierung sicherzustellen.

Auf diese Weise hält dann der Batteriesatz des Gerätes bei einer längeren Tour Wochen. Es muss ja nicht jeder „Ausfallschritt" dokumentiert werden, also eine lückenlose Aufzeichnung des zurückgelegten Weges (= „Track" bzw. Track-Log Aufzeichnung).

Beispielsweise bei Touren über große Wasserflächen (z. B. beim Segeln/See-Kajak), bei denen es auf die Einhaltung eines genauen Soll-Kurses ankommt, ist die Ergänzung durch einen Magnetkompass zum Sparen von Batteriestrom sinnvoll.

Die vom GPS angezeigte Peilung auf den Kompass übertragen, dann muss das Gerät nicht permanent den Weg weisen. Beeinflussen Seitenwind und Strömungen die Fahrt, liegt der Vorteil des GPS-Gerätes allerdings darin, dass das Ziel auf kürzestem Weg angesteuert wird (Boot so „anstellen", dass Wert von Peilung und Kurs über Grund identisch ist). In der gleichen Situation mit dem Magnetkompass wird man eine mehr oder weniger ausgeprägte „Hundekurve" fahren.

Bei paralleler Verwendung eines Kompasses aber unbedingt darauf achten, dass am GPS-Empfänger die korrekte Nord-Referenz eingestellt ist, damit Kompass und GPS für die

Peilung (engl. Bearing), und in gewisser Weise auch für den Kurs über Grund (engl. Track, Course over Ground, COG) die gleichen Zahlenwerte liefert (Berücksichtigung Missweisung (= Deklination/Variation)). Beachten, dass aber ein GPS das einzige erschwingliche Hilfsmittel zur Navigation für uns ist, das diese hilfreiche Info von Kurs über Grund konkret liefern kann.

Beispiel für eine Planung und Durchführung

Die Planung und Durchführung einer Tour sieht bei mir beispielsweise so aus:
Für meine Paddel-Touren auf Flüssen bilde ich den Flussverlauf am PC als Track nach – click, click, click. Dieser wird später als „Saved Track" ins GPS-Gerät geladen. Da Fluss-Schleifen sehr charakteristisch sein können, ist so im Bedarfsfalle ebenfalls eine schnelle Orientierungshilfe gegeben.
Zudem kann dabei jederzeit ganz einfach kontrolliert werden, wie genau und aktuell die Karte, die als Basis zur Planung gedient hat, in Wirklichkeit tatsächlich ist. Es lassen sich also sehr schnell Abweichung vom tatsächlichen Standort in der Natur, zu den am PC vor geplanten Punkten ermitteln (Stimmigkeit der Karte und Ungenauigkeit GPS).

Weiterhin versehe ich sehr viele (alle) markanten Stellen entlang des Flusses und in der weitläufigen Umgebung mit einem Wegpunkt (click, click, click, ...). Die Programme geben automatisch einen WP-Namen vor (meist eine Zahl). Bei markanten Gelände-Merkmalen etc. (Camp, Stromschnelle, Zufluss, unfahrbare/gefährliche Stelle, Brücke usw.) vergebe ich jedoch zur schnellen Identifikation aussagekräftige Buchstaben- und Zahlenkürzel.
Es empfiehlt sich die Wegpunkte signifikant und eindeutig zu benennen. Daher für die eigenen Bedürfnisse ein geeignetes System austüfteln.

Seitdem die Geräte mit einer unüberschaubaren Anzahl von Wegpunkt-Symbolen aufwarten, verwende ich keine mehr. Teilweise sind sie zwischen den einzelnen Geräten inkompatibel und zudem werden diese nicht von allen Programmen unterstützt. Die frühere begrenzte Anzahl von 16 Symbolen bei den älteren Geräten fand ich praktikabler.

Dem GPS ist es egal, ob ich es hinterher per einzigen Knopf-Druck mit 20, 50 oder 500 WPs füttere. Danach drucke ich mir die Karte, versehen mit allen Wegpunkten, Tracks und Kommentaren etc., zur Referenz aus. Damit ist jederzeit eine schnelle Orientierung gewährleistet.

Weiterhin ist man im Notfall oder bei notwendigen Änderungen der Touren-Pläne, ohne große Mühe für alle möglichen Eventualitäten vorbereitet. Man muss dann nicht erst mühsam Positionen auf der Karte bestimmen (fehlerträchtig).

Das Gerät muss jeweils nur kurzzeitig eingeschaltet werden (spart Batterien) und auf der Karten-Seite (Map-Page) ist dann rasch erkenntlich, welchem der zahlreichen Referenz-Punkte man am nächsten ist.

Das GPS-Display

Auf dem PC wurde auf einer gescannten Karte das Fluss-System nachgebildet und an wichtigen Stellen mit WPs versehen. Diese Daten wurden in das Gerät geladen und sind nun sichtbar. Zur Referenz wird die gescannte Karte mit diesen Daten ausgedruckt.

(Garmin GPS 76 Basis-Empfänger)

Touren- und Urlaubs-Dokumentation

Nach der Tour können die unterwegs aufgezeichneten Wegpunkte (z. B. Übernachtungsplätze, Sehenswürdigkeiten, Oasen, Gefahrenstellen, Geländemerkmale, wichtige Kreuzungen/Abzweigungen etc.) und ggf. auch der zurückgelegte Weg (= Kursaufzeichnung/„Brotkrumenspur"), den das GPS-Gerät automatisch als „Track" aufzeichnet wenn es permanent eingeschaltet ist, auf den PC geladen und auf der Karte dargestellt werden.

So lässt sich im Nachhinein auch die manchmal gestellte Frage beantworten, wo war ich denn eigentlich so ganz genau?

In den genannten Programmen können die Tracks dann nach einer Vielzahl von Kriterien ausgewertet werden, wie z. B. Gesamtlänge, Geschwindigkeit, Höhenprofil, Höhensummen, Aufstiegsgeschwindigkeit etc. Die letzteren Kriterien können z. B. für Bergsteiger, Mountainbiker Wanderer, Radfahrer sicherlich von Interesse sein. Zum Teil bieten diese Programme noch ein „Track-Replay" an. Damit kann man sich dann die Fortbewegung im Zeitraffer auf der Karte anzeigen lassen.

Zu jeder Tour können noch Kommentare abgelegt und den Wegpunkten Digitalfotos zugeordnet werden. TTQV kann sogar Digitalfotos automatisch dem Weg (Track) zuordnen und ortsgenau in der Karte darstellen, da sowohl im Digitalfoto als auch im Track das Datum und die Uhrzeit gespeichert sind.

Auf jeden Fall erhält man bei allen Programmen eine perfekte und interessante Touren- und Urlaubsdokumentation, und kann auch nach Jahren, bei einer Wiederholung der Tour, auf diese Informationen zurückgreifen.

Diese Daten können im Laufe der Zeit sehr umfangreich werden, weshalb ein leistungsfähiges Verwaltungssystem eine große Hilfe darstellt. Die Programme verfolgen dabei etwas unterschiedliche Philosophien.

Erforderliche GPS-Ausrüstung

Auf das „Für- und Wider" bei den diversen Modellen von GPS-Handgeräten gehe ich detailliert im **Band 2** des „*GPS-Handbuches*" in dessen Kapitel „GPS - Handgeräte, die Hardware" ein. Hier möchte ich nur kurz ein paar grundsätzliche Dinge erwähnen, um das Kapitel „Touren-Planung" vollends abzurunden.

Ein GPS-Gerät ist etwa ab 150 Euro zu haben. Übrigens ist der Betrieb anmelde- und gebührenfrei. Dringend zu empfehlen sind dann noch ein Datenkabel und digitale Karten. Die deutschen Top50 beispielsweise kosten je Bundesland ca. 40 - 50 Euro; Bayern 80 Euro (2 CDs).

Erweiterungen durch andere digitale oder gescannte Karten richten sich nach den persönlichen Tourengebieten. Parallel zu diesen Erweiterungen wird eines der oben genannten GPS-Software Pakete sinnvoll (Fugawi oder Touratech QV, jeweils ca. 150 €; eventuell OziExplorer 85 US-$).

Renommierte Hersteller für GPS-Geräte sind die Fa. Garmin www.garmin.com bzw. www.garmin.de und Fa. Magellan www.magellangps.com.

Selbst bei den billigsten GPS-Geräten gibt es keinerlei Nachteile hinsichtlich der Genauigkeit. Die Unterschiede liegen in der Bedienung, der Ausstattung und den diversen Zusatzfunktionen.

Für bestimmte Anwendungen (Bergsteigen, Mountainbiken, Gleitschirmfliegen, aber auch Paddeln) sind Geräte mit eingebautem elektronischen Kompass und barometrischem Höhenmesser interessant.

Zur Navigation sind diese allerdings nicht zwingend notwendig, da GPS-Geräte immer die Bewegungsrichtung (= Kurs über Grund; die Betonung liegt aber auf „unter Bewegung") und die GPS-Höhe anzeigen.

Der Kompass ist zum Peilen im Stand oder bei kleinräumigen Bewegungen eine Hilfe, und die Kombination aus barometrischer und GPS-Höhe ergibt in vielen Fällen eine bessere und konstantere Genauigkeit der Höhen-Info. Zudem kann der Barometer den Luftdruck anzeigen und den Verlauf aufzeichnen, und so als Indikator für Wetterveränderungen oder eventuelle Wetterstürze dienen.

Weitere Eigenschaft hochwertiger teurer Geräte sind kartographische Hintergrund-Informationen in Form von integrierten Übersichts-Karten („Basemap") und Orts-Daten, sowie die Möglichkeit detaillierte Karten-Daten auf Vektorbasis von CDs zu laden (= „Map"-Geräte).

Hier gilt es, wie schon einmal erwähnt, ein häufiges Missverständnis auszuräumen:
Auf GPS-Geräte können nur Spezialkarten des Geräteherstellers geladen werden, <u>nicht</u> aber eigenes individuelles Kartenmaterial wie z. B. die Top50/MagicMaps/ AMAP/SwissMap, gescannte Karten etc.
Ausnahme: PDAs (Palm und Pocket-PC) mit geeigneter Software.

Diese speziellen Karten der Gerätehersteller (bei Garmin „MapSource"; bei Magellan „MapSend") sind zwar zumeist auf die Anforderungen der Autofahrer ausgerichtet, aber es gibt inzwischen für Garmin-Geräte auch topografische Karten von USA, Kanada, Norwegen, Schweden, Finnland, Belgien, Tschechien, Ungarn, Schweiz, Österreich und Deutschland (D gesamt oder wahlweise D-Nord und D-Süd). Für Magellan von den USA und Deutschland.

Leider sollen bei den Deutschland Topos den Landesvermessungsämtern beim Erfassen von Gewässern Fehler unterlaufen sein, so dass der Layer „Gewässer" auf den Vektorkarten für Bootfahrer, Paddler, Freizeitkapitäne etc. teilweise unvollständig ist. Nachteil ist eben dass man nicht weiß, wo komplett erfasst wurde und wo nicht.

Für Segler, Sportbootfahrer, Yacht-Besitzer, Salzwasser Paddler etc. sind dann noch die Seekarten von Interesse (= „BlueCharts" bei Garmin, „BlueNav Charts" bei Magellan).

Allerdings handelt es sich bei all diesen Karten wie schon erwähnt um Vektorkarten, die nur aus Linienzügen bestehen. Sie können weder bei der Planung am PC noch unterwegs in der Natur eine „richtige" Papierkarte ersetzen.

Dennoch erleichtern diese Karten die Orientierung vor Ort, vor allem dann, wenn man spontan nicht geplante Pfade einschlägt. Um aber dann noch auf den kleinen Displays die Übersicht zu behalten kommt mit diesen Detail-Karten schnell der Wunsch nach einem Gerät mit farbigem Display auf, wie es die Garmin Top-Geräte Legend C(x)/Vista C(x), GPS76C(x)/CS(x) und 60C(x)/CS(x) bieten (Preis ab ca. 400€). Diese Top-Geräte beherrschen zudem automatisches Straßen-Routing, also eine Funktionalität, wie dies bisher prinzipiell nur mit fest eingebauten Fahrzeug-Navigations-Systemen möglich war. Mit diesen Geräten lässt sich also ein sehr breites Einsatz-Spektrum abdecken.

Beim Wassersport würde ich dringend dazu raten, das Gerät in einem wasserdichten Schutzbeutel zu betreiben (z. B. von Ortlieb, Zölzer, AquaPac, …). Zwar wird den Geräten alle Wasserdichtigkeit bescheinigt und dies mag unter Laborbedingungen auch zutreffen, nicht aber im harten Gebrauch in der Praxis und wenn die Dichtungen schon ein paar Jahre auf dem Buckel haben. Um dann aber die Bedienung noch zu gewährleisten, empfiehlt sich ein Gerät mit den Bedienknöpfen auf der Vorderseite zu wählen.

Eine Alternative zu Geräten mit ladbaren Karten ist die Verwendung eines PDAs (Palm oder Pocket-PC) mit eingebautem oder anschließbarem GPS-Modul. Dies ist zudem als drahtlose „GPS-Maus" möglich.

Vorteil der PDA-Lösungen: Auf den PDA kann mit entsprechender Software **jede Karte** vom PC, also auch Top50, AMAP, SwissMap, BSB-Chart etc. oder gescannte Karten, in Ausschnitten geladen werden (Software: Fugawi, TTQV+Pathaway oder OziExplorer-CE), und kann sich dann die aktuelle Position auf dieser Karte anzeigen lassen. Nachteil sind die begrenzte Akkulaufzeit der farbigen PDAs (ca. 2 bis 5 Stunden) und die geringere Robustheit im Vergleich zu reinen GPS-Handgeräten. Zudem sind diese überhaupt nicht gegen Umwelteinflüsse wie Feuchtigkeit/Wasser/Staub etc. geschützt.

Bei der Auswahl des GPS-Gerätes ist neben Funktionalität und Preis auch die Marktposition und Verbreitung des Herstellers ein Kriterium, denn Stückzahl und Nachfrage steuern das Angebot an kompatibler Software und digitalen Karten.
Den Stromverbrauch/Batterielaufzeiten würde ich dagegen nicht zu hoch gewichten. Bei sorgfältiger Tourenplanung wie oben geschildert genügt es in den meisten Fällen, das Gerät zur Kontrolle der Position oder um sich schnell einen Überblick zu verschaffen nur kurzzeitig einzuschalten. So sind auch wochenlange Unternehmungen mit einem einzigen Batteriesatz möglich. Nur wer hinterher eine lückenlose Dokumentation des zurückgelegten Weges haben möchte, muss das GPS permanent eingeschaltet lassen.

Geräte mit elektronischem Kompass (meist kombiniert mit barometrischer Höhenmessung) haben auf den Datenblättern zwar geringere Laufzeiten, aber wenn der elektrische Kompass nur zugeschaltet wird wenn die Funktion tatsächlich benötigt wird, ergibt sich kein signifikanter Nachteil dadurch. Nicht empfehlen würde ich dagegen ein Gerät mit fest eingebautem Akku (geringe Kapazität, keine Austauschmöglichkeit unterwegs).

Fazit für den Einsatz von GPS auf Touren

Auch wenn der Einsatz von GPS-Navigation in unseren Breiten im Outdoor-Bereich aus Sicherheitsgründen nur selten wirklich notwendig ist, hat man in ungeplanten Situationen, meist als Folge eines Wettersturzes oder Unfalls, einen deutlichen Zeitvorteil, höhere Genauigkeit und damit mehr Sicherheit.

Auch im „Alltagsbetrieb" bietet diese Technik für viele Aktivitäten nützliche und interessante Möglichkeiten, sich abseits von „festgetretenen" oder beschriebenen Wegen, auf schwierigen Touren sicher zu orientieren. Und schließlich macht es einfach Spaß, eine Tour oder ganze Urlaubsreisen vor- und nachzubereiten, sowie einen perfekten Touren-Bericht mit Fotos und Karten zu erstellen.

Bei aller Technik darf aber nicht vergessen werden, dass jede Sicherheitsausrüstung nicht dazu führen darf, höhere Risiken einzugehen. Man darf sich nicht blind nur auf die Technik verlassen.

Zudem muss die Anwendung von GPS geübt werden. Eine gute Papier-Karte ist auch mit GPS unverzichtbar, und man muss diese Karte natürlich auch „lesen" können. Das Kartenlesen und Beherrschen der bisherigen Methoden zur Orientierung waren für einen verantwortungsbewussten „Outdoorer" schon immer selbstverständlich. Deshalb haben diese die besten Vorraussetzungen, die GPS-Technik als <u>weiteres</u> Hilfsmittel zur Navigation und Orientierung nutzbringend einzusetzen. Deshalb stellt sich letztlich gar nicht die häufig gestellte Frage: „*Soll ich ein GPS, <u>oder</u> Karte und Kompass nehmen?*".

Mit Tracks zur eigenen „Basemap"

Allgemeines

Die nachfolgenden Ausführungen basieren auf einem Bericht von Thomas Hasse, den er auf seiner hervorragenden(!!) Internet-Seite www.noegs.de.tf zu GPS-Themen veröffentlicht hat. Ein besonderer Dank an Thomas, auf seine Infos zurückgreifen zu dürfen.

Mit einer „Basemap" wird auf GPS-Empfängern eine werksseitig installierte elektronische Landkarte bezeichnet, die nicht verändert werden kann. Hier sind je nach Ausführung Küstenlinien, Flüsse, Straßen, Städte, Seezeichen etc. gespeichert und dienen der Orientierung. In den meisten Fällen ist die Basemap relativ grob. Von den Details etwa vergleichbar mit einer Papierkarte im Maßstab M 1:500 000.

Mit der Track-Log Funktion, die bei den meisten GPS-Empfängern vorhanden ist, können die Bewegungen des Gerätes, also des Nutzers, aufgezeichnet und angezeigt werden (= Kursaufzeichnung/„Brotkrumenspur" wie bei Hänsel und Gretel, bzw. einfach nur „Track").
Der zurückgelegte Weg wird als Strich bzw. Linie dargestellt, die in Abhängigkeit vom jeweiligen Modell, auch farbig und/oder andere Differenzierungen aufweisen kann. Diese so genannten „Tracks" dienen zur Visualisierung des zurückgelegten Weges (= Dokumentation des Ist-Standes einer Tour) und können bei Garmin-Empfängern auch zu der Funktion TracBack®- genutzt werden.
Mit TracBack® navigiert der Empfänger entlang der aufgezeichneten Strecke zu einem vorher festgelegten Startpunkt zurück (= „Rückweg finden"). Dies ist der Punkt an dem die Aufzeichnung, also der „Track-Log", gestartet wurde. Siehe

hierzo das Kapitel „**_Grund-Funktionen der GPS-Geräte_**".

Track als „Basemap"

Kann auf die Track-Log Funktion verzichtet werden (Track-Aufzeichnung im Setup-Menü abschalten; nicht bei allen Geräten möglich), lässt sich der Track-Log Speicher dazu nutzen, um eine eigene, ganz individuelle simple Karte im GPS-Gerät darzustellen (z. B. bei Garmin 12-er, II/III/V-er, GPS 60/72/76/96-Reihe).

Bei den Basis eTrex-Geräten „gelb"/Camo/Summit kann die Track-Aufzeichnung nur bei den neueren Modellen ab Firmware höher 3.0 abgeschaltet werden, beim eMap generell nicht.

Verfügt ein Gerät neben dem Speicher für den „Active Track-Log" auch noch über die Möglichkeit „Saved Tracks" abzuspeichern (erweiterte Track-Log Speicherverwaltung bei den moderneren Empfängern), braucht auf die Track-Log Funktion prinzipiell nicht verzichtet werden (z. B. bei Garmin 12map, III+, GPS 60/72/76-Reihe, ...), wenn gewisse Nachteile/Einschränkungen in Kauf genommen werden können – dazu aber später.

Die Garmin Basis eTrex-Geräte „gelb"/Camo/Summit sowie Geko 201/301 verfügen zwar ebenfalls über „Saved Tracks", diese können jedoch nicht auf der Karten-Seite permanent angezeigt werden.

Die Darstellung so einer individuellen Karte ist unabhängig davon, ob das verwendete Geräte über eine „richtige" Basemap verfügt oder nicht. Dies ist z. B. in Fällen interessant, bei denen man sich für einen GPS-Empfänger ohne werksseitige Basemap und ohne zusätzlichen Kartenspeicher entschieden hat (z. B. aus Kostengründen Garmin eTrex Venture, GPS 60/72/60). Oder natürlich in Fällen, bei denen die Basemap für den betreffenden Anwendungsfall nicht detailliert genug ist, ein Gebiet nicht abdeckt, oder keine zusätzlichen Detailkarten zur Verfügung stehen. Mit der eigenen individuellen „Basemap" kann so eine zusätzliche Navigations- bzw. Orientierungshilfe geschaffen werden. Beispielsweise bilde ich auf diese Weise bei Paddeltouren den Flussverlauf nach oder bei (Auto)-Fahrten die geplante Fahrtroute.

Kann bzw. soll diese Karte nicht als „Saved Tracks" abgelegt werden, ist der Verzicht auf die Track-Log Funktion in der Regel erforderlich, d. h. die Track-Aufzeichnung sollte während des Betriebes unterdrückt werden, da sonst im ungünstigsten Fall die laufende Track-Aufzeichnung die selbst erstellte Karte überschreiben kann. Hier sind die „Eigenheiten" des jeweiligen Empfängers zu berücksichtigen.
In der Bedienungs-Anleitung finden sich Hinweise, welche Aufzeichnungsarten im Setup-Menü ausgewählt werden können, z. B. Track-Log „Off", „Auto", „Fill", „Wrap", ... Wenn möglich ist die Einstellung „Off" oder „Fill" zu empfehlen, d. h. „Aus" oder „Auffüllen" mit Trackpunkten bis der Speicher voll ist, und dann wird die Aufzeichnung automatisch abgeschaltet.

Wie schon erwähnt, kann die Track-Aufzeichnung bei den Garmin Basis eTrex-Geräten „gelb"/Camo/Summit nur bei den neueren Modellen ab Firmware höher 3.0 abgeschaltet werden. Diese sind seit ca. Ende 2004/Anfang 2005 auf dem Markt; ein Software-Update älterer Geräte ist nicht möglich.

Prinzipiell kann das beschriebene Verfahren bei vielen Garmin-Geräten eingesetzt werden, ggf. einfach etwas damit herum experimentieren. Die Aussagen beruhen konkret auf Erfahrungen mit den Garmin 12-ern, eTrex mit „Click-Stick" (Venture/Legend/Vista) und der GPS 76-Reihe. Bei den neueren Geräten, die eine erweiterte Track-Log

Speicherverwaltung mit „Saved Tracks" haben, funktioniert es in der Regel ebenfalls (z. B. Garmin 12map, III+, GPS 60/72/76, …). Bei diesen stehen dafür grundsätzlich zwei Möglichkeiten zur Auswahl:

1.) Ablage der „Basemap" als „Saved Track"

Allerdings werden dabei neue Track-Segmente bzw. „First-Points" ignoriert (wenn ein neuer Trackabschnitt beginnt), und alles als ein zusammenhängender Track dargestellt. Dies beispielsweise bei der Darstellung eines komplexeren Straßennetzes, das aus mehreren unterbrochenen (neuen) Track-Abschnitten zusammengesetzt ist. Das Ergebnis wird dann ziemlich chaotisch und unübersichtlich.

Die Ablage als „Saved Track" eignet sich daher besser für künstliche Tracks, die aus einem einzigen durchgehenden Linien-Zug bestehen, wie z. B. eine geplante Fahrtroute als „Track" anstatt als „Route" darstellen, einen Fluss-verlauf/eine Küstenlinie nachbilden etc.

Ist die erforderliche Anzahl an Track-Punkten für die „Basemap"/Fahrtroute o. ä. größer, als die Kapazität eines „Saved Tracks" (je nach Gerät ca. 125/250/500 oder 750 Punkte), muss der Track geteilt und mit unterschiedlichen Namen ins Gerät hochgeladen werden. Er muss also vor dem Upload in mehrere „Saved Tracks" aufgeteilt werden. Grundsätzlich hinterher nicht vergessen, die Saved Tracks als „sichtbar" auf der Karte zu markieren. Dieses ist aber wohl generell bei den Garmin Basis eTrex „gelb"/Camo/Summit, sowie Gekos leider nicht möglich (permanente Anzeige der Saved Tracks auf der Karten-Seite).

Die Funktion TracBack (= „Rückweg finden") funktioniert prinzipiell ohne Probleme, sofern die Reihenfolge der künst-lichen Track-Punkte entsprechend sinnvoll gewählt wurde. Die Aufzeichnung des „Active Track-Log" ist von alle dem unabhängig.

2.) Ablage im Active Track-Log Speicher

Wenn alle Track-Punkte „am Stück" ins Gerät übertragen werden sollen, oder die „Basemap" wie schon erwähnt komplex aus mehreren unterbrochenen Track-Segmenten zusammengesetzt ist, müssen die Track-Punkte in den „Active Track-Log Speicher" geladen werden. Im Active Track-Log werden neue/unterbrochene Track-Segmente, also die gesetzten „First-Points", berücksichtigt.

Dazu muss der Track mit der „eigenen Basemap" bei Garmin Empfängern als *__ACTIVE LOG__* hochgeladen werden, d. h. im verwendeten GPS-Programm entsprechend so benennen (Großbuchstaben und Leerzeichen beachten!!).

Dann aber empfiehlt es sich, wie weiter oben bereits erwähnt, die Track-Log Aufzeichnung zu deaktivieren, um ein Überschreiben zu verhindern. Dies ist nicht möglich beim Garmin eMap. Beim eTrex Basis-„gelb"/Camo/ Summit ist es nur bei den neueren Modellen ab Firmware 3.0 und höher möglich, bei den älteren Geräten generell nicht. Aber trotzdem ausprobieren, da mit neuerer Firmware Änderungen durchaus möglich sind.

Grundsätzlich sind natürlich bei dem Verfahren zudem die Möglichkeiten und Eigenheiten des verwendeten GPS Software-Programmes zu berücksichtigen.

Beispiele für eine „Basemap" aus Tracks, welche durch Wegpunkte ergänzt sind:

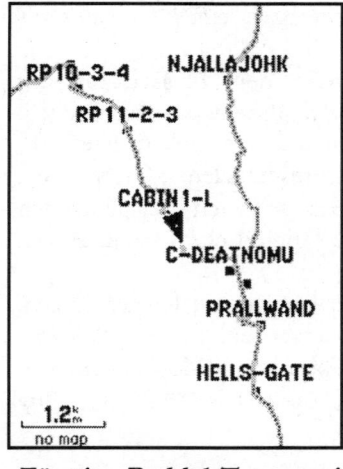

Für eine Paddel-Tour zwei Flussläufe nachgebildet (jeweils als 1 separater Saved Track)

Ein Wege- bzw. Straßennetz als selbst erstellte „Basemap" aus Tracks im Active Track-Log Speicher

(Basis-Empfänger GPS 76 der Fa. Garmin)

Einsatz-Möglichkeiten

Mit einer Karte aus Tracks können z. B. Straßen, Wege, Seen, Flüsse, Waldgebiete, Küsten-Linien, Inseln etc. dargestellt werden. Alle Objekte, die aus Linien erzeugt werden können, lassen sich wiedergeben. In Kombination mit gespeicherten Wegpunkten ergibt sich so eine recht brauchbare „Landkarte".

Welche Objekte in welcher Genauigkeit auf der Karte dargestellt werden, sollte man sich vorher überlegen.

So wird ein Wanderer eher den genauen Verlauf von Pfaden, Wegen, Flüssen, Waldgebieten oder sonstigen Orientierungspunkten benötigen als ein Autofahrer, der vielleicht das Hauptstraßen-Netz einer Region bzw. eines Gebietes als ausreichend betrachtet.

Ein Paddler kann beispielsweise den Flussverlauf mit Zuflüssen, Flussteilungen etc. als „Basemap" wiedergeben. Versehen mit Wegpunkten an markanten Stellen, wie z. B. an Wehren, gefährlichen Stromschnellen, Ortschaften, Übernachtungsplätzen etc., kann so auch bei einfachen preiswerten GPS-Empfänger eine praktische Orientierungshilfe geschaffen werden.

Der Segler oder Seekajak-Fahrer kann damit Küsten-Linien, Inseln usw. als „seine Basemap" erzeugen, oder der Wüstenfahrer das Offroad-Pistennetz. Die Einsatz-Möglichkeiten so einer individuellen „Basemap" können also recht vielfältig sein.

Ist man dann unterwegs, kann auf der Karten-Seite des Empfängers (= Map-Page) der eigene Standort erkannt werden und hat weitere Bezugspunkte direkt vor Augen. Das sind die erstellten Track-Linien der „Basemap" und die festgelegten Wegpunkte.

Durch die Zoom-Funktion der Map-Seite lässt sich der Karten-Ausschnitt am GPS-Empfänger zudem anpassen. Die momentan eigene Position und beispielsweise Abkürzungen oder Varianten der Tour können dann sehr schnell erfasst werden.

Je mehr Wegpunkte und Track-Linien vorab definiert wurden, umso schneller erfolgt die Orientierung, oder umso einfacher kann auf notwendige Änderungen bei einer Tour reagiert werden.

Ich persönlich arbeite meist lieber mit vorgefertigten „Tracks" als mit „Routen". Allerdings nutze ich dabei nie die Funktion „TracBack", sondern orientiere mich nur visuell auf der Karten-Seite an dieser vorgezeichneten Track-Linie. Durch den zu Hause vorgeplanten Track habe ich so im Gelände stets eine Orientierungshilfe vor Augen. Nähere Details stehen dann auf der Papier-Karte zur Verfügung, auf der dieser Track zur Referenz eingezeichnet ist.

Der Begrenzungs-Faktor für eine selbst erstellte Karte ist die Anzahl der Track-Points, die ein Empfänger speichern kann. Das Minimum bei Garmin-Empfängern beträgt ca. 1000 Punkte im „Active Track-Log"-Speicher, die aktuellen Geräte können bis zu 10 000 Track-Punkte speichern. Die neueren Geräte-Generationen von Garmin (12map, III+, eTrex, eMap, GPS 60/72/76, ...) bieten darüber hinaus noch Speichermöglichkeit wie schon erwähnt für 10 bis 20 „Saved Tracks", deren Kapazität je nach Gerät bei ca. 125/250/500 oder 750 Trackpunkte pro Saved Track liegt.

Erstellung einer individuellen Basemap

Wie kommt man nun zur individuellen „Basemap", bzw. wie kann ein Track künstlich erzeugt werden?
Hierzu ist nun zunächst eine geeignete Software zur Track-Erstellung für den heimischen PC erforderlich. Mit Hilfe von eingescanntem Kartenmaterial oder digitalen Karten-CDs wird dann mit einfachen Mausclicks am PC die eigene „Basemap" erstellt und anschließend auf den GPS-Empfänger übertragen, d. h. in den Track-Speicher geladen. Sehr komfortabel ist dies mit GPS-Programmen wie beispielsweise Fugawi, OziExplorer, Touratech-QV (TTQV) möglich, aber auch mit GARTrip, GPS TrackMaker etc. Näheres zu geeigneten Programmen im **Band 2** des „**GPS-Handbuches**" in dessen Kapitel „GPS und PC - Software/Digitale Karten".
Auf die Track-Erstellung selbst möchte ich hier jetzt allerdings nicht eingehen. Die Vorgehensweise differiert je

nach verwendetem Programm und ist in dem jeweiligen Handbuch bzw. dessen Online-Hilfe erklärt.

Beim Anfertigen einer aufwendigeren „Karte" mit einzelnen Track-Segmenten ist es erforderlich abzuklären, wie „First-Points" gesetzt werden, d. h. der Beginn eines neuen Segmentes. Weiterhin, wie der gesamte Track dann in den Active Track-Log Speicher geladen wird, wie beispielsweise der Name ACTIVE LOG bei Garmin Geräten.

Track-Erstellung auf der Top50/200 und AustrianMap

Es wird nun die Erstellung einer eigenen „Karte" auf Basis der TOP50/TOP200 der Landesvermessungsämter in Deutschland beschrieben, da diese bei GPS-Nutzern recht weit verbreitet sind. Mit den Pendants AustrianMap (AMAP) und SwissMap 100 V1/2 (nicht aber Version 3) unserer Nachbarländer Österreich und Schweiz, müssten die nachfolgenden Vorgehensweisen ebenfalls möglich sein. Eine Menge nützlicher Tipps für Nutzer dieser Produkte hat übrigens Thomas Hasse in seinem kostenlosen „GPS-Handbuch zur Top50" zusammengefasst (im PDF-Format; www.home.wtal.de/noegs/GPS-Handbuch-TOP50.pdf

a.) In Verbindung mit dem Programm GarFile

Wer also über dieses relativ preisgünstige aber recht gute Kartenmaterial auf CD verfügt, kann mit dem kostenlosen Programm „GarFile" www.icsinger.de/kostenls.htm eine eigene Karte aus Tracks erzeugen.

1. Schritt: Mit der Grafik-Funktion der TOP„xx"-CD werden die linienhaften Elemente nachgezeichnet, die man später auf dem GPS-Gerät sehen möchte, z. B. das Straßen- und Wege-Netz.

Bei der Erstellung der Linien sollte man generalisieren, soweit für den jeweiligen Einsatzzweck möglich, da jeder Zwischenpunkt in einer Linie, in einen Track-Punkt umgewandelt wird und so den Track-Log Speicher des Empfängers füllt. Hier hilft am Anfang nur ein wenig probieren, um die richtige Darstellung zu erzielen.

Da die auf der TOP„xx"-Karte erstellten Linien nicht nachträglich ergänzt oder einzelne Teile gelöscht werden können, empfiehlt es sich nur kurze Linien-Abschnitte zu bilden. Somit können Fehler bei der Linien-Erstellung ohne großen Aufwand korrigiert werden.

2. Schritt: Die auf der TOP„xx"-Karte erstellten Linien als OVL-Datei speichern. Bei Verwendung von GarFile können die OVL im ASCII- oder Binärformat gespeichert werden.

Anmerkungen: Voraussetzung bei den meisten anderen Konvertierungsprogrammen ist jedoch üblicherweise ASCII. Möglich, dass auch ab der Top50 Version 4 GarFile nur noch ASCII unterstützt. Daher die entsprechenden Hinweise auf den Webseiten beachten.

3. Schritt: Mit GarFile die Daten („Karte") auf den GPS-Empfänger hochladen.

b) Excel-Konvertierungstabellen mit GPS TrackMaker

Eine weitere kostenlose Möglichkeit hat Ronny Martin mit seinen Konvertierungstabellen auf Basis Microsofts Excel in Verbindung mit dem Freeware-Programm GPS TrackMaker geschaffen. Geeignet für Geräte von Garmin, Magellan, Lowrance, Eagle, MLR, Brunton, Silva.

Näheres hierzu auf meiner GPS-Seite im Internet
www.kanadier.gps-info.de unter „*Daten-Transfer zwischen
GPS TrackMaker und Top50*".

c.) Mit Fugawi oder TTQV (Touratech-QV)

Sehr komfortabel lassen sich Tracks mit den Programmen
TTQV und Fugawi erstellen und verwalten, da diese die
topographischen Karten Top50/200, AMAP sowie Swiss-
Map25/50/100 direkt lesen können (Fugawi jedoch nicht
SwissMap100 V1/V2; Version 3 jedoch ja).
Diese Programme unterstützen verschiedene Geräte-
Hersteller (Garmin, Magellan, ...).

Weitere Möglichkeiten

Wie aus Tracks mit Hilfe von Freeware-Programmen aus
dem Internet eine „richtige" Garmin *.img-Karte für die
Garmin „Map"-Geräte erstellt werden kann, beschreibt
Thomas Hasse auf seiner hervorragenden informativen
Webseite www.noegs.de.tf unter „Tracks als Garmin-Karte
speichern". Der direkte Link zu seiner Beschreibung lautet
www.home.wtal.de/noegs/trackmem.htm

Im **Band 2** des „*GPS-Handbuches*" sind in dessen Kapitel
„Garmin „MapSource"/Magellan „MapSend" noch weitere
Info-Quellen aufgeführt, die sich mit der individuellen
Veränderung und Neu-Erstellung von Karten für Garmin,
Magellan und Alan GPS-Empfänger beschäftigen.
Mit der oben erwähnten Karten-Software Touratech-QV
(TTQV) können in deren aktuellen Version ebenfalls *.img-
Dateien für die kartenfähigen Garmin „Map"-Geräte erstellt
werden.

Grundlagen der Kartographie

In dem Kapitel „*Grund-Funktionen der GPS-Geräte*" sind wir abschließend zu der Erkenntnis gekommen, dass wir langfristig doch nicht herumkommen, uns näher mit der Materie „Papier-Karte" auseinander zu setzen, sofern wir unser GPS universell und überall einsetzen möchten. In dem dort geschilderten Fall-Beispiel war's plötzlich aus mit der „heilen GPS-Welt", und Begriffe wie Positions-Format/Koordinaten-Systeme, Karten-Datum/Map-Datum standen plötzlich im Raum.

Was steckt dahinter und warum müssen wir uns damit belasten? Wir kommen also nicht umhin, wenigstens oberflächlich ein paar wesentliche Grund-Begriffe abzuklären.

Die Erde als Kugel/ Entstehung des Grad-Netzes

Dieser und der nachfolgende Abschnitt hat jetzt nichts unmittelbar mit GPS zu tun, ist aber vielleicht ganz nützlich, um nachher den Begriff des „Karten-Datum" in einem der nächsten Abschnitte besser zu verstehen.

Über Jahrhunderte wurde davon ausgegangen, dass die Erde eine schöne runde Kugel sei (ist sie ja auch fast), mit einem genau definierten Erd-Mittelpunkt und Radius. Dabei dreht sie sich in 24 Stunden einmal um eine Achse, die genau durch den geographischen Nord- und Südpol verläuft. Das war sehr praktisch, da damit die Erde mit Hilfe der Formeln der Kugel-Geometrie relativ einfach beschrieben werden konnte.

Es wurde nun über diese Kugel ein „Grad-Netz" gelegt. Dazu wurden von Pol zu Pol 360 Linien in gleichmäßigem

Abstand gezogen (quasi wie die Einschnitte beim Schälen einer Orange), das sind die 360 „Längengrade". Diese, zwischen den beiden Polen verlaufenden Linien, werden neben Längengrade auch „Meridiane" genannt.

Der Abstand zwischen den Längengraden variiert je nach Entfernung zum Pol. An den Polen ist er am geringsten, direkt am Äquator ist er am größten. Vereinfacht gesagt verlaufen die Linien der Längengrade konisch zu den Polen hin.

Als „Null-Punkt", also als 0°-Meridian, wurde „frei nach Schnauze" eine Linie gewählt und definiert, die durch den englischen Ort Greenwich bei London geht.

Die 360 Längengrade wurden jetzt aufgeteilt, und man zählt von dort ausgehend 180 Längengrade nach Osten (= East/E) und 180 Längengrade nach Westen (= West/W). Auf der Rückseite des Globus, also gegenüber von Greenwich, treffen der 180-te Längengrad Ost und West wieder zusammen.

Der Äquator teilt die Erde genau in der Mitte in eine Süd- und in eine Nord-Halbkugel. Alle Linien bzw. Kreise die parallel zum Äquator verlaufen werden „Breitenparallele" genannt.

Ausgehend vom Äquator wurden nach Süden 90 „Breitengrade" und nach Norden ebenfalls 90 Breitengrade aufgetragen (Äquator 0°/Südpol 90°S/Nordpol 90°N). Der Abstand zwischen den Breitenkreisen bzw. Breitenparallelen ist immer konstant.

Das geographische Koordinaten-Netz der Erde ist jetzt komplett. Die einzelnen Maschen des Netzes bilden dabei sphärische Rechtecke.

Allerdings ist das vorgestellte Grad-Netz noch sehr grob, weshalb wie bei Winkel-Einheiten üblich, die Grade in Minuten und Sekunden bzw. Zehntelminuten unterteilt wurden (1 Grad = 60 Minuten; 1 Minute = 60 Sekunden). Jeder Punkt der Erde kann nun über die Angabe von Breiten- und Längengrad exakt bestimmt und zugeordnet werden. Die Koordinaten-Angabe von „Breite" und „Länge" beruht also auf Winkel-Funktionen an einer Kugel, mit dem Zentrum im Erd-Mittelpunkt.

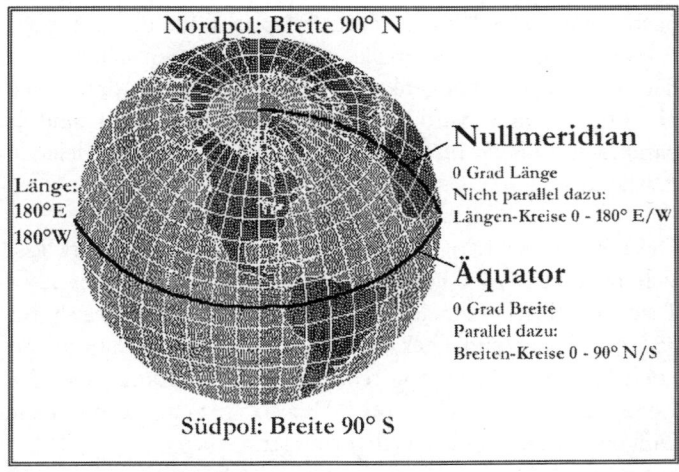

Geographisches Koordinaten-System der Erde

Üblicherweise erfolgt in der Navigation immer zuerst die Breitenangabe (**Lat**itude/lat) und dann die Längenangabe (**Long**itude/lon), wie z. B. 68°N/ 15°E (E = East = Ost). Um Verwechslungen mit „Null" vorzubeugen, wird für Ost überwiegend „E" geschrieben, aber auch „O" ist gelegentlich anzutreffen.

Dieses entwickelte Welt-Koordinaten-System im Grad-Netz ergibt zwangsläufig und automatisch die Längeneinheit der „Seemeile" [sm], bzw. in engl. „Nautical Mile" [nm]. Mir als ausgesprochen salzwasserscheue Landratte ist diese Maßeinheit zwar alles andere als geläufig, für die Navigation auf See allerdings äußerst nützlich und von sehr großer Bedeutung.

Eine Breitenminute, also der Abstand wenn man genau nach Norden oder Süden fährt, ist nämlich exakt eine Seemeile lang (= 1,852 km). Ein Breitengrad ist entsprechend 60 Seemeilen lang (ca. 111 km, bzw. 60 x 1,852 km).

Eine Längenminute, also der Abstand wenn man genau nach Osten oder Westen fährt, entspricht allerdings nur am Äquator exakt einer Seemeile, da wir ja gesehen haben, dass der Abstand der Längenkreise untereinander zu den Polen hin immer enger wird. Die Breitenkreise dagegen sind ja parallel und haben bis zu den Polen hin immer den gleichen Abstand.

Die Länge einer Längenminute für einen beliebigen Ort lässt sich aber aus << cos Breite >> mit einem geeigneten Taschenrechner sehr leicht bestimmen. Beispielsweise bei 35° nördlicher/südlicher Breite ist eine Längenminute nur noch 0,82 Seemeilen lang (cos 35) bzw. 1,52 km (cos 35 x 1,852). Bei einer Breite von 90°, also an den Polen, ist die Längenminute Null Seemeilen lang (cos 90).

Bleiben wir übrigens noch kurz vollständigkeitshalber bei der christlichen Seefahrt. Die Geschwindigkeitsangabe in Knoten [= kn] bezieht sich ebenfalls auf die Seemeile. Die Geschwindigkeit von einem Knoten entspricht dem Zurücklegen einer Strecke von einer Seemeile in einer Stunde.

Anmerkung:
Eine „Extrawurst" spielt das geographische Koordinaten-System von Frankreich, wie es z. B. auf den amtlichen IGN-Karten zu finden ist, dem „Institut Geographique National". Die Koordinaten-Angaben sind dort in „gr" (= grades) und nicht wie sonst üblich in „°" (= degrees) in Grad/Dezimal-

grad, bzw. Grad/Min./Sek. oder Grad/Min./Dezimalmin. aufgetragen. Diese „grades" sind Neugrad (= gon), d. h. der Vollkreis hat dort 400 gr, und nicht wie sonst üblich 360° (400 grades = 360°; 1 gr = 0,9°).

Zudem hat IGN nicht den Nullmeridian bei Greenwich zur Grundlage, sondern der Nullmeridian geht (natürlich) durch Paris. Die Koordinatenangabe in „gr" also nicht verwechseln mit der sonst üblichen geographischen Koordinatenangabe in „°". Beispiel: N 54.58 gr/ E 4.279 gr entspricht N 49,12°/ E 6,18°.

Die Erde als Geoid und Ellipsoid

Im Laufe der Entwicklung kamen dann die Gelehrten darauf, dass die Erde eigentlich eher einer ellipsenförmigen „Kartoffel" ähnelt.

An den beiden Polen ist sie etwas abgeflacht und am Äquator mehr bauchig, dies allerdings nur minimal. Es wurde nun versucht, dieses unregelmäßige „kartoffelähnliche" Gebilde, unsere Erde, exakt zu erfassen, der **Geoid**. Man ging also weg vom Modell der Kugel.

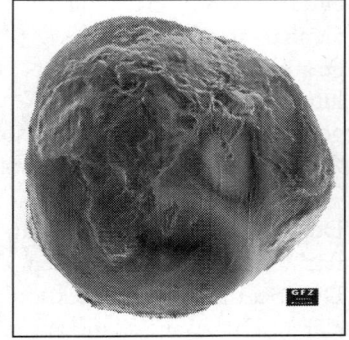

Die Erde als Geoid
Darstellung 15 000-fach überhöht

Grafik: GFZ-Potsdam
www.gfz-potsdam.de

Genauer genommen entspricht der Geoid einer Niveaufläche auf mittlerer Meereshöhe, bei der das Schwerepotenzial konstant ist. Er ist der Bezug für die Höhen-Angaben über Normal-Null (= NN) bzw. Normalhöhen-Null (= NHN).

Auch wenn der Geoid wegen Einbuchtungen, Auswölbungen und Dellen etwas „verbeult" aussieht, so repräsentiert er jedoch nicht die wahre Oberfläche der Erde, so wie wir sie vor Ort erleben, also mit Bergen, Täler usw., das ist die Topografie. Diese baut auf dem Geoid auf.

Allerdings ist der Geoid wegen seiner unregelmäßigen Form mathematisch nur extrem aufwendig zu beschreiben. Daher wurde wiederum versucht, diesen Geoid mathematisch möglichst einfach und nachvollziehbar abzubilden. Dies gelang durch die Darstellung als **Ellipsoid**, genauer dem Rotations-Ellipsoid (= beide Halbachsen in der Äquator-Ebene sind gleich groß).

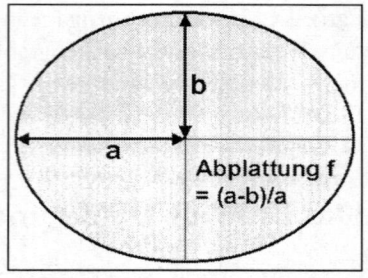

Mathematische Beschreibung der Erde als Rotations-Ellipsoid

Der Ellipsoid kann nun zur Kartenerstellung als Bezugsfläche herangezogen werden, d. h. für die Kartenprojektion. Den Begriff Kartenprojektion werden wir etwas später noch klären. Die zwangsläufig auftretende Differenz zwischen den beiden Bezugsflächen, d. h. zwischen Geoid und Ellipsoid, wird als Geoidundulation bezeichnet. Damit müssen wir uns aber nicht belasten.

Im Laufe der Zeit wurde dieser Ellipsoid immer mehr verfeinert und es gibt inzwischen mehrere Definitionen. Das Konkurrenzdenken der großen Weltmächte hat sicherlich ebenfalls zu der großen Vielfalt verschiedener Ellipsoid-Modelle beigetragen.

Bekannt und gebräuchlich sind z. B. der Bessel-Ellipsoid, der Clarke-Ellipsoid, der Internationale Ellipsoid, Plessis-Ellipsoid oder der Krassovsky-Ellipsoid.

Allerdings ist es schon so, dass sich die unterschiedlichen Ellipsoide in Teil-Bereichen auf der Erde am besten an den Geoid anschmiegen können. Ellipsoide die sich nur partiell und nicht an die ganze Erde anschmiegen, werden als Referenz-Ellipsoide bezeichnet.

Wenn jetzt ein bestimmtes Land sein Gebiet kartieren wollte, so passte das verwendete Ellipsoid-Modell in vielen Fällen jedoch immer noch nicht optimal mit der Oberfläche der Erde in dem betreffenden Gebiet überein. Deshalb wurde der gesamte Ellipsoid verschoben und teilweise auch verdreht, um eine noch bessere Übereinstimmung zu erzielen. Inzwischen sind wir jetzt bei dem Punkt „Karten-Datum" angekommen.

Das Karten-Datum (engl. Map-Datum)

Für viele GPS-Nutzer ist und bleibt das Karten-Datum ein Buch mit sieben Siegeln – das muss nicht so bleiben, das hoffe ich jedenfalls.

Vor allem im deutschen Sprachgebrauch bringen wir das Wort „Datum" sogleich mit dem Begriff „Zeit" in Verbindung. Aber es gibt auch noch eine zweite, unbekanntere Bedeutung für das Wort Datum: „Daten".

Dass mit dem „Karten-Datum" nicht das Kaufdatum der Karte oder wann diese gedruckt wurde gemeint ist, ist natürlich inzwischen klar. Aber was hat es nun damit auf sich, und warum hat es in Verbindung mit GPS eine so große Bedeutung?

Bisher war immer nur vom Begriff „Ellipsoid" die Rede, nicht aber vom „Karten-Datum". Diese Angabe erwartet jedoch das GPS-Gerät ganz konkret von uns. Das **Karten-Datum** wird häufig auch als „geodätisches Datum",

„Karten-Bezugssystem" oder englisch „Map-Datum" bezeichnet.

Die Angaben zum Ellipsoid beschreiben nur dessen Form, die über die Länge der großen Halbachse (a) und der kleinen Halbachse (b) definiert wird, bzw. über dessen Abflachung. Das Karten-Datum beinhaltet jedoch nicht nur die Form des verwendeten Ellipsoiden, sondern auch dessen Lage in Bezug zum Erd-Schwerpunkt (= Massen-Mittelpunkt bzw. globales Geozentrum).

Dieser Mittelpunkt der Erde ist zudem Mittelpunkt des „WGS 84", sowie Ursprungsort für das ECEF- Koordinatensystem. Die beiden Punkte „WGS 84" und „ECEF" werden wir noch gesondert betrachten.

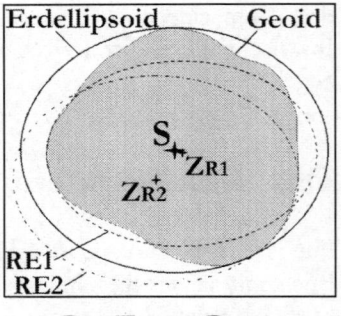

Von diesem Mittelpunkt aus wird nun die Lage der diversen anderen Ellipsoide ermittelt. Dieses über die Verschiebe-Faktoren dx, dy, dz, sowie ggf. den Rotations-Parametern.

Weiterhin beinhaltet das Karten-Datum eine Information darüber, wo der Berührpunkt des Ellipsoid mit dem Geoid liegt, dem Fundamental-Punkt.

Das Karten-Datum

Mathem. Beschreibung des Geoid „Erde" als „Mittleres Erdellipsoid" WGS 84 mit Zentrum Erdschwerpunkt „S".

Nationale Landesvermessungen mit Referenz-Ellipsoide wie z. B. RE1, RE2 und deren Zentren Z_{R1} und Z_{R2}.

⇒ Versatz zum Zentrum „S" des Ellipsoiden WGS 84

Diesem Fundamental-Punkt haben wir es zu „verdanken", dass so manches Karten-Datum einen etwas „ulkigen", ungewohnten Namen hat, wie z. B. Potsdam-Rauenberg, Hermannskogel etc.

Zusammenfassend können wir nun vereinfacht formulieren, dass das Karten-Datum den verwendeten Ellipsoid und seinen Bezugspunkt referenziert, auf dessen Basis die Karte erstellt wurde.

Aber keine Angst!! Außer mit dem Namen des Karten-Datum bzw. Bezugs-Systems, muss man sich als GPS-Nutzer üblicherweise nicht auseinander setzen. Die obige Erklärung sollte jetzt nicht frustrieren, sondern nur zum prinzipiellen Verständnis der Problematik beitragen.

Trotzdem ist das Thema „Karten-Datum" für den GPS Anwender recht lästig. Am GPS-Gerät muss nämlich immer das Karten-Datum der verwendeten (Papier)-Karte eingestellt werden, denn nur damit kann ein bestimmter Punkt auf der Erdoberfläche über seine Koordinaten eindeutig(!!) beschrieben werden.

Dabei ist es egal, ob auf der Karte das geographische Koordinaten-System, oder ein UTM- bzw. Nationales-Gitter aufgetragen ist.

Am GPS-Gerät ist <u>immer</u> das Karten-Datum der verwendeten Karte einzustellen!!!

Die Geräte bieten hierzu eine Auswahl von mehr als 100 verschiedenen an. So ein Karten-Datum ist z. B. das European 1950 (ED 50), Potsdam-Datum, CH-1903, Hermannskogel, Austrian-Datum, Pulkovo, North American 1927 (NAD 27), RT 90, Finland-Hayford, WGS 84 usw.

Bei amtlichen Karten ist es irgendwo am Kartenrand oder in der Legende vermerkt. Bei zwar guten, aber nicht ganz amtlichen Gesetzen gehorchenden Karten, sucht man es leider häufig vergeblich. Die meisten Karten-Verlage geben jedoch beim Hinterfragen bereitwillig darüber Auskunft. Die Kenntnis über den zugrunde liegenden Ellipsoiden ist nur die „halbe Miete", wie wir gesehen haben.

Ist im GPS-Gerät ein ganz bestimmtes Karten-Bezugssystem nicht hinterlegt, kann es meistens als „User-Datum" definiert werden. Dann sind allerdings die Kenngrößen des betreffenden „Map-Datum" erforderlich. Dies sind dessen Name, der zugrunde liegende Ellipsoid bzw. die Faktoren: Radius der großen Halbachse (a), Abplattung (1/f) oder alternativ Radius der kleinen Halbachse (b), und die Verschiebefaktoren dx, dy, dz. Wie so ein „User Datum" eingerichtet wird, ist in dem Abschnitt *„User-Datum anlegen"* gesondert beschrieben.

Besonderheit des WGS 84 (EUREF/ETRS89)

Im Satelliten-Zeitalter wurden dann anhand neuer Möglichkeiten und Erkenntnisse neue, noch perfektere Ellipsoide definiert. Zuerst WGS 72 und dann der Ellipsoid WGS 84 (= World Geodetic System von 1984).

Mit ihnen hat man eine sehr gute Übereinstimmung über die gesamte Erde gefunden und nationale Korrekturen sind nicht mehr erforderlich. Ein Ellipsoid, der sich wie der WGS 84 der ganzen Erde optimal anschmiegt, wird als „Mittleres Erd-Ellipsoid" bezeichnet. Es wurde also versucht, ein weltweit akzeptiertes Karten-Datum/Karten-Bezugssystem einzuführen.

Mit „WGS 84" wird jetzt einerseits dieses Karten-Datum, als auch der zugrunde liegende Ellipsoid bezeichnet. Dieser WGS 84-Ellipsoid bildet zusammen mit dem schon erwähnten ECEF-Koordinaten-System die Grundlage für das GPS-System, es sind die beiden Referenz-Größen.

Die GPS-Geräte haben üblicherweise generell WGS 84 als Grundeinstellung beim Karten-Datum, bzw. speichern Positionen intern immer nur im WGS 84-System ab (als ECEF-Koordinaten mit Bezug WGS 84).

Über die Einstellung eines speziellen nationalen Map-Datum im Setup-Menü der Geräte (= Grundeinstellungen), erfolgt dann intern eine Umrechnung von WGS 84 auf dieses ausgewählte Datum mit der entsprechende Darstellung auf dem Display (= Transformation).

Das hat jetzt aber nichts mit dem gewählten Koordinaten-System oder Gitter zu tun (= Positions-Format), dieses bleibt dabei das gleiche. Es verändern sich „nur" etwas die Zahlenwerte.

Wird ein zur verwendeten Karte nicht ganz passendes oder total falsches Karten-Datum verwendet, liegen alle Positionen systematisch um einen ganz bestimmten konstanten Faktor daneben. Dieser kann bis zu 1000 Meter betragen. Das Fatale daran: Ein nicht korrekt eingestelltes Datum wird nicht „auf den ersten Blick" erkannt, sei denn, man erkennt die Falschanzeige durch bekannte Referenz-Punkte. Wie gesagt, liegen dann alle Positionen um einen konstanten Faktor abseits der tatsächlichen Position.

Neu entstehende Karten nehmen inzwischen meist auf WGS 84 Bezug, aber noch längst nicht sind alle Karten entsprechend verfügbar.

Auch die GPS Softwareprogramme für den PC speichern und verarbeiten grundsätzlich alle Daten in WGS 84, und bieten dem Anwender „nur" entsprechende Umrechnungen anhand des gewählten Karten-Bezugssystems/Karten-Datum.

Wenn nicht mit einer (Papier)-Karte gearbeitet wird, die ein spezielles Karten-Datum erfordert, so lautet die Empfehlung generell WGS 84 einzustellen, um Fehlerquellen vorzubeugen.

Zudem wird durch unnötige Transformation von einem Bezugs-System zum anderen die Genauigkeit nicht unbedingt gesteigert, zumal die GPS-Handgeräte die einfachere 3-Parameter-Transformation durchführen (= Molodensky-Transformation), und nicht die aufwendigere 7-Parameter-Transformation (= Helmert-Transformation).

Falls Ihr bei Karten von Europa in der Legende bei den Angaben zum Karten-Datum auf Begriffe wie „EUREF" oder „ETRS89" stoßen solltet, so könnt Ihr getrost WGS 84 am Gerät wählen. Dahinter steckt ein modernes einheitliches europäisches Referenz-System für die Vermessung, das für uns Hobby GPS-Nutzer bei der Navigation/Orientierung quasi identisch mit WGS 84 ist.

Wenn auf neueren schwedischen Karten das Map-Datum „SWEREF 93" aufgedruckt ist, so entspricht dies praktisch ebenfalls dem WGS 84.

Positions-Format/Koordinaten-Systeme und Karten-Datum

Diese beiden, ganz wesentlichen Parameter (Positions-Format und Karten-Datum) können üblicherweise an einem GPS Gerät verändert werden, bzw. sind entsprechend der verwendeten Karte anzupassen!! Die beiden haben zwar manchmal unmittelbar einen Bezug zueinander, sind aber grundsätzlich „zwei Paar Stiefel".

Das **Positions-Format** gibt an, in welchem **Koordinaten-System** die Lage eines Wegpunktes oder die momentane Position bezüglich Norden/Osten/Süden/Westen angezeigt und ausgegeben wird.

Ein Positions-Format haben wir ja bereits kennen gelernt: Die altbekannte und weit verbreitete Angabe der Position im geographischen Koordinaten-System mit „Breite" und „Länge" (N/S ; E/W) in Grad/Minuten/Sekunden oder alternativ in Grad/Minuten/Dezimalminuten oder Grad/Dezimalgrad.

Die *Koordinaten-/Positions-Angabe* von beispielsweise 90°N für den Nord-Pol, sollte jetzt aber nicht mit der *Kurs-/ Richtungs-Angabe* von 0° bzw. 360° für Norden auf einer Kompass-Rose mit der üblichen 360 Grad Teilung verwechselt werden (Norden 0° bzw. 360°, Osten 90°, Süden 180°, Westen 270°).

Die Verwendung des geographischen Koordinaten-Systems ist bei der Seefahrt fest etabliert und bei der Verwendung spezieller Seekarten, wie wir gesehen haben, auch ganz vorteilhaft.

Übrigens ist auch bei einer Karte mit den geographischen Koordinaten von Länge und Breite das zugrunde liegende Karten-Datum zu beachten(!!), ganz egal ob topographische Landkarte oder Seekarte/Chart. Dies wird in der Praxis häufig übersehen, bzw. es besteht in diesem Punkt Unsicherheit.

Bei der terrestrischen Navigation auf Landkarten ist das geographische Koordinaten-System aber eher unpraktisch. Wer schon einmal versucht hat eine Position auf einer Landkarte zu ermitteln, die nur mit einem groben geographischen Gitter-Netz versehen ist, kann das sicherlich nachvollziehen. Wie man sich da behelfen kann, wird in dem separaten Kapitel *„**Landkarte mit geographischem Gitter**"* näher erläutert.

Hinzu kommt ja, dass nur die Breiten-Linien parallel und im gleichen Abstand verlaufen, die Längen-Linien auf der Karte aber quasi konisch den Polen zulaufen. Die Gitter sind somit trapezförmig.

Die Kartographen haben deshalb versucht **rechtwinklige** Koordinaten-Systeme zu definieren, bei denen das Gitter-Netz schöne regelmäßige gleichgroße Quadrate ergibt (= geodätische Gitter). Diese Quadrate haben üblicherweise einen unmittelbaren Bezug zum Meter-Maß und werden deshalb auch als „Meter-Gitter" bezeichnet. Je nach verwendetem Maßstab entspricht dann die Gitter-Weite z. B. 100, 1000 oder 10 000 Metern.

Ein nützliches Hilfsmittel zur Unterteilung dieser Gitter auf der Karte sind Netzteiler und Planzeiger. Damit lässt sich durch die Unterteilung in 10, 5 und 1-er Schritten schnell und recht präzise eine Position bestimmen oder übertragen. Vorlagen für verschiedene Maßstäbe können z. B. im Internet unter www.maptools.com für verschiedene Maßstäbe ausgedruckt werden („Free PDF Map Tools" auswählen), oder auch unter www.unet.univie.ac.at/~a8603365/nt.html.

Leider hat wieder nahezu jedes Land bei der Definition eines rechtwinkligen Meter-Gitters sein eigenes Süppchen gekocht. Hinzu kommt, dass dieses meist auch auf einen bestimmten Ellipsoid mit ganz bestimmtem Fundamentalpunkt, passend für das jeweilige Gebiet, bezogen wurde (= Karten-Datum). Deshalb ist ein länderspezifisches Positions-Format häufig eng mit einem dazu gehörenden speziellen Karten-Datum verknüpft. Hinter diesen Koordinaten-Systemen versteckt sich auch noch die **Projektion der Karte**, auf die wir im nächsten Abschnitt kurz eingehen werden.

Vor allem im militärischen und technischen Bereich, bei Rettungsdiensten, sowie in Nord-Amerika stößt man häufig auf das weltweit verbreitete UTM-Gitter. Ebenso weltweite Verbreitung haben die russischen Gauß-Krüger Koordinaten nach S42.

Auf den topographischen Karten der deutschen Landes-vermessungsämter wird man auf das Gauß-Krüger-Gitter stoßen (= German Grid).

Weitere nationale Gitter sind z. B. das Bundesmeldenetz in Österreich (Austria-Gitter), Schweizer-Gitter, Schwedisches-Gitter, Finnisches-Gitter YKJ/KKJ, British-Grid, Irish-Grid, French-Grid, New-Zealand-Grid, usw. Mit diesen rein länderspezifischen Gittern geht, wie bereits erwähnt, auch meistens ein speziell dazu gehörendes Karten-Datum einher.

Werden also Karten mit einem nationalen Gitter eingesetzt, muss man sich erst einmal mit den Eigenarten des jeweiligen Koordinaten-Systems (Positions-Format) vertraut machen. Weiterhin muss das GPS-Gerät entsprechend eingestellt werden, d. h. Positions-Format und Karten-Datum. Dabei ist es empfehlenswert, zuerst das Positions-Format auszuwählen und danach erst das Karten-Datum.

Der Grund: Manche neueren Empfänger „denken mit" und stellen von sich aus automatisch das Datum entsprechend dem gewählten Positions-Format um. Dies geschieht jedoch nicht immer richtig und muss ggf. korrigiert werden. Beispielsweise bei der Wahl „UTM" wird automatisch das Datum „WGS 84" eingestellt, was aber nicht in allen Fällen zutrifft.

Bei geographischen Koordinaten-Angaben ist es üblich, zuerst die Breite (N/S) und dann die Länge (E/W) mitzuteilen (Merkregel „Nord-Ost").

Bei rechtwinkligen Koordinaten-Systemen (UTM und nationale Meter-Gitter) wird dagegen zuerst der „Rechtswert" (West-Ost Richtung) und dann der „Hochwert" (Nord-Süd Richtung) angegeben (Merkregel: „Recht-hoch").

Deshalb bei der Koordinaten-Eingabe am GPS-Gerät oder dem Ablesen des Displays darauf achten, dass es zu keinen Verwechslungen kommt.

Stets die Grundregel beachten(!!), dass am GPS immer das Karten-Datum der verwendeten Karte eingestellt werden muss. Ebenso ist der oben genannte Hinweis zur Reihenfolge bei der Einstellung zu beachten.
Mit dem deutschen Gauß-Krüger Gitter ist z. B. das Datum Potsdam verknüpft, mit den Schweizer Landeskoordinaten (Schweizer Gitter) das Datum CH-1903, mit dem Bundesmeldenetz (BMN) in Österreich das Austrian-Datum (MGI), mit dem Schwedischen Gitter das Datum RT 90, mit dem Finnischen Gitter YKJ/KKJ das Datum Finland-Hayford, usw.

Anmerkungen:
Das österreichische Bundesmeldenetz muss allerdings bei den meisten GPS-Geräten (z. B. Garmin) als „User-Grid" (= Benutzer-Gitter) definiert werden. Wie das geht ist im Kapitel „***UTM-Gitter und Nationale Koordinaten-Systeme***" erwähnt, sowie im **Band 2** des „***GPS-Handbuches***" in dessen Kapitel „Tipps und Hinweise".

Erklärungen zum Schweizer Gitter und Karten-Datum CH-1903 erhält man im Internet auf der Seite www.swisstopo.ch/de/geo/grundlagen.htm.
Fragen zum finnischen Koordinaten-System KKJ/YKJ und Karten-Datum beantwortet die Seite von Eino Uikkanen www.kolumbus.fi/eino.uikkanen/geodocsgb/ficoords.htm (auf Englisch).

Eine Positions-Angabe im UTM-System auf dem GPS-Display sieht beispielsweise so aus: 32 U 0691096
                                        UTM 5335584

Keine Angst, sieht komplizierter aus als es ist und erweist sich in der Praxis als recht einfach handhabbar. Eine Einführung in die Handhabung des UTM-Gitters, bzw. von nationalen Gittern ist in dem separaten Kapitel *„UTM-Gitter und Nationale Koordinaten-Systeme"* zu finden.

Die dort beschriebene prinzipielle Vorgehensweise ist zudem auf andere nationale Metergitter übertragbar (Gauß-Krüger-Gitter, Schweizer Gitter, Bundesmeldenetz Österreich etc.).

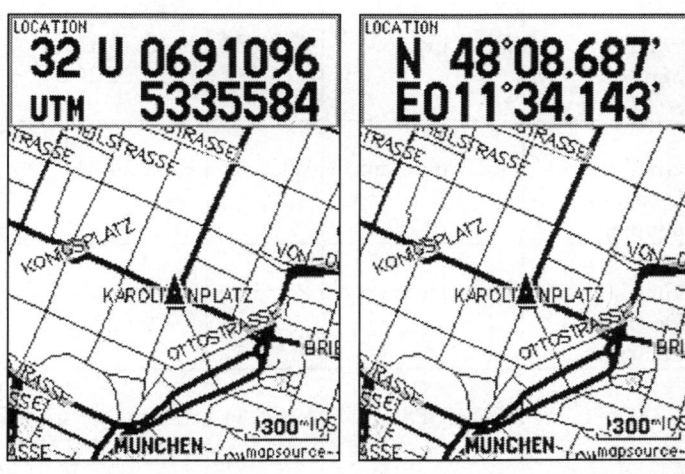

In beiden Fällen exakt der gleiche Punkt auf der Erde

(Karten-Datum jeweils identisch)

Positions-Angabe im   *Positions-Angabe im*
UTM-System   *geogr. Koordinaten-System*

In der Tabelle auf der nachfolgenden Seite ist immer **exakt der gleiche(!!) Punkt** auf der Erde beschrieben, aber in unterschiedlichen Positions-Formaten dargestellt und mit verschiedenen Karten-Datum als Bezug:

Koordinaten-Gitter (z. B. der Karte)	Einstellung Pos.-Format am GPS	Einstell. Karten-Datum am GPS	Anzeige im Display des GPS	
Grad/ Dezimalgrad°	hddd.ddddd°	WGS 84	N 48.51034° E009.54355°	
Grad°/ Min.'/ Sek."	hddd°mm's s.s"	WGS 84	N 48°30'37.2" E009°32'36.8"	
Grad°/Min./ Dezimal- minuten'	hddd°mm.mmm' (*)	WGS 84	N 48°30.620' (*) E009°32.613'	
Grad°/Min./ Dezimal- minuten'	hddd°mm.mmm'	Potsdam	N 48°30.680' E009°32.679'	
UTM-Gitter	UTM UPS	WGS 84	32 U 0540145 UTM 5373168	
UTM-Gitter	UTM UPS	NAD 27 Central	32 U 0540022 UTM 5373071	
Gauß-Krüger Gitter (**)	German Grid (**)	Potsdam	(**) 3540237 GK 5374879	
Schweizer Gitter (**)	Swiss Grid (**)	CH-1903	(**) 755567 SUI 375476	
Schwedisches Gitter (**)	Swedish Grid (**)	RT 90	(**) X 5393526 SG Y 1037405	

(*) Diese Darstellungsweise ist bei geographischen Koordinaten in der Praxis am gebräuchlichsten, sowie das Datum WGS 84, wenn kein unmittelbarer Bezug zu einer Karte mit einem speziellen Karten-Datum erforderlich ist. Üblich z. B. bei Wegpunkt-Angaben in Reiseführern, downloadbaren WPs im Internet etc.

(**) Gewissenhaft prüfen, ob die Anzeige in dieser Weise sinnvoll/erforderlich/korrekt ist, da nationale Meter-gitter nur für eine begrenzte Region auf der Erde Gültigkeit haben. Liegt die Position außerhalb des Gültigkeitsbereiches, zeigen manche GPS-Navigatoren dann Leerzeichen an.

ECEF - Koordinaten-System

Die nachfolgenden Zeilen muss man sich jetzt nicht merken, nur der Vollstän-digkeit halber.
Das GPS-Gerät selbst berechnet und speichert intern horizontale Positio-nen und Höhen nur im ECEF-Koordinaten-System (= **E**arth **C**entered **E**arth **F**ixed) mit Bezug Ellipsoid/ Datum WGS 84.
Der Begriff „ECEF" ist in

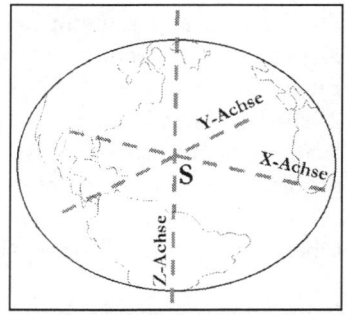

Ellipsoid WGS 84 mit
ECEF-Koordinaten-System
Mittelpunkt = Erdschwerpunkt S

den letzten Abschnitten schon ein paar Mal gefallen. Dies ist ein 3-dimensionales kartesisches (= rechtwinkliges) Koordinaten-System, dessen Ursprung im Mittelpunkt des WGS 84 Ellipsoiden liegt, dem Erd-Schwerpunkt.

Die X-Achse tritt am Schnittpunkt von Äquator und Nullmeridian („Greenwich Länge") aus, die Y-Achse im rechten Winkel dazu durch den Äquator, und die Z-Achse verläuft parallel zur Pol-Achse (siehe Grafik vorherige Seite).

Als GPS-Anwender braucht man sich allerdings um all dies nicht zu kümmern. Das Gerät rechnet alle Positionen für die Display-Anzeige gemäß dem eingestellten Positions-Format um (= Conversion), bzw. ggf. auch auf ein anderes Bezugssystem/Karten-Datum (= Transformation).

Karten - Projektionen

Was verbirgt sich nun hinter dem Wort „Karten-Projektion" und welche Bedeutung hat es für uns GPS-Anwender? Man muss sich dazu nur folgendes vorstellen:

Die Erde ist ja gekrümmt bzw. kugelförmig. Die Landkarte dagegen ist eine ebene plane Fläche.
Eine 3-dimensionale Kugel (die Erde) auf einem 2-dimensionalen Blatt Papier (der Landkarte) möglichst ohne Verzerrungen abzubilden, ist ein ganz wesentliches Grundproblem bei der Kartographie. Hätte die Erde die Form eines Würfels wäre die Sache einfach. Das Abwickeln der Oberfläche auf eine Ebene würde ohne Probleme gelingen.

Bei der Darstellung der Erdoberfläche auf eine ebene Fläche (= „Projektion"; mathematisch „Abbildung") treten dagegen stets Verzerrungen auf. Für die Orientierung mit Karte und Kompass wäre eine winkeltreue, und zur Entfernungsbestimmung eine längentreue Abbildung optimal. Während der Wunsch nach Winkeltreue erfüllt werden kann, gelingt dies bei der Längentreue leider nicht ganz.

Für topographische Karten mit großem Maßstab kommen hauptsächlich winkeltreue (= konforme) Zylinder-Projektionen zum Einsatz. Recht bekannt sind dabei die

„Transverse Mercator-Projektion" (= „Gauß-Krüger Projektion") und die „Universal Transverse Mercator-Projektion" (= „UTM-Projektion").

Bei diesen wird auf dem Ellipsoid ein Bezugs-Meridian gewählt, legt einen Zylinder mit entsprechendem elliptischem Querschnitt um das Ellipsoid mit Berührungslinie Bezug-Meridian herum, und projiziert alle Punkte des Ellipsoids in einem Bereich beiderseits des Bezugs-Meridians auf die Zylinderfläche.

Um die Verzerrungen in der Länge klein zu halten, sind bei Gauß-Krüger die Meridianstreifen 3° breit, bei UTM sind sie 6° breit. Um weitere Gebiete darzustellen, wird der Projektions-Zylinder um die Polachse um 3 bzw. 6° weitergedreht und der nächste Meridianstreifen abgebildet. Die Zylinder-Fläche kann dann auf eine Ebene abgewickelt werden, unsere Karte. Auf der Zylinder-Fläche bzw. der Ebene wird dann das rechtwinklige/geodätische Gitter definiert.

Weitere Methoden sind beispielsweise Mercator-Projektionen bei Plattkarten für Marineanwendungen, sowie Kegel-Projektionen z. B. bei Fliegerkarten (= TPC's) und diversen Seekarten. Zudem gibt es noch diverse künstliche Projektionen.

Für die reine Arbeit mit Karte und GPS ist die Karten-Projektion für uns eigentlich nicht so unmittelbar von Bedeutung. Wenn wir allerdings gescannte Karten kalibrieren möchten, um sie in GPS-Softwareprogramme einzubinden (= Georeferenzierung), gewinnt dieses Thema sehr schnell an Bedeutung.

Hier nun in der nachfolgenden Abbildung exemplarisch das komplexe Zusammenspiel von Geoid, Ellipsoid, Karten-Datum, Projektion und nationales Koordinaten-System/

Karten-Gitter am Beispiel der Landesvermessung in der Schweiz.

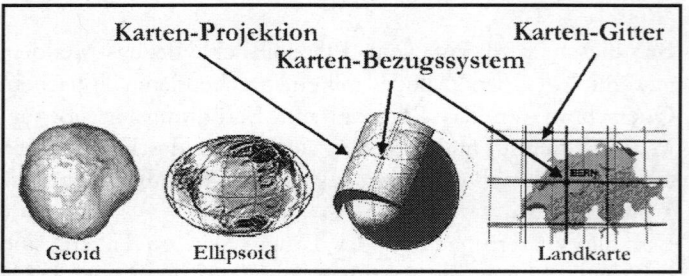

Das Zusammenspiel von
Geoid ⇒ Ellipsoid bzw. Karten-Datum,
der Karten-Projektion und dem Koordinaten-System
bzw. Karten-Gitter © Grafik: www.swisstopo.ch

Zu der Abbildung oben: Der Geoid/die Erde (links) wird durch den „Bessel"-Ellipsoid mathematisch beschrieben. Dieser Ellipsoid wurde nun individuell so „zurechtgerückt", dass er sich der Oberfläche der Schweiz optimal anpasst. Berührpunkt des Ellipsoids mit dem Geoid ist die alte Sternwarte in Bern, der Fundamentalpunkt. Durch diesen Fundamentalpunkt wird jetzt der Ellipsoid zum Karten-Datum „CH-1903".

Über eine Zylinder-Projektion wird die Schweiz als ebene Landkarte abgebildet, wobei der Bezugs-Meridian durch den Fundamentalpunkt in Bern verläuft. Zudem wurde von Bern ausgehend ein rechtwinkliges (geodätisches) Meter-Gitter definiert, das die gesamte Schweiz abdeckt. Es liefert uns letztlich die Schweizer Landeskoordinaten mit Bezug „Datum CH-1903".
Bei anderen nationalen Gittern bzw. Bezugs-Systemen ist die Vorgehensweise praktisch analog, wie z. B. in Deutsch-

land, Österreich, Schweden, Finnland, Groß-Britannien, ...).

Beispiel Deutschland: Die Form der Ellipse nach Bessel beschreibt die tatsächliche Krümmung der Erde in Deutschland am besten, und berührt das Geoid in Potsdam Rauenberg. Das darauf basierende Koordinaten-System ist das Gauß-Krüger Gitter (= Deutsches Gitter bzw. German Grid mit Bezug „Datum Potsdam").

Schwierigkeiten und Fehler-Quellen

Wo liegen jetzt die Schwierigkeiten oder Fehler-Quellen? Zum Teil wurden diese zwar schon angesprochen, aber zur Sicherheit nochmals:

- Das Karten-Datum referenziert den Ellipsoid und seinen Bezugspunkt, auf dessen Basis die Karte erstellt wurde. Nur damit kann ein bestimmter Punkt auf der Erdoberfläche eindeutig(!!) beschrieben werden.
  Nur Koordinaten-Angaben von Karten mit gleichem Map-Datum bezeichnen auch den gleichen Punkt auf der Erdoberfläche. Gleiche Koordinaten-Angaben auf Karten mit unterschiedlichem Map-Datum beschreiben in der Natur unterschiedliche Punkte.

- Zahlreiche Länder beziehen ihre Koordinaten-Angaben auf ein etwas anders definiertes Modell der Erdoberfläche (=> zugrunde liegendes Karten-Bezugssystem/ Karten-Datum/Map-Datum).
  Dies auch bei einem geläufigen Koordinaten-System(!!!) wie z. B. geographischen Positionsangaben mit Länge und Breite, UTM etc. Es ist also nicht nur zwangsläufig bei einem länderspezifischen Positions-Format so. Folge davon ist, dass manche Karten, obwohl sehr exakt mit Koordinaten versehen, trotzdem Abweichun-

gen zu anderen Karten oder zu den, mit dem GPS ermittelten Koordinaten, aufweisen.

- Im Gegensatz zu der „gewollten" Ungenauigkeit des GPS-Systems (= SA) durch das US-Verteidigungs-ministerium, handelt es sich hierbei jeweils um eine konstante, systematische Abweichung von Positionen. Anmerkung: Am 02.05.00 wurde die SA abgeschaltet. Die Positionen können also bei gleichen Koordinaten, aber Karten aus verschiedenen Ländern durchaus um mehrere 100 Meter abweichen.

- Das Fatale daran: Ein nicht korrekt eingestelltes Koordinaten-System wird in den meisten Fällen sofort bemerkt, da passt dann GPS-Anzeige und Karte einfach überhaupt nicht zusammen.
Ein zur Karte nicht ganz passendes oder total falsches Karten-Datum dagegen merkt man nicht unbedingt. Da liegen dann einfach alle Positionen um einen bestimmten Faktor, u. U. eben diese mehrere 100 m, systematisch daneben. Sei denn, man erkennt die Falschanzeige durch bekannte Referenz-Punkte.

- Bei amtlichen Karten ist das Karten-Datum irgendwo am Kartenrand oder der Legende vermerkt. Bei zwar guten, aber nicht ganz amtlichen Gesetzen gehorchen-den Karten, sucht man es leider häufig vergeblich. In diesen Fällen empfiehlt sich ein, für dieses Land charakteristische Karten-Datum auszuwählen (z. B. anhand der umfangreichen Auswahlliste), und Versuche an einem bestimmten Referenz-Punkt durchzuführen. Im Zweifelsfall wird man mit dem WGS 84 zwar nicht richtig liegen, aber der Fehler wird sich in der Regel in Grenzen halten.

Die Karten-Verlage geben zudem meist bereitwillig über das verwendete Karten-Bezugssystem Auskunft.

- Bei Übersichts-Karten mit sehr kleinen Maßstäben wie z. B. M 1:500 000, M 1:1 Mio. etc. spielt das verwendete Datum keine signifikante Rolle mehr. Mit WGS 84 wird man da nicht wirklich falsch liegen.
  Ein einziger Millimeter [mm] auf diesen Karten entspricht ja 500 bzw. 1000 Meter in der Natur; da geht das Datum in der Gesamt-Genauigkeit praktisch unter.

- Weil es oft zu Verwechslungen kommt: Die Darstellung von Positionen durch spezielle Koordinaten-Angaben hat nichts zu tun mit der Stimmigkeit der Positionen auf einer Karte mit einem speziellen Karten-Datum. Verschiedene Koordinaten-Darstellungen können also durchaus die gleiche Position bezeichnen, wohingegen gleiche Koordinaten auf Karten des gleichen Gebietes, wenn die Karten ein unterschiedliches Karten-Datum als Grundlage haben, durchaus bis zu 1000 Meter auseinander liegen können.

- Also: Wurden zwei Karten des gleichen Gebietes mit unterschiedlichen Karten-Bezugssystemen erstellt, so hat ein und derselbe Wegpunkt unterschiedliche Koordinaten.
  Wird das GPS-Gerät ohne den Standort zu verändern auf ein anderes Karten-Datum umgestellt, zeigt das Display plötzlich eine scheinbar ganz andere Position an. Der Punkt selbst hat sich dadurch aber in der Realität nicht verändert.

- Werden Karten mit unbekanntem Karten-Datum verwendet, kann die Abweichung zwischen der ausgelesenen und der tatsächlichen Position bis zu 1000 Meter in einer beliebigen Richtung betragen. Dies ist dann aber für die ganze Karte ein konstanter Faktor und die gleiche Richtung.

- Ohne das Karten-Datum zu kennen ist eine exakte Positions-Bestimmung unmöglich. Weder der für eine Karten-Serie gleiche Karten-Verlag, noch das abgebildete Gebiet, noch die Tatsache, dass von irgendeiner Karte für das gleiche Gebiet das Datum bekannt ist, lassen verlässliche Rückschlüsse auf das Karten-Datum der Karte in unserer Hand zu.

- Das Karten-Datum ist unabhängig von der Projektion einer Karte, aber es finden sich in der Kartographie häufig bestimmte Kombinationen, wie z. B. UTM mit Datum „European 1950" (= ED 50), „NAD 27", „WGS 84".

Der Einfluss der diversen Map-Datum auf die tatsächliche Lage der Position ist in der nachfolgenden Grafik anschaulich dargestellt.
Bezug ist in dem Beispiel mit der geogr. Koordinate 48°33,412'N / 09°30,382'E das Datum „WGS 84". Dabei beachten, dass bei all den dargestellten anderen Karten-Bezugssystemen das GPS-Display immer stets genau diese Koordinaten-Angabe von 48°33,412'N / 09°30,382'E anzeigt.

Man kann sagen, dass die vorliegende Grafik quasi eine Karte ist, die auf dem Datum WGS 84 basiert. Eine fehlerhafte Einstellung des Karten-Datum (das sind in dem Falle diese diversen anderen Karten-Bezugssysteme) ergibt dann die aufgetragenen Abweichungen in der Position. Der innere Ring entspricht dabei einer Abweichung von immerhin 250 Metern, der mittlere Ring von 500 Metern und der äußere Ring von 750 Metern.

In der Praxis wird es vermutlich häufig andersherum sein. Das Gerät steht fälschlicherweise auf WGS 84 (oder einem anderen „falschen" Datum), und nicht auf dem Karten-Bezugssystem der verwendeten Karte. Das Resultat bzw. die Auswirkungen entsprechen jedoch der untenstehenden Darstellung.

Welche Abweichungen sich letztlich ergeben (Entfernung und Richtung) ist wiederum abhängig von der geographischen Lage des Punktes. Die Verhältnisse des dargestellten Beispiels sehen nur in einem begrenzten Gebiet so aus, sind also nicht absolut. In einer anderen Gegend oder einem anderen Kontinent ergeben sich wieder ganz andere Positions-Abweichungen.

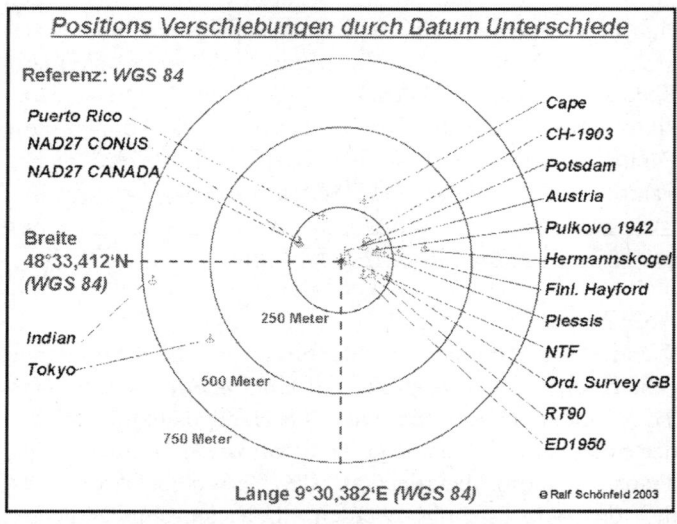

Der Einfluss des Karten-Datum auf die tatsächliche Position

Resümee: Koordinaten/Positions-Angaben sind nicht absolut!!!

Übrigens basiert beispielsweise das Datum RT 90, Potsdam, CH-1903, Austria, aber auch Tokyo auf dem gleichen Ellipsoiden, nämlich dem Bessel 1841. Die Unterschiede untereinander resultieren also durch die Verschiebungen dieses Ellipsoiden je nach Land oder Nation.

„User-Datum" anlegen

Ist im GPS-Gerät ein ganz bestimmtes Karten-Bezugssystem nicht hinterlegt, kann es meistens als „User-Datum" bzw. „Benutzer-Datum" definiert werden. Dann sind allerdings die Kenngrößen des betreffenden „Map-Datum" erforderlich.

Man sollte den Namen des Bezugs-Systems kennen, den zugrunde liegende Ellipsoid bzw. die Faktoren: Radius der großen Halbachse (a), Abplattung (1/f) oder alternativ Radius der kleinen Halbachse (b), sowie die Verschiebefaktoren dx, dy, dz. Im Internet beispielsweise können diese Parameter recherchiert werden. Infos zu den erforderlichen Faktoren z. B. auf den GPS-Seiten von www.kowoma.de , www.pdana.com/PHDWWW.htm , www.explorermagazin.de , www.geocities.com/mapref/mapref.html

Aber Achtung!!!
Wenn diese Parameter recherchiert werden genau darauf achten, ob sich die Angaben auf eine 3- oder 7-Parameter-Transformation beziehen. Die GPS-Handgeräte arbeiten mit der einfacheren 3-Parameter-Transformation (= Molodensky Transformation), bei der nur die Verschiebefaktoren dx, dy, dz berücksichtigt werden. Bei der aufwendigeren 7-Parameter-Transformation (= Helmert-Transformation) gehen noch ein Skalierungs-Faktor, sowie die Rotations-Parameter des Ellipsoids ein (= Verdrehung des Ellipsoiden um die x-, y-, z-Achse des ECEF-Koordinaten-Systems).

Sollten die Angaben für eine 7-Parameter-Transformation sein, bei der die angegebenen Rotations-Parameter ungleich Null sind (Winkelangaben), dann sind die Angaben von dx, dy, dz unbrauchbar und dürfen nicht verwendet werden!!! Kommt nämlich eine Verdrehung ins Spiel, hat dies signifikante Auswirkungen auf die Zahlenwerte dx, dy, dz. Diese Zahlenwerte sind dann zwischen einer 3- und einer 7-Parameter-Transformation gänzlich unterschiedlich.

Sind die Rotations-Parameter dagegen gleich Null, so können die Werte von dx, dy und dz verwendet werden (= Verschiebung des Zentrums des Referenz-Ellipsoiden an der x-, y-, z-Achse des ECEF-Koordinaten-Systems in Bezug zu dessen Mittelpunkt „S", dem Zentrum des Ellipsoid WGS 84).

User Datum am Beispiel „Pulkovo 1942"

Afrika-Reisende greifen gerne auf die russischen Militär-karten zurück, deren Karten-Datum „Pulkovo 1942" lautet. Dieses sucht man bei Garmin-Empfängern jedoch leider vergeblich. Man muss also selber Hand anlegen und es als User-Datum definieren. Nun exemplarisch die Vorgehens-weise:

Die Delta Werte dx, dy, dz geben die Differenz des Mittel-punktes des verwendeten Referenz-Ellipsoids (in diesem Fall Ellipsoid „Krassovsky 1940") in Bezug auf den Ellipsoid WGS 84 an. Die Einheit der Werte ist Meter (Anmerkung: negative Werte sind je nach Ellipsoid ebenfalls möglich).

Für Datum Pulkovo 1942 ist dx: 28; für dy: -130; für dz: -95

Wenn von WGS 84 gesprochen wird, sich nicht verwirren lassen. Manchmal ist das Map-Datum gemeint, dann aber auch wieder der zugrunde liegende Ellipsoid, der für dieses Map-Datum ebenfalls WGS 84 heißt. Hier nun die Einzelheiten der beiden Ellipsoide:

Ellipsoid WGS 84:
Große Halbachse (Eqatorial Radius) a = 6378137,000 m
Kleine Halbachse (Polar Radius) b = 6356752,314 m
f = (a - b)/a ist die geometrische Abplattung (Flattening)
f = 0,00335281066474
1/Abplattung = 1/f = 298,257223563

Ellipsoid Krassovsky 1940:
Große Halbachse (Eqatorial Radius) a = 6378245,000 m
Kleine Halbachse (Polar Radius) b = 6356863,019 m
f=0,003352329833
1/Abplattung = 1/f = 298,300003166

Die Werte, welche ein Garmin-Empfänger für ein selbst
definiertes User-Datum benötigt sind die oben genannten
Faktoren dx, dy, dz und zusätzlich:

a.) Delta a =
    da = a (WGS 84) - a (Krassovsky 1940)
    da = 6378137 - 6378245 = -108

b.) Delta f =
    df = f (WGS 84) - f (Krassovsky 1940) * 10000, also
    df = (0,00335281066474 - 0,003352329833) * 10000
       = 0,00480795

Die letzten Stellen der Dezimalangaben weichen je nach
Rechengenauigkeit und Genauigkeit der a- und b-Werte
immer etwas voneinander ab.
Das Multiplizieren von Delta f mit dem Faktor 10 000 ist
eine generelle Festlegung, damit die Zahlenwerte nicht zu
klein werden.
Bei den Garmin Geräten sind ca. 8 Nachkommastellen
möglich, ggf. also den Rechenwert noch runden.

Zusammenfassend nochmals alle Werte, wie sie für das User-Datum „Pulkovo 1942" in einem Garmin-Gerät eingeben werden müssen:

dx: 28; dy: -130; dz: -95; da: -108; df: 0,00480795

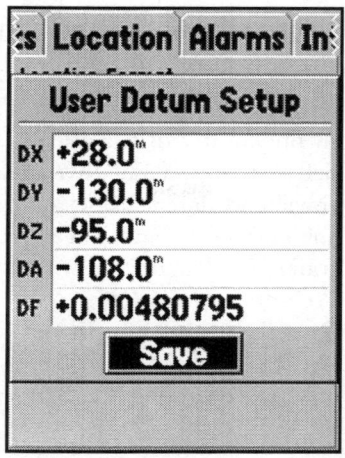

User-Datum anlegen am Beispiel: Pulkovo 1942

(Garmin GPS 76)

Anmerkungen:
Generell sind bei der Berechnung dieser 5 Faktoren auch negative Zahlen möglich. Die Vorzeichen sind unbedingt zu beachten.

Die oben genannte Definition für das Datum Pulkovo 1942 ist beispielsweise für die russischen Afrika-Karten gültig. Bei Verwendung von Datum WGS 84 treten sonst Abweichungen auf der Karte von ca. 150-250 Meter je nach Region in südwestl. Richtung auf.

Die Werte gelten nicht für Karten der ehemaligen Ostblockländer, bzw. anders herum gesagt: Falls Ihr andere Werte von dx, dy, dz für Pulkovo 1942 findet, so sind diese auf das S-42 (Pulkovo 1942) Datum bezogen, welches in vielen ehemaligen Ostblockstaaten verwendet wird/wurde. Dieses u. a. auch in der ehemaligen DDR. Das Datum steht meist in Verbindung mit dem Gitter S-1942 (S42), wie z. B. in Polen, Tschechei, Rumänien, Ungarn, Albanien, ...

Auf die gleiche Art und Weise können auch andere Karten-Bezugssysteme als User-Datum angelegt werden. Allerdings ist in der Regel nur ein benutzerdefiniertes Datum möglich, ggf. muss also ein vorhandenes abgeändert werden.

User Datum „S-42" Tschechei / ehemalige DDR

Wie schon erwähnt, ist auf vielen Karten der ehemaligen Ostblockländer (z. B. Polen, Tschechei, ...) das Gitter S-1942 zu finden, mit dem Karten-Datum S-42 als Bezug. Obwohl sich das Datum Pulkovo 1942 vom Datum S-42 nicht soo gravierend unterscheidet und der Unterschied in der Praxis nur eine gemäßigte Rolle spielt, trotzdem nachstehend die konkreten Parameter, wie sie z. B. für das S-42 in der Tschechei gelten.

Grundlage wiederum ist der Ellipsoid Krassovsky 1940 mit Großer Halbachse a = 6378245m und 1/f bzw. 1/Flattening bzw. 1/Abplattung = 298,3.

dx = 23, dy = -124, dz = -84, da = -108, df = 0,00480795.

Diese Werte können auch für das Datum S-42 von Karten der Anrainerstaaten wie z. B. Slowakei, Polen, Rumänien, Ungarn, ... verwendet werden. Es gibt zwar teilweise leicht länderspezifische Variationen, für die Navigation können diese jedoch vernachlässigt werden. Übrigens wurde das S-42 bei Karten der ehemaligen DDR ebenfalls als geodätisches Bezugs-System eingesetzt.

Das Karten-Datum „S-42/83-EAGN" (=> System 42/83) ist eine Aktualisierung des Datum S-42 aus den 80-ziger Jahren. Es sind dx = 24, dy = -123, dz = -94.

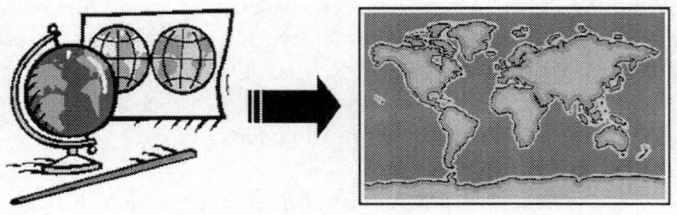

Die Karten - Projektion

Abbildung der 3-dimensionalen Kugel „Erde" auf einem 2-dim. Blatt Papier, der Landkarte, mögl. ohne Verzerrungen

Weitere Info-Quellen

Wer sich noch detaillierter über das Map-Datum (Geo-Referenzdatum), deren Kenngrößen, zugrunde liegende Ellipsoide und was es sonst noch mit dem Geographischen Koordinaten-System (Länge und Breite) auf sich hat, informieren möchte, sei im Internet die GPS-Seite des „Explorer Magazins" www.explorermagazin.de/gps/gps.htm empfohlen.

Sehr fundierte, aber leicht verständliche Infos zu Karten-Datum, Projektionen, Gittern u. v. m. sind zudem auf den hervorragenden Seiten von Michael Wößner unter www.kowoma.de/gps/ , sowie auf denen von Michael Panitzki unter www.gs-enduro.de (Punkt „Karte" wählen) zu finden.

Die Karte ist __das__ Bindeglied zwischen den Angaben des GPS-Empfängers und den Gegebenheiten in der Natur

GPS 72 der Fa. Garmin
(Bild: www.garmin.de)

UTM - Gitter und
Nationale Koordinaten - Systeme

Allgemeines

Ein weit verbreitetes Koordinaten-System auf Landkarten ist das UTM-Gitter. Das aus dem militärischen Bereich abstammende UTM-Verfahren (= Universal Transverse Mercator Projektion) ist aus dem Gauß-Krüger-Verfahren abgeleitet, und weit verbreitet.

Neben dem Militär/NATO wird es bei der Polizei, Feuerwehr, dem Katastrophenschutz und den diversen Rettungsdiensten eingesetzt. Landkarten in Nordamerika (USA, Kanada) haben fast immer ein UTM-Gitter aufgedruckt oder angerissen. Es findet sich meist auf Karten mit Maßstab 1 : 250 000 und größer.

Die prinzipielle Vorgehensweise bei der Handhabung des Gitters und dem Einsatz von Hilfsmitteln zum Ablesen der Koordinaten wie Netzteiler, Ecklineal und Planzeiger lässt sich ebenfalls auf andere weltweit anzutreffende Gitter übertragen, wie beispielsweise dem S42 mit den russischen Gauß-Krüger Koordinaten, oder auch auf die zahlreichen nationalen Koordinaten-Systeme, wie z. B. das deutsche Gauß-Krüger-Gitter (German-Grid), Schweizer-Gitter (Swiss-Grid), Bundesmeldenetz Österreich (BMN), Swedish-Grid, Finnish-Grid, British-Grid u. v. m.

Alle diese rechtwinklig-ebenen Gitter werden häufig auch als „geodätische Gitter" bezeichnet.

Wie auch das UTM-Gitter, sind diese nationalen Gitter bzw. das russische S42 mit den immer rechtwinkligen und gleich großen Quadraten so genannte „Meter-Gitter", d. h. es besteht ein unmittelbarer Bezug zum Meter-Maß. Das ist überaus praktisch. Je nach verwendetem Maßstab entspricht dann die Gitter-Weite z. B. 100, 1000 oder 10 000 Metern bzw. 0,1 km, 1 km oder 10 km.

Eine Karte M 1 : 250 000 hat z. B. eine Gitter-Weite von 10 x 10 km (auf der Karte 4 x 4 cm), eine Karte M 1 : 25 000 eine Gitter-Weite von 1 x 1 km (auf der Karte ebenfalls 4 x 4 cm).

Auf Karten mit Maßstäben zwischen M 1 : 25 000 und M 1 : 100 000 beträgt der Gitterabstand meist 1 km.

Bei geodätischen Gittern gilt, unabhängig von der Bezeichnung des Gitters, der jeweiligen Schreibweise der Koordinaten und dem Maßstab:

Die Gitter-Linien werden grundsätzlich von links nach rechts (also West-Ost-Richtung) und von unten nach oben (also Süd-Nord-Richtung) gezählt.

Der „Rechtswert" ist der Abstand eines Punktes von einer senkrechten Gitter-Linie nach rechts auf der Karte (nach Osten).

Der „Hochwert" ist der Abstand von einer waagrechten Gitter-Linie nach oben auf der Karte (nach Norden).

Die Nummer der senkrechten Gitter-Linie (für den Rechtswert) wird der oberen oder unteren Rahmenleiste der Karte entnommen.

Die Nummer der waagrechten Gitter-Linie (für den Hochwert) der linken oder rechten Seite des Kartenrahmens.

Die Lage innerhalb des Gitter-Quadrats wird in Zehnteln des Gitter-Abstandes angegeben. Die Zehntel können dann noch weiter unterteilt werden.

Keine anderen Koordinaten-Systeme erlauben eine solche Genauigkeit in der Beschreibung der Position (bis auf 1 Meter herunter).

Bei der Koordinaten-Angabe wird immer zuerst der „Rechtswert" (West-Ost-Richtung), und dann der „Hochwert" (Süd-Nord-Richtung) angegeben.

Merkregel „Recht hoch".

Anmerkung: Bei Ortsangaben im Geographischen Koordinaten-System mit Grad, Minuten, Sekunden etc. ist es dagegen üblich zuerst die Breite (Nord/Süd), und dann die Länge (Ost/West) anzugeben, z. B. 48°37'N / 08°12'E.
Merkregel hierbei: „Nord-Ost".

Beachten, dass nationale Gitter aufgrund ihrer Definition nur einen beschränkten Gültigkeitsbereich haben (z. B. German Grid, Bundesmeldenetz Österreich Swiss Grid, Swedish Grid, Finnish Grid, ...), und dadurch nur in einem lokal begrenzten Bereich der Erde eingesetzt werden können (Ausnahme: UTM-Gitter und das russische S42).

Aber Achtung: Gauß-Krüger Koordinaten, oder Ortsangaben eines sonstigen nationalen Koordinaten-Systems, sind nicht mit den UTM-Koordinaten identisch, auch wenn die Zahlenangaben/Koordinaten auf den ersten Blick eigentlich ähnlich aussehen.

Nationale Gitter sind meist an ein ganz bestimmtes nationales Karten-Bezugssystem (= Karten-Datum, Map-Datum) gekoppelt, z. B. German Grid an das Datum Potsdam, Swiss Grid an das Datum CH-1903, Bundesmeldenetz in Österreich an Austrian Datum (MGI), Swedish-Grid an RT 90, Finnish Grid an Finland-Hayford (KKJ) usw.
In Verbindung mit UTM können ganz unterschiedliche Karten-Bezugssysteme auftreten, wie beispielsweise WGS 84, European Datum 1950 (ED50) in Europa, NAD27 in Nordamerika, etc.
Erst in der Zukunft werden alle neuen topographischen Karten den Bezug zu WGS 84 haben. Die russischen Karten mit dem S42 Gitter nehmen Bezug auf das Karten-Datum Pulkovo. Allerdings beachten, dass es je nach Land/

Kontinent unterschiedliche Definitionen des Datums Pulkovo bzw. S-42 gibt.

Zur korrekten Einstellung des Karten-Datum empfiehlt es sich grundsätzlich stets die Angaben in der Legende der verwendeten Karte zu beachten!!!

Und daran denken, am GPS-Gerät immer das der Karte zugrunde liegende Karten-Datum einzustellen!!!

Das Übertragen von Koordinaten aus der Landkarte in das GPS-Gerät bzw. umgekehrt, wird durch so ein rechtwinkliges Meter-Gitter sehr vereinfacht.

Die Übertragung von Koordinaten in eine Landkarte nur mit dem Geographischen Koordinaten-System Länge und Breite in Grad, Minuten und Sekunden ist dagegen weitaus aufwendiger (siehe hierzu das extra Kapitel *„Landkarte mit geographischem Gitter"*).

Zunächst soll nun der praktische Umgang von UTM-Koordinaten in Verbindung mit dem GPS-Gerät im Vordergrund stehen. Zu den Grundlagen und Besonderheiten des UTM-Gitters dann später.

Anmerkung: Die Ausführungen basieren auf den hervorragenden Erklärungen zum UTM-Gitter von John Carnes in englischer Sprache www.maptools.com. Ein Dank an John für diese Infos.

Unter der angegebenen URL können zudem PDF-Vorlagen der angesprochenen Netzteiler und Ecklineale für unterschiedliche Kartenmaßstäbe kostenlos heruntergeladen („Free PDF Map Tools" auswählen), oder aus strapazierfähigem Kunststoff erworben werden.

Zu empfehlen ist ebenfalls das Grundlagenbüchlein „Orientierung mit Karte, Kompass, GPS" von Wolfgang Linke (erschienen im Delius Klasing Verlag; ISBN 3-512-03259-1; ca. 15,80 Euro; derzeit 12. überarb. Auflage).

Schnelleinführung zum Umgang mit UTM - Koordinaten

Nehmen wir einmal an, wir sind auf Trekking-Tour in Nord-Amerika und stehen auf der, mit einem Stern gekennzeichneten Straßenkreuzung der unten abgebildeten topographischen Karte.

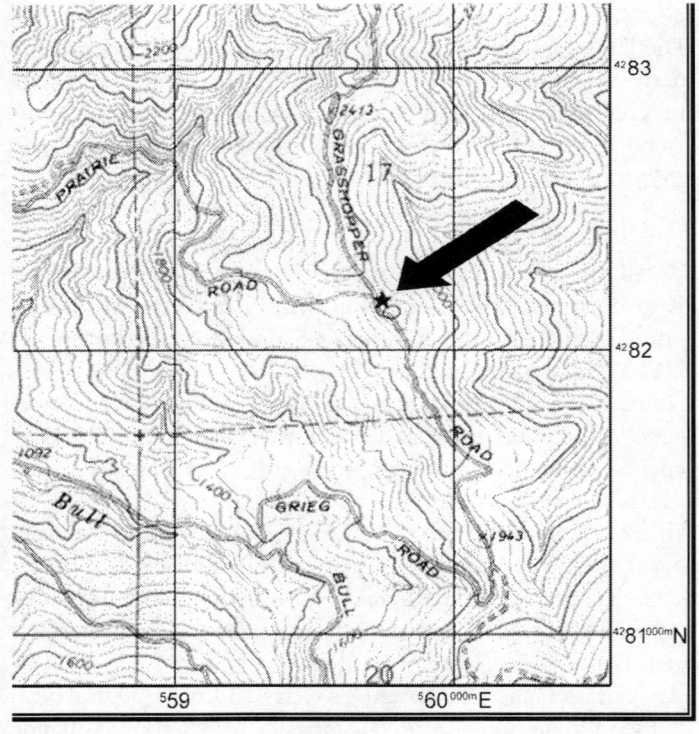

Karte mit UTM - Gitter
© Grafik: www.maptools.com

Ein GPS-Gerät, das auf das UTM/UPS-Koordinaten-System eingestellt ist, wird dann folgende Positions-Angabe im Display anzeigen (was „UPS" ist siehe weiter unten unter *„Grundlagen des UTM-Koordinaten-Systems"*):

10 S 0559741
4282182

Die 10 S repräsentiert die UTM-Zone in der man sich befindet. Die Angabe der Zone ist notwendig, um die Koordinaten auf der Erde eindeutig zuzuordnen. Es ist immer eine ein- oder zweistellige Zahl mit einem Buchstaben dahinter.

Die obere Zahlenreihe 0559741 gibt die Messung für die Ost-West Position innerhalb der Zone in Metern an. Dieser Wert wird „Rechtswert" genannt (engl. „Easting"). Die untere Zahlenreihe 4282182 gibt die Messung für die Nord-Süd Position innerhalb der Zone in Metern an. Dieser Wert wird „Hochwert" genannt (engl. „Northing").

Die abgebildete Karte weist UTM-Gitterlinien in einem Abstand von jeweils 1 Kilometer bzw. 1000 Metern auf. Die senkrechten Gitter-Linien beschreiben die Position in Ost-West Richtung, und die waagrechten Linien die Position in Nord-Süd Richtung.

Werfen wir einmal einen Blick auf die Beschriftung der senkrechten Netz-Linien am unteren Rand der Karte: 5**59** (unten links) und 5**60** 000mE (unten rechts). Anmerkung:
Die Haupt-Nummern der Gitter-Linien sind immer groß und/oder fett 2-stellig angegeben (**59**; **60**).
Und nicht verzweifeln, die vorangestellten „5" sind sehr klein und auf der Abbildung leider nur schwer erkennbar.
„E" beim Rechtswert bedeutet englisch East gleich Ost.

Die Beschriftung 560000mE wird als „Fünf-hundert und Sechzig-tausend Meter Ost gelesen".

Die Beschriftung 5**59** ist eine Abkürzung für 5**59** 000mE. Die beiden Gitter-Linien haben einen Abstand von 1000 Metern zueinander (5**60**000mE − 5**59**000mE = 1000 m = 1 km).

Die waagrechten Gitter-Linien sind auf die gleiche Weise beschriftet (42**81** 000mN; 42**82**, 42**83**).

Die vorangestellten kleiner geschriebenen Zahlen sind beim Rechtswert 1-stellig, beim Hochwert 2-stellig.

Die UTM-Koordinatenanzeige unseres GPS-Gerätes
> 10 S 0559741
>   4282182

beschreibt also die Position der Straßenkreuzung auf der Erde eindeutig(*) mit einer Genauigkeit von 1 Meter. Die jeweils beiden letzten Stellen geben ja die Lage im Meter-Bereich an.

(*) Anmerkung: So „richtig eindeutig" ist die Übereinstimmung GPS-Anzeige und Lage auf der Karte aber nur, wenn auch das Karten-Datum am GPS korrekt eingestellt ist.

Üblicherweise ist der Rechtswert bei UTM immer 6-stellig, beim Hochwert 7-stellig.

Beim GPS-Gerät wird aber auch der Rechtswert 7-stellig angezeigt. Deshalb ist dort noch eine „0" vorangestellt (0559741). Zumindest ist dies bei meinem Gerät so. Im Bereich der Pole wird nämlich anstatt des UTM-Systems das verwandte UPS-System eingesetzt (siehe hierzu weiter unten den Punkt „***Grundlagen des UTM-Koordinaten-Systems***").

Deshalb auch die Anzeige von UTM/UPS beim GPS-Empfänger, wenn es auf UTM-Koordinaten eingestellt wird. Bei UPS erfolgt die Angabe des Rechtswertes 7-stellig.

Kurzschreibweise von UTM-Koordinaten/ MGRS bzw. UTMREF-Koordinatensystem

Viele Navigations-Aktivitäten an Land konzentrieren sich allerdings zu einem bestimmten Zeitpunkt nur auf einen sehr kleinen Bereich unserer Erde.
Der übliche Bereich, der beispielsweise bei Outdoor-Aktivitäten oder auch Rettungseinsätzen von Interesse ist, ist meist nicht größer als etwa 30 x 30 km. Die Beschränkung auf ein kleines Gebiet ermöglicht nun, die UTM-Koordinaten abzukürzen.

Die Information über die UTM-Zone und die Zahlenwerte, welche die 1 000 000m und 100 000m repräsentieren (= 1000 km und 100 km), werden weggelassen (= die vorangestellten kleiner geschriebenen Zahlen; im Beispiel 5 u. 42).

Ein GPS-Gerät liefert, bzw. erwartet, die Positions-Angabe in der Form:

    10 S 0559741
        4282182

Dies wird auf der Karte in folgender Form interpretiert:
Zone 10 S 559741mE 4282182mN.

Ein abgekürztes Format für die gleichen Koordinaten kann dann auch so aussehen:

59 82	Beschreibt ein Quadrat von 1000 x 1000m => *4-stellige Darstellung*
597 821	Beschreibt ein Quadrat von 100 x 100m => *6-stellige Darstellung*
5974 8218	Beschreibt ein Quadrat von 10 x 10m => *8-stellige Darstellung*
59741 82182	Beschreibt ein Quadrat von 1 x 1m => *10-stellige Darstellung*

Das auf 100 m abgekürzte 6-stellige Format 597 821, und das auf 10 m abgekürzte 8-stellige Format 5974 8218 sind am gebräuchlichsten, wobei die 6-stellige Darstellung für die meisten Fälle ausreichend ist.

Stets beachten, das der Rechtswert (West-Ost Richtung) zuerst genannt wird, und dann der Hochwert (Süd-Nord Richtung).
Immer an die Merkregel „Recht-hoch" denken, damit zuerst der Rechtswert von links nach rechts abgelesen wird, und danach der Hochwert von unten nach oben.

Ebenso sollte beim Abkürzen von Koordinaten beachtet werden, dass diese nicht gerundet werden: 559651 wird 596 und nicht 597. Dies stellt sicher, dass die Position tatsächlich in dem gemeldeten Quadrat liegt. Wenn die Genauigkeit verschlechtert wird, vergrößert sich das Quadrat.

MGRS/UTMREF

Weiterhin kann man beispielsweise noch auf folgende abgekürzte Koordinaten-Schreibweise stoßen:

32U QV 187316 oder QV 187316 oder nur 187316

32U wäre in diesem Fall wieder das Zonen-Feld, wird aber nur bei Bedarf angegeben.
QV ist das 100-km-Quadrat. Die UTM-Zone wird nämlich noch in 100 km-Quadrate unterteilt, die immer mit Doppel-buchstaben bezeichnet werden.
Das 100-km-Quadrat wird ebenfalls nur bei Bedarf angege-ben, z. B. wenn eine Positions-Angabe über eine größere Entfernung geht, oder die Karte zwei Gitter enthält.

Die Buchstaben des 100-km-Quadrates können nur bei Verwendung des MGRS-Positions-Formates (= **M**ilitary **G**rid **R**eference **S**ystem) am GPS-Gerät eingegeben werden.

Dieses wird von manchen Geräten unterstützt, und ist eine alphanumerische Abwandlung von UTM.

In Deutschland wird es auch als UTM Referenz-System bezeichnet (= UTMREF), und nicht nur beim Militär, sondern auch Katastrophenschutz und Feuerwehr eingesetzt.

Bei MGRS wird neben der Gitterzone, das 100-km-Quadrat, und die UTM-Koordinaten in abgekürzter 10-stelliger Darstellung verwendet.

Die Zahlenwerte, welche die 1 000 000m und 100 000m repräsentieren (= 1000km und 100km; = die vorangestellten kleiner geschriebenen Zahlen) werden also weggelassen, und durch die Buchstaben des 100-km-Quadrates ersetzt.

Eine Koordinatenangabe in MGRS sind demnach so aus:

32U QV 18700 31600 oder 32U QV 1870031600

Auch damit wird eine Position auf der Erde eindeutig bis auf einen Meter genau beschrieben.

Zurück zu dem vorhergehenden Beispiel (32U QV 187316 oder QV 187316 oder nur 187316):

Die eigentliche Koordinaten-Angabe ist hier zusammen-geschrieben. Um Rechts- und Hochwert zu erhalten, muss die Zahlenreihe genau in der Mitte getrennt werden. Es ergibt sich also auf der Karte 187mE 316mN. Wie schon beschrieben, liegt bei dieser 6-stelligen Angabe der gesuchte/ beschriebene Punkt innerhalb eines 100m Quadrates. Für die meisten Fälle, z. B. auch Rettungseinsätze, ist diese Angabe in der Regel genau genug.

Da die Zahlenreihe immer in der Mitte getrennt wird ist es wesentlich, dass Rechts- und Hochwert stets mit der gleichen Stellenzahl angegeben wird.

Zur Meldung eines Unfalles, Rettungseinsatzes usw. ist die Angabe der UTM-Koordinaten im gekürzten Format (z. B. 6-stellig) ausreichend. Vorsichtshalber sollte man aber noch erwähnen, dass es sich um UTM handelt, und die Angabe des zugrunde liegenden Karten-Datum schadet auch nicht.

Das gekürzte Format sollte allerdings nur in einem Gebiet kleiner 100 x 100 km angewandt werden. Wird ein anderes Koordinaten-System verwendet, muss dies unbedingt mitgeteilt werden (z. B. beim deutschen Gauß-Krüger-Gitter, dem Bundesmeldenetz Österreich, den Schweizer Landeskoordinaten, ...).

Ein GPS-Gerät erwartet dagegen immer ein vollständiges Positions-Format, also mit Angabe der Zone, Rechtswert 7-stellig und Hochwert 7-stellig.

Der Rechtswert wird gelegentlich auch mit y, und der Hochwert mit x bezeichnet. Diese Bezeichnung kommt aus dem Vermessungswesen.

Dabei aber beachten, dass im Vermessungswesen x und y anders definiert sind, als üblicherweise x und y in der Geometrie (in der Geometrie ist meist die waagrechte Achse die x-Achse).

UTM - Gitter und Einsatz Netzteiler

Soll eine Position mit größerer Genauigkeit bestimmt werden als es das Ablesen der Gitter-Linien auf der Karte erlaubt, wird ein Hilfsmittel benötigt, welches das UTM-Gitter-Quadrat in kleinere Einheiten unterteilt.

Die nachstehend beschriebenen Vorgehensweisen sind dabei eins zu eins auf die bereits erwähnten diversen nationalen Meter-Gitter übertragbar.

Ein solches einfaches Hilfsmittel ist z. B. ein Netzteiler, der das Gitter-Quadrat nochmals in 10-er Schritte einteilt (siehe Abbildung rechts)
Der transparente Netzteiler wird so über das UTM-Gitterfeld gelegt, dass sich die Kanten/Außenlinien genau überdecken.

Beispiel f. einen Netzteiler mit zusätzl. Kompass-Rose für Peilungen
© Grafik: www.maptools.com

Dann kann die Position der Markierung (siehe Beispiel auf übernächster Seite) mit Hilfe der zusätzlichen Linien des Werkzeuges sehr leicht und schnell bestimmt werden.

Die Genauigkeit lässt sich entweder durch abschätzen, oder der Verwendung eines Ecklineals/Planzeigers mit noch feinerer Unterteilung weiter erhöhen.

Für die meisten Situationen der Navigation an Land ist eine Genauigkeit von 100 m aber vollkommen ausreichend. Die Handhabung des genaueren Ecklineals oder eines Planzeigers ist etwas komplizierter. Siehe hierzu den nächsten Abschnitt.

Verfügt die Karte über kein durchgezogenes Gitter-Netz, d. h. das Gitter ist nur am Kartenrand bei der Bezifferung angerissen, empfiehlt es sich vor der Reise die Gitter-Linien auf der Karte mit einem langen Lineal aufzutragen. Sich dabei aber nicht irritieren lassen, dass die parallel verlaufenden Gitter-Linien nicht exakt nach Ost-West oder Nord-Süd verlaufen. Nur die senkrechte Gitter-Linie, die exakt auf dem Haupt-Meridian liegt, verläuft nach geographisch Nord.

Übrigens wird die Abweichung von geographisch Nord (True) zu Gitter Nord (Grid) mit Meridiankonvergenz bezeichnet.

Anmerkung:

Die Meridiankonvergenz (= MK) nimmt mit dem Abstand vom Hauptmeridian stetig zu (= Zentralmeridian, = Mittelmeridian). Zudem ist deren Höhe noch von der geographischen Breite abhängig. Ggf. lässt sie sich wie folgt berechnen:

MK in [°] = Abstand_vom_Hauptmeridian_in[°] × sin (Breite[°])

Das nachstehende Beispiel bestimmt die Position der Markierung auf der Karte (den Stern) mit einer Genauigkeit von 100 m. Der 10 000 Meter und 1000 Meter Wert der Koordinaten wird aus der Karte entnommen.

Diese fett und/oder groß geschriebenen Koordinaten **59 82** bestimmen das Gitter-Quadrat, indem sich der rote Stern befindet.

Der Netzteiler ist über das UTM-Gitter gelegt, und damit kann nun der 100 Meter Wert ermittelt werden. Immer daran denken, zuerst den Rechtswert und dann den Nordwert abzulesen.

In abgekürzter, auf die 100 m genaue Schreibweise hat der Stern die Koordinaten 597 821.

Der nachfolgend abgebildete Netzteiler aus festem Kunststoff ist für die Maßstäbe 1:24 000 und 1:25 000 zum Preis von ca. 2 US-$ bei www.maptools.com erhältlich (der 1:25 000 kann auch für M 1:250 000 eingesetzt werden). Außen herum ist eine 360° Kompass-Einteilung angebracht. Dort steht zudem eine kostenlose Vorlage im PDF-Format unter „Free PDF Map Tools" bereit. Netzteiler gibt's auch unter dieser URL www.unet.univie.ac.at/~a8603365/nt.html

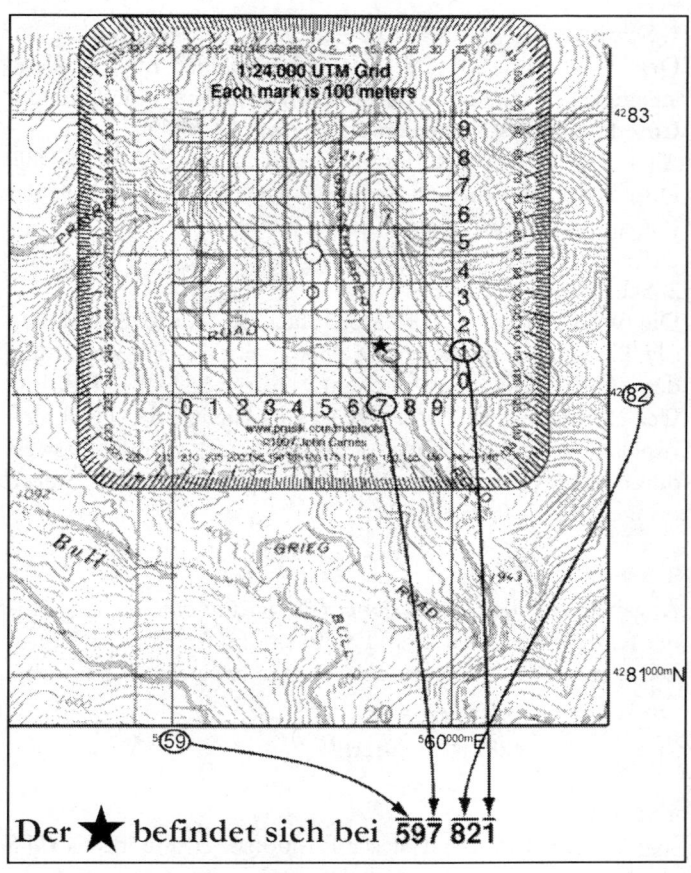

Ablesen mit dem Netzteiler © Grafik: www.maptools.com

Um unser GPS-Gerät mit den Koordinaten zu füttern, müssen wir die fehlenden Stellen und Angaben allerdings noch ergänzen:

1. Schritt:

Den Wert von 10 und 1 Meter entweder mit „Nullen"
anhängen (= a.), oder den Wert von 10 m innerhalb der
Unterteilung des Netzteilers abschätzen (= b.).
Also (a.) 597**00** 821**00** oder ‚ (b.) 597**40** 821**80**.
Durch das Abschätzen steigern wir die Genauigkeit der
Positions-Angabe auf etwa 10 bis 20 m.

2. Schritt:

Die Werte über 10 000 Meter aus der Karte entnehmen
(die kleinen, kaum lesbaren Zahlen, die vor der Bezeichnung
des Gitter-Quadrates stehen). Also **55**9740 **42**82180.
Der Rechtswert ist dann insgesamt 6-stellig, der Hochwert
7-stellig. Allerdings für unser GPS-Gerät den Rechtswert
durch das Voranstellen einer „0" ebenfalls auf 7-Stellen
bringen; **0**559740 4282180.

3. Schritt:

Angaben über das UTM-Zonenfeld wird man in der Legende
der Karte finden, hier 10 S. Die Positions-Angabe des Sterns,
wie es das GPS-Gerät bei der Eingabe erwartet, ist demnach:

> 10 S 0559740
>   4282180   **aber!!!**

4.Schritt:

Vor(!!!) dem Eintippen dieser Positions-Angabe in das GPS
muss das Karten-Datum der verwendeten Karte (= Map-
Datum oder Karten-Bezugssystem) am Gerät entsprechend
eingestellt werden. Bei UTM z. B. WGS 84, ED 1950, NAD
27, ...; bei nationalen Gittern z. B. Potsdam, CH-1903,
Austria (MGI), RT 90, Finland-Hayford, ...
Angaben über das verwendete geodätische Datum sind bei
topographischen Karten ebenfalls in der Karten-Legende
vermerkt (siehe Bild auf nächster Seite).

Wird das Karten-Datum erst anschließend umgestellt, wird das Display plötzlich ganz andere Werte anzeigen als ursprünglich eingegeben.

Es sei nochmals daran erinnert: Am GPS-Empfänger ist grundsätzlich das Karten-Datum/Map-Datum der verwendeten Karte einzustellen!!!

Was es mit dem Karten-Datum auf sich hat, siehe hierzu *„Positions-Format/Koordinaten-Systeme und Karten-Datum"* in dem Kapitel *„Grundlagen der Kartographie"*.

5. Schritt:
Eingabe der Koordinaten als Wegpunkt in das GPS-Gerät.

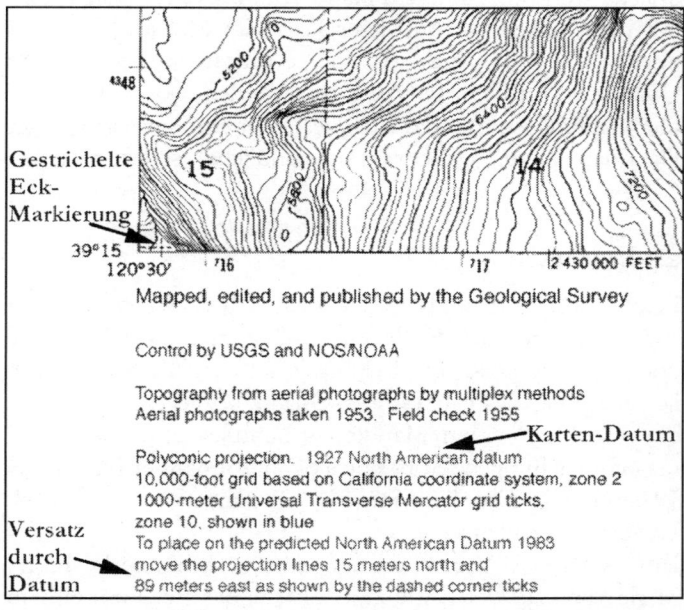

Angabe Karten-Datum in der Karten-Legende

Im Beispiel ist es eine topographische Karte aus den USA.
Das Karten-Datum ist NAD 27
(= 1927 North American Datum).
© Grafik: www.maptools.com

Anmerkung: Zwischen dem Karten-Datum WGS 84 und NAD 83, welches in der Legende ebenfalls erwähnt wird, besteht im praktischen Gebrauch kein Unterschied. Zwischen NAD 27 und WGS 84/NAD 83 ein recht großer.

UTM - Gitter
und Einsatz Ecklineal oder Planzeiger

Ein Ecklineal oder ein Planzeiger besteht aus zwei, im rechten Winkel angeordneten Mess-Skalen. Er gestattet üblicherweise eine, um den Faktor 10 höhere Genauigkeit als mit dem Netzteiler. Auf einer Karte im Maßstab 1:24 000 oder 1:25 000 kann so eine Position innerhalb eines Quadrates von 10 x 10 m bestimmt werden.

Der Nachteil ist, dass das Ecklineal oder ein Planzeiger in der Handhabung u. U. etwas umständlicher/schwieriger ist.

a.) Ecklineal

Beim Ecklineal sind die beiden Mess-Skalen an der Außenseite der beiden Schenkel angebracht. Zunächst die obere rechte Ecke des Ecklineals an die, im Süd-Westen liegende Ecke des UTM-Gitter-Quadrats anlegen, indem sich die gesuchte Position/Markierung befindet (also links unten bei dem nachfolgenden Beispiel; Schnittpunkt der Linien von 59 und 81). Die Schenkel des Ecklineals müssen nach Westen und Süden zeigen.

Um nun die UTM-Koordinaten einer bestimmten Position/ Markierung auf der Karte zu ermitteln, das Ecklineal in dem Gitter-Quadrat so lange nach Norden und Osten ver-schieben, bis sich dessen obere rechte Ecke über dem zu messenden Punkt befindet.

Die Werte der UTM-Koordinate können jetzt an den Start-Linien des betreffenden Gitter-Quadrates abgelesen werden (an Linie 59 bzw. 81; siehe nachfolgendes Beispiel).

Um eine bestimmte UTM-Koordinate auf die Karte zu übertragen, das Ecklineal so lange in dem, in Frage kommenden Gitter-Quadrat nach Norden und Osten verschieben, bis die gesuchten Entfernungen an den Gitter-Linien angezeigt werden.
Wenn das benutzte Gitter-Quadrat an der Ecke der Karte liegt, kann u. U. nicht von der SW-Ecke gestartet werden.
Wenn beachtet wird, dass die Werte der UTM-Koordinaten von Westen nach Osten und Süden nach Norden größer werden, kann das Ecklineal trotzdem eingesetzt werden.

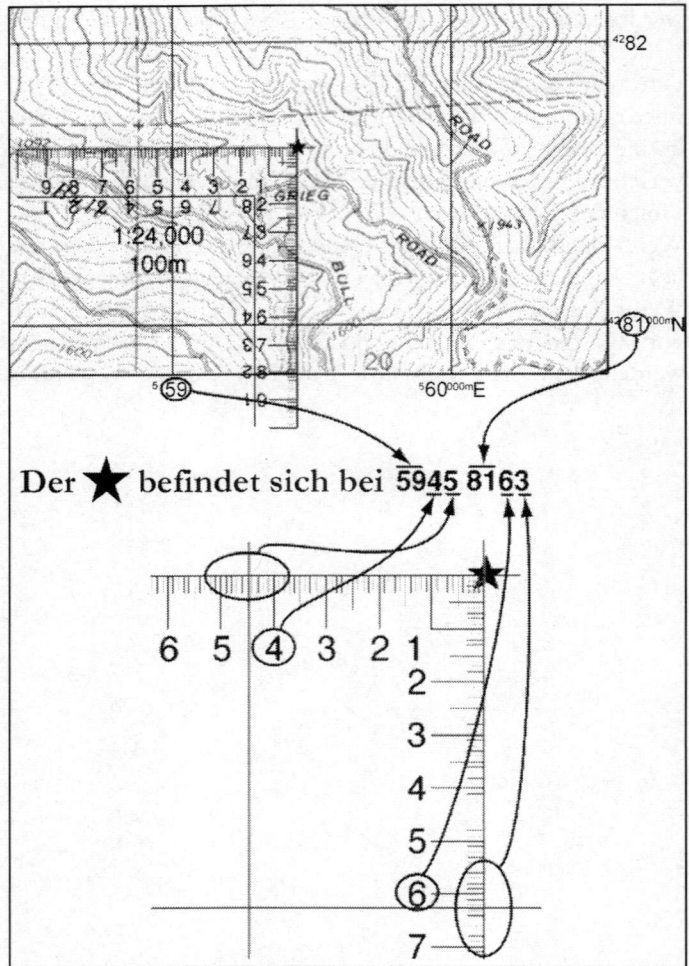

Ablesen mit dem Ecklineal © Grafik: www.maptools.com

Zur Eingabe in das GPS-Gerät muss die Positions-Angabe, gemäß den Erklärungen des vorhergehenden Abschnitts, noch vervollständigt werden. Diese erforderlichen Angaben habe ich durch Unterstreichung hervorgehoben, also:

Falls eine Karte mit einem ungeraden Maßstab verwendet
wird (z. B. beim Kopieren undefiniert vergrößert oder
verkleinert), oder die vorgestellten UTM-Werkzeuge gerade
nicht zur Verfügung stehen, kann schnell ein einfaches
provisorisches Ecklineal angefertigt werden, indem die
Maßstabs-Skala der Karte herangezogen wird (siehe Bild
unten).

Zunächst mit der Ecke eines „Papier-Schnippsels" beginnen.
Die Entfernung eines Kilometers, sowie die Unterteilung
in 100 m Schritte, anhand der Maßstabs-Skala auftragen.
Den Vorgang an der anderen Papierkante wiederholen.
Die Skala beider Schenkel dann von der Ecke ausgehend
beziffern. Die Ecke selbst ist „0".

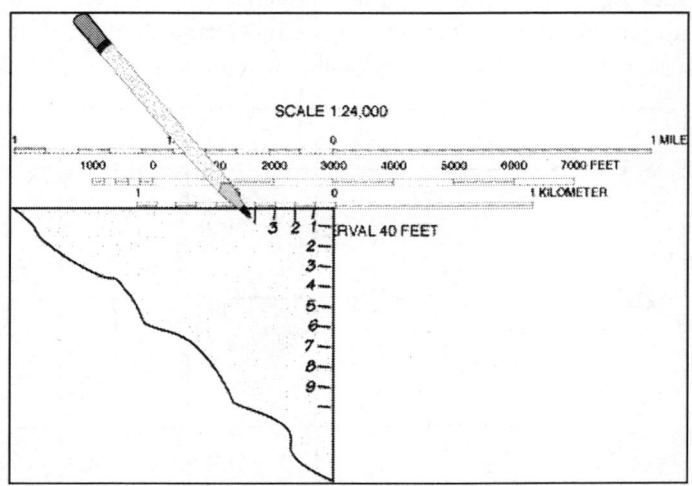

Anfertigen behelfsmäßiges Ecklineal
© Grafik: www.maptools.com

Eine durchsichtige Vorlage aus Kunststoff, auf der Ecklineale für verschiedene Maßstäbe aufgedruckt sind, kann unter www.maptools.com für ca. 7 US-$ erworben werden. Wie schon berichtet, können unter „Free PDF Map Tools" auch kostenlos Vorlagen im PDF-Format heruntergeladen werden. Siehe zudem den Hinweis auf der Seite 386.

b.) Planzeiger

Ein Planzeiger ist vom Prinzip ähnlich wie ein Ecklineal, allerdings sind dort die Mess-Skalen an der Innenseite der beiden Schenkel angebracht. Rechts- und Hochwert werden ebenfalls in einem Arbeitsgang ermittelt.

Der Planzeiger wird dazu mit dem senkrechten Schenkel und dessen Teilung an den betreffenden Geländepunkt, und mit dem waagrechten Schenkel und dessen Teilung an die untere waagrechte Gitter-Linie des Gitter-Quadrates gelegt, in dem sich der Geländepunkt befindet.

Der Rechtswert wird dann an der senkrechten Gitter-Linie abgelesen, der Hochwert an dem Geländepunkt selbst (siehe die 3 Beispiele in der Abbildung unten).

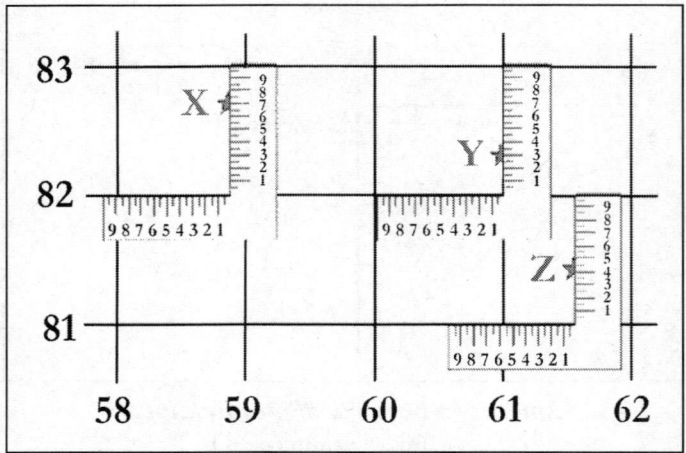

Ablesen mit dem Planzeiger

Hervorragende präzise Planzeiger für den Maßstab 1:50 000, 1:80 000 und 1:100 000 stehen auf meiner Internet-Seite www.kanadier.gps-info.de/d-gpshandbuch.htm zum Download bereit. *Diese hat mir dankenswerterweise Dirk Köhler zur Verfügung gestellt!!!*

Entfernung zwischen 2 Punkten berechnen

Liegen 2 Wegpunkte in der gleichen UTM-Gitterzone, kann deren Entfernung untereinander relativ einfach berechnet werden. Dies übrigens allgemein bei Meter-Gittern innerhalb dem Bereich des gleichen Mittelmeridians.

Das GPS-Gerät auf das UTM/UPS Koordinaten-System umstellen bzw. dem betreffenden nationalen Positions-Format, auf die Seite für die Wegpunkt-Verwaltung gehen, und dann die Differenz der Rechtswerte von Wegpunkt „1" und Wegpunkt „2" bestimmen (= ΔR).

Ebenso die Differenz der Hochwerte der beiden WPs ermitteln (= ΔH). Eventuell auftretende Minuszeichen im Ergebnis einfach ignorieren.

Die Entfernung S zwischen den beiden Wegpunkten kann dann über $S = \sqrt{(\Delta R^2 + \Delta H^2)}$, d. h. S ist die Wurzel aus ΔR im Quadrat und ΔH im Quadrat, metergenau berechnet werden.

Eine Berechnung über die geographischen Koordinaten Länge und Breite wäre natürlich ebenfalls möglich, aber doch aufwendiger.

Liegen die Wegpunkte jedoch im Bereich verschiedener Mittelmeridiane (unterschiedliche UTM-Gitterzonen), kann die Entfernungs-Berechnung nur über die geographischen Koordinaten erfolgen.

Siehe hierzu das Kapitel „***Landkarte mit geographischem Gitter***" unter „***Entfernung aus Breite und Länge berechnen***".

Grundlagen des UTM-Koordinaten-Systems

Die Universal Transverse Mercator Projection (= UTM) und das UTM-Koordinaten-System wurde 1947 von der US-Armee entwickelt, um auf Militär-Karten mit großem Maßstab rechtwinklige Koordinaten zu erhalten. Letztendlich ist es aus dem Gauß-Krüger-Verfahren abgeleitet worden (= Transversale Mercator Projection).
Neben nationalen Meter-Gittern (z. B. dem deutschen Gauß-Krüger-Gitter (German Grid), Schweizer Gitter (Swiss Grid), Bundesmeldenetz in Österreich, Swedish Grid, dem S42-Gitter der früheren Ostblockstaaten, ...) ist das UTM-Gitter wegen seiner praktischen Handhabung auf sehr vielen Karten dieser Welt anzutreffen.

Während die nationalen Koordinaten-Systeme aufgrund ihrer Definition nur in einer begrenzten Region Gültigkeit haben, kann das UTM-System bis auf die Pol-Regionen auf der ganzen Welt eingesetzt werden.
Die Bestimmung von Koordinaten auf Landkarten ist deutlich praktischer und einfacher als der Umgang mit dem geographischen Koordinaten-System von Länge und Breite.

Das UTM-System teilt die komplette Erde in Ost-West Richtung in 60 Zonen von 6° breiten Meridianstreifen, also in insgesamt 60 Meridianstreifen bzw. Zonen (60x6°= 360°). In der Mitte eines Meridianstreifens liegt jeweils ein Haupt-Meridian (= Zentral-Meridian/Mittel-Meridian). Nur dieser verläuft exakt zu den geographischen Polen hin. Haupt-Meridiane liegen bei 3°, 9°, 15°, 21° usw. bis 177°. Innerhalb eines Meridianstreifens/Zone gelten die Regeln der ebenen Geometrie (geodätisches Gitter).
Beim Gauß-Krüger Gitter sind die Meridianstreifen übrigens nur 3° breit (Mittelmeridiane dort bei 0°, 3°, 6°, usw.). Diese 60 Zonen definieren den Referenzpunkt für die UTM-Koordinaten innerhalb der jeweiligen Zone.

Die Meridianstreifen/Zonen reichen in Süd-Nord Richtung von 80° S bis 84° N. Der Bereich im Norden wurde größer gewählt (bis 84°N), um die Landmassen und Inseln noch voll zu erfassen.

In den Polar-Regionen von 80°S bis zum Süd-Pol (90°S) und von 84°N bis zum Nord-Pol (90°N) wird das Universal Polar Stereographic Gitter-System eingesetzt (UPS-System). Wird ein GPS-Empfänger auf das UTM-Koordinaten-System umgestellt, steht dort deshalb auch UTM/UPS (ist jedenfalls bei meinem Gerät so).

Bei UPS werden die beiden Pol-Bereiche jeweils wie ein Kuchen in 2 Hälften geteilt, und es kommt die Polar-Projektion zum Einsatz.

Die UTM-Zonen sind von der Zahl 1 bis 60 durchnummeriert. Die Nummerierung startet an der Internationalen Datumsgrenze, also bei 180° Länge und setzt sich nach Osten fort. Zone 1 reicht demnach von 180°W bis 174°W; der Mittel- oder Haupt-Meridian liegt bei 177°W.

In Süd-Nord Richtung, also von 80°S bis 84°N, erfolgt eine Unterteilung der Zonen in 22 horizontale Bänder von jeweils 8° Breite (mit einer Ausnahme).

Diese Bänder sind, von Süden ausgehend, nach Norden mit Buchstaben bezeichnet. Der Beginn ist bei 80°S mit dem Buchstaben C und endet bei 84°N mit dem Buchstaben X. Die Buchstaben I und O wurden weggelassen, um Verwechslungen mit den Nummern 1 und 0 aus dem Weg zu gehen. Das Band mit dem Buchstaben X hat als einziges eine Breite von 12° (zwischen 72 – 84°N).

Die Pol-Regionen (UPS-System) haben die Buchstaben A und B, sowie Y und Z erhalten. A und B teilen die südliche Pol-Region in 2 Hälften, und Y und Z die nördliche. A und Y decken dabei jeweils den westlichen Bereich ab (0 – 180°W), und B und Z den östlichen (0 – 180°E).

Spezielle UTM Zonen gibt es zwischen 0° und 36° Länge oberhalb 72° Breite, und eine spezielle Zone 32 zwischen 56° und 64° nördlicher Breite. Der Grund hierfür:

Die UTM Zone 32 wurde zwischen den Breiten 56° und 64° (Band V) auf 9° verbreitert (auf Kosten der Zone 31), um Südwest-Norwegen mit abzudecken. Deshalb erstreckt sich die Zone 32 westwärts bis 3°E in der Nordsee.
Ähnliches zwischen 72° und 84°N (Band X). Die Zonen 33 und 35 wurden auf 12° verbreitert, um Spitzbergen (Svalbard) komplett abzudecken. Um diese 12° breiten Zonen zu kompensieren, wurden die Zonen 31 und 37 auf 9° verbreitert, und die Zonen 32, 34 und 36 beseitigt. Aus diesem Grund sind die West- und Ost-Grenzen dieser Zonen bei 31: 0-9°E; bei 33: 9-21°E; bei 35: 21-33°E und bei 37: 33-42°E.

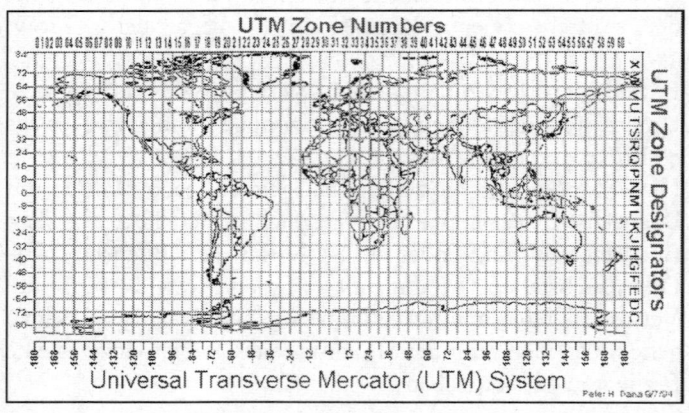

Einteilung der UTM Zonen
© Grafik: Peter H. Dana, www.pdana.com/PHDWWW.htm

Jede Zone wird weiter in 100-km-Quadrate unterteilt, die mit Doppelbuchstaben bezeichnet werden. Der erste Buchstabe gibt dabei die West-Ost Richtung an, der 2. Buchstabe die Süd-Nord Richtung (z. B. 32 U QV).

Für die West-Ost Richtung wird bei der Zählung wieder bei 180° westlicher Länge begonnen. Es werden mit den Buchstaben A bis Z (ohne I und O) 24 100-km-Quadrate bezeichnet.

Für die Süd-Nord Richtung wurde dagegen am Äquator in den Zonen ungerader Zahl mit A, in den Zonen mit gerader Zahl mit F begonnen. So wird vermieden, dass gleiche Buchstabenpaare in der Umgebung von 2000 km vorkommen. In Süd-Nord Richtung bezeichnen die Buchstaben A bis V (ohne I und O) 20 100-km-Quadrate. Anschließend wiederholen sich die Buchstaben wieder.

Für die Eingabe in das GPS-Gerät ist jedoch nur die UTM-Zonen-Bezeichnung erforderlich (z. B. 9 S oder 32 U), nicht aber die Bezeichnung des 100-km-Quadrates (z. B. QV oder TQ).

Die Buchstaben des 100-km-Quadrates können nur bei Verwendung des MGRS-Positions-Formates (= Military Grid Reference System bzw. UTMREF) am GPS-Gerät eingegeben werden. Dieses wird von manchen Geräten unterstützt, und ist eine Abwandlung von UTM. Bei MGRS wird neben der Gitter-Zone, das 100-km-Quadrat und die UTM-Koordinaten in abgekürzter 10-stelliger Darstellung verwendet.

Die Zahlenwerte, welche die 1 000 000m und 100 000m repräsentieren (1000km und 100km, = die vorangestellten kleiner geschriebenen Zahlen) werden also weggelassen, und durch die Buchstaben des 100-km-Quadrates ersetzt. Eine Koordinaten-Angabe in MGRS sind demnach so aus:

32U QV 18700 31600 oder 32U QV 1870031600

Auch damit wird eine Position auf der Erde eindeutig bis auf einen Meter genau beschrieben.

Das UTM - Gitter

Über jede Zone ist ein rechtwinkliges Gitter-Netz gelegt. Es ist so ausgerichtet, dass alle senkrechten Gitter-Linien parallel zu dem, in der Mitte der Zone liegenden Haupt-Meridian (Zentral-Meridian) liegen.

Wie schon erwähnt, verläuft daher nur dieser Haupt-Meridian zu den geographischen Polen. Die Abweichung zwischen Gitter-Nord (Grid) und geographisch Nord (True) ist die Meridiankonvergenz.

Die meisten GPS-Geräte können auf unterschiedliche Nordrichtungen zur Referenz eingestellt werden, d. h. auf „True" (= geographisch Nord), magnetisch Nord und Gitter-Nord (= Grid North).

Wird das Gerät in Verbindung mit UTM oder einem Nationalen Gitter auf „Grid" eingestellt, verläuft die Nordrichtung (z. B. ein Kurs von 0° bzw. 360°, also genau nach Norden) entlang dieser parallel verlaufenden senkrechten Gitter-Netz-Linien. Näheres hierzu im Kapitel *Grundlagen der Navigation* unter *„Festlegung der Nord-Referenz am GPS-Gerät"*.

UTM-Gitter-Koordinaten werden als Entfernung in Metern nach Osten ausgedrückt, dies wird „Rechtswert" genannt, und als Entfernung in Metern nach Norden, dies wird als „Hochwert" bezeichnet.

Rechtswert (engl. „Easting")

Die UTM Rechtswert-Koordinaten sind bezogen auf den Haupt-Meridian (Zentral-Meridian) der betreffenden UTM-Zone, also auf die senkrechte Mittel-Linie des Meridian-Streifens.

Für den Haupt-Meridian ist immer ein Rechtswert von 500 000 Metern Ost festgelegt. Da diese 500 000m willkürlich festgelegt worden sind, werden Rechtswerte manchmal auch als „False Eastings" bezeichnet (=falsche Rechtswerte). Ein Rechtswert von 0 wird niemals auftreten, da eine 6° breite Zone nie mehr als 674 000 Meter breit ist. Minimale und maximale Rechtswerte sind:

160 000mE und 834 000mE am Äquator.
465 000mE und 515 000mE bei 84°N.

Hochwert (engl. „Northing")

Die UTM Hochwert-Koordinaten werden in Bezug zum Äquator gemessen.

Für Positionen nördlich des Äquators wurde für den Äquator ein Hochwert von 0 Meter Nord festgelegt. Um negative Zahlen zu vermeiden, wurde für Positionen auf der Süd-Halbkugel ein Wert von 10 000 000 Metern für den Äquator definiert.

Einige UTM Hochwerte sind sowohl nördlich als auch südlich des Äquators gültig. Um Missverständnissen vorzubeugen, ist deshalb bei Positionen südlich oder nördlich des Äquators die komplette Koordinaten-Angabe anzugeben. Dies wird durch die Angabe des Buchstaben für das Breitenband der jeweiligen Zone getan (z. B. 12 M).

Für denjenigen, der sich zum ersten Mal mit dem UTM-Koordinaten-System auseinandersetzt, mag die Aufteilung der Zonen verwirrend erscheinen.

Für die meisten Anwendungsfälle bei der Navigation an Land, ist jedoch das Zielgebiet deutlich kleiner als solch eine Zone.

Die Bezeichnung der Zone fällt dann weg, und wir können auf unseren großmaßstäbigen Karten (z. B. topographische Karten) mit einem einfachen, rechtwinkligen Koordinaten-System arbeiten.

Häufig wird bei der Landnavigation die Information über die UTM-Zone und die Stellen, welche die 1 000 000 Meter und 100 000 Meter wiedergeben, weggelassen. Die 1 m, 10 m und 100 m Stellen werden nur beim Bedarf erhöhter Genauigkeit verwendet.

Beim Weglassen beachten, dass es diese, bei der Bezeichnung vorangestellten kleiner geschriebenen Zahlen sind, die meistens an den Ecken der Karte vermerkt sind. Beim Rechtswert sind diese 1-stellig, beim Hochwert 2-stellig (z. B. aus 3**67**000mE wird **67**, aus 42**82**000mN wird **82**). Siehe dazu ausführlicher den Punkt „***Kurzschreibweise von UTM-Koordinaten***".

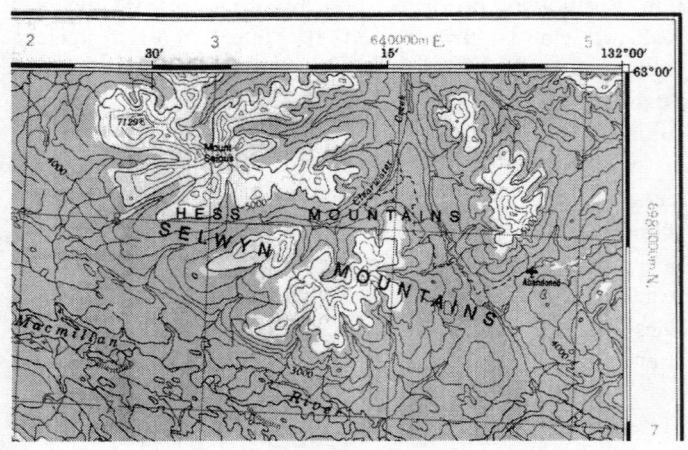

Karte mit UTM-Gitter

Hilfreich sind Karten mit UTM-Gitter oder
einem Nationalen Koordinaten-System.
Mit ihnen können schnell und problemlos Koordinaten entnommen
und GPS-Positionen übertragen werden.
Dabei stets das Karten-Datum beachten(!!) und
konsequent am GPS-Empfänger einstellen!!

Zusammenfassung

Da Piloten und Seeleute über weitaus größere Entfernungen navigieren, wird dort nach wie vor das geographische Koordinaten-System mit Länge und Breite bevorzugt. Der größte Teil der Bundesrepublik Deutschland liegt übrigens in der UTM-Gitterzone 32 U. Nur der Osten fällt in die Zone 33 U, sowie der äußerste Süden in die Zonen 32 T und 33 T.

Österreich liegt zum größten Teil in den Zonen 33 U und 33T. Der Westen liegt in der Zone 32 T und dieser westliche Zipfel tangiert im Norden noch die Zone 32 U. Die Schweiz fällt in die Zone 32 T. Nur der äußerste westliche Zipfel (westl. von Genf) liegt in der Zone 31 T.

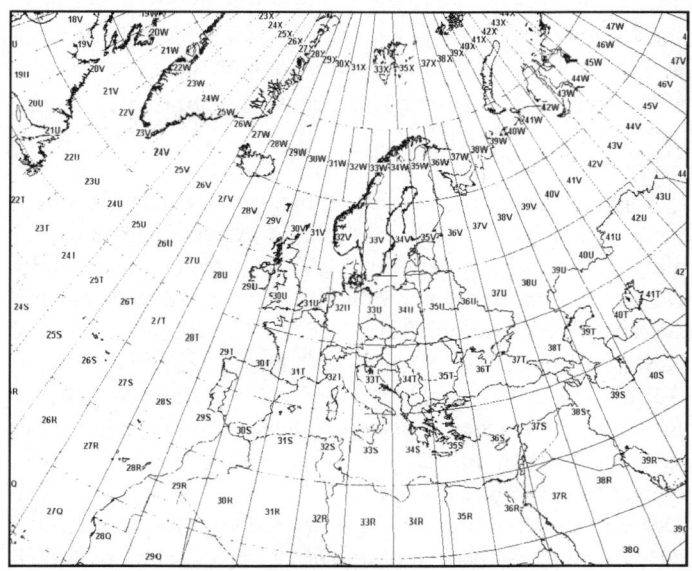

Übersicht der UTM-Zonen in Europa.
Gut zu sehen die Ausnahmen in der Breite der Zonen
bei Süd-Norwegen und Spitzbergen (Svalbard).
© Grafik: www.fmnh.helsinki.fi

Zusammenfassend nochmals die Kennwerte des UTM-Systems:

- Projektion: Universal Transverse Mercator (Universale Transversale Mercator) in 6° breiten Zonen.

- Longitude of Origin: Mittel-Meridian (Zentral-Meridian) der jeweiligen Projektions-Zone (3°, 9°, 15°, 21°, ... bis 177° Ost (E) und West (W)).

- Latitude of Origin: 0° (der Äquator).

- Einheit: Meter [m]

- False Northing: 0 Meter am Äquator für die nördliche Halbkugel;
  10 000 000 Meter am Äquator für die südl. Halbkugel.

- False Easting: 500 000 Meter am Mittel-Meridian jeder Zone.

- Scale Factor am Mittel-Meridian: 0,9996

- Grenze des Systems in der geographischen Breite: Von 80°S bis 84°N.

<u>Anmerkung</u>: Von den Kartographen des Deutschen Alpenverein (DAV) und Österreichischen Alpenverein (OEAV) gibt es den sehr praktischen „AV-Planzeiger" aus solider wetterfester transparenter Folie im Format 12 x 20 cm mit ausführlicher Benutzer-Anleitung. Er ist ausgelegt auf die Kartenmaßstäbe 1:25 000 und 1:50 000.

Auf diesem „AV-Planzeiger" sind u. a. Netzteiler *(= Quadrat-Planzeiger)*, Planzeiger *(= Winkel-Planzeiger)*, Winkelmesser mit Peilfaden, Maßstabsleisten für Entfernungsmessungen und Neigungsmaßstab enthalten.

Der Winkelmesser mit Peilfaden ist zudem sehr praktisch bei der Nutzung von Karten ohne Gitter, wie es sehr ausführlich im Kapitel „***Nutzung von Karten ohne Gitter*** " erläutert wird.

Der AV-Planzeiger kostet 3,90 Euro und ist beim DAV-Shop <u>www.dav-shop.de</u>, sowie in Buchhandlungen erhältlich.

Deutsches Gauß-Krüger Gitter und Schweizer Gitter bei GPS

Das deutsche Gauß-Krüger-Gitter der topographischen Karten von Deutschland (= „Deutsches Gitter" bzw. „German Grid", mit Karten-Datum „Potsdam"), sowie die schweizerischen Landeskoordinaten der Schweizer Topo-Karten (=„Schweizer Gitter" bzw. „Swiss Grid", mit Karten-Datum „CH-1903") können als Positions-Format/Koordinaten-System bei den GPS-Geräten üblicherweise direkt eingestellt werden kann.

Analog wie beim UTM-Gitter bzw. allgemein nationalen Meter-Gittern wird zuerst der „Rechtswert" (= West – Ost Richtung) angeben/abgelesen und dann der „Hochwert" (= Süd – Nord Richtung).

Die komplette Angabe für Rechtswert und Hochwert ist beim „German Grid" jeweils 7-stellig. Beim „Swiss Grid" sind sie jeweils 6-stellig, und es kann zu keiner Verwechslung zwischen Rechts- und Hochwert kommen.

Der Einsatz von Karten mit diesen Gittern in Verbindung mit GPS bereitet also prinzipiell keine Probleme.

Bundesmeldenetz in Österreich

Das „Bundesmeldenetz" (BMN) des österreichischen Bundesamtes für Eich- und Vermessungswesen, wie es z. B. auf den Topo-Karten ÖK50 oder ÖK25V von Österreich/Austria zu finden ist, sucht man dagegen bei den meisten Geräten leider vergebens (z. B. bei Garmin). Es ist eine Gauß-Krüger Projektion (Transverse Mercator) mit 3° breiten Meridianstreifen, die Österreich in 3 Zonen aufteilt (M28, M31, M34).

Über die Definition eines benutzerdefinierten Positions-Formates kann jedoch Abhilfe geschaffen werden (= Benutzer bzw. User UTM-Gitter). Diese Möglichkeit bieten nahezu alle Geräte.

Dabei ist aber zu beachten, auf welchen der 3 Meridian-Streifen M28, M31 oder M34 das jeweilige Kartenblatt Bezug nimmt. Diese Information ist am unteren Kartenrand angegeben.

Für die Definition des Benutzer-Gitters sind bei einem Garmin-Gerät folgende Einstellungen vorzunehmen:

Definition des BMN als Benutzer-Gitter am Beispiel Meridian M31

(Garmin GPS 76 in deutscher Menü-Führung)

	Meridian 28	Meridian 31	Meridian 34
Längenursprung: (Longitude Origin; Mittel-Meridian)	E010°20,000'	E013°20,000'	E016°20,000'
Skalierungsfaktor: (Scale; Maßstab)	1,0000000	1,0000000	1,0000000
Längenversatz: (False Easting; Y-Versatz)	+150000	+450000	+750000
Breitenversatz: (False Northing; X-Versatz)	-5000000	-5000000	-5000000

Zudem muss auch unbedingt das dazugehörige Karten-Datum (= Karten-Bezugssystem/Map-Datum) im Setup-Menü auf das österreichische System umgestellt werden. Dieses Karten-Datum wird bei den Garmin-Geräten unter dem Namen „Austria" aufgelistet. Dahinter verbirgt sich das Map-Datum „Austria NS" bzw. „MGI" (= Militärgeographisches Institut).
Zuerst das Gitter einrichten und dann erst das Karten-Datum einstellen(!!!), da manche Geräte bei User-Grid selbstständig einfach WGS 84 einstellen.

Um zu kontrollieren, ob alle Einstellungen korrekt vorgenommen worden sind empfiehlt es sich, das Ergebnis an einem bekannten Referenz-Punkt zu überprüfen (= Angaben auf der Karte mit der Anzeige des GPS vergleichen). Die komplette Angabe für Rechtswert und Hochwert ist beim „BMN" jeweils 6-stellig.

Finnische Koordinaten-Systeme

Auf finnischen topographischen Karten können derzeit vier verschiedene geodätische Meter-Gitter angetroffen werden. Weit verbreitet ist das Gitter „YKJ" (= „Uniform"), welches in roter Farbe aufgetragen ist. Bei vielen GPS-Geräten ist dieses als Positions-Format z. B. unter dem Namen, Finnisches Gitter, Finnish Grid, KKJ, KKJ27, KKJ3, … wählbar. Dieses Gitter deckt das gesamte Finnland ab. Es ist bezogen auf den Mittelmeridian 27°E (Ost).

Da es Gesamt-Finnland abdeckt, fällt die Meridiankonvergenz bei großem Abstand zum Mittel-Meridian relativ groß aus und kann für die Orientierung/Navigation nicht mehr vernachlässigt werden. Die Meridiankonvergenz ist die Winkelabweichung zwischen den senkrechten Gitter-Linien des roten YKJ-Gitters, und der geographischen Nordrichtung zu den Polen (= „wahre" Nordrichtung bzw. engl. „True"). Bei manchen GPS-Geräten kann jedoch „Gitter-Nord" bzw. „Grid-North" für die Nord-Referenz eingestellt werden. Siehe hierzu das Kapitel „*Grundlagen der Navigation*" im Abschnitt „*Festlegung der Nord-Referenz am GPS-Gerät*".

Ist auf finnischen Topo-Karten ein <u>schwarzes</u> Meter-Gitter aufgedruckt, dann ist es das nationale finnische „Basic" Koordinaten-System „KKJ". Es ist eine Gauß-Krüger Projektion (Transverse Mercator) mit 3° breiten Meridian-Streifen, die Finnland in 6 Zonen aufteilt (Zone 0 bis 5; Mittel-Meridiane bei 18/21/24/27/30/33°).

Bezieht sich das aufgedruckte schwarze Gitter auf der Karte auf den Mittel-Meridian 27°E (Zone 3), so kann am GPS-Gerät die gleiche Einstellung für das Positions-Format wie beim Gitter „YKJ" gewählt werden. Bei allen anderen Mittel-Meridianen muss es bei den Geräten üblicherweise über die Definition eines benutzerdefinierten Positions-Formates eingerichtet werden (= Benutzer bzw. User UTM-Gitter). Diese Möglichkeit bieten nahezu alle Geräte.

Zone	Längen-ursprung Longitude Origin (Zentral-Meridian)	Längen-versatz False-Easting Y-Versatz	Breiten-versatz False-Northing X-Versatz	Skalie-rungs-faktor Maßstab Scale	Farbe des Gitters
0	18°E	500 000	0	1	Schwarz
1	21°E	1500 000	0	1	Schwarz
2	24°E	2500 000	0	1	Schwarz
3	**27°E**	**3500 000**	**0**	**1**	**Rot/Schwarz**
4	30°E	4500 000	0	1	Schwarz
5	33°E	5500 000	0	1	Schwarz

Wie bereits erwähnt, ist die Zone 3 bei den meisten Geräten im Hinblick auf das weit verbreitete rote Gitter YKJ vordefiniert. Zone 3 vom Basic Gitter ist also mit YKJ identisch (=> Zentral-Meridian 27°E, False Easting 3500 000; aber YKJ hat eben für das gesamte Land Gültigkeit).

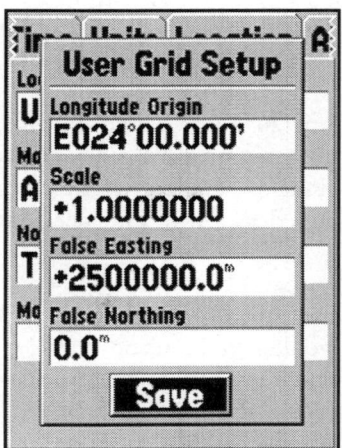

Definition des KKJ als Benutzer-Gitter am Beispiel von Zone 2

(Garmin GPS 76 in englischer Menü-Führung)

Die Koordinaten-Angaben an den Kartenrändern sind für eine bessere Übersichtlichkeit meist nur 4-stellig angegeben. Die komplette Angabe für Rechtswert und Hochwert ist jedoch jeweils 7-stellig. Die Zahlenwerte bei dem Gitter müssen für die Eingabe in das GPS-Gerät durch das Anhängen von 3 Nullen noch komplettiert werden. Die Gitter-Weite auf den Karten beträgt häufig 10 Kilometer.

Nähere Infos zum finnischen Koordinaten-System in Englisch auf der Internet-Seite von Eino Uikkanen unter www.kolumbus.fi/eino.uikkanen/geodocsgb/ficoords.htm

Zu den finnischen Koordinaten-Systemen (egal ob YKJ oder KKJ) gehört immer das Karten-Datum/Karten-Bezugssystem/Map-Datum „KKJ". Dies basiert auf dem Hayford Ellipsoid 1909 (identisch mit dem International Ellipsoid 1924). Bei den GPS-Geräten bzw. bei GPS-Software ist es in der Regel unter dem Namen KKJ, Finland-Hayford, Finnland 7-Paramter, … eingespeichert und muss nur ausgewählt werden. Zuerst das Gitter einrichten und dann erst das Karten-Datum einstellen(!!!), da manche Geräte bei User-Grid selbstständig einfach WGS 84 einstellen.

Um zu kontrollieren, ob alle Einstellungen korrekt vorgenommen worden sind empfiehlt es sich, das Ergebnis an einem bekannten Referenz-Punkt zu überprüfen (= Angaben auf der Karte mit der Anzeige des GPS vergleichen).

Die oben beschriebenen Koordinaten-Systeme YKJ/KKJ werden in Finnland auf Topo-Karten seit dem Jahr 2005 durch ein neues, europäisch weitgehend einheitliches System ersetzt. Es heißt in Finnland ETRS-TIM35FIN und basiert auf der UTM-Projektion (Zentral-Meridian 27°; Meridian-Streifen allerdings 13° breit, um Finnland mit einer Zone abzudecken; False Easting 500 000 Meter, False Northing 0, Scale-Faktor 0,9996).
Für das Karten-Datum werden Stichwörter wie EUREF-FIN oder ETRS89 fallen. Wir GPS-Nutzer können dann bedenkenlos WGS 84 am Gerät einstellen. Da die Nutzung von GPS inzwischen weit verbreitet ist, wird die Karten-Legende sicherlich ausführlich Auskunft darüber geben, wie die Empfänger einzustellen sind.

Ebenfalls neu ist das Gitter ETRS-GK mit 1° breiten Meridian-Streifen (Zentral-Meridian 19°, 20°, ..., bis 31°; False Easting 500 000, False Northing 0, Scale-Faktor 1). Das Karten-Datum ist ebenfalls EUREF-FIN, welches praktisch identisch mit dem WGS 84 ist.

Schwedisches Gitter RT 90

Bei den Garmin-Empfängern ist zwar das schwedische Koordinaten-System fest eingespeichert, jedoch sind auf den schwedischen topographischen Karten 3 verschiedene Koordinaten-Systeme aufgedruckt bzw. in der Legende vermerkt, das ist etwas verwirrend. Deshalb kurz zur Erläuterung:

1. RIKETS NÄT:
In schwarzer Farbe das „Reichskoordinaten-System" RT 90.
2. GEOREF-NÄT:
In rot (magenta) geographische Koordinaten mit Karten-Datum „SWEREF 93". Dieses Karten-Datum entspricht für uns GPS Freizeit-Nutzer ziemlich genau dem WGS 84. In älteren Karten ist das geographische Netz in braun eingezeichnet. Leider gibt's bei den älteren Karten keine Infos/Angaben zum Karten-Datum. Ich vermute jedoch RT 90.
3. UTM-NÄT:
In blauer Farbe am Kartenrand angerissenes UTM-Gitter mit Bezug SWEREF, also für uns quasi WGS 84.

Der Kartenrand selbst ist durch diese vielen unterschiedlichen Koordinaten-Angaben ziemlich unübersichtlich und konfus. Empfehlung aufgrund von mir gemachter Erfahrungen:
Sich am besten an das schwarze, auf der Karte durchgezogene Netz „Rikets NÄT"/RT 90 halten. Bei einem Garmin Empfänger dann als Positions-Format „Swedish-Grid" bzw. „Schwedisches Gitter" einstellen.
Manche neuere Empfänger haben zusätzlich noch das Koordinaten-System „RT 90" zu Auswahl. Dann dieses wählen. Es ist empfehlenswerter, da das „Swedish-Grid" von Garmin etwas schlampig programmiert wurde. Allerdings hält sich die Differenz mit max. 20 Meter noch in Grenzen.

Zu dem schwedischen Reichskoordinaten-System („Swedish-Grid" oder „RT 90") gehört immer das Karten-Datum/Karten-Bezugssystem/Map-Datum „RT 90". Gitter und Datum dann also ggf. gleicher Name.

Um zu kontrollieren, ob alle Einstellungen korrekt vorgenommen worden sind empfiehlt es sich, das Ergebnis an einem bekannten Referenz-Punkt zu überprüfen (= Angaben auf der Karte mit der Anzeige des GPS vergleichen). Die komplette Angabe für Rechtswert und Hochwert ist beim Gitter „RT 90" jeweils 7-stellig.

Weitere Nationale Gitter einrichten

Wie wir am Beispiel der Definition des österreichischen Bundesmeldenetzes oder finnischen Gitters KKJ gesehen haben, ist das Anlegen eines nicht im Gerät eingespeicherten Positions-Formates/Koordinaten-Systems eigentlich gar kein Problem. Auf die gleiche Weise kann beispielsweise das, auf vielen Karten des ehemaligen Ostblocks weit verbreitete Gitter „S 1942" angelegt werden (Gauß-Krüger Projektion). Hervorragende russische Militärkarten gibt es nahezu von der gesamten Welt (Anmerkung: Das verwendete GK-Gitter kann eine 3° oder 6° Teilung für die Zonen verwenden.)

Man muss sich nur die erforderlichen Parameter beschaffen, also:
1. Längenursprung bzw. Zentral-Meridian/Longitude Origin.
2. Längenversatz bzw. False Easting/Y-Versatz.
3. Breitenversatz bzw. False Northing/X-Versatz.
4. Skalierungsfaktor bzw. Scale/Maßstab(*).

(*) Anmerkung: Den Maßstab bzw. Skalierungsfaktor aber jetzt <u>nicht</u> mit dem Maßstab der Karte verwechseln, also z. B. 1:50 000.

Informationen über diese erforderlichen Parameter finden sich entweder in der Legende der jeweiligen Karte, oder Internet-Recherchen können weiterhelfen. Es ist daher grundsätzlich empfehlenswert, sich schon vor der Reise intensiv mit dem Karten-Material auseinander zu setzen. Die Handgeräte können allerdings üblicherweise nur ein Benutzer-Gitter (User-Grid) speichern. Werden verschiedene Zonen passiert, muss das Gitter entsprechend neu angepasst werden.

Auf die gleiche Weise können Nationale Meter-Gitter auch bei GPS-Software wie z. B. Fugawi, TTQV, OziExplorer, ... eingerichtet werden, sofern nicht fertig vordefiniert. Beim Fugawi Kalibrier-Modul => Transversale Mercator => Erweitert ....

Beim TTQV X-plorer => QV-System => Nationale Meter Gitter.

Bei OziExplorer Kartenkalibrierung => Map Projection => Transverse Mercator => Projection Setup.

Weiterhin beachten, dass in der Regel zu einem nationalen, also länderspezifischen Meter-Gitter ein ganz bestimmtes Karten-Datum/Karten-Bezugssystem/Map-Datum gehört. Zu dem erwähnten Gitter „S 1942" beispielsweise das Karten-Datum „S-42" bzw. „S-42/83-EAGN".

Obwohl in den Geräten weit über 100 verschiedene Bezugs-Systeme fest eingespeichert sind, kann es erforderlich sein selbst ein „User-Datum" bzw. „Benutzer-Datum" einzurichten. Zum Beispiel das erwähnte Datum „S-42" oder das Datum „Pulkovo 1942" der russischen Militärkarten, die es von der ganzen Welt gibt, ist bei den Garmin-Handgeräten nicht zu finden.

Wie so ein „User-Datum" angelegt wird, ist in dem Kapitel *„**Grundlagen der Kartographie**"* in dem Abschnitt *„**User-Datum anlegen**"* an diesen beiden Beispielen „Pulkovo 1942" und „S-42" beschrieben.

Gitter S-1942 Tschechei

Nachstehend kurz die Parameter, wie sie für das Gitter S-1942 auf Karten von der Tschechei angegeben werden müssen (Karten-Datum S-42; Definition siehe Hinweis auf der vorhergehenden Seite).

1. Längenursprung bzw. Zentral-Meridian/Longitude Origin: 15° E (Ost).
2. Längenversatz bzw. False Easting/Y-Versatz: 3500000 m.
3. Breitenversatz bzw. False Northing/X-Versatz: 0 m
4. Skalierungsfaktor bzw. Scale/Maßstab: 1
=> Weitere Werte (nicht erforderlich bei Garmin-Geräten): Latitude of Origin/Breitenursprung: 0°

Für die Anrainerstaaten (z. B. Slowakei, Polen, Ungarn, Rumänien, ...) kann das S-1942 Gitter nach dem gleichen Muster angelegt werden, jedoch muss der Längenursprung/Longitude Origin und der Längenversatz/False Easting gemäß dem jeweiligen Land bzw. Karte angepasst werden.

Landkarte mit geographischem Gitter

Die Navigation auf See mit speziellen Seekarten und Stech-Zirkel möchte ich hier nun ausklammern, sondern davon ausgehen, dass wir eine Landkarte mit eher großem Maßstab und einem grobmaschigen geographischen Gitter in den Händen halten.

Das Geographisches Koordinaten-System der Erde

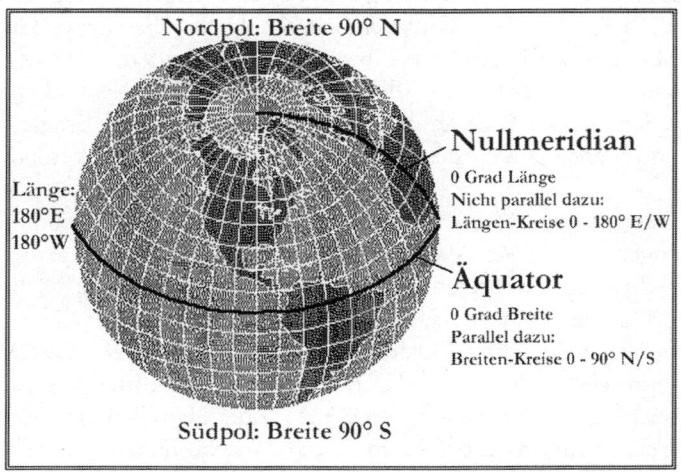

Geographisches Koordinaten-System der Erde

Wie wir im Kapitel „*Grundlagen der Kartographie*" in dem Abschnitt „*Die Erde als Kugel/Entstehung des Grad-Netzes*" ja schon ausführlich gesehen haben, bildet das Grad-Netz trapezförmige Maschen, bei denen die kurze

Seite stets zu den Polen zeigt. Deshalb nur noch einmal eine kurze Wiederholung.

Eine Breitenminute, also der Abstand wenn man genau nach Norden oder Süden fährt, ist exakt eine Seemeile lang (= 1,852 km).
Die Breitenkreise verlaufen alle parallel, und haben bis zu den Polen hin immer exakt den gleichen Abstand.
Eine Längenminute, also der Abstand wenn man genau nach Osten oder Westen fährt, entspricht dagegen nur am Äquator exakt einer Seemeile, da der Abstand der Längenkreise untereinander zu den Polen hin immer enger wird.
Über << cos (Breite) >> können wir jedoch zu jedem Punkt der Erde die Länge einer Längenminute ermitteln.

Das vorgestellte Grad-Netz ist natürlich noch sehr grob, weshalb wie bei Winkeleinheiten üblich, die Grade in Minuten und Sekunden bzw. Zehntelminuten unterteilt werden (1 Grad = 60 Minuten; 1 Minute = 60 Sekunden). Jeder Ort der Erde kann nun über die Angabe von Breiten- und Längengrad exakt bestimmt und zugeordnet werden.

Durch diese trapezförmigen, nordwärts/südwärts immer enger werdenden Maschen, lassen sich aber nicht wie bei rechtwinkligen Meter-Gittern (= geodätische Gitter; z. B. UTM, das deutsche Gauß-Krüger-Gitter, Schweizer-Gitter, Bundesmeldenetz Österreich, Schwedisches Gitter, Finnisches Gitter YKJ/KKJ, russisches S42-Gitter, ...) die praktischen Planzeiger einsetzen. Zur Handhabung von rechtwinkligen Koordinaten-Systemen siehe hierzu ebenfalls ausführlicher das Kapitel „*UTM - Gitter und Nationale Koordinaten-Systeme*".
Die dort beschriebene prinzipielle Vorgehensweise ist auf die nationalen Meter-Gitter ebenfalls übertragbar (ein paar Beispiele für nationale Metergitter habe ich ja schon erwähnt.).

Ähnlich zu den Planzeigern, könnte man sich bei einem geographischen Gitter mit einem Netzteiler auf graphische Weise behelfen. Diese Vorlage ist dann aber nur für eine bestimmte Breite gültig/einsetzbar.

Deshalb möchte ich kurz vorstellen, wie man sich mit Karte, Lineal und Taschenrechner bewaffnet, rechnerisch behelfen kann. Prinzipiell stehen dazu verschiedene Vorgehensweisen zur Verfügung, aber wir möchten uns dazu auf die einfachste und effektivste Lösung beschränken:

- Lösung des Problems über Interpolation innerhalb eines Gitter-Feldes und einfacher 3-Satz Rechnung. Anmerkung/Definition:
  Interpolation (lat.) ist das Errechnen von Werten, die zwischen bekannten Werten einer mathematischen Funktion liegen – hört sich jetzt zwar ziemlich kompliziert und sehr wissenschaftlich an, ist aber ganz einfach, also keine Angst.

Das Ermitteln der Koordinaten eines bestimmten Punktes auf der Karte, um ihn z. B. als Wegpunkt in das GPS-Gerät einzuspeichern, oder die Bestimmung der momentan eigenen Position auf der Karte, kann durch einfaches interpolieren recht schnell und unkompliziert erfolgen.

Ein weiterer Vorteil ist, dass der Maßstab der verwendeten Karte dabei keine Rolle spielt, bzw. nicht bekannt sein muss. Dies z. B., wenn es sich um einen kopierten oder vergrößerten Ausschnitt handelt, bei dem der Zoom-Faktor der Kopie nicht bekannt ist.

Da wir hier vom Einsatz einer längentreuen Landkarte ausgehen, bei der die Einteilung der Grad/Minuten über die Karte linear erfolgt, kann diese Berechnungsweise angewandt werden.

Bei diesem Interpolieren wird einfach der Abstand von der einen Gitter-Linie der geographischen Breite zur anderen

Gitter-Linie der Breite auf der Karte gemessen (= „Gesamtabstand B"; überall konstant für eine bestimmte Karte), sowie der Abstand von der unteren Gitter-Line (bei südlichen Breiten von der oberen) bis zu dem gewünschten Punkt (= „Teilabstand B").

Das gleiche erfolgt für den Abstand der Gitter-Linien der geographischen Länge (Messung „Gesamtabstand L" und „Teilabstand L"), wobei diese Messung aber in Höhe des gewünschten Punktes erfolgen muss, da ja die Maschen des geographischen Gitters trapezförmig zu den Polen hin verlaufen (siehe nachfolgende Abbildung). Danach erfolgt die Positions-Bestimmung über eine einfache 3-Satz Rechnung.

Geographische Koordinaten aus der Karte ermitteln

Hierzu ein Beispiel: Wir sind unterwegs auf einer Paddel-Tour über die Seen-Systeme in Finnland. Dabei haben wir gehört, dass es in dem kleinen Häuserflecken „Ohtaniemi" leckeren Blaubeer-Kuchen geben soll.

Zur Orientierung haben wir eine dieser sehr genauen und präzisen GT Karten von Finnland im Maßstab 1 : 200 000 im Gepäck. Die älteren Ausgaben verfügen aber leider nur über ein recht grobes geographisches Gitter-Netz mit einem Gitter-Abstand nordwärts (nach oben, geogr. Breite) von 15' und ostwärts (nach rechts, geogr. Länge) von 30' (siehe Karten-Ausschnitt weiter unten).

Damit wir uns auf dem Weg in das kleine Dörfchen in dem riesigen Seengebiet nicht verfahren, möchten wir auf der Karte die Koordinaten auslesen und in das GPS-Gerät eingeben.

Speziell für das Touren-Gebiet haben wir uns einen Ausschnitt der Karte herauskopiert und zur besseren Übersicht etwas vergrößert, der Maßstab ist jetzt also undefiniert. Aber dies spielt ja bei dem Verfahren keine Rolle.

Wir möchten nun die Koordinaten des Ortes Othaniemi ermitteln. Für den „Gesamtabstand B" messen wir 12,06 cm, für den „Teilabstand B" 8,25 cm, für „Gesamtabstand L" 11,20 cm und für den „Teilabstand L" 2,90 cm. Die „Gitterweite B", d. h. der Abstand der Gitter-Linien für die geographische Breite untereinander beträgt 15', und die „Gitterweite L", d. h. der Abstand der Gitter-Linien für die geographische Länge ist 30'. Diese beiden Werte sind ja üblicherweise über die Karte konstant.

Dann stellen wir die Rechenbeziehung auf
(jeweils getrennte Berechnung für Breite B und Länge L):

Teilabstand B (bzw. L) / Gesamtabstand B(L) x Gitterweite B(L)
= **Delta Grad B (bzw. L)**

Den Betrag von „Delta Grad B" dann zu der letzten waagrechten Gitternetz-Linie vor dem Zielpunkt dazuzählen, und den Betrag von „Delta Grad L" zu der letzten senkrechten Gitter-Linie dazuzählen.

Zur besseren Übersicht hier die einzelnen Schritte in tabellarischer Form:

Geographische Koordinaten aus der Karte bestimmen		
Aktion	**Geographische Breite**	**Geographische Länge**
Gitterweite B bzw. L	*15'* (konstanter Wert auf Karte)	*30'* (konstanter Wert auf Karte)
Netzlinie nahe Zielpunkt	62°**15'**N	30°**30'**E
Teilabstand B bzw. L davon zum gewünschten Zielpunkt (gemessen)	8,25 cm nach Norden (senkrecht)	2,90 cm nach Osten (waagerecht)
Gesamtabstand B bzw. L zwischen den Gitter-Linien	12,06 cm (konstanter Wert für Karte)	11,20 cm (Messung auf Breite des gesuchten Punktes!!)
Delta Grad B bzw. L	8,25 cm / 12,06 cm x *15'* = 10,26'	2,90 cm / 11,20 cm x *30'* = 7,77'
Delta Grad B bzw. L (= Anzahl Minuten) zur Netzlinie hinzuzählen, ergibt die gesuchten Koordinaten	10,26' + 62°**15'** = **62°25,26'N**	7,77' + 30°**30'** = **30°37,77'E**

Der Ort Othaniemi hat also die geographischen Koordinaten: **62°25,26'N, 30°37,77'E** (=Ost).

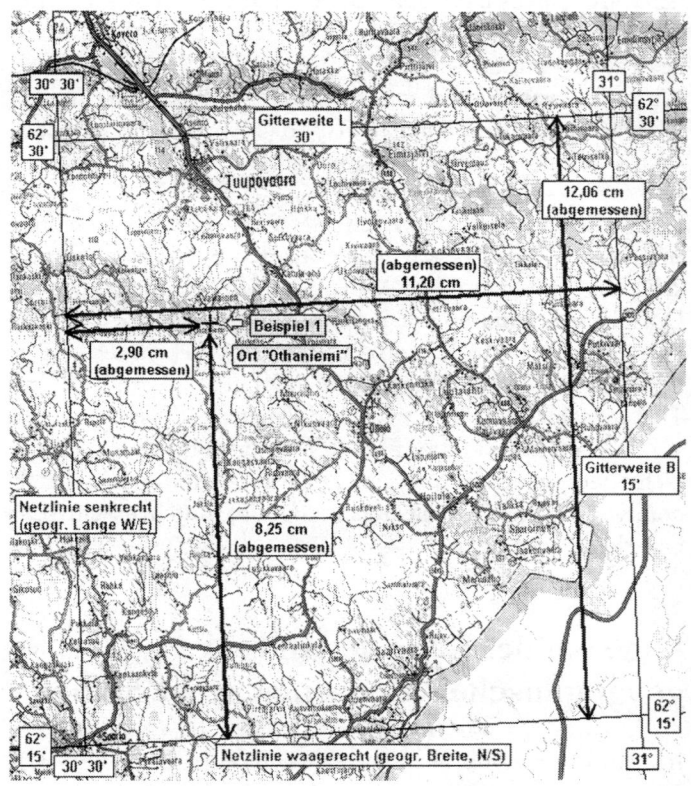

Rechnungen auf einer Landkarte mit geographischem Netz mittels Interpolieren

Zum Beispiel 1: Geographische Koordinaten aus der Karte bestimmen

Die obigen Werte können wir nun in das GPS-Gerät einspeichern und dem Blaubeer-Kuchen Dinner steht nichts mehr im Wege.

Allerdings noch daran denken, am Gerät das „Map-Datum" (= Karten-Datum/Karten-Bezugssystem) unserer verwendeten Karte einzustellen. Das Gerät ist aber unbedingt **vor(!!)** der Eingabe der Wegpunkt-Koordinaten auf das Map-Datum der Landkarte umzustellen.

Wird es erst hinterher verändert, sind Abweichungen zwischen einprogrammierten Koordinaten und der tatsächlichen Positions-Anzeige unausweichlich!!!

Übrigens habe ich mal den besagten Karten-Ausschnitt eingescannt, mit einem GPS Karten-Softwareprogramm kalibriert und dann per Maus-Click die Koordinaten des Dörfchens bestimmt. Es hat mir die Koordinaten:

62°25,246' N, 30°37,719' E geliefert.

Dies ergibt eine theoretische Differenz von 36 m. Theoretisch deshalb, weil 1 Millimeter auf einer Karte 1 : 200 000 bereits 200 m in der Natur entspricht, also gar nicht viel genauer abgelesen werden kann. Als Behelf unterwegs bietet uns die Rechnung also durchaus ein sehr brauchbares Resultat.

Lage auf der Karte anhand geographischer Koordinaten bestimmen

In dem Gewirr von Seen haben wir uns auf dem Weg zum Blaubeer-Kuchen Schmaus verfahren. Die Koordinaten des Dorfes „Othaniemi" haben wir zwar einprogrammiert, aber wir sind uns nicht sicher, ob wir auch den richtigen Weg dorthin eingeschlagen haben.

Wir schalten also unser GPS-Gerät ein, und möchten nun die angezeigte Position auf die Karte übertragen. Die GPS-Anzeige lautet: **62°22,007' N, 30°49,164' E**

Und wo ist das jetzt auf der Karte???

Wie schon beim vorhergehenden Beispiel, benützen wir zur Orientierung die beschriebene GT Finnland Karte im Maßstab 1 : 200 000.

Die letzte waagerechte Gitternetz-Linie vor der Position 62°22,007'N liegt bei 62°**15'** (geogr. Breite) und die letzte senkrechte Gitternetz-Linie vor der Position 30°49,164'E liegt bei 30°**30'** (geogr. Länge).
Innerhalb dieser Gitter-Masche liegt also der gesuchte Punkt.
22,007' – **15'** = 7,007' nordwärts senkrecht oberhalb der waagerechten Gitter-Linie 62°15' und
49,164' – **30'** = 19,164' ostwärts waagerecht von der letzten senkrechten Gitter-Linie 30°30' nach rechts entfernt.
Der Betrag von 7,007' ist nun „Delta Grad B" (Breite) und der Betrag von 19,164' ist „Delta Grad L" (Länge).

Die „Gitterweite B", d. h. der Abstand der Gitter-Linien für die geographische Breite untereinander beträgt 15', und die „Gitterweite L", d. h. der Abstand der Gitter-Linien für die geographische Länge ist 30'. Diese beiden Werte sind ja üblicherweise über die Karte konstant.

Für den „Gesamtabstand B" messen wir 12,06 cm und für den „Gesamtabstand L" 11,26 cm, wobei wir den „Gesamtabstand L" an der Stelle bestimmen, auf dessen Breite der gesuchte Punkt ungefähr liegt!!
Dies entweder anhand der Gitter-Linien grob abschätzen, das genügt eigentlich für die Genauigkeit, oder die nachfolgend beschriebene Berechnung zuerst für die geographische Breite durchführen, und so diese Stelle ermitteln.
Gesucht, bzw. die fehlenden Größen, sind der „Teilabstand B" und der „Teilabstand L".

Nun stellen wir folgende Rechenbeziehung auf (jeweils wieder getrennte Berechnung für Breite B und Länge L):

Delta Grad B (bzw. L) x Gesamtabstand B(L) / Gitterweite B(L)
= **Teilabstand B (bzw. L)**

Zur besseren Übersicht hier wieder die einzelnen Schritte in tabellarischer Form:

Lage auf der Karte nach der GPS-Positions-Angabe bestimmen		
Aktion	**Geographische Breite**	**Geographische Länge**
GPS-Anzeige	**62°22,007'N**	**30°49,164'E**
Gitterweite B (Breite) bzw. L (Länge)	*15'* (konstanter Wert auf Karte)	*30'* (konstanter Wert auf Karte)
Netzlinie nahe Zielpunkt	62°**15'**N	30°**30'**E
Anzahl Minuten zum Zielpunkt	22,007' – **15'** = 7,007'	49,164' – **30'** = 19,164'
Gesamtabstand B bzw. L zwischen den Netzlinien	12,06 cm (konstanter Wert für Karte)	11,26 cm (Messung auf Breite des gesuchten Punktes!!)
Abstand von Netzlinie zum gesuchten Zielpunkt	7,007' x 12,06cm / *15'* = 5,64 cm nach Norden (senkrecht)	19,164' x 11,26cm / *30'* = 7,19 cm nach Osten (waagerecht)
Diesen Abstand von der Netz-Linie abtragen ergibt die gesuchte Position	**5,64 cm nördlich von 62°15'N**	**7,19 cm östlich von 30°30'E**

Mit einem Lineal oder Geodreieck und spitzem Bleistift nun die 5,64 cm von der Netz-Linie 62°15' nach oben, und die 7,19 cm von der Netz-Linie 30°30' nach rechts abtragen. Am Schnittpunkt liegt die gesuchte Position auf der Karte. Es ist eine kleine, in das Seen-System hinein reichende Landzunge (siehe Karten-Ausschnitt unten).

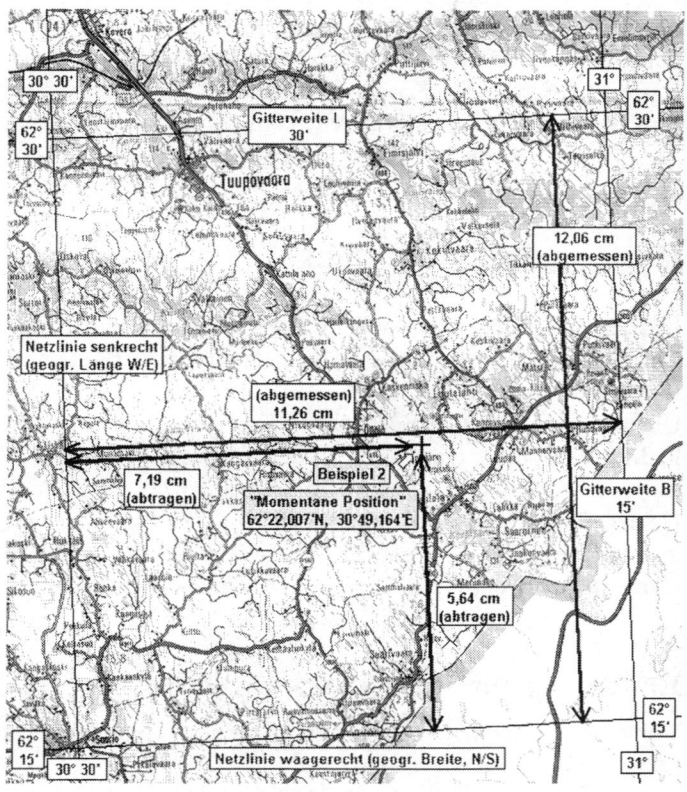

Rechnungen auf einer Landkarte mit geographischem Netz mittels Interpolieren

Zum Beispiel 2: Momentane Position auf der Karte bestimmen

Vor dem Eintragen in die Karte jedoch gewissenhaft über-
prüfen, ob am GPS-Gerät auch wirklich das Map-Datum
(Karten-Bezugssystem) der verwendeten Karte eingestellt ist.
Wird der momentane Standort beibehalten, aber das Karten-
Datum am GPS-Gerät geändert, wird die Positions-Anzeige
andere Werte liefern. Siehe hierzu ausführlich *„Positions-*
Formate/Koordinaten-Systeme und Karten-Datum" im
Kapitel *„Grundlagen der Kartographie"*.
Die Überprüfung dieser rechnerisch ermittelten Lage auf der
Karte mit dem GPS Karten-Programm ergibt erwartungs-
gemäß den gleichen Standort. Wir können uns also durchaus
auf diese behelfsmäßigen Berechnungen verlassen.

Entfernungen ermitteln

Um Entfernungen direkt auf der Landkarte zu ermitteln, ist
natürlich eine Berechnung über die geographische Breite und
Länge nicht erforderlich.
Um wieder auf unsere Beispiele zurückzukommen: Auf der
Paddel-Tour möchten wir jetzt beispielsweise wissen, wie
weit es noch von unserem momentanen Standort, der
kleinen Landzunge, bis zum ersehnten Blaubeer-Kuchen
in Othaniemi ist. Da genügt es die Entfernung auf der
Karte zu messen, und über den Maßstab umzurechnen.

Entfernung aus Maßstab bestimmen

Von der Landzunge bis zu dem kleinen Häuserflecken
Othaniemi messen wir 5,8 cm.
Ein Kartenmaßstab von 1 : 200 000 bedeutet ja, dass 1 cm
auf der Karte 200 000 cm in der Natur entsprechen, also
2 km (1 km = 1000 m = 100 000 cm).

Kartenmaßstab = *Strecke im Gelände / Strecke auf der Karte*

Damit ist dann:
Kartenmaßstab x Strecke auf der Karte = **Strecke im Gelände**
Wir sind also noch *200 000 x 5,8 cm = 1 160 000 cm*
bzw. *2 (km) x 5,8 cm = 11,6 km* entfernt.

Oder umgekehrt.
Andere Paddler erzählen uns, dass in 5,5 km Entfernung ein schöner Rastplatz kommen soll.
Welcher Entfernung entspricht dies jetzt auf der Karte?

Strecke im Gelände / Kartenmaßstab = **Strecke auf der Karte**
550 000 cm / 200 000 = 2,75 cm bzw.
5,5 km / 2 (km) = 2,75 cm
Der Rastplatz ist also auf der Karte in 2,75 cm Entfernung.

Entfernung aus Breite und Länge berechnen

Wir haben den Ort Othaniemi erreicht und schmatzen genüsslich den leckeren Kuchen weg. Weit weg von Zuhause plagt uns aber im fernen Finnland plötzlich das Heimweh. Wir überlegen uns, wie weit wir eigentlich von unserem Heimatdörfchen entfernt sind. Dieses liegt bei 48°55,695'N, 10°40,501'E.

Die Entfernung können wir dann aus den geogr. Koordinaten wie folgt näherungsweise berechnen (Großkreis):

Entfernung in [km] =
1,852 x 60 x arc cos (sin B1 x sin B2 + cos B1 x cos B2 x cos LU)

wobei B1 und B2 die geographische Breite von Ort 1 bzw. Ort 2 ist, und LU der Längenunterschied zwischen beiden Orten.

In dem Beispiel sei:
Othaniemi Ort 1 mit den Koordinaten: 62°25,26'N, 30°37,69'E und das Heimatdörfchen Ort 2 mit den Koordinaten 48°55,695'N, 10°40,501'E.

Bevor wir aber anfangen den Taschenrechner zu quälen, müssen wir die Minuten in Dezimalgrad umwandeln. Dies geschieht durch: *Minuten / 60 = Dezimalgrad [°]*.

Ort 1 hat also die Koordinaten 62,421°N, 30,628°E und Ort 2 hat die Koordinaten 48,928°N, 10,675°E. Der Längenunterschied LU der beiden Orte beträgt:
LU = 30,628° – 10,675° = 19,953°

Die Entfernung ist damit näherungsweise:
1,852 x 60 x arc cos (sin 62,421 x sin 48,928 + cos 62,421 x cos 48,928 x cos 19,953) = 1935,63 km

Die Entfernung zwischen 2 beliebigen Wegpunkten kann man sich in der Regel von den meisten GPS-Geräten exakt anzeigen lassen, bzw. über das provisorische Anlegen einer Route ermitteln. Aber wenn man es einmal selbst näherungsweise berechnen muss, kann man sich damit behelfen.

Näherungsweise deshalb, weil die verwendete einfache Formel dieser Großkreis-Berechnung eigentlich nur bei Betrachtung der Erde als Kugel zutreffend ist. Bei der Erstellung von Karten und den Berechnungen im GPS Gerät wird aber davon ausgegangen, dass es sich bei der Erde um einen Ellipsoiden handelt. Diese Vereinfachung ist deshalb nicht ganz korrekt, aber für unsere Problemstellung ist das Ergebnis sicherlich genau genug.

Anmerkung:

Bitte beachten, dass sich alle berechneten Werte für die trigonometrischen Funktionen (sin, cos, arc cos) auf DEGREE (= Alt-Grad) beziehen.

Bei der Verwendung eines „normalen" technisch-wissenschaftlichen Taschenrechners ist das eigentlich üblicherweise der Fall (ggf. Einstellung der Winkeleinheit DEG/DEGR/DEGRE o. ä wählen; nicht aber RAD/RADI/RADIAN (= Bogenmaß), bzw. GRAD (= Neu-Grad/Gon)).

Beispielsweise bei sin 90° muss die Zahl 1 auf dem Display erscheinen.

Bei Berechnungen in MS-Excel müssen die Gradmaße jedoch in das Bogenmaß überführt werden (durch Multiplizieren mit PI()/180).

Die Formel für die „Entfernungsberechnung" sieht dann beispielsweise so aus (*ein Dank an Christoph Schießl für diesen Hinweis*):

=1,852*60*ARCCOS((SIN(62,421*PI()/180)*SIN(48,928* PI()/180))+COS(62,421*PI()/180)*COS(48,928*PI()/180)* COS(19,953*PI()/180))*180/PI()

An dieser Stelle ein besonderer Dank an Florian Reichart für die kritische Durchsicht des Manuskriptes für dieses Kapitel, sowie seinen hilfreichen Ideen und Anregungen.

Nutzung von Karten ohne Gitter

Einführung

Dieses Kapitel beschäftigt sich mit Methoden und Verfahren, um Karte ohne oder einem unbekannten Gitter für den Gebrauch mit einem GPS-Empfänger einsetzen zu können. Dabei greife ich teilweise auf die praxisorientierten Verfahren und Ausführungen des amerikanischen Airline-Piloten John Bell zurück, die er auf seiner hervorragenden englischsprachigen Webseite www.cockpitgps.com vorstellt. Ein ganz besonderer Dank an John, auf sein Material zurückgreifen zu dürfen.

Diese Worte möchte ich ebenso an Thomas Kühefuß richten der mir freundlicherweise genehmigt hat, seine geniale Methode hier vorzustellen, wie auf einer x-beliebigen Karte ein „richtiges" UTM-Gitter erstellt werden kann.

Wir wollen uns also mit ein paar Techniken befassen, wie ein GPS Gerät mit ganz einfachen gewöhnlichen Papierkarten eingesetzt werden kann.

Optimal ist es natürlich, wenn man ein GPS-Gerät mit Karten-Darstellung besitzt („Mapping-Gerät"), das mit detaillierten Feindaten geladen ist (z. B. bei Garmin-Geräten von MapSource CDs oder bei Magellan-Geräten von MapSend CDs).

Das nächst beste ist es, wenn man über eine detaillierte Papierkarte verfügt, die mit einem brauchbaren Koordinaten-System (Gitter) versehen ist und Angaben über das zugrunde liegende Bezugs-System (Karten-Datum) vorliegen. Über dieses Gitter können dann Positionen auf der Karte bestimmt, und die Koordinaten ins GPS-Gerät eingegeben werden.

Darüber hinaus gibt es jedoch noch eine breite Palette von Karten, die mit einer Portion gesundem Menschenverstand sogar mit den einfachsten Basis GPS-Geräten genutzt werden können.

Landkarten gibt es überall auf der Welt. Viele von ihnen sind preiswert, oder vielleicht sogar kostenlos. Beispielsweise Karten von Fremdenverkehrs-Büros, Touristen-Infos, Nationalpark-Verwaltungen, Reiseführern, Autovermietungen, oder ausgedruckt aus dem Internet, aus Routenplanern oder aus spezieller Karten-Software. Hinzu kommt in diesem Zusammenhang noch das breite Angebot an Satelliten- und Luftbildern.

Der Haken an der Sache ist jedoch, dass die große Masse der verfügbaren Karten nicht über ein amtliches Gitter wie z. B. geographisches Koordinaten-System Länge/Breite, UTM-Gitter oder ein nationales Meter-Gitter (z. B. deutsches Gauß-Krüger Gitter, Schweizer Gitter, Schwedisches Gitter, ...) verfügen, um daraus Koordinaten entnehmen oder übertragen zu können. Karten die nur mit einem einfachen Suchgitter versehen sind (wie beim Spiel „Schiffe versenken"), sind für den Gebrauch mit GPS ebenfalls ohne nutzen.

Obwohl immer mehr Kartenhersteller damit beginnen, auch einfachere Karten mit einem Längen- und Breitengrad-Netz oder UTM-Gitter zu versehen, so gibt es doch noch viele ohne konkrete Koordinaten-Angaben.

Mit ein paar einfachen Techniken ist es jedoch möglich, nahezu jede Karte mit einem preiswerten GPS-Gerät einsetzen zu können, die sonst üblicherweise für den Gebrauch mit GPS nutzlos wären. Somit steht eine riesige Zahl von preiswerten Karten zur Verfügung, die es auf der ganzen Welt gibt.

Voraussetzung ist allerdings, dass die Karte maßstabsgerecht ist, also proportionale Verhältnisse aufweist, und in sich schon genau ist. Es muss möglich sein, Entfernungen und Peil-Winkel genau ausmessen zu können.

Jede Karte ist etwas verzerrt, da die Erde kugelförmig ist, ein Blatt Papier ist dagegen flach und eben (unsere Karte; => Projektion der Karte; siehe hierzu das Kapitel „*Grundlagen der Kartographie*").

Für die begrenzte Größe eines Gebietes, das bei Outdoor-Aktivitäten üblicherweise abgedeckt werden muss, und bei dem sich diese Techniken noch sinnvoll einsetzen lassen, ist die Verzerrung jedoch in der Regel minimal. Die Techniken sind also nur für ein lokal stark begrenztes Gebiet geeignet. Die Genauigkeit und Sorgfalt bei der Vorgehensweise („spitzer Bleistift") hat einen größeren Einfluss als die Projektion der Karte (kleinräumiger Anwendungsbereich vorausgesetzt).

Gesunder Menschenverstand ist wichtig. Spezielle und teure Kartenwerke, wie beispielsweise See- und Fliegerkarten oder amtliche topographische Karten, haben eine Fülle von Detail-Informationen.

Niemand wird über uns begeistert sein, wenn wir mit dem Kiel eines teuren Segel-Schiffchens über versteckte Felsen „schrabbern", weil wir nur nach einer popeligen Straßenkarte aus dem Supermarkt navigieren.

Diese Techniken können jedoch von großem Nutzen sein, wenn beispielsweise ein preiswertes GPS-Gerät ohne Karten-Darstellung auf einer mehrstündigen Paddel-Tour mit dem Kanu eingesetzt wird, um den Verlauf des Trips zu verfolgen, auf dem die meisten Leute nichteinmal eine Karte dabei haben.

Die Techniken beim Arbeiten mit diesen einfachen gewöhnlichen Karten sind häufig ähnlich, wie bei den herkömmlichen Methoden zur Navigation und Positions-Bestimmung. Wer mit solchen Methoden vertraut ist wie beispielsweise Kompass-Ziele anpeilen, oder einen Fix über ungerichtete

Funkfeuer/Funkbake zu ermitteln, kann diese auf die Arbeit mit dem GPS übertragen, da viele dieser Techniken vom Grundprinzip her ähnlich sind.

Obwohl diese Arbeiten mit dem GPS ähnlich wie bei der Triangulation (= Dreiecksmessung)/Kreuzpeilung mit dem Kompass erfolgen, bietet uns so ein GPS ein paar ganz wesentliche Vorteile:
Es liefert uns eine exakte Entfernung zu einem Wegpunkt. Zudem muss eine Landmarke nicht sichtbar sein, wenn sie als Wegpunkt gespeichert ist. Weiterhin können direkt Peilungen (Bearing) in Bezug zu geographisch Nord (True) benutzt werden, anstatt Werte mit Bezug magnetisch Nord erst mal in Werte mit Bezug geographisch Nord umrechnen zu müssen.

Es gibt eine Vielzahl von Methoden, um diese Karten nutzen zu können. Es ist jetzt aber nicht meine Absicht, alle denkbaren Möglichkeiten zu erklären, um jede mögliche Karte verwenden zu können. Vielmehr soll eine Vorstellung davon vermittelt werden, auf welche Art und Weise eine solch einfache Karte eingesetzt werden kann.
Im Wesentlichen steckt dahinter, dass Positionen auf der Karte mit den bekannten Koordinaten einer bekannten Örtlichkeit in Bezug gebracht werden (= Referenz-Punkte).

Die nachfolgend beschriebenen Techniken sind möglicherweise nicht so besonders genau und bei der Handhabung relativ anspruchvoll. Allerdings sind es auch die flexibelsten, da sie bereits mit den preiswertesten GPS-Geräten und billigen oder kostenlosen Karten eingesetzt werden können. Der Vorteil ist, dass nur ein GPS-Gerät, ein Taschenrechner, ein Lineal und eventuell ein Winkelmesser und Zirkel benötigt wird. Dabei sind diese nicht nur auf Karten anwendbar, sondern ebenso auf Luftfotos.

Hinzu kommt, dass einige dieser Methoden beim Gebrauch einer Karte mit einem Gitter ebenfalls hilfreich sein können.

Die Genauigkeit der einzelnen Methoden variiert. Es ist offensichtlich, dass je sorgfältiger und akribischer vorgegangen wird („spitzer Bleistift"), es sich dann umso genauer damit arbeiten lässt.

Natürlich hängt auch sehr viel von der Qualität der verwendeten Karte ab. Selbst scheinbar „gute" Karten können für eine bessere Übersichtlichkeit/Entzerrung des Kartenbildes von der tatsächlichen Wirklichkeit abweichen (= Generalisierung). Zum Teil sind sie eher ein schönes „Gemälde" als eine präzise GPS-taugliche Karte. Bei einfachen Stadtplänen finden sich ebenfalls sehr oft, zugunsten einer übersichtlicheren Gesamt-Darstellung, erhebliche Abweichungen.

Zudem reichen häufig auch bei neuen Kartenwerken die eigentlichen Basis-Daten schon mehrere Jahrzehnte zurück – in eine Zeit, in der noch niemand eine präzise Standortbestimmung im 5m-Bereich für Jedermann für Möglichkeit gehalten hätte, bzw. dies für die damaligen Ersteller selbst möglich gewesen wäre.

Sicherlich kann es bei manchen Anwendungen töricht sein, sich auf vages Karten-Material und diese Techniken zu verlassen. In der Regel können diese Karten natürlich keine amtliche topographische Karte ersetzen, die meist mehr und auch genauere Karten-Informationen liefert.

Aber für Anwendungsfälle, bei denen diese eben nicht zur Verfügung stehen, bestimmt eine wertvolle Hilfe – besser als nichts. In vielen Fällen werden sie daher hervorragend einzusetzen sein, um den Verlauf einer Reise zu verfolgen. Eine übertriebene Erwartungshaltung hinsichtlich deren Genauigkeit sollte man jedoch vorsichtshalber nicht stellen. Der gesunde Menschenverstand sollte stets Vorrang haben.

Es muss eben abgewägt werden zwischen deren möglichen Ungenauigkeiten, welche Alternativen dann überhaupt noch zur Verfügung stehen würden, und welche Genauigkeit für die jeweilige Unternehmung überhaupt erforderlich ist. Die Genauigkeit von GPS kann leider süchtig machen. Jedoch ist in manchen Fällen so eine hohe Präzision gar nicht erforderlich.

Beispielsweise wenn man ein Paddel in die Hand nimmt und in einem gemieteten Kanu einen Fluss hinunter fährt. In diesem Fall ist ein einfaches „Ich bin ungefähr hier" auf der Karte vollkommen ausreichend, um einen Überblick und eine Einschätzung über die Fortschritte auf der Tour zu erhalten.

Obwohl ich ein aufwendigeres Beispiel mit aufgezeichneter Kompass-Rose vorstelle (gezeichnet mit Hilfe eines Winkelmessers), genügt ja schon oft eine einfache Vorstellung von der groben Himmelsrichtung für die Orientierung.

Weiterhin bedenken, dass das GPS isoliert eingesetzt nur bedingt brauchbar ist, aber in Verbindung mit den diversen anderen Techniken genutzt werden kann, um die eigene Position bestimmen zu können.

Beispielsweise kann die GPS Peilung zum Startpunkt der Tour in Verbindung mit der Tatsache, dass man sich auf einem Teilstück des Flusses befindet der in eine ganz bestimmte Richtung fließt wie das GPS oder der Kompass anzeigt, genommen werden, um daraus eine ungefähre Position zu bestimmen.

Vielleicht sieht man eine Landmarke bei der man denkt, diese klar erkennen zu können. Der grobe Wert der Peilung zu diesem GPS-Wegpunkt kann nun dazu genutzt werden die Identität dieser Landmarke zu bestätigen, oder ob es sich bei dieser um einen Irrtum handelt. Navigation und Orientierung ist manchmal einem Rätsel ähnlich, deshalb nutzt man soviel Anhaltspunkte wie nur möglich.

Prinzipiell gibt es zwei grundlegend verschiedene Kategorien von Techniken, wie sie bei Karten ohne brauchbares Gitter eingesetzt werden können.

- Die eine ist es, die Referenz bzw. den Bezug zu der Position über einen oder mehrere bekannte Wegpunkte herzustellen. Dazu stehen uns mehrere unterschiedliche Verfahren auf Basis von „Referenz-Punkten" zur Verfügung. Grundsätzlich sollten wir dabei noch unterscheiden zwischen:
  - A.) Anlegen von neuen Wegpunkten und Routen auf der Karte und dem
  - B.) Ermitteln der eigenen Position/Standortbestimmung auf der Karte (Orientierung).
- Die andere Kategorie basiert auf der Definition eines eigenen Gitters. Bei dieser stehen uns wiederum zwei sehr verschiedene Vorgehensweisen zur Verfügung:
  - C.) Anlegen eines eigenen individuellen „User-Grid" (= Benutzer-Gitter), oder dem
  - D.) Auftragen eines original(!) UTM-Gitters (Verfahren von Thomas Kühefuß).

Voraussetzungen

Um eine Karte ohne jegliche Koordinaten-Angaben nutzen zu können, muss in allen Fällen mindestens ein Punkt auf der Karte eindeutig identifizierbar und mit seinen Koordinaten bekannt sein (= Referenz-Wegpunkt).

Es muss also als aller erstes ein Punkt auf der Karte gefunden, und dann dessen geographische Koordinaten exakt ins GPS-Gerät eingegeben werden, um darüber die Karte mit dem GPS in Bezug zu setzen (= bekannter Referenz-Punkt). Bei manchen einfachen Karten finden sich möglicherweise am Rand kleine Markierungen mit den geographischen Koordinaten Länge und Breite.

Wenn eine Karte aus dem Internet, aus einem Routenplaner oder einer Karten-Software ausgedruckt wird, muss man in der Lage sein einen Punkt darauf mit seinen genauen Koordinaten markieren zu können, der dann zur Referenz dient.

Ansonsten kann noch die Karte in Bezug gesetzt werden, indem man sich tatsächlich vor Ort an einem bekannten Punkt auf der Karte befindet, und das GPS benutzt um die Koordinaten dieses Punktes zu ermitteln, wie z. B. charakteristische Straßenkreuzung bei der Anfahrt, die Lage der Berghütte, des Camps, der Oase, ... Dabei auf einen guten und ausreichend langen Sat-Empfang achten, um eine möglichst präzise Positions-Bestimmung zu erzielen.

Für die Einstellung des Koordinaten-Systems/Positions-Formates am Gerät empfiehlt sich entweder UTM, oder die geographischen Koordinaten von Länge/Breite zu wählen. Um spätere Fehler-Quellen auszuschließen, sollte als Karten-Datum (= Karten-Bezugssystem/Map-Datum) stets WGS 84 eingestellt werden. Aus diesem Grund ist die Wahl eines nationalen Gitters als Positions-Format nicht geeignet, da diese mit einem ganz bestimmten nationalen Karten-Datum verknüpft sind.

Aber Achtung:
Das Karten-Datum ist jedoch unbedingt zu beachten(!), wenn die Koordinaten für den/die Referenz-Punkte nicht selbst vor Ort aufgenommen werden, sondern aus anderen Quellen stammen – dies dort zugrunde liegende Datum muss(!!) dann während der Eingabe verwendet werden. Erst nach der Koordinaten-Eingabe dann auf WGS 84 umstellen und ebenso ggf. das Positions-Format.
Anmerkung:
Internet „Mapping"-Seiten und Routenplaner basieren in der Regel auf WGS 84.

Zudem gilt, wie sonst bei der Kartenarbeit in Verbindung mit dem GPS, dass das Karten-Datum am GPS-Gerät nicht einfach verändert werden darf, da sonst die Koordinaten für ein und denselben Punkt auf der Erde auf dem Display einen anderen Wert bekommen. Abweichungen bis zu mehreren 100 Metern sind dann möglich.

Grundlagen: Der Karten - Maßstab

Bevor wir nun endlich loslegen, sollten wir noch ein paar Grundlagen auffrischen. Bei nahezu allen Methoden müssen wir Entfernungen auf der Karte bestimmen.

Der Karten-Maßstab gibt uns darüber Auskunft, in welchem Verhältnis Entfernungen auf der Karte und in der Natur stehen.

Wenn auf der Karte ein **Maßstabsbalken** bzw. -skala zu finden ist:

$$\textit{Entfernung in der Natur} = \textit{Länge\_auf\_Karte} \times \frac{\textit{Entfernung repräsentiert d. Maßstabsbalken}}{\textit{Länge\_Maßstabsbalken}}$$

Hierzu ein Beispiel:

Wenn der Maßstabsbalken 1,43 cm lang ist, und einer Entfernung von 1,0 km in der Natur entspricht, sowie die Entfernung zwischen zwei Wegpunkten auf der Karte 7,0 cm beträgt, dann ist die Entfernung in der Natur:

$$\textit{Entfernung} = 7,0 \text{ ~~cm~~} \times \frac{1,0 \text{ km}}{1,43 \text{ ~~cm~~}} = \textit{4,9 km}$$

Bitte beachten: Wenn die Einheiten bei der Berechnung beibehalten werden, kürzen sich die **cm** heraus und die **km** bleiben übrig.

Wenn die Einheiten bei der Berechnung immer so beibehalten und dazugeschrieben werden wie in dem Beispiel, hilft dies sicherzustellen, dass stets korrekt multipliziert oder dividiert (geteilt) wird. Fehler werden sofort offensichtlich.

Der Faktor 1,0 km dividiert durch 1,43 cm, was demnach 0,6993 km pro cm [km/cm] auf der Karte in dem Beispiel entspricht, kann auch in den Speicher des Taschenrechners programmiert und auf der Karte vermerkt werden.

In vielen Fällen wird der Maßstab der Karte als **Maßstabszahl** wie z. B. M 1:50 000 angegeben, und nicht als Maßstabsbalken, der eine bestimmte Entfernung repräsentiert.

Dies bedeutet, dass jede gemessene Einheit auf der Karte, dem 50 000-fachen der gleichen Einheit in der Natur entsprechen.

$$\textit{Maßstabszahl} \; = \; \frac{\textit{Kilometer in der Natur}}{\textit{cm\_auf\_der\_Karte}} \; \times \; \frac{\textit{100 000 cm}}{\textit{km}}$$

Damit ist dann:

$$\textbf{\textit{Kilometer\_in\_der\_Natur}} \; = \; \\ \textit{cm\_auf\_der\_Karte} \; \times \; \textit{Maßstabszahl} \; \times \; \frac{\textit{km}}{\textit{100 000 cm}}$$

Nehmen wir beispielsweise an, die Entfernung auf der Karte sei 6,8 cm und der Maßstab der Karte sei M 1:50 000. Dann ist:

$$\textit{6,8 cm} \; \times \; \textit{50 000} \; = \; \textit{340 000 cm} \; = \; \textit{3 400 Meter} \; = \; \textit{3,4 km}$$

Übrigens erhält man recht einfach für jeden Kartenmaßstab die entsprechende Strecke von einem 1 cm auf der Karte in der Natur in Metern, wenn von der Maßstabszahl hinter dem Doppelpunkt die beiden letzten Nullen weggelassen werden. Auf der nächsten Seite dazu ein Beispiel.

Beispiel: M 1:50 000; dann sind 1 cm auf der Karte 500 m in der Natur.

6,8 cm auf d. Karte sind dann 6,8 cm x 50 000 = 3400 Meter.

Anmerkung:

Papierkarten können sich mit der Zeit, Luftfeuchtigkeit und Temperatur über die Jahre hinweg verändern. Besonders an den Faltungs-Stellen kann sich dies deutlich bemerkbar machen. Die Kontrolle der Maßstabszahl über 2 Referenz-Punkte kann hier weiterhelfen. Abweichungen bis zu ca. 2% in der Angabe des Maßstabes können jedoch bei diesen Verfahren in Kauf genommen werden.

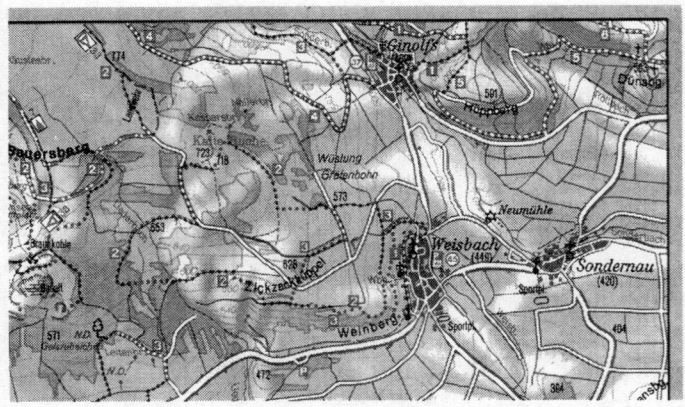

Karten ohne Gitter können durch verschiedene Techniken trotzdem nutzbringend in Verbindungen mit einem GPS-Empfänger verwendet werden

A.) Neue Wegpunkte auf Grundlage bekannter Wegpunkte

Wie schon erwähnt, muss für die Nutzung einer Karte ohne Gitter bzw. ohne Koordinaten-Angaben mindestens ein Punkt auf der Karte mit seinen Koordinaten eindeutig bekannt sein (= Referenz-Wegpunkt). Über die Position eines solchen Referenz-Punktes können dann weitere Wegpunkte definiert/festgelegt werden.

In diesem Abschnitt möchte ich mich jetzt ganz auf die Techniken beschränken, um neue Wegpunkte auf Basis eines oder mehrerer Referenz-Punkte zu erstellen. Wie die Ref-Punkte genutzt werden können um eine Standort-bestimmung vornehmen zu können, folgt dann im nächsten Abschnitt B.).

UTM Methode

Da vereinzelte GPS-Empfänger nicht die Möglichkeit bieten einen Wegpunkt zu projizieren (nachfolgende Techniken), hier zunächst ein Verfahren, um einen neuen Wegpunkt über UTM-Koordinaten zu berechnen.

Wenn man sich zurückerinnert, basieren UTM-Koordinaten auf Meter nach „Osten" und Meter nach „Norden". Ist der Referenz-Punkt im GPS-Gerät gespeichert, kann die Einstellungen des Positions-Formates am GPS auf UTM gestellt werden.

Es kann dann mit Hilfe eines Lineals auf der Karte gemessen und anhand dem Karten-Maßstab berechnet werden (siehe Abschnitt „*Grundlagen: Der Karten-Maßstab*"), wie viele Meter der neue Punkt nach Osten und nach Norden vom Referenz-Punkt entfernt ist. Wenn Entfernungen zusammengezählt (addiert) werden, haben nord- und ostwärts ein positives Vorzeichen, und süd- und westwärts ein negatives.

Hierzu ein Beispiel: Der Referenz-Punkt hat die UTM-Koordinaten 35W 450771 3182409. Der Punkt den man ansteuern möchte liegt, wie auf der Karte heraus gemessen, davon 5,7 km östlich (= 5700 Meter) und 6 km südlich (= 6000 Meter).

Die UTM-Zone 35W bleibt die gleiche. Der neue Rechtswert (Easting) ist dann 450771 + 5700 = 456471. Der neue Hochwert (Northing) ist 3182409 − 6000 = 3176409. Damit hat der neue Punkt die Koordinaten:

35W 456471 3176409. Diese können wir nun als neuen Wegpunkt ins GPS eingeben.

Die genannte einfache Vorgehensweise erfordert jedoch, dass der Kartenmaßstab bekannt ist.

Ist der Kartenmaßstab nicht bekannt, sind 2 Referenz-Punkte mit ihren UTM-Koordinaten erforderlich. Dann die Differenz der Rechtswerte von Ref-Punkt 1 und Ref-Punkt 2 bestimmen (= ΔR). Ebenso die Differenz der Hochwerte der beiden WPs ermitteln (= ΔH). Eventuell auftretende Minuszeichen im Ergebnis einfach ignorieren.

Die Entfernung S zwischen den beiden Ref-Punkten in der Natur wird dann folgendermaßen metergenau berechnet (nach dem Satz von Pythagoras):

Entfernung S in Meter in der Natur $= \surd\,(\Delta R^2 + \Delta H^2)$, d. h.

S ist die Wurzel aus ΔR im Quadrat und ΔH im Quadrat. Weiterhin muss die Entfernung D zwischen den beiden Punkten auf der Karte gemessen werden (z. B. in Zentimeter [cm]). Dann ist die

__Maßstabszahl__ $= \dfrac{S\ in\ \sout{Meter}\ in\ der\ Natur}{D\_in\_\sout{cm}\_auf\_der\_Karte} \times \dfrac{100\ \sout{cm}}{\sout{Meter}}$

Anders herum berechnet sich die Entfernung S in der Natur:

Meter_in_der_Natur =

   cm_auf_der_Karte x Maßstabszahl x $\dfrac{Meter}{100\ cm}$

Nehmen wir beispielsweise an, die Entfernung auf der Karte sei 6,8 cm, und in der Natur 3400 Meter. Dann ist die Maßstabszahl bzw. der **Maßstab M**:

$$\dfrac{3400\ \cancel{Meter}}{6,8\ \cancel{cm}} \times \dfrac{100\ \cancel{cm}}{\cancel{Meter}} = 50\ 000$$

Nachteil der UTM-Methode:
Wenn man sich am Rand einer UTM-Zone befindet und der neue Punkt in der nächsten Zone liegt, funktioniert diese Technik nicht.
Die Ungenauigkeit dieses Verfahrens nimmt etwas zu, je weiter man sich vom Zentral-Meridian der UTM-Zone befindet (wegen der Meridiankonvergenz = Winkeldifferenz zwischen geographisch Nord und Gitter-Nord). Dem praktischen Nutzen dürfte dies aber kaum Abbruch tun.

Es bleibt noch positiv zu erwähnen: Obwohl das UTM-Gitter auf dem metrischen System basiert ist es nicht erforderlich, dass das GPS-Gerät in den Einstellungen auf metrische Maße eingestellt ist. Es können problemlos UTM-Koordinaten eingegeben werden, auch wenn das GPS die Entfernungen und Geschwindigkeiten beispielsweise in nautischen Meilen und Knoten anzeigt.

Die Methode mit Peilung und Entfernung/ Projektieren von Wegpunkten

Ist ein Referenz-Punkt auf der Karte festgelegt, der zudem im GPS als Wegpunkt gespeichert ist (z. B. Hütte, Camp, Straßenkreuzung), können neue Wegpunkte erstellt werden. Dies geschieht, indem die Entfernung und Peilung zu diesen gewünschten Orten, von dem bekannten Referenz-Punkt aus, mit Hilfe eines Winkelmessers und Lineals auf der Karte gemessen werden.

Dem Ref-Punkt wird quasi eine Kompass-Rose überge-stülpt, um die notwendigen Peilungen (= Bearing bzw. Marschzahl) zu ermitteln. Für diesen Zweck ist eine, auf Folie kopierte durch-sichtige Kompass-Rose in Verbindung mit Lineal oder Bindfaden ganz praktisch. Eine kostenlose Vorlage gibt es im Internet z. B. bei www.maptools.com Die Werte von der Peilung und Entfernung werden

Durchsichtige Kompass-Rose mit dem Referenz-Pkt. im Zentrum
© Grafik: www.maptools.com

dann in das GPS-Gerät eingegeben (= „Projizieren bzw. Projektieren eines Wegpunktes").

Fast alle Garmin-Empfänger die mir bekannt sind bieten die Möglichkeit (einschl. des „gelben" Basis-eTrex und Geko; nicht jedoch beim Quest(*)), einen neuen Wegpunkt über die Peilung (Bearing) und Entfernung von einem bekannten Wegpunkt aus erstellen zu können (= Funktion „Projektion" bzw. „Project" Wegpunkt).

Allerdings ist dabei die Vorgehensweise je nach Modell-Reihe teilweise erheblich unterschiedlich. Wie dies nun im

Detail geschieht überlasse ich daher der Bedienungsanleitung des jeweiligen GPS-Gerätes.

Bei den Magellan Empfängern ist das Projektieren meines Wissens nicht bei allen Geräten möglich (bei älteren nein; bei neueren teilweise ja, aber nicht bei der eXplorist-Reihe oder dies ggf. erst nach einem Firmware-Update).

(*) Anmerkung: Beim Garmin Quest kann man sich durch die Angaben des Karten-Cursors auf der Karten-Seite (= „Map-Pointer"), sowie den Möglichkeiten dort Entfernungen zu messen und Wegpunkte zu markieren, behelfen.

Dazu ein Beispiel: Wir haben eine Karte mit M 1:50 000 und im GPS-Empfänger den Referenz-Punkt „REF" gespeichert. Dieser Punkt ist auf der Papierkarte eindeutig auszumachen. Von „REF" ausgehend möchten wir nun den neuen Wegpunkt „WP-NEU" anlegen. Dieser hat eine Peilung (= Bearing/Marschzahl) von 238° „Wahr" bzw. „True", d. h. den Bezug für die Nordrichtung; siehe Display-Abbildung auf nächster Seite.

Die Distanz dorthin beträgt auf der Karte 8,26 cm. Entsprechend der nachstehenden Formel haben wir dies in die Entfernung in der Natur umgerechnet:

$Kilometer\_in\_der\_Natur$ $=$

$$cm\_auf\_der\_Karte \; \times \; Maßstabszahl \; \times \; \frac{km}{100\ 000\ cm}$$

Im Beispiel: 8,26 ~~cm~~ x 50 000 x $\dfrac{km}{100\ 000\ cm}$ = 4,13 km

Am Beispiel eines Garmin GPS 76 projektieren wir nun von Wegpunkt „REF" ausgehend, den neuen Wegpunkt „WP-NEU":

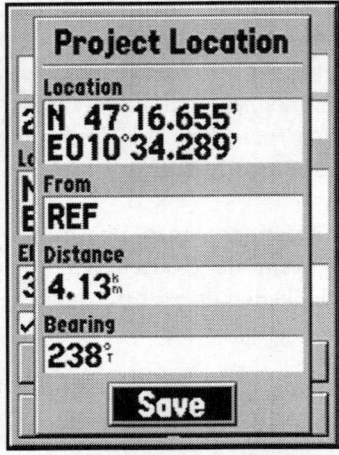
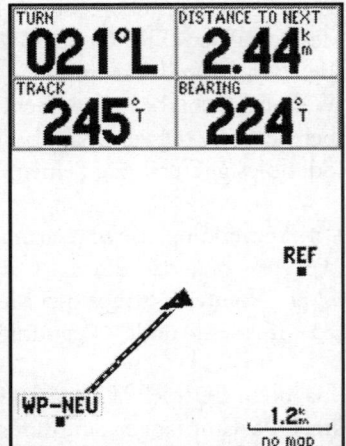

**Neuen Wegpunkt erstellen über Peilung und
Entfernung, d. h. über die „Projektion" eines WPs**

(GPS 76-Reihe mit Graustufen-Display der Fa. Garmin)

Der Referenz-Wegpunkt „REF"
wird ausgewählt, und von diesem
aus die Peilung (= Bearing bzw.
Marschzahl) und Entfernung
(= Distance) zu dem gewünschten
neuen Wegpunkt angegeben.
Diesen WP mit einem neuen
Namen versehen, im Beispiel
„WP-NEU".

Der Referenz-Wegpunkt „REF"
und der neue, über Projektion
angelegte Wegpunkt „WP-NEU"
in der Karten-Darstellung.
Navigation über „GOTO" zu
diesem WP „WP-NEU".
Die genaue Vorgehensweise zum
Projektieren von WPs
differiert je nach GPS-Modell.

Ein Schwachpunkt bei dieser Methode ist die Genauigkeit
des angegebenen Maßstabes bei solchen „gewöhnlichen"
Karten. Wenn dies als begrenzender Faktor berücksichtigt
wird und die Erwartungen nicht zu hoch gesteckt sind, dann
ist der angegebene Maßstab bei diesen einfachen Karten aber
meist ausreichend.

Wird eine höhere Genauigkeit gefordert, kann über einen zweiten Referenz-Punkt die Entfernung auf der Karte mit der „Routen"-Entfernung zwischen den beiden Punkten im GPS verglichen werden, um ggf. einen genaueren Maßstab zu bestimmen.

Zudem kann dann eine genauere Nord-Referenz für die Karte ermittelt werden, in dem der Soll-Kurs (Course, Desired Track) herangezogen wird.

Tipps und Hinweise, bzw. Warnungen

Nachstehend ein paar Punkte, die bei all diesen Verfahren beachtet werden sollten, bzw. hilfreich sind. Ich schieb's deshalb einfach mal zwischen rein:

- Auf die Setup-Seite des GPS-Gerätes gehen (= Einstellungen), und die Referenz zur Nordrichtung auf „Wahr" stellen (= True; geographisch Nord/Rechtweisend Nord), anstatt auf „magnetische Nordrichtung".
  Die Richtungs-Anzeigen des GPS wie z. B. für Peilung/Bearing sind dadurch direkt auf die Karte übertragbar und umgekehrt, da Karten üblicherweise nach geographisch Nord ausgerichtet sind.
  Wir das GPS in Verbindung mit einem Kompass eingesetzt nicht vergessen, die Einstellung jeweils anzupassen (Wechsel von geographisch nach magnetisch Nord und zurück), oder die Missweisung (Deklination/Variation) direkt am Kompass berücksichtigen. Das ist in diesem Zusammenhang ein sehr wesentlicher Punkt – auf keinen Fall vergessen!!!
- Um die Messungen der Peilwinkel auf der Karte mit dem Winkelmesser/Kompass-Rose zu erleichtern, kann eine Linie in Nord–Süd- und Ost–West-Richtung gefaltet oder aufgezeichnet werden, deren Schnittpunkt durch den gewählten Referenz-Punkt geht.

- Die Peilung (= Peilwinkel bzw. engl Bearing) ist bei der klassischen Orientierung mit Karte und Kompass auch als „Marschzahl" bekannt.

- Werden mehrere neue Wegpunkte angelegt, dann nicht den neuen WP jeweils aus dem vorhergehenden projektieren, da sich dadurch die Fehler/Ungenauigkeiten aufsummieren (=> keine Koppel-Navigation!).
  Deshalb stets nur von zuverlässig angelegten Referenz-Punkten ausgehen, und über diese dann alle neuen WPs ermitteln.

- Die neuen Wegpunkte können ja bei Bedarf im GPS zu einer „Route" aneinander gefügt werden. Analog empfiehlt es sich auf der Karte diese Punkte als „Marsch-Skizze" einzuzeichnen, und jeweils Peilung und Entfernung darauf zu vermerken.

- Viele GPS-Empfänger gestatten bei der Definition eines neuen Wegpunktes über einen Referenz-Punkt (= Projektion bzw. Project Wegpunkt), die Eingabe der Entfernung nur mit einer Dezimalstelle hinter dem Komma.
  Beispielsweise bei der Einstellung „Metric" für die Einheiten (= metrisches System; Entfernungsangabe in [km]), kann die Entfernung vom Referenz-Punkt nur innerhalb von 100 Metern angegeben werden. Allerdings ist dies in den meisten Fällen für die Praxis ausreichend, denn das Ziel ist dann häufig schon vor Augen.
  Manche Geräte können im Setup auch auf „Meter", anstatt auf „Kilometer" eingestellt werden. Damit lässt sich das Problem lösen. Deshalb empfiehlt es sich nachzuschauen, welche Möglichkeit Euer Gerät bietet.

- Für Besitzer eines PDA auf Basis Palm OS kann das Programm „NavCalc" von Interesse sein. Es ermöglicht über die Richtung und Entfernung von einem bekannten Punkt aus, oder den Peilungen von zwei verschiedenen Punkten aus, die Koordinaten zu ermitteln.

Zu finden ist es auf der Seite von www.palmgear.com .
Ebenfalls dort zu finden und praktisch: Das Programm
„GPScalc" um Entfernungen und Richtungen zwischen
WPs zu bestimmen, „Converter" um Einheiten umzu-
rechnen, sowie „APCalc", ein sehr leistungsfähiger
Rechner.

Die Methode mit der Peilung von 2 Punkten

Ein Wegpunkt kann ebenfalls über die Peilungen von
zwei verschiedenen Referenz-Punkten aus erstellt werden.
Für diese Methode ist erforderlich, dass über die Entfernung
und Peilung neue Wegpunkte im Gerät definiert werden
können (= projektieren von Wegpunkten; siehe vorhergehenden Abschnitt).
Weiterhin ist jedoch Voraussetzung, dass die dynamische
Karten-Seite des GPS-Gerätes verschoben werden kann
(= „Panning"; nicht möglich z. B. bei Garmin eTrex „gelb"/
Camo/Summit, Geko-Reihe) und zudem direkt auf
der Karten-Seite Wegpunkte erstellt werden können.

Ein Gerät mit integrierter „Basemap" (= eingespeicherte
Karte), wie z. B. bei den Garmin „map"-Serien, ist dazu
jedoch nicht erforderlich. Das Verfahren funktioniert also
auch problemlos bei einfacheren Basis-Empfängern, wie
beispielsweise der Garmin 12-er Reihe, II+, GPS 60/72/76,
eTrex Venture. Wie aber schon gesagt, nicht beim „gelben"
Basis-eTrex und den Gekos.

Diese Methode erfordert nun das Festlegen von 2 Referenz-
Wegpunkten. Die beiden Punkte nennen wir mal „REF1"
und „REF2". Dann die Peilung von jedem dieser Referenz-
Punkte aus zu dem Wegpunkt auf der Karte ermitteln, der
neu angelegt werden soll.
Als nächstes 2 provisorische Wegpunkte über die im vorhergehenden Abschnitt erwähnte Methode anlegen, also über

Peilung und Entfernung. Dabei jedoch die genaue Entfernung einfach ignorieren. Die Entfernung jeweils so großzügig wählen, dass diese auf jeden Fall gut hinter den Punkt reicht, der versucht wird neu anzulegen.

„P1" ist dann der provisorische Punkt relativ zu REF1 und „P2" der provisorische Punkt relativ zu REF2. Nun eine Route von P1 zu REF1, und weiter zu REF2 und P2 anlegen. Der Routen-Abschnitt von P1 zu REF1 sollte den Routen-Abschnitt von REF2 zu P2 kreuzen.

Nun die Verschiebe-Funktion der Karten-Seite nutzen (= Panning), weit hineinzoomen(!!), und den Kreuzungspunkt an der Schnittstelle der beiden Routen-Abschnitte als neuen Wegpunkt abspeichern.

Das ist zwar ein bisschen Tasten-Hackerei, aber es vermeidet die Entfernungen exakt messen und berechnen zu müssen. Damit entfällt eine mögliche Fehler-Quelle.

Zudem nützlich, wenn der Maßstab der Karte nicht bekannt ist oder nicht exakt stimmt (z. B. bei Kopien von Karten-Ausschnitten).

Wird die Routen-Entfernung zwischen REF1 und REF2 direkt ermittelt, und dann mit der Entfernung auf der Karte verglichen, kann möglicherweise ein genauerer Karten-Maßstab berechnet werden, um Punkte über die Peilung/Entfernungs- oder die UTM-Methode zu ermitteln.

Nachfolgend eine Skizze zur prinzipiellen Vorgehensweise:

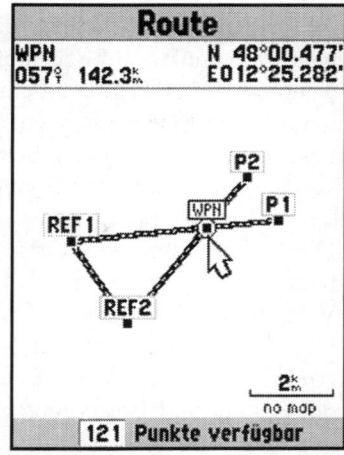

Neuen WP erstellen über die Peilung von 2 Punkten
(GPS 76-Reihe mit Graustufen-Display der Fa. Garmin)

Festlegen einer Route von P1 zu REF1 zu REF2 und P2. REF1 u. REF2 sind gemessene WPs, P1 u. P2 fiktiv angelegte WPs in großer Entfernung über „Projektion" Wegpunkte. Entfernungsangabe von REF1 zu REF2 kann ggf. genutzt werden, den Maßstab der Karte genauer zu bestimmen.

Die Route in der Karten-Darstellung. Die beiden Peil-Linien von REF1 u. REF2 kreuzen sich an der gewünschten Stelle. Um diesen Ort als neuen WP „WPN" direkt auf dem Display anzulegen, soweit wie möglich hineinzoomen. Dann diese Stelle als WP markieren und Namen festlegen.

B.) Position/Standort auf Karte ermitteln

Im vergangenen Abschnitt haben wir kennen gelernt, wie neue Wegpunkte auf scheinbar „wertlosen" Karten erstellt werden können. Häufig möchte man aber auch gerne wissen, wo man sich eigentlich auf der Karte befindet, also die Feststellung des eigenen Standortes. Die Referenz-Punkte können uns dabei zur Orientierung wieder behilflich sein.

Dies selbst dann, wenn man nur ein sehr einfaches GPS besitzt das nicht in der Lage ist, über Ref-Punkte neue Wegpunkte festzulegen (siehe vergangenen Abschnitt). Die eigene Position in Bezug zu einem Referenz-Wegpunkt ermitteln zu können, ist dagegen stets möglich. Dazu wird die Peilung und Entfernung zu dem Referenz-Punkt herangezogen.
Bei allen GPS-Empfängern kann nämlich die Grund-Funktion „GOTO" zum „Referenz-Punkt" ausgewählt werden, um darüber die Peilung (= Bearing) und Entfernung (= Distance) zu diesem Referenz-Punkt zu erhalten. Diese beiden Werte werden wir zur Standort-Bestimmung nutzen.

Zudem liefern viele GPS-Geräte diese erforderlichen Angaben zu dem Referenz-Punkt, auch ohne dass dieser zum aktiven Navigations-Wegpunkt gemacht werden muss. Bei zahlreichen Garmin Geräten kann z. B. der Karten-Cursor (= „Map-Pointer") auf den Referenz-Punkt gesetzt werden. Man erhält dann auf der dynamischen Karten-Seite, ausgehend von der momentan eigenen Position, die Entfernung und Peilung zu dem Referenz-Punkt angezeigt. Weitere Möglichkeit: Die Garmin GPS 76-Reihe beispielsweise zeigt diese Infos permanent auf der Übersichts-Seite des „Point"-Menüs an (= Seite der Wegpunkt-Verwaltung).

Bevor wir nun eine Standort-Bestimmung vornehmen, zum besseren Verständnis noch ein paar Grundlagen.

Grundlagen:
Peilungen vom/zum Referenz-Punkt

In der Regel liefert das GPS-Gerät die Peilung <u>zu</u> einem Wegpunkt, selber hätte man aber manchmal auch gerne die Peilung von diesem Wegpunkt aus – oder umgekehrt. Mit unserem GPS können wir also von unserer momentanen Position den eingespeicherten Referenz-Wegpunkt „REF" anpeilen (z. B. über Funktion „GOTO"). Für die Standort-Bestimmung benötigen wir jedoch die entgegen gesetzte Richtungs-Angabe.

Dazu ein Beispiel: Beträgt eine Peilung vom GPS-Gerät zu unserem Wegpunkt „REF" beispielsweise 276°, dann entspricht dies einer Peilung von 096° vom Wegpunkt „REF" aus zu der Position unseres GPS-Empfängers. Man kann 180 Grad abziehen oder dazu zählen, um diesen umgekehrten/reziproken Wert zu erhalten (mehr als 360° sollten jedoch nicht herauskommen), aber es gibt auch einen einfachen kleinen Trick:
Wenn die erste Stelle 0 oder 1 ist, die erste Stelle um 2 erhöhen und dann die zweite Stelle um 2 verringern. Wenn die erste Stelle 2 oder 3 ist, die erste Stelle um 2 verringern und dann die zweite Stelle um 2 erhöhen.

Nehmen wir als Beispiel die oben genannten 276°: Bei der ersten Stelle 2 abziehen, dadurch wird diese Stelle 0. Da von der ersten Stelle 2 abgezogen wurde, muss nun an der zweiten Stelle 2 hinzugezählt werden. Deshalb wird aus der 7 die Zahl 9 und aus 276 wird 096, der umgekehrte Wert.

Allerdings gibt es Fälle, bei denen Stellen übertragen werden müssen. Wird dies z. B. bei 296 gemacht, funktioniert das mit 9 + 2 ebenso, wenn auch die 10 zur nächsten Stelle übertragen wird. Der umgekehrte Wert von 296 ist 116. Aber es ist trotzdem etwas einfacher als im Kopf 180 hinzu zu zählen oder abzuziehen.

Der Grund warum dieses Verfahren so funktioniert ist der, dass es das gleiche ist wie 200 dazuzuzählen und 20 abzuziehen, oder 200 abzuziehen und dann 20 hinzuzuzählen.

Zumindest für unsere räumlich begrenzten Zwecke kann so vorgegangen werden. Wir möchten hier ja nicht Navigation über Großkreise, d. h. über sehr große Entfernungen betreiben (kontinentübergreifend).

Methode über Peilung und Entfernung

Möchte man seinen Standort auf einer koordinatenlosen/ gitterlosen Karte bestimmen, dann die Funktion „GOTO" Referenz-Punkt „REF" ausführen. Es wird dann die Peilung (Bearing/Marschzahl) von unserer momentanen Position zu dem Ref-Punkt angezeigt, sowie die Entfernung (Distance) dorthin.

Analog zum klassischen „Rückwärtseinschneiden" bei der Peilung mit einem Kompass, müssen wir aber von diesem Referenz-Punkt aus, die Peilung in entgegen gesetzter Richtung anlegen, um die Stand-Linie zu erhalten.

Um nun den umgekehrten/reziproken Wert für die Peilung zu erhalten so vorgehen, wie oben detailliert beschrieben. In der Literatur wird diese Vorgehensweise teilweise auch als „Rückwärtsabschneiden" bezeichnet.

Beispiel: Das GPS-Gerät teilt uns mit, dass die Peilung zum Wegpunkt „REF" 116°T beträgt (T = wahre Nordrichtung bzw. True), sowie die Entfernung 5,65 km. Unsere Karte hat den Maßstab 1:50 000. Dann ist die Peilung von REF zu unserer Position 296°T und die Entfernung auf der Karte:

$$cm\_auf\_der\_Karte = \frac{Meter\ in\ der\ Natur}{Maßstabszahl} \times \frac{100\ cm}{Meter}$$

Damit ist diese $\frac{5650\ \cancel{Meter}}{50\ 000} \times \frac{100\ cm}{\cancel{Meter}} = 11,3\ cm$

Hilfreich wieder die bereits erwähnte durchsichtige Kompass-Rose (Vorlage z. B. bei www.maptools.com), die wir aber nun um 180° verkehrt herum über den Referenz-Punkt legen (Nord-Marke 0° zeigt nach unten/Süden). Dann können wir ohne Rechenaufwand die GPS-Angabe direkt auf die Karte übertragen (im Bsp. 116°T).

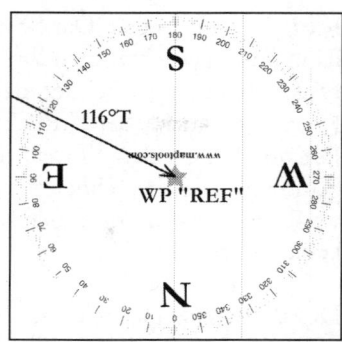

Durchsichtige Kompass-Rose auf den „Kopf gestellt"

Wenn man sich an den Faden für die Peilung noch eine zusätzliche Entfernungs-Skala mit cm- und mm-Einteilung bastelt, ist es noch einfacher.

Die reziproken Peilungen zu dem Referenz-Punkt im Zentrum. Bezug: Peilung vom GPS zum Ref-Punkt.

© Grafik: www.maptools.com

Ganz optimal, wenn diese Entfernungs-Skala auch noch einen direkten Bezug zum Maßstab der Karte hat. Dann kann die GPS Entfernungs-Angabe ohne weiteren Rechenaufwand unmittelbar für die Standort-Bestimmung genutzt werden.

Methode über 2 Peilungen

Der Standort kann zudem über die Peilungen zu 2 verschiedenen Referenz-Wegpunkten ermittelt werden. Diese Methode erfordert also das Festlegen von 2 Ref-Punkten (z. B. „REF1" und „REF2").
Die Vorgehensweise ist zunächst analog wie oben beschrieben. Es müssen also die umgekehrten Werte für die beiden Peilungen ermittelt werden. Damit erhält man auf der

Karte 2 Stand-Linien. Der Schnittpunkt der beiden Linien ist dann unser gesuchter Standort.

Diese Methodik ist bei der klassischen Arbeit mit Karte und Kompass auch als „Rückwärtseinschneiden" bekannt. Für uns hat sie den Vorteil, dass Entfernungen nicht exakt gemessen und berechnet werden müssen. Ein möglicherweise ungenau angegebener Karten-Maßstab spielt dadurch keine Rolle mehr.

Das Bild rechts gibt wieder, welche Infos uns ein (gutes) GPS-Gerät liefern kann, damit wir uns während einer Reise/Tour auf einer gewöhnlichen Karte orientieren können.

Bitte beachten, dass REF1 der aktive Wegpunkt ist, und sich deshalb die Angaben zu Peilung (= Bearing) und Entfernung (= Dist To Next) in den Daten-Feldern darauf beziehen (=> 352°T bzw. 16,25 Kilometer).

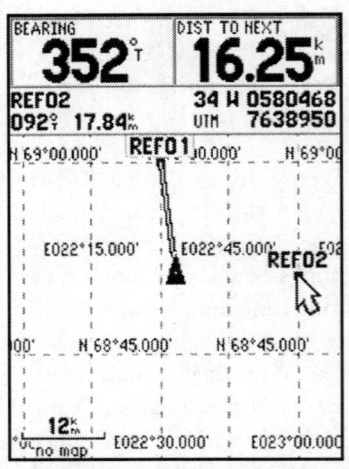

Karten-Seite eines GPS 76 der Fa. Garmin

Peilung und Entfernung zum aktiven WP „REF1" in den Daten-Feldern. Darunter diese Angaben für den WP „REF2" über den Karten-Cursor + dessen Positions-Koordinaten.

Alle GPS-Empfänger sind in der Lage, die Peilung und Entfernung zum aktiven Wegpunkt anzuzeigen. Einfach bei Bedarf die Funktion „GOTO" zu dem Wegpunkt ausführen.

Manche Geräte bieten zusätzlich zum „Aktiven Wegpunkt" (im Beispiel „REF1") noch andere Möglichkeiten, um die Peilung und Entfernung zu einem Wegpunkt zu erhalten. Eine sehr praktische Funktion bieten die neueren Garmin Empfänger, da sie gleichzeitig beim Verschieben der Karte (= Panning) auch die Peilung und Entfernung von der momentan eigenen Position zum Cursor auf der Karten-Seite anzeigen (= „Map-Pointer"; siehe vorhergehende Abbildung). Dies jedoch nicht beim „gelben" Basis-eTrex/Camo/Summit und der Geko-Reihe.

Auf diese Weise können beim Einsatz der Methode von 2 Referenz-Punkten zur Orientierung/Standortbestimmung, wie das Bild darstellt, beide Peilungen gleichzeitig angezeigt werden (zu REF1 und REF2).

Ganz allgemein ist diese Funktion sehr hilfreich, weil damit die Peilung und Entfernung zu jedem beliebigen Punkt auf der Karte ermittelt werden kann, der nicht der aktive Wegpunkt ist.

Beim Garmin Basis-eTrex „gelb"/Camo/Summit und der Geko-Reihe ist dies jedoch nicht möglich, da die Karten-Seite nicht verschoben werden kann (= Panning); bei den höherwertigen eTrex-Geräten mit „Clickstick" wie Venture/Legend(C/x)/Vista(C/x) dagegen sehr wohl.

Die Magellan Empfänger bieten diese Funktion in dieser Ausführlichkeit meines Wissens nicht.

Es gibt noch weitere Möglichkeiten, um die Peilung und Entfernung zu einem Wegpunkt zu erhalten. Die Garmin GPS 76-Reihe beispielsweise zeigt diese Informationen permanent auf der Übersichts-Seite des „Point"-Menüs an (= Seite der Wegpunkt-Verwaltung).

Es sollte jeder selbst mit seinem persönlichen GPS-Gerät „herumspielen" und in der Bedienungsanleitung nachschlagen, um die jeweilige spezielle Vorgehensweise kennen zu lernen an diese Daten heranzukommen.

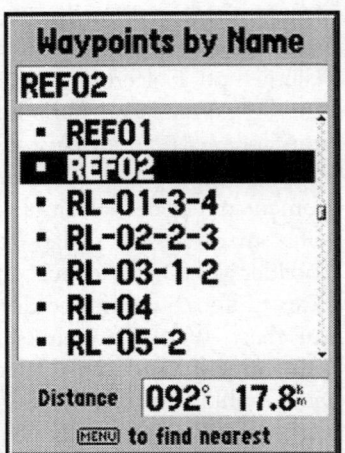

„Points"-Menü eines GPS 76 der Fa. Garmin

Übersicht der gespeicherten Wegpunkte mit Angabe von Peilung und Entfernung

Peilung von einem „Pfad" zu einem Referenz-Punkt

In vielen Fällen muss jedoch gar kein so großer Aufwand betrieben werden.

Es ist eine sehr einfache Sache das GPS-Gerät zur Orientierung heranzuziehen, wenn man sich entlang einer Linie bewegt, die beispielsweise durch einen Fluss, einen Weg oder einer Straße vorgegeben ist (= „Pfad"-Navigation). Alles was dazu benötigt wird ist die Peilung (Bearing) zu einem Referenz-Wegpunkt, um eine Stand-Linie zu erhalten, sowie die Tatsache, dass man sich auf diesem „Pfad" befindet. Dann kann sehr leicht die eigene Position auf der Karte festgestellt werden (= Schnittpunkt von Stand-Linie und „Pfad").

Diese Minimal-Orientierung dürfte bereits ausreichend sein, da die Navigation durch die Grenzen des Flussufers, bzw. durch die Ränder des Weges oder der Straße abgesichert ist und im praktischen Einsatz eine zweite Koordinate bildet (= Auffang-Linie).

Man kann ggf. noch die Peilung durch die Entfernung zu dem Referenz-Wegpunkt ergänzen, falls z. B. der Fluss S-Kurven macht, und dadurch eine gegebene Peilung zu dem Ref-Punkt mehr als einen Schnittpunkt ergeben sollte. In so einem Falle ist aber eine exakte Entfernungs-Messung nicht erforderlich. Es wird nur benötigt, ob die Entfernung näher zu der einen, oder näher zu der anderen Kurve liegt. Die Exaktheit der Navigation/Orientierung ist für diesen Zweck auch nicht soo entscheidend. Ein einfaches *„Ich bin ungefähr hier"* reicht meist völlig aus.

Kompass-Rose aufzeichnen

Bevor letztendlich zu einer Unternehmung aufgebrochen wird ist es überlegenswert, ob man nicht um den Referenz-Punkt auf der Karte eine Kompass-Rose und ein paar Entfernungs-Ringe einzeichnet.

Dies kann ziemlich schnell und einfach mit Hilfe eines Winkelmessers, Lineals und Zirkels erledigt werden. Bei der Methode mit 2 Referenz-Punkten können auch zwei Sätze von Hilfs-Markierungen für die Peilungen gezeichnet werden.

Hierzu ein konkretes Beispiel: Bei einer Paddel-Tour in Lappland habe ich diese Technik genutzt, um jederzeit einen schnellen Überblick über den Fortschritt des Trips bzw. eine grobe Standort-Bestimmung in dieser völlig einsamen gelegenen Gegend zu erhalten. Die nachfolgende Abbildung zeigt eine meiner Fluss-Karten dabei.

Zunächst wurde dem „Fluss 1" von Norden nach Süden gefolgt, dann beim Punkt „P" die Wasserscheide überquert,

um auf dem „Fluss 2" in östlicher Richtung weiterzupaddeln.
Das Ende des Trips war bei „E".

Als Referenz-Punkt „REF1" wurde eine Markierung des
angerissenen geographischen Koordinaten-Systems der
Karte gewählt und als Wegpunkt im GPS eingespeichert.
Dabei jedoch unbedingt das Karten-Datum/Map-Datum der
verwendeten Karte berücksichtigen!!!

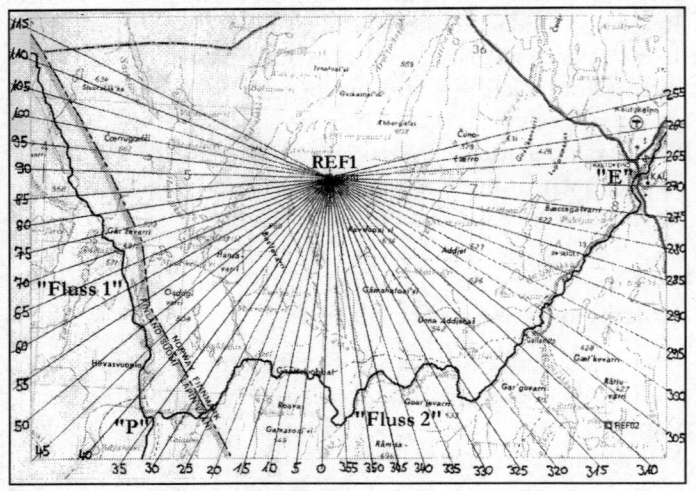

**Kompass - Rose um den Referenz - Punkt mit den
umgekehrten/reziproken Werten für die Peilung**

*Dies entspricht der GPS-Anzeige zum WP „REF1".
Je nach Einsatz bzw. Tour ggf. noch Entfernungs-Ringe
um den Ref-Punkt mit einem Zirkel auftragen.*

Mit Hilfe eines Winkelmessers und Lineals habe ich dann die
Kompass-Rose um den Wegpunkt „REF1" aufgetragen.
Sorgfältig sollte allerdings bei der Wahl der Lage der
Kompass-Rose vorgegangen werden, damit diese auch
wirklich exakt nach geographisch Nord (True) ausgerichtet
ist.

Dieses „Gitter" war schnell gemacht – so in ca. 10 Minuten. Um die Sache noch benutzerfreundlicher zu gestalten, habe ich die umgekehrten (reziproken) Werte der Peilung (Bearing) an die Peil-Linien geschrieben. Damit wird ein sehr schneller Vergleich der Karte mit der Anzeige des GPS-Gerätes ohne Rechnerei ermöglicht (Nord-Referenz am GPS dabei „wahr"/True/geogr. Nord).

Da in diesem Fall die Flüsse (= „Pfad") eine zweite Koordinate darstellen (= Auffang-Linie), wurde auf das Einzeichnen von Entfernungs-Ringen um den Ref-Punkt verzichtet.

Unterwegs habe ich die Tauglichkeit des Verfahrens zusätzlich über bekannte Wegpunkte überprüft, und es hat sich als ganz hervorragend erwiesen.

Das GPS wurde ja nicht zum exakten Navigieren eingesetzt, sondern ich wollte einfach nur wissen, wo ich mich ungefähr auf den Flüssen befinde (Grob-Orientierung).

Peilung und zusätzlich die Entfernung, oder 2 Peilungen sind meist mehr Informationen als in der Praxis bei der „Pfad"-Navigation tatsächlich benötigt werden.

Der Schnittpunkt von 1 Peilung und dem Fluss ist üblicherweise bereits ausreichend, um die Position festzustellen. Es gibt jedoch ein paar Peilungen, die den Fluss an zwei oder mehr Stellen schneiden. Diese zusätzlichen Infos können den Standort dann weiter eingrenzen.

Ebenso sollte nicht unerwähnt bleiben, dass die eigene Bewegungsrichtung während des Trips (= Kurs über Grund bzw. „Track") ebenfalls eine Hilfestellung dafür sein kann, wo man sich entlang des Flusses befindet. Dabei ist es egal, ob jetzt diese Info von der Kurs-Angabe des GPS-Gerätes kommt, oder von einem Kompass.

Dabei allerdings ggf. die Größe der Missweisung berücksichtigen, über die wiederum das GPS Auskunft geben kann.

Siehe hierzu das Kapitel „*__Navigation und Orientierung mit GPS__*" unter „*2-Dimensionale Navigation zu „Fuß*".

Je nach Lage von „Pfad" und Referenz-Punkt kann es jedoch schon empfehlenswert sein, einen zusätzlichen 2-ten Satz Peil-Linien von einem zweiten Referenz-Punkt „REF2" aus zu zeichnen, damit die eigene Position schnell über die Peilungs-Information zu den beiden Referenz-Punkten eindeutig ermittelt werden kann. Die eigene Position liegt dann am Schnittpunkt der beiden Peilungen.

Das Verfahren mit der selbst gezeichneten Kompass-Rose und den Entfernungs-Ringen ist natürlich nicht nur bei der „Pfad"-Navigation nützlich, sondern kann ebenso bei der „2-Dimensionalen"-Navigation hilfreich eingesetzt werden. Die Peil-Linien zu dem oder den Ref-Punkten, plus die Entfernungs-Ringe ergeben kleine Flächen-Stücke, die in Kombination mit den Angaben des GPS den möglichen Aufenthaltsort stark eingrenzen.

Prinzipiell sind bei der „pfad-losen" Navigation 2 Peilungen von Vorteil, da Entfernungen nicht exakt gemessen werden müssen und Unsicherheiten über die Genauigkeit des Maßstabes keine Rolle spielen.

Generell ist es <u>nicht</u> erforderlich, vorab die Positions-Daten vom Referenz-Punkt „REF" zu kennen (z. B. charakteristische Straßenkreuzung, einzelne Hütte, Kirche, Camp, ...). Deshalb können die Winkel und Entfernungs-Ringe schon <u>vor</u> dem Verlassen des Hauses in aller Ruhe gezeichnet werden. Vor Ort können dann die erforderlichen Koordinaten von „REF" als Wegpunkt im GPS gespeichert werden.

Für Karten mit einem Koordinaten-System ist das Verfahren zur schnellen Orientierung ebenfalls eine große Hilfe.

Die Methode über die Entfernung
von mindestens 2 Punkten

Eine weitere Methode zur Standort-Bestimmung ist, unterwegs an bekannten/eindeutig auf der Karte identifizierbaren Orten einen Wegpunkt abzuspeichern (= Referenz-Wegpunkte REF1, REF2, REF3, ...).

Möchte man nun an unbekannter Stelle die eigene Position auf der Karte bestimmen (= Standort-Bestimmung), die Entfernungen zu den aufgenommen Referenz-Wegpunkten am GPS-Gerät abrufen. Dies z. B. über die Funktion „GOTO" oder „Nearest Waypoints" (= nächstgelegene Wegpunkte).

Anschließend diese Entfernungs-Angaben des GPS (meist in Kilometer [km]) gemäß dem Kartenmaßstab auf die Entfernungen auf der Karte umrechnen.

$$cm\_auf\_der\_Karte = \frac{Kilometer\ in\ der\ Natur}{Maßstabszahl} \times \frac{100\ 000\ cm}{Kilometer}$$

Beispiel: $\frac{5,65\ \cancel{Kilometer}}{50\ 000} \times \frac{100\ 000\ cm}{\cancel{Kilometer}} = 11,3\ cm$

Dann vom jeweiligen Wegpunkt REF1, REF2, REF3, ... aus die dazu gehörige Entfernung als Kreisbogen auf der Karte abtragen. Dabei ist natürlich ein Zirkel hilfreich, bzw. erforderlich.

Im Schnittpunkt der Kreisbögen liegt dann der gesuchte eigene Standort. Dazu sind mindestens 2 Wegpunkte erforderlich.

Bei 2 Wegpunkten können sich jedoch auch 2 Schnittpunkte ergeben, das Ergebnis also nicht unbedingt eindeutig sein. Mit 3 Wegpunkten wird dagegen ein einziger gemeinsamer Schnittpunkt gefunden. Liegen dagegen alle Wegpunkte in einer geraden Linie, ist diese Methode nicht so geeignet.

Sollte der Maßstab der Karte nicht bekannt sein, kann dieser über zwei möglichst weit auseinander liegende (Referenz)-Punkte berechnet werden. Dazu die Funktion „Route" des GPS nutzen, um sich deren Entfernung in der Natur anzeigen zu lassen. Ebenso deren Distanz auf der Karte abmessen. Dann ist die

$$\textbf{Maßstabszahl} = \underline{\frac{Kilometer\ in\ der\ Natur}{cm\_auf\_der\_Karte}} \times \underline{\frac{100\ 000\ cm}{km}}$$

UTM-Methode

Wenn kein Winkelmesser, geeigneter Kompass oder durchsichtige Kompass-Rose zur Verfügung steht, können wir zur Not unseren Standort auch über UTM-Koordinaten bestimmen. Dazu benötigen wir die UTM-Koordinaten von einem Referenzpunkt „REF" und von unserer momentan eigenen Position „POS". Dann sind folgende Schritte erforderlich:

1. Schritt: Die Differenz der Rechtswerte von Punkt „REF" und unserer Position „POS" bestimmen (= ΔR). Ebenso die Differenz der Hochwerte der beiden Punkte ermitteln (= ΔH). Das Ergebnis $\Delta R/\Delta H$ ist automatisch in Metern. Eventuell auftretende Minuszeichen einfach ignorieren.

2. Schritt: Die Entfernungen von ΔR und ΔH auf die Distanzen auf der Karte umrechnen.

$$\textbf{cm\_auf\_der\_Karte} = \underline{\frac{Meter\ in\ der\ Natur}{Maßstabszahl}} \times \underline{\frac{100\ cm}{Meter}}$$

3. Schritt: Bevor die Distanzen von ΔR und ΔH, von „REF" ausgehend, auf der Karte abgetragen werden können, müssen wir noch die Richtung dafür wie folgt bestimmen:

Vergleich von Rechts- und Hochwert	_Position liegt:_
Rechtswert v. REF > Rechtswert v. Position	westl. v. REF
Rechtswert v. REF < Rechtswert v. Position	östli. v. REF
Hochwert v. REF > Hochwert v. Position	südl. v. REF
Hochwert v. REF < Hochwert v. Position	nördl. v. REF

Anmerkung: „>" bedeutet „größer"; „<" bedeutet „kleiner"

4. Schritt: Auf der Karte einen Kreis um den Punkt „REF"
schlagen. Der Radius entspricht dabei der vom GPS
angezeigten Entfernung zu diesem Ref-Punkt (umgerechnet
auf cm gemäß Formel von Schritt 2).
Die berechneten Distanzen von ΔR und ΔH mit Lineal in die
ermittelten Richtungen abtragen. Durch den zusätzlichen
Kreis um „REF" sollten wir unsere Position auf der Karte
halbwegs genau bestimmen können.

5. Schritt: Ist der Maßstab der Karte nicht bekannt benötigen
wir einen 2-ten Referenz-Punkt, um diesen berechnen
zu können (analog wie bei der vorherigen Methode).

Resümee zu allen Verfahren

Es ist ganz offensichtlich, dass die Qualität der Karten und
die Genauigkeit der Angabe des Maßstabs bei diesen Techniken eine große Rolle spielt.
Ob diese Techniken genau genug sind oder nicht, muss von
Fall zu Fall abhängig davon entschieden werden, welche
Genauigkeit für den betreffenden Anwendungsfall überhaupt
erforderlich ist, und welche anderen Alternativen sonst noch
zur Verfügung stehen würden.

Anmerkung: Vom Deutschen- und Österreichischen Alpen-
verein gibt es den praktischen „AV-Planzeiger" inklusiv
Winkelmesser und Peilfaden. Dieser ist für die beschriebenen
Verfahren sehr hilfreich. Nähere Infos auf der Seite 386.

C.) Definition eines eigenen User-Gitters

Allgemeines

Die nachfolgend beschriebene Methode wie ein eigenes „User-Grid" (= „Benutzer-Gitter") für eine x-beliebige Karte definiert werden kann, ist von dem amerikanischen Airline-Piloten John Bell, die er auf seiner Webseite www.cockpitgps.com im Internet vorstellt. Ein besonderer Dank an John Bell für die Erlaubnis, auf sein Material zurückgreifen zu dürfen.

Möchte man nur ein paar wenige Wegpunkte auf der Karte anlegen, so sind die unter A.) beschriebenen Verfahren ausreichend, also die Definition neuer Wegpunkte über einen bekannten Referenz-Punkt.

Sollen dagegen viele Wegpunkte erstellt werden und häufiger eine Positions-Bestimmung erfolgen, so lohnt sich der Aufwand ein eigenes Gitter auf der Karte zu erstellen. Das Verfahren ist zwar zunächst etwas aufwendiger und komplizierter, aber auch kein Hexenwerk. Dafür ist es dann im Einsatz deutlich leistungsfähiger und flexibler.

Verfügt die Karte beispielsweise über ein Gitter in Nord-Süd-Richtung, das aber sonst keinen Bezug zu einem bekannten oder verwertbaren amtlichen Koordinaten-System aufweist (z. B. einfaches Suchgitter wie beim Spiel „Schiffe versenken"), so können wir unser GPS und die Karte so präparieren, dass wir dieses Gitter trotzdem nutzen können.

Ist überhaupt kein aufgedrucktes Gitter auf der Karte zu finden, so kann selber ein Gitter eingezeichnet werden, oder zur Not auch einfach nur gefaltet werden, um eine quadratische(!!) Gitter-Einteilung zu erhalten.
Wird dies gemacht dann damit beginnen, abwechselnd die eine Ecke der Karte diagonal an die gegenüberliegende

Kante anzulegen, und dann das gleiche mit der anderen Ecke durchzuführen, um ein Quadrat(!) zu markieren (praktisch gleiche Technik wie früher beim Papier-Schwalbe Basteln). Dann nach und nach die Karte gemäß dem abgesteckten Quadrat in Hälften falten. Daran denken, die Knickfalten scharf auszuführen.

Ich habe das mit einer Karte ausprobiert, die ich von einer Internet „Mapping"-Seite ausgedruckt habe, und es hat ganz brauchbar funktioniert. Abgeschlossen habe ich mit einem Gitter, dessen Gitter-Quadrate etwa 2,7 cm Länge hatten.

Alternativ können auch einfach nur Messungen von der unteren linken Ecke aus vorgenommen werden. Dadurch erhält man ein unsichtbares imaginäres Gitter.

Anforderungen an die Karte

Um diese Technik nutzen zu können, müssen folgende Bedingungen erfüllt werden:

- Eine brauchbare Karte eines räumlich ziemlich begrenzten Gebietes, damit die Differenzen durch die Projektion zwischen den einzelnen Ecken gering ausfallen.
  Ein Stadtplan, eine Regionalkarte, oder eventuell noch eine Straßenkarte eines Bundeslandes mit den Hauptstraßen sind Beispiele für eine solch geeignete Karte. Es funktioniert auch mit Karten, die aus dem Internet von Seiten wie beispielsweise www.mapblast.com, www.mapquest.com , www.maporama.com, www.multimap.com etc. ausgedruckt werden, aus dem großen Angebot an Routenplanern, oder aus spezieller GPS Karten-Software.
  Dies ermöglicht den Gebrauch einer relativ detaillierten Karte eines kleinen Gebietes, beispielsweise 6,5 x 8 km für den lokalen Einsatz.

- Die Karte muss ein nach Norden orientiertes, quadratisches Karten-Gitter haben.
  Diese Technik funktioniert nicht bei einem recht-eckigen Gitter, oder wenn es nicht nach Norden ausgerichtet ist. Es funktioniert auch nicht, wenn es nicht rechtwinklig ist, wie z. B. beim geographischen Grad-Netz von Länge und Breite. Dann ist es aber auch nicht wie gefordert quadratisch.

- Falls die Karte kein, oder kein geeignetes aufgedrucktes Gitter haben sollte, gibt es wie schon erwähnt mehrere Behelfsmöglichkeiten:

  a.) Einfach ein eigenes, quadratisches, nord-orientiertes Gitter in die Karte zeichnen.

  b.) Die Karte falten, und dann die Falzknicke anstatt eines selbst aufgemalten Gitters verwenden.

  c.) Immer Messungen von der unteren linken Ecke der Karte durchführen.
  Es können dann Punkte als „x"-Einheiten nach Osten, und „y"-Einheiten nach Norden angegeben werden (z. B. in cm, mm oder was auch immer).
  Damit wird quasi ein imaginäres Gitter definiert.

  d.) Ist eine Karte nicht nach Norden orientiert, soll diese aber trotzdem verwendet werden, kann selbst ein nord-orientiertes Gitter aufgezeichnet werden, sofern zwei Punkte bekannt sind. Damit kann die „wahre" Richtung (= „True") zwischen diesen beiden Punkten bestimmt werden (z. B. im GPS die Punkte als „Route" eingeben), und diese Info dann zur Ausrichtung des Gitters heranziehen. Dazu muss das Gerät auf wahre Nordrichtung eingestellt sein (= True), nicht auf die magnetische Nordrichtung.

Häufig findet sich bei Karten die nicht nordorientiert sind ein Hinweis-Pfeil mit der Nordrichtung, oder eine Kompass-Rose.

- Es muss möglich sein, einen bekannten Referenz-Punkt auf der Karte als Wegpunkt in das GPS-Gerät speichern zu können. Dieser sollte sich möglichst im Zentrum des Gebietes befinden, das bereist wird. Es bestehen prinzipiell mehrere Möglichkeiten, die Koordinaten eines bestimmten Punktes auf der Karte zu bestimmen, z. B. über Orts-Datenbanken, Routen-planer mit Anzeige der Koordinaten, Internet-Quellen, Karten-Software usw.

  Oder, und vermutlich am einfachsten und genauesten, wenn man sich tatsächlich direkt vor Ort an diesem bekannten Punkt befindet, und mit dem GPS die Position bestimmen und speichern kann.

  Wird eine Internet-Seite, ein Routenplaner, oder eine Karten-Software eingesetzt, kann dort irgendwo ein Punkt markiert werden. Dieser Punkt wird dann in das GPS-Gerät als Referenz-Punkt eingegeben.

- Es muss möglich sein, den Maßstab der Karte mit einer bekannten Entfernung in Bezug bringen zu können. Am einfachsten ist dies natürlich, wenn auf der Karte ein Maßstab aufgedruckt oder vermerkt ist. Alternativ können jedoch dafür auch zwei bekannte Referenz-Punkte herangezogen werden. Dann die Entfernung zwischen diesen beiden Punkten mit dem GPS ermitteln (z. B. über die Funktion Route), und die Distanz zwischen den beiden Punkten auf der Karte messen, um daraus den Maßstab der Karte berechnen zu können.

- Bei diesem Verfahren spielt das Karten-Datum (= Map-Datum/geodätisches Datum/Karten-Bezugssystem) der verwendeten Karte unmittelbar keine Rolle. Es empfiehlt sich aber grundsätzlich das Karten-Datum WGS 84 dafür am Gerät einzustellen.

Das Karten-Datum ist jedoch zu beachten(!!), wenn die geographischen Koordinaten für den/die Referenz-Punkte nicht selbst vor Ort aufgenommen werden, sondern aus anderen Quellen stammen – dies dort angegebene/zugrunde liegende Datum ist dann bei der Eingabe zu verwenden. Anschließend kann/sollte dann das Gerät auf WGS 84 umgestellt werden.

Internet Mapping-Seiten und Routenplaner basieren übrigens in der Regel auf WGS 84.

Zudem gilt, wie sonst bei der Karten-Arbeit in Verbindung mit dem GPS, dass das Karten-Datum am GPS-Gerät nicht einfach verändert werden darf, da sonst die Koordinaten für ein und den selben Punkt auf der Erde einen anderen Wert bekommen. Abweichungen bis zu mehreren 100 Meter sind dann möglich. Deshalb die Empfehlung, in Verbindung mit dieser Methode stets das Datum WGS 84 zu verwenden.

Vorschau auf das User-Grid (= Benutzer-Gitter)

Die nachfolgende Abbildung 1 zeigt einen Ausschnitt aus einer ganz gewöhnlichen Straßenkarte:

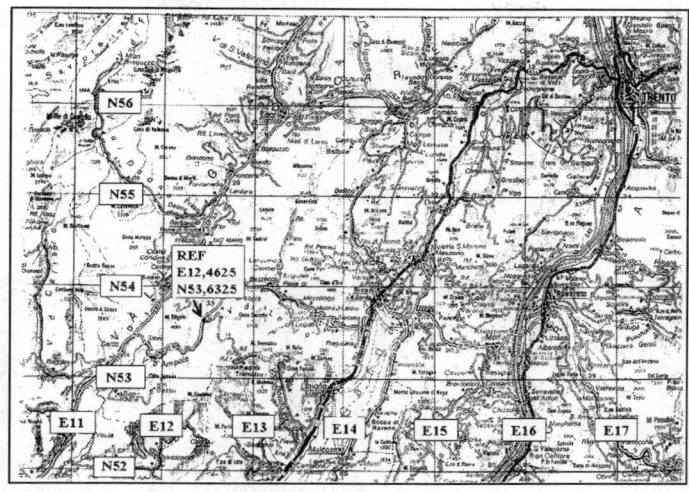

Beispielkarte mit M 1:250 000 (Straßenkarte ohne Gitter)

*Ein nordorientiertes Gitter ist selbst eingezeichnet und mit individuellen Rechts- und Hochwerten versehen worden.
Der Referenz-Punkt „REF" ist festgelegt und mit seinen geographischen Koordinaten bekannt.*

*Anmerkung:
Dies sind jedoch nicht(!) die auf der Karte vermerkten Angaben
(= E12,4625 / N53,6325).
Diese Werte beziehen sich auf das selbst definierte Gitter.*

Für die meisten Anwender ist dies eine schöne und gute Karte, aber es befinden sich keine geographischen Koordinaten-Angaben von Länge und Breite, oder eine sonstige brauchbare Angabe darauf (z. B. UTM-Gitter, nationales

Meter-Gitter), um diese augenscheinlich in Verbindung mit GPS einsetzen zu können.

Zur Vorschau:
Der Kern dieser Technik ist es, das GPS-Gerät zu veranlassen die Positionen in den „Benutzer"-Werten auszugeben, die diesem speziellen Gitter zu Grunde liegen, und nicht in geographischer Länge/Breite. Dies ist auf dieser Karte ja nicht besonders hilfreich.
Ist das GPS erstmal entsprechend eingestellt, liefert es Koordinaten in den Werten, wie sie in der Beispiel-Karte zu sehen sind (siehe vorhergehende Seite).

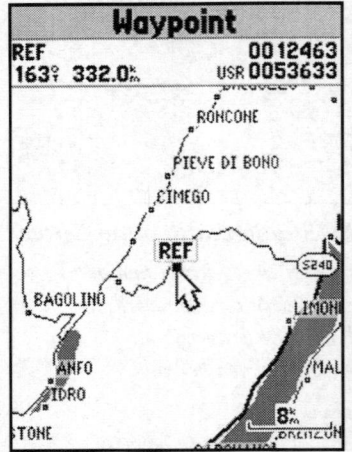 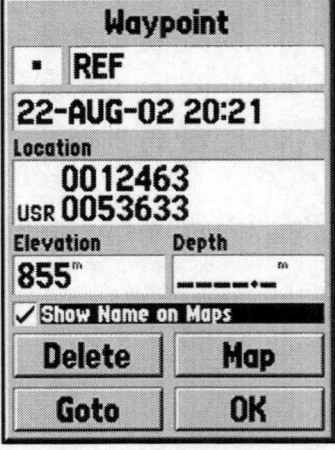

Der Referenz-Wegpunkt REF mit der Positions-Angabe in dem selbst definierten User-Grid Koordinaten-System

(Garmin GPSmap76)

„Karten-Seite" des GPS mit dem   *„Wegpunkt-Seite" mit dem*
Referenz-Punkt REF   *Referenz-Punkt REF*

Anmerkungen:

- Ein GPS-Gerät mit integrierter Basiskarte (Basemap) wie in diesem Beispiel ist dazu natürlich nicht erforderlich, geht also auch mit den deutlich billigeren Basis-/Einsteiger-Geräten (nicht jedoch z. B. mit dem älteren Magellan 310 – keine Definition eines User-Grids möglich).

- Ich bevorzuge bei meinen GPS-Geräten stets die Menü-Führung in englischer Sprache, da für mich persönlich die einzelnen Daten-Felder, Funktionen etc. damit einfach klarer und eindeutiger definiert sind (auch wenn mir Englisch sonst alles andere als leicht fällt). Deshalb sind alle Abbildungen des Geräte-Displays in englischer Menü-Führung.

  Bei der Eingabe der Kennwerte für das Benutzer-Gitter weise ich aber selbstverständlich auf die deutschen Über setzungen ebenfalls hin (bei deutscher Menü-Führung).

Die Koordinaten des „User-Grids" werden ähnlich wie UTM-Koordinaten interpretiert/gelesen, bzw. nationalen Meter-Gittern.

Der Wegpunkt REF ist also zuerst durch seine Ost-Koordinate (Easting; Rechtswert), und dann durch seine Nord-Koordinate (Northing; Hochwert) beschrieben.

Es gibt keine Nachkomma-Stellen, der Dezimalpunkt ist deshalb geistig um 3 Stellen nach hinten (rechts) zu rücken.

In dem Beispiel habe ich mir ein Gitter selbst aufgezeichnet.

Wie ich jedoch vorher schon erwähnt habe, kann alternativ auch die Entfernung von der linken unteren Ecke genommen werden.

Zum Beispiel hätte ein Punkt 4,5 cm nach Osten und 7,3 cm nach Norden dann die Gitter-Koordinate von 4500   7300.

Die Technik des User-Grids mit Beispiel

Für die Erstellung eines User-Grids (Benutzer-Gitter) sind die nachfolgenden Schritte erforderlich:

1. Schritt: Das Gitter falls erforderlich neu nummerieren

Die Abbildung 1 zu Beginn zeigt einen kleinen Ausschnitt aus einer ganz gewöhnlichen Straßenkarte, die ca. 81 x 82 cm groß ist. Auf der Original-Karte sind keinerlei Gitter aufgedruckt, oder sonstige Koordinaten-Angaben zu finden. Der Maßstab war dagegen mit M 1:250 000 angegeben, und die Karte ist insgesamt nach Norden ausgerichtet. Es wurde nun ein beliebiges, nach Norden ausgerichtetes rechtwinkliges quadratisches Gitter mit einem Gitter-Abstand von 4 cm in die Karte eingezeichnet. Die Ursprungslage und der Gitter-Abstand (= Kantenlänge) ist frei gewählt.

*Anmerkung: Bei einem Maßstab von 1:250 000 bietet sich ein Gitter von 4cm Kantenlänge / Gitterabstand an (dto. bei M 1:25 000). Damit entspricht es in der Natur einer Distanz von 10 000 Meter (bzw. 1000 Meter) und lässt sich dadurch leicht in 10-er Schritte unterteilen. Damit können bequem die Netzteiler / Planzeiger etc. eingesetzt werden, wie wir sie im Kapitel „**UTM-Gitter und Nationale Koordinaten-Systeme**" kennen gelernt haben. Analog ist bei M 1:200 000 ein Gitterabstand von 5 cm empfehlenswert (entspricht 10 000 Meter) und bei M 1:50 000 von 2 cm (entspricht 1000 Meter).*

Die horizontalen Linien wurden fortlaufend mit Zahlen von 50 bis 70 bezeichnet (Süd–Nord Richtung), und die senkrechten Linien mit den Zahlen von 10 bis 30 (West–Ost Richtung). Die gezeigte Beispiel-Karte zeigt nur einen Ausschnitt aus dieser Gesamt-Karte.

Die Nummerierung muss von links nach rechts, und von unten nach oben ansteigen – also von West nach Ost, und von Süd nach Nord. Die Wahl der Startwerte ist beliebig.

2. Schritt: Den Referenz-Punkt in das GPS-Gerät eingeben

Die Möglichkeiten, um an die Positions-Koordinaten dieses Referenz-Punktes heranzukommen, wurden im wesentlichen schon im vorhergegangenen Abschnitt erwähnt.

Letztendlich muss nur dafür gesorgt werden, dass die Position dieses Punktes auf der verwendeten Karte eindeutig zugeordnet werden kann, da man ja im Begriff ist, das GPS mit diesem Punkt der Karte in Bezug zu setzen.

Dabei ist aber zu berücksichtigen, dass der Fehler, d. h. die Zunahme der Ungenauigkeit bei dieser Methode, mit der Entfernung zu diesem Referenz-Punkt ansteigt. Je näher und mittiger also dieser Punkt in dem Gebiet liegt, in dem man gedenkt sich aufzuhalten, umso besser.

Die Eingabe der Koordinaten des Referenz-Punktes kann je nach Quelle in geographischer Länge/Breite, UTM, ... erfolgen. Sofern möglich, bevorzuge ich das Aufsuchen eines markanten Punktes, um diese Position dann direkt vor Ort mit dem GPS zu markieren.

In dem Beispiel lautete die Position des Referenz-Punktes: 45°51,61'N / 010°38,731'E (E = East bzw. Ost).

3. Schritt: Den Referenz-Punkt auf der Karte in den Werten des Gitters messen

Üblicherweise ist das menschliche Auge gut genug, um die 10-tel innerhalb des Gitter-Abstandes abschätzen zu können. Soll dieser Referenz-Punkt jedoch noch präziser bestimmt werden, kann ausgemessen und interpoliert werden.

Die Gitter-Koordinaten wurden auf 12,5 (Rechtswert) und 53,6 (Hochwert) geschätzt.

Nach dem genaueren Ausmessen stellte sich heraus, dass die vorherige Schätzung schon auf's 10-tel genau gewesen ist. Für die weiteren Rechnungen wurden aber trotzdem die berechneten (interpolierten) Werte verwendet.

Zum Ausmessen wie folgt vorgehen (Interpolation):

Gitter-Koordinate = *Ganzer Gitterwert* + *Distanz nach Gitterlinie*
$$ \textit{Gitter-Abstand}$$

In dem Beispiel:

$12 + \dfrac{1,85 \; cm}{4,0 \; cm} = \textbf{12,4625E},$ sowie $53 + \dfrac{2,53 \; cm}{4,0 \; cm} = \textbf{53,6325N}$

Natürlich können für das Ablesen von Gitter-Werten generell auch die erwähnten praktischen Netzteiler oder Planzeiger eingesetzt werden, wie z. B. beim UTM-Gitter oder nationalen Meter-Gittern. Letztendlich kommt es ja nur darauf an, ein Gitter-Quadrat in Zehntel zu unterteilen. Vorlagen im PDF-Format für Netzteiler können z. B. bei MapTools (www.maptools.com) kostenlos heruntergeladen werden. Die Vorlage dann entsprechend der Gittergröße vergrößern oder verkleinern; zur Handhabung selbst siehe das Kapitel „**UTM-Gitter und Nationale Koordinaten-Systeme**".

4. Schritt: Meter pro Gitter berechnen

Als nächstes müssen wir bestimmen, wie viele Meter in der Natur der Kanten-Länge eines einzelnen Gitter-Quadrates entsprechen, d. h. der Gitter-Weite (= *Meter_pro_Gitter*). Je nach Karte und vorliegenden Infos über diese gibt es hierzu verschiedene Möglichkeiten:

a.) Bei Karte mit Maßstabsbalken bzw. -skala

Solange der Gitter-Abstand (= Abstand der Gitter-Linien untereinander) in der gleichen Einheit wie die Länge des Maßstabsbalkens auf der Karte gemessen wird, kürzen sich die Einheiten heraus (z. B. cm).

Die Einheit für die Entfernung in der Natur, die durch den Maßstabsbalken repräsentiert wird, muss entsprechend auf Meter umgerechnet werden. Die erforderlichen Umrechnungsfaktoren um Meter zu erhalten, sind für verschiedene Längeneinheiten am Ende dieses Abschnittes aufgeführt (z. B. für Meilen, Yards etc.).

$$Meter\_pro\_Gitter =$$

$$Gitter\text{-}Abstand \ \text{x} \ \frac{Entfernung\_Maßstabsbalken}{Länge\_Maßstabsbalken\_Karte} \ \text{x} \ Umrechnungsfaktor$$

Beispielsweise sei auf der Karte vermerkt, dass 1 cm auf der Karte (= *Länge_Maßstabsbalken_Karte*) 2,5 km in der Natur entsprechen würden (= *Entfernung_Maßstabsbalken*).

In dem Beispiel:

$$\frac{4,0 \ \text{cm}}{Gitter} \ \text{x} \ \frac{2,5 \ \text{km}}{1 \ \text{cm}} \ \text{x} \ \frac{1000 \ \text{m}}{\text{km}} \ = \ \frac{\textbf{10 000 m}}{\textbf{Gitter}}$$

b.) Bei Karte mit Maßstabszahl
(z. B. hier: M 1 : 250 000)

Die Maßstabszahl gibt an, dass jede gemessene Einheit auf der Karte, dem x-fachen dieser Zahl in der gleichen Einheit in der Natur entsprechen. Beispielsweise bei einer Karte M 1 : 250 000 entspricht 1 cm auf der Karte 250 000 cm in der Natur (= 2500 Meter bzw. 2,5 km).

Im Unterschied zur Methode a.), steht der Umrechnungsfaktor hier für die Art und Weise, wie der Gitter-Abstand gemessen wird (z. B. in cm oder mm).

Meter_ pro_Gitter =

Gitter-Abstand x *Maßstabszahl* x *Umrechnungsfaktor*

In dem Beispiel: $\dfrac{4{,}0 \; \text{cm}}{\text{Gitter}}$ x *250 000* x $\dfrac{0{,}01 \; m}{\text{cm}}$ = $\dfrac{\textbf{10 000} \; \textbf{m}}{\textbf{Gitter}}$

c.) Die 2 Punkt Methode
   (bei unbekanntem Kartenmaßstab)

Liegt keine Angabe über den Maßstab der Karte vor, kann über einen zweiten Referenz-Punkt der Wert für *„Meter_pro_ Gitter"* berechnet werden.

Die Gitter-Koordinaten des zweiten Punktes auf der Karte ebenso abschätzen oder berechnen, wie dies bereits beim ersten Referenz-Punkt geschehen ist. Je weiter die beiden Punkte voneinander entfernt liegen, umso besser.

Die wahren Positions-Daten dieses 2-ten Punktes müssen natürlich ebenfalls bekannt sein, oder ermittelt werden.

Im GPS kann dann eine „Route" mit diesen beiden Punkten angelegt werden, um sich die wahre Entfernung dazwischen berechnen zu lassen (= *Routen-Entfernung*). Manche GPS-Empfänger haben hierfür auch eine spezielle Funktion „Distance and Sun" (z. B. Garmin 12-er).

Gitter-Entfernung =

Wurzel aus $[(Ost\_2 - Ost\_1)^2 + (Nord\_2 - Nord\_1)^2]$

oder

Gitter-Entfernung = $\dfrac{\textit{Länge der Route auf Karte}}{\textit{Gitter-Abstand}}$

wobei *„Gitter-Entfernung"* die Entfernung der Route auf der Karte gemessen in Anzahl Gittern ist, *„Gitter-Abstand"* und *„Länge_der_Route_auf_Karte"* sind direkt auf der Karte ausgemessen.

Solange dabei die verwendete Maßeinheit gleich ist, kürzen sich die Einheiten heraus (z. B. Messung in cm).

Meter_pro_Gitter = $\dfrac{\underline{\textit{Routen-Entfernung}}}{\textit{Gitter-Entfernung}}$ x *Umrechnungsfaktor*

Alternative Vorgehensweise:
Berechnung der Maßstabszahl der Karte über die UTM-Koordinaten der beiden Referenz-Punkte. Dazu die Differenz der Rechtswerte von Ref-Punkt 1 und Ref-Punkt 2 bestimmen (= ΔR). Ebenso die Differenz der Hochwerte der beiden WPs ermitteln (= ΔH). Eventuell auftretende Minuszeichen im Ergebnis einfach ignorieren.
Die Entfernung S zwischen den beiden Ref-Punkten in der Natur wird dann folgendermaßen metergenau berechnet (nach dem Satz von Pythagoras):

Entfernung S in Meter in der Natur = $\sqrt{(\Delta R^2 + \Delta H^2)}$

d. h.
S ist die Wurzel aus ΔR im Quadrat und ΔH im Quadrat. Weiterhin muss die Entfernung D zwischen den beiden Punkten auf der Karte gemessen werden (z. B. in Zentimeter [cm]). Dann ist die

Maßstabszahl = $\dfrac{S~in~\sout{Meter}~in~der~Natur}{D\_in\_\sout{cm}\_auf\_der\text{-}Karte}$ x $\dfrac{100~\sout{cm}}{\sout{Meter}}$

Die Ermittlung „*Meter_pro_Gitter*" erfolgt dann wie unter b.).

Meter_pro_Gitter =
   Gitter-Abstand x *Maßstabszahl* x *Umrechnungsfaktor*

Umrechnungs-Faktoren:

Einheit	Umrechnungsfaktor, um Meter zu erhalten
Millimeter [mm]	0,001
Zentimeter [cm]	0,01
Kilometer [km]	1000
Inches [in]	0,0254
Feet [ft]	0,3048
Yards [yd]	0,9144
Meilen (statute) [sm]	1609,344
Nautische Meilen [nm]	1853,18

5. Schritt: Berechnung des GPS Scale (Skalierungsfaktor)

Dies hat jetzt nichts mit dem Maßstab der Karte zu tun. Es ist hilfreich wenn man die Hintergründe kennt, wie das GPS-Gerät die USER-Koordinaten berechnet (= Benutzer Koordinaten des User-Grids).

Das GPS berechnet eine Entfernung ostwärts des Referenz-Wertes für die geographische Länge, und eine Entfernung nördlich des Äquators in Metern.

Dann werden diese beiden Rohwerte für den Rechtswert (= Easting) und Hochwert (= Northing) mit dem Scale-Faktor multipliziert, bevor sie zu den Werten von **False Easting** (Längenversatz) und **False Northing** (= Breitenversatz) hinzugezählt werden.

Der Scale-Faktor muss berechnet werden, damit das GPS in Gitter-Werten anstatt in Metern rechnet. Er ist praktisch der Kehrwert der Angabe „*Meter_pro_Gitter*".

Das User-Grid arbeitet bei der Koordinaten-Angabe von Rechts- und Hochwert grundsätzlich nur mit ganzen Zahlen. Deshalb muss noch eine Zahl bzw. ein Faktor bei dem GPS-

Scale Faktor berücksichtigt werden, der diesem Umstand Rechnung trägt.

Wird hierfür ein Faktor von 10 genommen, wird ein Gitter-Wert von 53,6 als 536 auf dem Geräte-Display angezeigt. Mit einem Faktor von 100 ist die Anzeige dann 5360 usw. Ich würde empfehlen, es mit einem Wert von 1000 zu versuchen, um 3 Dezimalstellen zu erhalten.

Das heißt jetzt aber nicht, dass damit die Genauigkeit gesteigert wird, aber die Handhabung des User-Grids ist dann ähnlich wie bei nationalen Meter-Gittern oder dem UTM-Gitter. Die 4-te und 5-te Ziffer von rechts ist dann die Gitter-Nummer.

In einem UTM- oder nationalen Meter-Gitter würden diese die Kilometer repräsentieren, während es hier prinzipiell einfach nur eine Zahl ist, um den Punkt auf dem Gitter aufzufinden.

Anmerkung:

Entgegen dem UTM- oder einem nationalen Meter-Gitter, gibt hier die letzte Ziffer in der Regel nicht den Abstand von einem Meter an.

Wählt man allerdings die Gitter-Weite in Bezug zum Maß-stab der Karte geschickt, lässt sich durchaus auch ein direkter Bezug zu Meter und Kilometer herstellen. Beispielsweise wenn bei einem Maßstab von M 1:20 000/M 1:200 000 eine Gitter-Weite von 5 cm gewählt wird, oder bei M 1:25 000/ M 1:250 000 von 4 cm (letzteres ja bei unserem Beispiel).

Ein Hinweis für Magellan-Empfänger: Magellan fügt einen Bindestrich vor die 3-te Ziffer von rechts ein. Somit sieht eine Koordinate des User-Grids von 53600 folgendermaßen aus: 000-53-600. Deshalb, wenn irgend möglich, 3 Dezimal-stellen verwenden.

a.) Anzahl der Dezimalstellen wählen

b). **GPS-Scale** = $\dfrac{10^{Hoch\ Anzahl\ Dezimalstellen}}{Meter\_pro\_Gitter}$

In unserem Beispiel: *10 Hoch 3* = *10³* = *1000*

Damit ist **GPS-Scale**: $\dfrac{1000}{10\ 000\ Meter} \times \underline{\ \ Gitter\ \ }$ = $\dfrac{\boldsymbol{0,1\ Gitter}}{\boldsymbol{Meter}}$

6. Schritt: Vorläufiger Setup des User-Grid
(vorläufige Einrichtung des Benutzer Gitters)

Das User-Grid zunächst mit den unten angegebenen Werten einrichten.

Bei einigen Garmin-Empfängern muss „User UTM Grid" („Benutzer-UTM-Gitter") von der Einstellungs-Seite für das Positions-Format gewählt, und dann die „Menü"-Taste betätigt werden, um an die Einstell-Möglichkeit für das User-Grid zu gelangen („User Grid Setup" bzw. „Benutzer-Gitter einrichten"). Folgende Einstellungen vornehmen:

- **Longitude of Origin** (Längenursprung; Mittel-Meridian) gemäß der geographischen Länge des gewählten Referenz-Punktes.
  Diesen Wert der Anzeige des GPS-Gerätes entnehmen, wenn die geographischen Koordinaten des Ref-Punktes beispielsweise direkt vor Ort aufgenommen werden, oder entsprechend den anderweitigen Quellen für diese Info.

- **Scale** (Maßstab; Skalierungs-Faktor) zum GPS-Scale Faktor wie oben berechnet.

- **False Easting** (Längenversatz; Y-Versatz) zu der Gitter-Referenz mit der Anzahl der gewählten Dezimalstellen. Im Beispiel wäre das 12,4625 mit 3 Dezimalstellen, also 12462,5.

- **False Northing** (Breitenversatz; X-Versatz); diesen Wert vorläufig auf 0 setzen, wenn der Referenz-Punkt nördlich des Äquators liegt; und 9876543 wenn dieser südlich des Äquators liegt.

Übrigens:
Wenn bei Garmin-Geräten der Cursor ganz nach links bewegt wird, wird die Vorbelegung eines Feldes für die Neu-Eingabe komplett gelöscht. Das ist sehr praktisch.

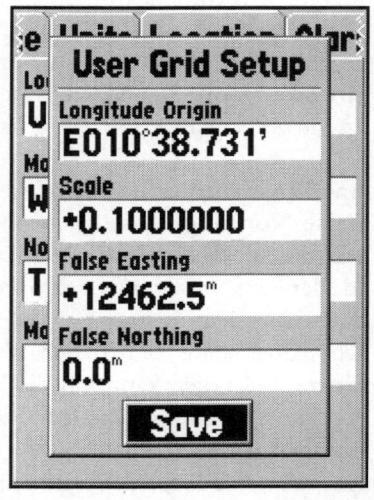

Einrichtungs-Seite für das Benutzer Gitter (vorläufige Werte)

Ein Hinweis für Magellan Empfänger:

Bei **Latitude of Origin** die geographische Breite des Referenz-Punktes eingeben, und für **False North at Origin** analog wie bei **False Easting** vorgehen.

Fertig – die beiden nächsten Schritte sind dann hier nicht mehr erforderlich. Wie schon erwähnt, lässt sich jedoch beispielsweise beim Magellan 310 überhaupt kein User-Grid definieren.

**Erklärung für das Vorgehen bei Karten
südlich des Äquators:**

Eine der Grundregeln des UTM-Gitters ist, auf dessen
System ja dieses User-Grid hier prinzipiell basiert, dass alle
Werte stets ein positives Vorzeichen haben. Im UTM-System
ist Northing (= Hochwert) die Entfernung nördlich des
Äquators zu einem bestimmten Punkt im Metern.

Das Problem ist nun, dass Punkte südlich des Äquators eine
negative nördliche Entfernung zum Äquator haben.
Im UTM-Koordinaten-System wird dies so gelöst, indem
einfach generell 5 000 000 zum Northing (Hochwert) hinzugezählt wird. Damit hat ein Punkt auf dem Äquator einen
Hochwert von 0, und ein Punkt 1 Meter südlich davon
würde den Hochwert 4999999 haben.

Im Zusammenhang mit dieser Prozedur hier, ist das
False Northing (= der Breitenversatz) zu diesem Zeitpunkt
willkürlich wählbar, weil es später wieder abgezogen wird.
Idealerweise würde man den maximalen Wert von 9 999 999
dafür eingeben.

Ich jedoch habe 9 876 543 gewählt, da dann sehr leicht
überprüft werden kann, ob die korrekte Anzahl von Stellen
genommen wurde. Zudem liegt diese Zahl nahe dem
maximalen Wert.

Hat man eine 9 für die erste Stelle und eine 3 für die letzte
Stelle, so ist sehr wahrscheinlich, dass die richtige Anzahl
Stellen eingetragen wird, sofern korrekt herunter gezählt
wird.

Es sollte jedoch nicht unerwähnt bleiben, dass bei einem
hohen Wert des Scale Faktors und einem sehr südlich liegenden Referenz-Punkt, diese Zahl für **False Northing** nicht
ausreichend ist. Die Lösung ist dann, eine Dezimalstelle
weniger zu verwenden, und den Scale Faktor entsprechend
anzupassen.

7. Schritt: Den Hochwert des Referenz-Punktes bestimmen (Northing)

Auf die Wegpunkt Verwaltungs-Seite des GPS-Gerätes gehen, den Referenz-Punkt auswählen, und in der Einheit des User-Grids (= Einstellung „User Grid" im Setup für das Positions-Format) das *False Northing* (Breitenversatz) des Referenz-Punktes ablesen
(= *Referenz_Northing_dieses_Schrittes*).

In diesem Beispiel wäre dies 0635126.

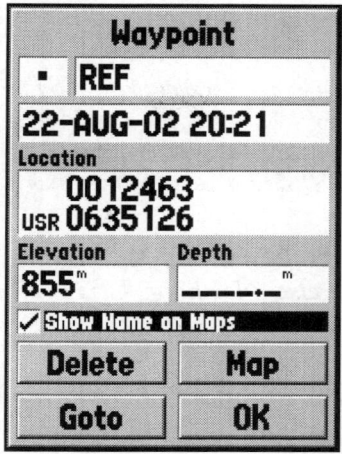

Wegpunktspeicher des GPS

Ablesen von „Referenz_ Northing_dieses_Schrittes"

8. Schritt: False Northing des User-Grids setzen auf:

Das *False_Northing* berechnen, und auf der Setup-Seite des GPS für das User-Grid eingeben.

Wenn der Referenz-Punkt nördlich des Äquators liegt:
False_Northing =
Referenz_Northing − Referenz_Northing_dieses_Schrittes

Wenn der Referenz-Punkt südlich des Äquators liegt:
False_Northing =
Referenz_Northing − Referenz_Northing_dieses_Schrittes − 9876543

Wobei:

Referenz_Northing ist der Wert des Referenz-Punktes auf der Karte, jedoch korrigiert um die Dezimalstellen analog wie beim False Easting.

Referenz_Northing_dieses_Schrittes ist der Wert, der beim Blick auf das GPS für das Northing (Hochwert) des Referenz-Punktes abgelesen wurde, in Bezug zu dem auf 0 bzw. 9876543 gesetzten *False_Northing*.

Im Beispiel wäre damit:

False_Northing = *53 632,5 − 0 635 126* = **−581 493,5**

Jetzt noch einmal auf die Setup-Seite für das User-Grid des GPS gehen, und den neuen Wert für **False Northing** eintragen, also anstatt 0 bzw. 9876543.

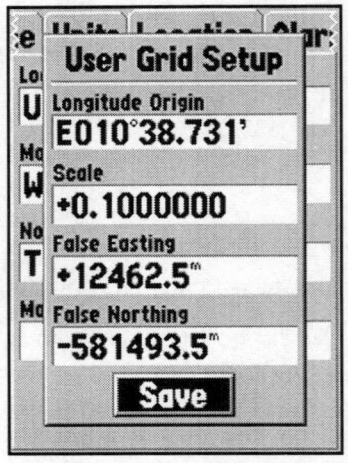

Einrichtungs-Seite für
das Benutzer Gitter
(endgültige Werte)

(Garmin GPS 76)

9. Schritt: Es ist geschafft –
das GPS-Gerät ist entsprechend eingestellt

Vorsichtshalber nochmals überprüfen, ob die angezeigten Koordinaten für den Referenz-Punkt, mit den Werten des User-Gitters an dieser Stelle auf der Karte übereinstimmen. Dazu wieder auf die Wegpunkt-Seite des GPS gehen, und den Referenz-Punkt auswählen.

Dann die Zahlenwerte für die Definition des User-Grids für späteren Gebrauch auf der Karte vermerken (Setup), sowie das verwendete Karten-Datum (am besten WGS 84 wählen).

*Referenz-Punkt mit
den Koordinaten des
Benutzer Gitters*

Resümee

Zugegeben. Die vorgestellte Vorgehensweise sieht auf den ersten Blick etwas kompliziert, aufwendig und schwierig aus. Das mag auch daran liegen, dass ich versucht habe möglichst alle auftretenden Eventualitäten zu berücksichtigen, und z. B. nicht von einem festen Maßstab und fixen Gitter-Abstand der Karte ausgegangen bin, wo alles optimal zusammen passt und einige Schritte ausgelassen werden könnten.

Wenn Ihr aber einmal die einzelnen Schritte an einem ganz konkreten Beispiel selbst nachvollzieht und durchspielt werdet Ihr feststellen, dass es so schwierig und kompliziert auch wieder nicht ist.

Es ist durchaus ein Verfahren, welches sich mit vertretbarem Aufwand lohnt, in der Praxis in die Tat umzusetzen. Einfach einmal ausprobieren!!

Anmerkung zum Karten-Datum/Map-Datum:

Bei diesem Verfahren spielt das Karten-Datum (= Map-Datum/geodätisches Datum/Karten-Bezugssystem) der verwendeten Karte unmittelbar keine Rolle. Es empfiehlt sich aber grundsätzlich das Karten-Datum WGS 84 dafür am Gerät einzustellen.

Das Karten-Datum ist jedoch zu beachten(!!), wenn die geographischen Koordinaten für den/die Referenz-Punkte nicht selbst vor Ort aufgenommen werden, sondern aus anderen Quellen stammen – dies dort angegebene Datum ist dann bei der Eingabe unbedingt zu verwenden!!! Anschließend kann/sollte dann das Gerät auf WGS 84 umgestellt werden.

Zudem gilt, wie sonst bei der Kartenarbeit in Verbindung mit dem GPS, dass das Karten-Datum am GPS-Gerät nicht einfach verändert werden darf, da sonst die Koordinaten für ein und den selben Punkt auf der Erde einen anderen Wert bekommen. Abweichungen bis zu mehreren 100 Meter sind dann möglich.

Deshalb die Empfehlung, in Verbindung mit dieser Methode stets WGS 84 zu verwenden.

D.) UTM - Gitter einzeichnen

Allgemeines

Was es mit dem UTM-Gitter grundsätzlich auf sich hat und wie dessen Handhabung erfolgt, ist in dem Kapitel *„UTM–Gitter und Nationale Koordinaten-Systeme"* ausführlich erklärt.

Diese Seite beschreibt jetzt ein Verfahren, wie eine Karte ohne bzw. ohne brauchbares Gitter mit dem Original UTM-Gitter versehen werden kann. Die geniale Methodik hat Thomas Kühefuß ausgetüftelt. Ein ganz besonderer Dank an Thomas, dass ich diese hier in dem Buch vorstellen darf.

Da das UTM-Gitter ja ein rechtwinkliges, gerades Gitter-System ist, kann es relativ einfach nachträglich eingezeichnet werden. Dafür müssen nur zwei Punkte auf der Karte mit ihren UTM-Koordinaten bekannt sein (= Referenz-Wegpunkte), die in der gleichen UTM-Zone liegen.

Liegen diese Punkte diagonal und möglichst weit auseinander, gelingt die Gitter-Konstruktion überraschend einfach und ist innerhalb des aufgespannten Zeichenbereichs hinreichend genau. Selbst Luft-Aufnahmen, Satelliten-Bilder oder Stadtpläne lassen sich auf diese Weise „GPS-tauglich" machen.

Wie bei allen Verfahren die auf Referenz-Punkte basieren, können diese vorab auf geeigneten „Mapping"-Seiten im Internet, Routenplanern oder sonstigen digitalen Karten am PC per Maus-Click ermittelt werden. Auf diese Weise kann die Karte bequem schon vor Reisebeginn mit dem UTM-Gitter versehen werden.

Natürlich können die beiden erforderlichen Wegpunkte zur Referenz auch direkt vor Ort mit dem GPS abgespeichert werden (z. B. charakteristische Straßenkreuzung bei der Anfahrt, Einzelgebäude wie z. B. Berghütten, Seilbahn-

Stationen, Kirchen, …). Dabei wie immer auf guten und ausreichend langen Sat-Empfang achten, um eine möglichst präzise Positions-Bestimmung zu erzielen.

Vorgehensweise

Am einfachsten ist es, die Vorgehensweise an einem konkreten Beispiel zu erläutern (siehe auch Skizze im Anschluss). Voraussetzung sind ja 2 bekannte Referenz-Punkte (= „A" und „B"), die möglichst weit und diagonal auf der Karte auseinander liegen. In dem Beispiel haben diese die UTM-Koordinaten (Positions-Format am GPS-Gerät entsprechend einstellen):

$$(\text{UTM-Zone}/\text{Rechtswert}/\text{Hochwert})$$

| Referenzpunkt „A": | 32U 0567334 | 5278122 |
| Referenzpunkt „B": | 32U 0564176 | 5282503 |

Die Karte selbst hat einen Maßstab von M 1:50 000.

1. Schritt: Aus den sechs- bzw. siebenstelligen UTM-Koordinaten-Angaben der GPS-Anzeige wird die Differenz der Rechtswerte (= Easting) von Ref-Punkt „A" und Ref-Punkt „B" bestimmt (= ΔR).
Ebenso die Differenz der Hochwerte (= Northing) der beiden Wegpunkte ermitteln (= ΔH). Eventuell auftretende Minuszeichen im Ergebnis einfach ignorieren.
Da die UTM-Koordinaten Meterwerte sind, erhält man damit sofort den Differenz-Wert in Metern (bzw. alternativ in Kilometern).

Damit ist:

$$\Delta R = 0567334 - 0564176 = 3158 \text{ Meter}$$
$$\Delta H = 5278122 - 5282503 = 4381 \text{ Meter}$$

2. Schritt: Falls der Kartenmaßstab bekannt ist, können jetzt diese beiden Strecken ΔR und ΔH in cm auf der Karte umgerechnet werden:

$$cm\_auf\_der\_Karte = \frac{Meter\ in\ der\ Natur}{Maßstabszahl} \times \frac{100\ cm}{Meter}$$

Im Beispiel ist damit (M 1:50 000):

$$\Delta R\_in\_cm\_auf\_der\_Karte = \frac{3158\ \cancel{Meter}}{50\ 000} \times \frac{100\ cm}{\cancel{Meter}} = \mathbf{6,32\ cm}$$

$$\Delta H\_in\_cm\_auf\_der\_Karte = \frac{4381\ \cancel{Meter}}{50\ 000} \times \frac{100\ cm}{\cancel{Meter}} = \mathbf{8,76\ cm}$$

3. Schritt: Falls der Kartenmaßstab nicht bekannt sein sollte (z. B. Stadtplan, kopierter Ausschnitt einer Karte etc.), können wir aus den UTM-Koordinaten der beiden Referenzpunkte „A" und „B" auch die Maßstabszahl errechnen.

Über die schon ermittelten Differenzen der Rechts- und Hochwerte (= ΔR und ΔH), wird die wahre Entfernung S in der Natur zwischen den beiden Referenz-Punkten „A" und „B" metergenau berechnet (nach dem Satz von Pythagoras):

Entfernung S in Meter in der Natur $= \sqrt{(\Delta R^2 + \Delta H^2)}$, d. h.

S ist die Wurzel aus ΔR im Quadrat und ΔH im Quadrat.

Im Beispiel ist dies: $\mathbf{\mathit{S}} = \sqrt{(3158^2 + 4381^2)} = 5400{,}1\ Meter$

Eine alternative Möglichkeit mit je nach GPS-Gerät etwas reduzierter Genauigkeit wäre (wegen Anzahl Nachkomma-Stellen): Falls die Ref-Punkte im GPS gespeichert sind, eine „Route" von „A" nach „B" anlegen. Die Länge der Route ist dann die gesuchte Entfernung S (angegeben meist in km).

Weiterhin die Entfernung D zwischen den beiden Ref-Punkten auf der Karte messen (z. B. in Zentimeter [cm]).
Dann ist die

Maßstabszahl M $= \dfrac{S \ in \ \cancel{Meter} \ in \ Natur}{D\_in\_\cancel{cm}\_auf\_Karte} \times \dfrac{100 \ \cancel{cm}}{\cancel{Meter}}$

Im Beispiel ist D $= 10,80$ cm.

Damit ist $\quad M = \dfrac{5400,1 \ \cancel{Meter}}{10,80 \ \cancel{cm}} \times \dfrac{100 \ \cancel{cm}}{\cancel{Meter}} = \textbf{50 000}$

4. Schritt: Bestimmung des Gitter-Abstandes bzw. die Kantenlänge der Gitter-Quadrate. Für eine Gitter-Weite von 1000 Metern (= Kilometergitter = Km-Gitter) wird sie wie folgt bestimmt (1 Km = 1000 Meter = 100 000 Zentimeter):

Km-Gitter_in_cm_auf_der_Karte $= \dfrac{100\ 000 \ cm \ pro}{Km} \quad \dfrac{}{Maßstabszahl}$

Im Beispiel: **Km-Gitter_in_cm** $= \dfrac{\cancel{100\ 000} \ cm \ pro}{Km} \quad \dfrac{}{\cancel{50\ 000}} = 2 \ cm$

Das Gitter hat also bei einer Gitter-Weite von 1000 Meter in der Natur eine Kantenlänge bzw. einen Gitter-Abstand von 2 cm auf der Karte.

5. Schritt: Einzeichnen von provisorischen Hilfs-Linien für die Konstruktion des Gitters (siehe Skizze im Anschluss). Um den Ref-Punkt „A" wird ein Kreis mit der Differenz der Hochwerte ΔH geschlagen (im Beispiel 8,76cm), und um den Ref-Punkt „B" einen Kreis mit der der Differenz der Rechtswerte ΔR (im Beispiel 6,32cm).
Vom Punkt „A" und „B" werden nun zum gemeinsamen Schnittpunkt „C" Hilfs-Linien gezeichnet. Diese sind parallel zu den späteren original UTM-Linien.

6. Schritt: Die „glatten" UTM-Basis-Linien, d. h. die mit „runden" Zahlenwerten einzeichnen.
Parallel zu den Hilfs-Linien verlaufen diese gesuchten UTM-Basis-Linien. Für die senkrechte Linie wird die nächste (östliche) glatte Tausender-Stelle des Rechtswerts von Ref-Punkt „A" gesucht.

Im Beispiel: Aus dem UTM-Wert 567334 wird jetzt 568000.
Aus der Differenz 568000 − 567334 = 666 Meter wird über die Maßstabzahl ein Parallel-Abstand von 1,33 cm nach rechts errechnet.

$$cm\_auf\_der\_Karte \ = \ \frac{Meter\ in\ der\ Natur}{Maßstabszahl} \ \times \ \frac{100\ cm}{Meter}$$

Für die waagrechte Linie wird analog verfahren. Es wird die nächste (nördliche) glatte Tausender-Stelle des Hochwerts von Ref-Punkt „B" gesucht. Aus UTM 5282503 wird geglättet 5283000. Die Differenz von 497 Meter wird als Parallel-Abstand von 0,99 cm nach oben eingezeichnet. Wir haben nun 1 waagrechte und 1 senkrechte UTM-Basis-Linie mit „runden" Werten.

7. Schritt: Gitter-Netz komplettieren.
Parallel zu den beiden gezeichneten Basis-Linien wird jetzt im oben errechneten Kilometergitter-Abstand das Gitter gezeichnet (im Beispiel Gitter-Abstand 2 cm).
Empfehlung: Jeweils an beiden Linien-Enden einen Streifen mit den mehrfachen Kilometergitter-Abständen zeichnen (im Beispiel 2, 4, 6, 8, 10, ...cm). Anderenfalls führt das Zeichnen von parallelen Linien mit Bezug zu den zuletzt gezeichneten Linien, zum ungünstigen Aufsummieren von Zeichnungsfehlern.

Anmerkung zur erzielbaren Genauigkeit

Die Genauigkeit des gezeichneten Gitter-Netzes liegt innerhalb dem, durch das Hilfs-Dreieck aufgespannten Bereich, innerhalb der einfachen Zeichengenauigkeit (Linienbreite kann erreicht werden).

Wird das Gitter über diesen Zeichenbereich hinaus erweitert, sind bei Gitterflächen bis zur zweifachen Größe des Hilfs-Dreiecks noch recht gute Ergebnisse zu erzielen. Darüber hinaus lässt die Zeichengenauigkeit dann deutlich nach. Es ist daher vorteilhaft, die beiden Ref-Punkte soweit wie möglich aufzuspannen. Lange Lineale und eine große glatte Zeichenfläche (z. B. Tisch) sind Voraussetzung.

Die Hauptschwierigkeit liegt jedoch meist in der Konstruktion des Punktes „C" mit Zirkeln mit zu kleinem Zeichenradius. Für große Gitter kann man sich wie folgt behelfen: Mit einer dünnen Schnur den ungefähren Schnittpunkt des Punktes „C" ermitteln. Anschließend wird dieser Punkt präziser mit den langen Linealen nachgemessen. Da die beiden Radien ja bekannt sind, kann damit auf größere Entfernungen sogar noch genauer als mit dem Zirkel gearbeitet werden.

Papierkarten können sich mit der Zeit, Luftfeuchtigkeit und Temperatur über Jahre hinweg verändern. Besonders an den Faltungsstellen kann sich dies deutlich bemerkbar machen. Die Kontrolle der Maßstabszahl (siehe Schritt 3.) hilft hier weiter. Bei Abweichungen größer 2% kann zeichnerisch mit der ermittelten Zahl gearbeitet werden.

Hinweis zur Meridiankonvergenz: Diese entsteht beim Zeichnen quasi automatisch. Über nur zwei Punkte ist das Gitter eindeutig definiert.

Auf der nachfolgenden Seite eine Prinzip-Skizze zu dem Verfahren von Thomas Kühefuß (Bezug ist das Beispiel):

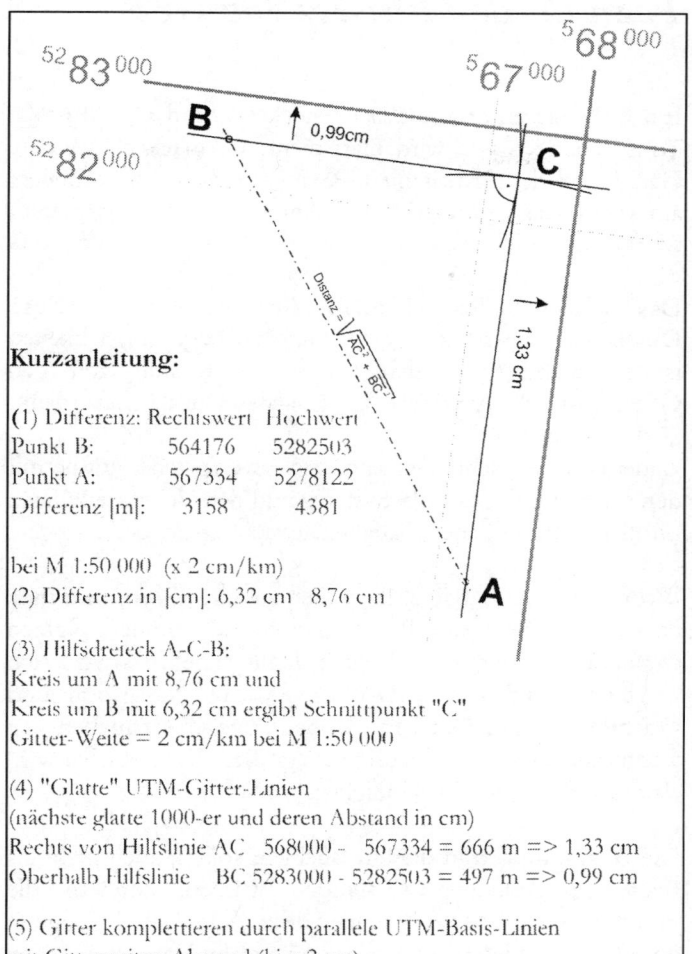

Kurzanleitung:

(1) Differenz: Rechtswert Hochwert
Punkt B: 564176   5282503
Punkt A: 567334   5278122
Differenz [m]:   3158   4381

bei M 1:50 000 (x 2 cm/km)
(2) Differenz in [cm]: 6,32 cm 8,76 cm

(3) Hilfsdreieck A-C-B:
Kreis um A mit 8,76 cm und
Kreis um B mit 6,32 cm ergibt Schnittpunkt "C"
Gitter-Weite = 2 cm/km bei M 1:50 000

(4) "Glatte" UTM-Gitter-Linien
(nächste glatte 1000-er und deren Abstand in cm)
Rechts von Hilfslinie AC 568000 - 567334 = 666 m => 1,33 cm
Oberhalb Hilfslinie BC 5283000 - 5282503 = 497 m => 0,99 cm

(5) Gitter komplettieren durch parallele UTM-Basis-Linien
mit Gitterweiten-Abstand (hier 2 cm)

**Original UTM - Gitter aus zwei beliebigen Punkten
konstruiert (z. B. GPS - Koordinaten)**
Der Bezug für die Zahlenwerte ist das vorgestellte Beispiel

© Grafik: Thomas Kühefuß

Kapitel: Nutzung von Karten ohne Gitter

Fazit für den Einsatz von GPS

Ein GPS kaufen, in die Tasche stecken und dann auf große Tour gehen – da wird man nicht mit glücklich werden. Gerade bei der Arbeit mit GPS muss man ganz besonders auf gutes Karten-Material zurückgreifen (z. B. topographisches) und sich sehr intensiv damit auseinandersetzen.

Das gilt natürlich ebenfalls für die Geräte selbst. Durch die zahlreichen Einstell- und Anzeige-Möglichkeiten ist es unabdingbar, sich in- und auswendig mit den GPS-„Handys" vertraut zu machen und viel damit „herumzuspielen".
Zudem ist es schon ratsam, sich wenigstens etwas mit den Grundlagen des GPS-Systems und den Voraussetzungen für den erforderlichen Satelliten-Empfang zu beschäftigen.

Wenn man aber bereit ist diese Zeit zu investieren, wird man das in ihnen steckende Potential ausnutzen können, Nutzen daraus ziehen und seine Freude damit haben. Es wird sich als recht nützliches Hilfs-Werkzeug zur Navigation und Orientierung herausstellen, wobei zugegebenermaßen die technische Faszination häufig eine größere Rolle spielen wird als die unbedingte Notwendigkeit.

Die Ausführungen in diesem Büchlein sollten auch nicht als Bedienungs-Anleitung verstanden werden, sondern die Funktionen und Möglichkeiten, die so ein GPS-Handgerät grundsätzlich bietet, aufzeigen, und welche Voraussetzungen dazu notwendig sind.

Die meisten Skeptiker oder die eingefleischten „Nur-Kompass-Träger" sind der Ansicht, dass GPS nur was für Leute sei, die nicht wissen wo Süden oder Norden auf der Landkarte ist. Das ist ein großer Trugschluss.

Seit dem ich meine Touren im Vorfeld für GPS plane, beschäftige ich mich vorab noch viel intensiver mit der Karte als zuvor. Man entdeckt zahlreiche Details und hat die Karte fast schon auswendig im Kopf. Häufig ist das GPS-Gerät vor Ort dann gar nicht mehr so unbedingt erforderlich.

Wenn diese Skeptiker aber erst dann auf GPS zurückgreifen und beginnen sich damit auseinander zu setzen, wenn eine anspruchsvolle Tour sie dazu zwingt, werden sie damit eher in Schwierigkeiten geraten.

Dann nämlich fehlen ihnen gänzlich die wertvollen Erfahrungen damit, die sie auf harmlosen Touren in wohlbekannten heimischen Gefilden hätten sammeln können.

Resümee

Auch wenn der Einsatz von GPS-Navigation in unseren Breiten im Sport- und Outdoor-Bereich aus Sicherheitsgründen nur selten wirklich notwendig ist, hat man in ungeplanten Situationen, meist als Folge eines Wettersturzes oder Unfalls, einen deutlichen Zeitvorteil, höhere Genauigkeit und damit mehr Sicherheit.

Im „Alltagsbetrieb" bietet diese Technik für viele Aktivitäten ebenfalls nützliche und interessante Möglichkeiten, sich abseits von „festgetretenen" oder beschriebenen Wegen, auf schwierigen Touren sicher zu orientieren.

Bei aller Technik darf aber nicht vergessen werden, dass jede Sicherheitsausrüstung nicht dazu führen darf, höhere Risiken einzugehen. Man darf sich nicht blind nur auf die Technik verlassen.

Zudem muss, wie schon erwähnt, die Anwendung von GPS geübt werden. Eine gute Papier-Karte ist auch mit GPS unverzichtbar, und man muss diese Karte natürlich auch

„lesen" können. Das Karten-Lesen und Beherrschen der bisherigen Methoden zur Orientierung und Navigation waren für einen verantwortlichen „Outdoorer" (=> Bergsteiger, Wassersportler, Fernreisender, Segler, Bootsführer, Piloten, …) schon immer selbstverständlich.

Deshalb haben diese die besten Vorraussetzungen, die GPS-Technik als weiteres Hilfs-Mittel zur Navigation und Orientierung nutzbringend einzusetzen. Und so erübrigt sich letztlich die häufig gestellte Frage: *„Soll ich ein GPS, oder Karte und Kompass nehmen?"*.

Ausblick auf Band 2 des GPS-Handbuches

Der **Band 2** des *„GPS-Handbuches"* beschäftigt sich ausführlich mit den Fragen zu den GPS-Handempfänger selbst, der „Hardware", wobei die bewährten Geräte der Fa. Garmin den Schwerpunkt bilden werden. Dabei werde ich zudem versuchen, Hilfe-Stellung bei der Wahl eines geeigneten Garmin Handempfängers für den gewünschten Einsatzzweck zu leisten.

Ebenso ausführlich wird die Verwendung von PC-Software für die Vorbereitung von Touren, sowie der Archivierung von Daten angesprochen (Wegpunkte/Routen/Tracks). Mit dem Einsatz von geeigneten digitalen Karten und entsprechender Software, steht der umfangreichen Touren- und Urlaubs-Planung, sowie der perfekten Nachbereitung von Unternehmungen nichts mehr im Wege. Die Möglichkeiten sind sehr vielfältig.

Eine kleine Einführung was es mit „Geocaching", der „Schatzsuche mit GPS" auf sich hat, einer Sammlung von hoffentlich nützlichen Tipps und Hinweisen, sowie ein paar Links auf hilfreiche Internet-Seiten, werden die Thematik abrunden.

Bedanken möchte ich mich auf jeden Fall bei all jenen, die mich direkt oder indirekt beim Zusammentragen der Informationen unterstützt haben.

Touren-Planung im Zelt

Der Einsatz eines GPS-Gerätes bei „Outdoor"
Unternehmungen setzt den geübten und sorgfältigen Umgang
mit der Papier-Karte voraus.
Stets Karten-Datum und Koordinaten-System der Karte
bei der Standort-Bestimmung und dem Festlegen
von Wegpunkten berücksichtigen!!

GPS 72 der Fa. Garmin
(Bild: www.garmin.de)

Viel Spaß und Nutzen mit dem elektronischen „Helferlein" GPS wünscht Euch nun überall und zu jeder Jahreszeit der

Verfasser Ralf Schönfeld